磷资源开发利用丛书

总主编　池汝安

副总主编　杨光富　梅　毅

黄　磷

第6卷

金　放　吴晨捷　汤　璐　万　源等　编著

科学出版社

北　京

内 容 简 介

本书内容共分 11 章，介绍了黄磷的来源、性质、用途以及在国民经济中的地位，回顾了我国黄磷工业的发展历史，以及我国先辈们的开创成果；讲述了制磷技术的化学原理，为制备工艺提供理论基础；系统地介绍了黄磷生产的工艺流程，对主要工艺条件和控制参数做了具体说明；介绍制磷工业的关键设备，重点是电炉和电极；仔细探讨了黄磷精制过程；对黄磷生产过程的能耗以及节能措施进行了量化分析；对黄磷生产过程中的三废环境问题进行了综述，并总结了系统的解决方案；专门详述了高纯黄磷的制备工艺；较全面地论述了黄磷生产的生态环境、安全和健康问题。为了与丛书其他读物衔接，本书还简短介绍了黄磷的下游产业链，并对黄磷生产技术的进步做了展望与评述。

本书可作为化工及相关专业本科生、研究生及其他专业学生的教学参考书，也可以作为磷化工行业科研人员、生产一线技术人员、相关企业技术管理人员以及科普工作人员的专业参考读物。

图书在版编目（CIP）数据

黄磷 / 金放等编著. -- 北京 : 科学出版社, 2025. 5. -- (磷资源开发利用丛书 / 池汝安总主编). -- ISBN 978-7-03-080815-8

Ⅰ. TQ126.3

中国国家版本馆 CIP 数据核字第 2024QP0252 号

责任编辑：刘翠娜　孙静惠 / 责任校对：王萌萌

责任印制：吴兆东 / 封面设计：赫　健

科学出版社 出版

北京东黄城根北街 16 号

邮政编码：100717

http://www.sciencep.com

北京中科印刷有限公司印刷

科学出版社发行　各地新华书店经销

*

2025 年 5 月第　一　版　开本：787×1092　1/16

2025 年 9 月第二次印刷　印张：22

字数：480 000

定价：280.00 元

（如有印装质量问题，我社负责调换）

“磷资源开发利用”丛书出版说明

磷是不可再生战略资源，是保障我国粮食生产安全和高新技术发展的重要物质基础，磷资源开发利用技术是一个国家化学工业发展水平的重要标志之一。“磷资源开发利用”丛书由湖北三峡实验室组织我国300余名专家学者和一线生产工程师，历时四年，围绕磷元素化学、磷矿资源、磷矿采选、磷化学品和磷石膏利用的全产业链编撰的一套由《磷元素化学》、《磷矿地质与资源》、《磷矿采矿》、《磷矿分选富集》、《磷矿物与材料》、《黄磷》、《热法磷酸》、《磷酸盐》、《湿法磷酸》、《磷肥与磷复肥》、《有机磷化合物》、《药用有机磷化合物》、《磷石膏》、《磷化工英汉词汇》组成的丛书，共计 14 卷，以期成为磷资源开发利用领域最完整的重要参考用书，促进我国磷资源科学开发和磷化工技术转型升级与可持续发展。

丛 书 序

磷矿是不可再生的国家战略性资源。磷化工是我国化工产业的重要组成，磷化学品关乎粮食安全、生命健康、新能源等高新技术发展。我国磷矿资源居全球第二位，通过多年的发展，磷化工产业总体规模全球第一，成为全球最大的磷矿石、磷化学品生产国，形成了磷矿开采、黄磷、磷酸、无机磷化合物、有机磷（膦）化合物等完整产业链。但是，我国仍然面临磷矿综合利用水平偏低、资源可持续保障能力不强、磷化工绿色发展压力较大、磷化学品供给结构性矛盾突出等问题。为了进一步促进磷资源的高效利用，推动我国磷化工产业的高质量发展，2024 年 1 月，工业和信息化部、国家发展和改革委员会、科学技术部、自然资源部、生态环境部、农业农村部、应急管理部、中国科学院联合发布了《推进磷资源高效高值利用实施方案》。

湖北三峡实验室是湖北省十大实验室之一，定位为绿色化工。2021 年，湖北省人民政府委托湖北兴发化工集团股份有限公司牵头，联合中国科学院过程工程研究所、武汉工程大学和三峡大学等相关高校和科研院所共同组建湖北三峡实验室，围绕磷基高端化学品、微电子关键化学品、新能源关键材料、磷石膏综合利用等研究方向开展关键核心技术研发，为湖北省打造现代化工万亿产业集群提供关键科技支撑，提高我国现代化工产业的国际竞争力。

为推进磷资源高效高值利用、促进我国磷资源科学开发与利用，湖北三峡实验室组织编撰了“磷资源开发利用”丛书，组织了 300 多位学者和专家，历时数年，数易其稿，编著完成了由 14 个专题组成的丛书。我们相信，该丛书的出版，将对我国磷资源开发利用行业的产业升级、科技发展和人才培养做出积极贡献！本书可为从事磷资源开发和磷化工相关行业生产、设计和管理的工程技术人员及高等院校和科研院所的广大学者和学生提供参考。

2024 年 1 月

序

磷是一种生命必需的元素，也是在地壳和岩石圈中丰度值较高的元素。但是自然界中没有呈元素状态存在的磷，而是以磷酸盐的形态构成多种磷酸盐矿物。在工业上采用热法黄磷的方法，使用炭作为还原剂，在1400～1500℃还原磷灰石提取磷单质。热法还原得到的黄磷纯度高、杂质少，占我国工业磷酸总产量50%以上，并承担着我国高品质磷酸及磷酸盐的生产，如医药级、食品级、电子级磷酸以及特种磷酸盐，也是新兴的电池级磷酸及磷酸盐材料不可或缺的生产方式。热法黄磷生产工艺将会随产业的变化而变化，随时代的进步而进步。以热法黄磷为原料的精细磷化工产业战略重点是实现绿色化、专用化、高端化，热法黄磷在功能新材料、新能源、含磷医药上的重要性影响将更加凸显。

黄磷自实现工业生产以来，已有130多年的悠久历史。目前，我国热法黄磷生产主要集中于磷矿和水电资源相对集中的云南、贵州、湖北、四川4省。我国黄磷工业从20世纪40年代初开始，发展历程艰难，从无到有，从小到大，从引进来到走出去。如今我国已经成为世界最大的黄磷生产、消费和出口国。具有自主知识产权技术的发明和生产工艺的创新，促进了我国黄磷工业的快速发展壮大，特别是具有中国特色的多电极黄磷电炉技术的创新发明，使黄磷工业不需要大直径的石墨电极、自焙电极便可以设计建设大容量黄磷电炉装置，突破了限制其发展的瓶颈问题。我国多电极制磷电炉创新技术的出现和黄磷工业的崛起，为国内外发展热法磷酸盐、精细磷化工产品，特别是高纯度的食品级、饲料级磷酸盐精细产品，以及多聚磷酸水溶肥提供了重要的物质基础，为中国和世界磷化工产业的发展做出了积极贡献。中国制磷科技人员在十分艰难的条件下开始中国的制磷工业，他们以科学使命为目标，筚路蓝缕，呕心沥血，做了大量卓有成效的探索和实践，为中国黄磷工业技术和工业生产的繁荣景象做出了历史性的贡献。他们的科学精神，奉献精神，将鼓舞新一代的科技工作者和工程技术人员不断开拓，奋力创新，不断开创我国制磷工业的新局面。

热法黄磷过程是一个复杂的系统工程，它介于化工和冶金之间，所包含的化学反应复杂，所用的工艺和设备多样。研究制磷过程所涉及的学科门类众多，需要的知识面宽广。新质生产力推动下的热法黄磷化工产业，传统的操作管理模式正在被新的技术和工艺更新换代。科研和技术工作者不断通过技术革新来优化黄磷生产的每个环节，开发不同技术措施的减碳贡献，降低各支路线的能耗及生产成本，构建副产物循环利用体系，探寻一条新的节能减排、低碳可持续的黄磷化工冶炼技术路线，并结合各种各样的碳捕集、利用和封存技术实现黄磷企业绿色转型。不断转变观念，更新知识，拓宽思维，进行工业化操作管理的优化与创新，将是热法黄磷工业可持续发展的永恒主题。

科技日新月异，使得制磷工业迎来了前所未有的发展机遇。制磷工业为实现环境友好、生态节约的循环经济发展模式做出了应有贡献。为了不断巩固我国制磷工业的成果，总结我国制磷工业发展过程积累的知识和经验，同时及时反映科学技术的进步趋势和成果，将这些新的进步与发展同磷化工产业的发展紧密结合，进一步促进制磷化学工艺的技术升级与新兴产业链的战略转移，武汉工程大学和湖北三峡实验室组织编撰了该书。

本书在热法黄磷领域具有学术价值，在应用方面具有指导意义。希望这本书的出版能对青年技术专家的培养起到促进作用，对热法黄磷及相关下游工业的绿色化、专用化、高端化发展起到借鉴和指导作用。

天津大学

2025年1月

前　言

黄磷作为磷化工产业链的核心基础原料，其生产体系融合化工与冶金双重特性，涉及热力学、材料科学、环境工程等多学科交叉，是我国战略资源自主化进程的重要缩影。黄磷自实现工业生产以来，已有 130 多年的悠久历史。中国黄磷工业的崛起印证了“复杂系统工程需以技术创新为引擎、管理革命为载体”的发展规律。中国的黄磷工业的发展历经艰难，从无到有，从小到大，在生产规模上后来居上，已经成为世界最大的黄磷生产、消费和出口国。20 世纪 90 年代后期是中国制磷工业在产能、技术等方面大提速的高峰期。在制磷工艺设备技术上开发了多种具有自主知识产权的技术专利，尤其是多电极制磷电炉的成功设计和实现工业生产，解决了国内当时技术条件下制磷电炉不用自焙电极的情况下可向大型化迈进、国产化发展的问题。实现了我国制磷工业的技术进步，为我国制磷工业解决了大型电炉设计生产的瓶颈，成为中国制磷工业发展的标志性成就。

热法黄磷是磷化工产业链的核心环节，支撑着磷酸、磷酸盐及高端磷系材料的生产。我国热法黄磷产能占全球 70%以上，经过多年技术迭代，已从“高能耗、高污染”向“绿色化、高端化”转型。面对 “双碳”目标与新兴产业需求，热法黄磷工业需聚焦技术创新与产业链延伸，实现高质量发展。面对新能源、半导体等新兴产业的爆发式需求，为了实现“绿电赋能、智能提效、高端延伸”，热法黄磷工艺需要突破低碳工艺与高端材料瓶颈，构建“资源-中间体-终端产品”的高附加值链条，为实现环境友好、生态节约的循环经济发展模式做出制磷工业的应有贡献。本书收集了大量的文献资料，走访了各地的相关企业，请教了不同战线的专家学者，最终形成了这本书的框架。

本书共分11章，第1章对黄磷的来源及分布做了简单扼要的介绍；第2章回顾了我国黄磷工业的发展历程，回顾了我国先辈们的开创成果，重点讲述制磷技术的化学原理，为制备工艺提供理论基础；第3章为本书的重点，对黄磷生产工艺和操作进行了尽可能详细的讲解介绍；第4章专门讨论黄磷生产的关键设备，重点是电炉和电极；第5章叙述粗黄磷的精制，同时对尾气净化做了讨论，尾气的综合利用则留在第7章讨论；第6章计算了黄磷生产的能量消耗和对应的节能措施；第7章着重讨论制磷过程的“三废”治理问题并提出相应的解决方法；第8章是高纯黄磷生产的介绍，力求反映最新的科学研究成果；第9章讨论黄磷生产的环境、安全、健康问题；第10章对黄磷的下游产业做了提纲挈领的简介；第11章对黄磷生产的技术发展方向做了展望。

本书由金放、吴晨捷、汤璐、万源联合编写，金放负责资料收集，企业调研并撰写第2章和第8章；吴晨捷负责各章统筹协调，撰写第3章、第5章、第6章、第7章和第9章；汤璐撰写第1章、第4章和第11章；万源负责有关资料提供并撰写第10章。全书由吴晨捷、金放统筹定稿。

本书在撰写过程中得到了各个方面的大力支持。湖北三峡实验室提供了撰写立项和经费支持，武汉工程大学化工与制药学院的部分研究生参与了资料收集和分类整理的工作。在此表示诚挚的感谢。同时在撰写过程中，参考了以前出版的书籍、公开发表的文章、发表的专利以及部分研究报告和企业资料等，在此对所有的原作者、发明人、研究工作者表示最衷心的感谢！

由于作者的能力和经历的局限，尽管作者作了最大的努力，书中缺点在所难免，恳请读者提出宝贵意见，以期在今后的修改版中日臻完善。

作　者

2024年10月于武汉

目　录

第 1 章
黄磷概述

1.1 磷的来源及分布

最新证据表明，磷是在深空发现的两大元素之一，对超新星残余物仙后座 A 的最新观测揭示了其存在于恒星爆炸后的宇宙残余物里，磷的存在或可能给科学家提供有关生命在宇宙里的可能性的线索。

关于磷元素的发现，还得从欧洲中世纪的炼金术说起。那时盛行着炼金术，据说只要找到哲人石，便可以点石成金，让普通的铅、铁变成贵重的黄金。炼金术家仿佛疯了一般，采用稀奇古怪的器皿和物质，在幽暗的小屋里，口中念着咒语，在炉火里炼，在大缸中搅，朝思暮想寻觅点石成金的哲人石。在德国汉堡有一位叫亨宁・布兰特（Henning Brand，1630—1710）的商人，由于他是一个相信炼金术的人，曾听传说从尿里可以制得“金属之王”黄金，于是抱着图谋发财的目的，便用尿做了大量试验。1669 年，他在一次试验中，将砂、木炭、石灰等和尿混合，加热蒸馏，虽没有得到黄金，但却意外地得到一种外观十分美丽的物质。它色白质软，能在黑暗的地方放出闪烁的亮光，于是亨宁・布兰特给它取了个名字，叫“冷光”，这就是现在被称为白磷的物质。亨宁・布兰特对制磷之法，起初极守秘密，不过，他发现这种新物质的消息立刻传遍了德国，之后有许多学者对磷元素的制备方法进行了大量研究，但他们的研究都停留在实验室规模的基础上。

德国化学家孔克尔曾用尽方法想打听出这一秘密的制法，终于探知出这种所谓发光的物质是由尿里提取出来的，于是他也开始用尿做试验，经过苦心摸索，终于在 1676 年成功制备出了同种物质。他把新鲜的尿液蒸馏，待水分快蒸干时，取出黑色残渣，放置在地窖里，使它腐烂。经过数日后，将黑色残渣取出，然后以 1∶2 的比例将尿渣与细砂混合，一起放置在曲颈瓶里，加热蒸馏，瓶颈则连接盛水的收容器。起初用微火加热，继用大火干馏，直到尿中的挥发性物质完全蒸发后，磷就在收容器中凝结成为白色蜡状的固体。后来，孔克尔还为磷写过一本书，名为《论奇异的磷质及其发光丸》。

差不多与孔克尔同时，英国化学家罗伯特・玻意耳，也使用与孔克尔相近的方法制得了磷。罗伯特・玻意耳的学生汉克维茨（Codfrey Hanckwitz）曾用这种方法在英国制得较多量的磷，并将其作为商品运到欧洲其他国家出售。他在 1733 年发表论文，介绍制磷的方法，不过表述十分含糊。此后，又有人从动物骨质中发现了磷。磷广泛存在于动植物体中，因而它最初从人和动物的尿及骨骼中取得。这和古代人从矿物中取得的金属元素不同，它是第一个从有机体中取得的元素。最先制备出的是白磷，白色半透明晶体，有毒，在空气中慢慢氧化，产生的能量以光的形式放出，因此在暗处发光。当白磷在空气中氧化到表面积聚的能量使温度达到 40℃时，便达到白磷的燃点而自燃。白磷用于制造磷酸、燃烧弹和烟幕弹。1845 年，奥地利化学家施勒特尔发现了红磷，确定白磷和红磷是同素异形体。由于红磷无毒，在 240℃燃烧，受热后能转变成白磷继续燃烧，于是红磷成为制造火柴的原料，一直沿用至今。

拉瓦锡首次将磷列入了化学元素的行列。他燃烧了磷和其他物质，确定了空气的组成成分。磷的发现促进了人们对空气的认识。磷的拉丁名称是 phosphorum，即“光”（phos）和“携带”（phero）的意思，也就是“发光物”的意思，元素符号是 P。

1.1.1　磷的来源

磷矿是指在经济上能被利用的磷酸盐类矿物的总称，是一种重要的化工矿物原料。磷矿可以制取磷肥，也可以制造黄磷、磷酸、磷化物及其他磷酸盐类化合物，用于医药、食品、染料、水处理、制糖、陶瓷、国防等。磷是在地壳和岩石圈中丰度值较高的元素，均为第十一位。磷在地壳中平均含量为 0.105%，在岩石圈中平均含量为 0.12%。磷在一般岩石中的含量见表 1-1。

表 1-1　一般岩石中 P_2O_5 含量统计表　（单位：%）

火成岩	P_2O_5 含量	变质岩	P_2O_5 含量	沉积岩	P_2O_5 含量
花岗岩	0.16	片麻岩	0.2	砂岩	0.08
中性岩	0.42	片岩	0.2	页岩	0.17
基性岩	0.27	千枚岩	0.2	灰岩	0.04
超基性岩	0.30	角闪石岩	0.3	深海黏土	0.30

数据来源：For the mineral-resources map of the circum-pacific region northwest quadrant.

磷矿在工业上的应用已有一百多年的历史，磷矿的工业开采始于 19 世纪中叶。首次有产量记载的是 1847 年在英国萨福克地区开采了 500 t 磷矿。20 世纪 50 年代以前，磷肥工业尚处于以生产过磷酸钙为主的早期阶段，对磷矿的数量和质量要求都不高，磷矿开采仅选择地理位置好、交通运输方便和开采容易的富矿，不经富集处理即能满足磷肥生产的需要。随着磷肥工业的发展，磷矿需要量迅速增加，尤其是高浓度复合肥料生产的发展对高质量磷矿的需求也相应增加，仅仅开采浅部富磷矿的生产方式已不能满足要求。在这种情况下，开采品位不高的磷矿资源，经过富集加工处理，生产商品磷矿的生产方式迅速发展起来。

1.1.2　磷在自然界的分布

自然界中没有呈元素状态存在的磷，而是以磷酸盐的形态构成多种磷酸盐矿物。自然界中已知的含磷矿物大约有 120 种，分布广泛。但是按其质和量都能达到可以开采利用的含磷矿物则不过几种。在工业上作为提取磷的主要含磷矿物是磷灰石，其次有硫磷铝锶石、鸟粪石和蓝铁石等。自然界中磷元素约有 95%集中在磷灰石中。

2022 年全球磷矿基础储量在 720 亿 t 左右。全球磷矿分布不均匀，主要集中在摩洛哥、中国、埃及等几个国家，其中摩洛哥储量为 500 亿 t，占比约为 70%；中国磷矿储量居全球第二，储量为 36.9 亿 t，占比为 5%。储量在 10 亿 t 以上的国家有 10 个，合计储量为 662 亿 t，占全球总储量的 92%。

2022 年我国共有 9 个省生产磷矿，除云南、贵州、四川、湖北 4 个主要产磷省份外，河南、湖南、河北、辽宁、黑龙江均生产磷矿。与磷矿资源禀赋相同，磷矿生产也呈现出高度集中。2022 年云南、贵州、四川、湖北 4 省磷矿总产量为 10549.66 万 t，占比高达约 98%。

1.2 磷的性质及用途

磷是 1669 年德国亨宁·布兰特首先发现的。磷在元素周期表中位于第 3 周期ⅤA 族，原子序数 15，相对原子质量 30.9836，元素符号 P。用磷制成的单质有许多种，如白磷（又称为黄磷）、红磷、黑磷（又称为紫磷）等。化学家把这些由同种元素组成，但化学和物理性质都不同的物质称为同素异形体。磷的同素异形体中，最重要的就是白磷、红磷和黑磷。其中最常见、工业上最重要的是α-白磷，纯态的α-白磷为无色或白色蜡状固体，加热到 44.1℃时熔化为无色液体。工业生产的白磷纯度为 99.9%，由于杂质的存在以及光照后少量白磷转化成红磷，工业品白磷通常显现为浅黄色，这也是工业品白磷被称为黄磷的缘由（本书的工业品白磷均称为黄磷）。将α-白磷冷却到−76.9℃，得到六面体晶型的β-白磷，其密度为 1.88 g/cm^3。

当白磷被加热到 260℃以上，它将慢慢地转变为非晶体红磷，继续升温将转变成六面体或四面体结晶（红磷Ⅳ）。这个反应在常压下就可以进行，仅用微量碘或硫催化即可。其他几种形态的红磷Ⅱ、Ⅲ、Ⅴ及Ⅵ在文献中都有记载，但是那些可能只是红磷Ⅰ和红磷Ⅳ的过渡态或变态。工业品红磷是各类型红磷的混合体，密度范围为 2.0～2.4 g/cm^3，熔点范围为 585～610℃。

白磷在高压（大于 980 MPa）和几百摄氏度下转变成黑磷。结晶黑磷中的磷原子被认为有些类似于石墨中的碳原子，是由三价磷原子构成的波状层形结构。黑磷的密度为 2.69 g/cm^3，有导电性，不易溶又不易燃，具有较低的蒸气压。它是各种形态磷中化学性质最不活泼的。

白磷有剧毒。当它含有少量杂质时就会变成淡黄色，因此人们也常称白磷为黄磷。白磷的熔点很低，只有 44.1℃，在空气中受到轻微的摩擦就会自燃，为安全起见，通常把白磷储存在水中，这样既可隔绝空气，还可保持温度在它的自燃点以下，而且可以阻止白磷的蒸气排出危害人体健康。在切割白磷时，也必须把它放在盛水的槽中，用小刀或剪刀在水面下切割，绝对不能暴露在空气中进行。切割完的大块也应放回原瓶，继续保存在水中。把白磷放在密闭的容器中，加热到 260℃，就会转变成红磷。有趣的是，如果把红磷加热到 416℃就会升华，它的蒸气冷却后又会转变成白磷。因为白磷容易自燃，在过去常用来制造火柴，这大概是从1830年开始的，是在磷发现大约160年后，但是这种使用只维持了十多年。这是因为磷在被发现后，产量并不大，且白磷有剧毒，0.1 g的白磷足以使人死亡，人们吸入白磷蒸气后会发生牙床、骨头坏死病症。白磷与一些氧化剂混合制成的火柴也很容易着火，效果虽然很好，但是不安全，把这种火柴放在衣服里会起火。

1845年，奥地利化学家施勒特尔发现了红磷。由于红磷的熔点为240℃，比白磷高出许多，受热后能转变成白磷而燃烧，再加上红磷无毒，因此后来人们用红磷代替白磷制造出安全火柴。

红磷在500～600℃与熔融的铝接触可重结晶制得黑磷，也称紫磷，或加热溶于三溴化磷的白磷溶液也可制得紫磷。这些磷在化学上都是不纯的。

褐磷可以在液氮温度下冷凝P_2分子蒸气而制得，其结构不明，仅在−100℃以下稳定，当温度在0℃以上又变成红磷和白磷的混合物。

熔化黄磷（白磷）、红磷或黑磷得到的是同样的液态磷，冷凝任何固态磷的液体，均得到白磷。磷的各种同素异形体间的相互转变如图1-1所示。

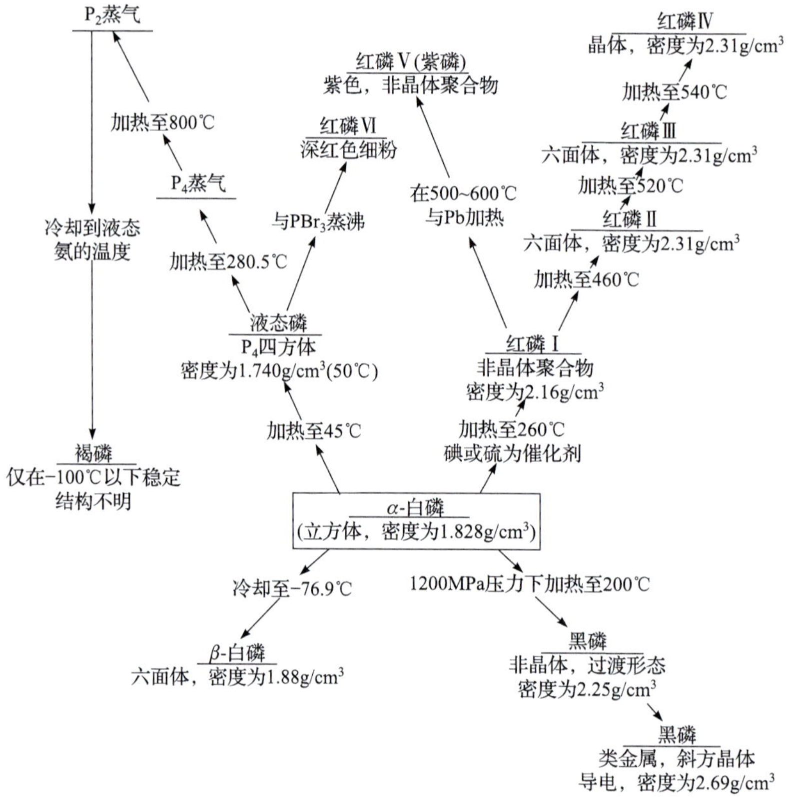

图1-1　磷的同素异形体

1.2.1　黄磷的物理性质

黄磷由 P_4 分子通过分子间力堆积起来。P_4 分子结构如图 1-2 所示。在 P_4 分子中，每个磷原子通过其 p_x、p_y、p_z 轨道分别与另三个磷原子相连接形成 σ 键，∠PPP 为 60°。这样形成的分子内部具有张力，结构不稳定，P—P 键能仅为 79 kJ/mol，容易断裂。因此，黄磷是很活泼的物质，容易氧化，燃点仅为 34℃，在存储、运输、包装时都应用水覆盖以隔离空气中的氧。

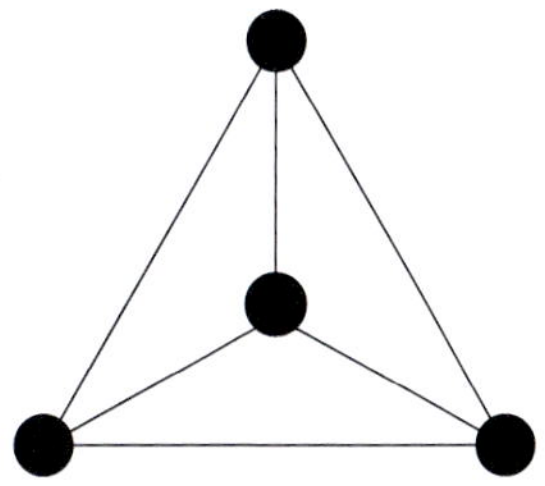

图 1-2　磷的分子结构图

在 800℃以下，磷及磷蒸气基本上是由 4 个磷原子构成的 P_4 分子；800℃以上，部分 P_4 分子离解为由两个磷原子构成的 P_2 分子。此时，磷蒸气中两者的比例与温度有关，温度越高，P_2 分子所占的比例越高。磷蒸气中，单原子磷（元素磷）的含量极微，即使在 1500℃的高温下，它在磷蒸气中的含量还不到 0.1%。黄磷有剧毒，约 0.1 g 剂量可致人死亡。

黄磷难溶于水，每 100 g 水中仅能溶解 0.3 mg，但溶于二硫化碳、液氨、液体二氧化硫、苯、甲苯等，尤其是二硫化碳，10℃下每 100 g 二硫化碳能溶解 880 g 黄磷，相当于质量浓度达到 89.8%。

黄磷的熔点为 44.1℃，沸点为 280℃。液态黄磷在 50℃时密度为 1.74 g/cm³（固态密度 1.82 g/cm³），其他温度下的密度可由下式计算：

$$d = 1.7862 - 9.195 \times 10^{-4} \times t \quad (t = 10 \sim 280℃)$$

含有饱和水的液态黄磷密度可用下式计算：

$$d = 1.782 - 9.0 \times 10^{-4} \times t \quad (t = 45 \sim 95℃)$$

1.2.2　黄磷的化学性质

黄磷的化学性质活泼，能与多种物质发生反应，生成正五价或负三价的化合物。

1. 黄磷与氧的反应

磷与氧接触在温度大于 35℃时就能发生反应，放出光和热。根据氧气量的不同，生成 P_2O_5（P_4O_{10}）或 P_2O_3（P_4O_6）。

$$P_4 + 3O_2 \longrightarrow 2P_2O_3 \tag{1-1}$$

$$P_4 + 5O_2 \longrightarrow 2P_2O_5 \tag{1-2}$$

2. 黄磷与某些金属的反应

黄磷能与性质较活泼的金属发生化学反应，生成相应的磷化物。

$$8Fe + P_4 \longrightarrow 4Fe_2P \tag{1-3}$$

3. 黄磷与氯气的反应

黄磷加热后同氯气反应，放出光和热，产生白色烟雾。根据氯气用量不同生成 PCl_3 和 PCl_5：

$$P_4 + 6Cl_2 \xrightarrow{点燃} 4PCl_3 \tag{1-4}$$

$$P_4 + 10Cl_2 \xrightarrow{点燃} 4PCl_5 \tag{1-5}$$

4. 黄磷的歧化反应

黄磷与 NaOH、KOH 等强碱性水溶液在加热条件下反应生成 PH_3 和次磷酸盐：

$$P_4 + 3NaOH + 3H_2O \xrightarrow{\triangle} PH_3 + 3NaH_2PO_2 \tag{1-6}$$

$$P_4 + 3KOH + 3H_2O \xrightarrow{\triangle} PH_3 + 3KH_2PO_2 \tag{1-7}$$

5. 黄磷与水的反应

黄磷在高温下与水反应生成含氧酸、PH_3 和 H_2。

（1）与中性水反应（pH = 6～8）

$$P_4 + 10H_2O \xrightarrow[高温]{催化剂} P_4O_{10} + 10H_2 \tag{1-8}$$

有催化剂铂、铑、钯，反应温度为 700～800℃；无催化剂，反应温度为 2000℃。

（2）酸性介质（pH = 5～6）

$$2P_4 + 12H_2O \xrightarrow{H^+} 5PH_3 + 3H_3PO_4 \tag{1-9}$$

（3）碱性介质（pH > 8）

$$P_4 + 16H_2O \xrightarrow{OH^-} 4H_3PO_4 + 10H_2 \tag{1-10}$$

1.2.3　黄磷的用途

黄磷是生产热法磷酸及磷化物重要的母体原料，更是制备精细磷酸盐和精细有机磷化工产品的重要基础原料，还可直接用于军事上白磷弹、烟幕弹、燃烧弹的制备。

目前，世界上以磷为原料的无机磷化工产品有 300 多种，有机磷化合物有 10000 多种，与 16 个科学领域有着密切的关系，涉及的部门多达 60 多个，是国民经济中具有重要地位的基础产业。

黄磷生产过程副产的尾气可作为燃料，用于物料加热、烘干、烧锅炉生产蒸汽、发电等，还可通过净化后合成碳一化工产品。副产的磷铁可用于生产磷酸盐，作为冶金工业的合金剂等。副产黄磷炉渣（简称炉渣）可用作水泥添加剂，生产建筑材料、硅肥、白炭黑等。磷及其磷酸盐产品的各种用途如图 1-3 所示。

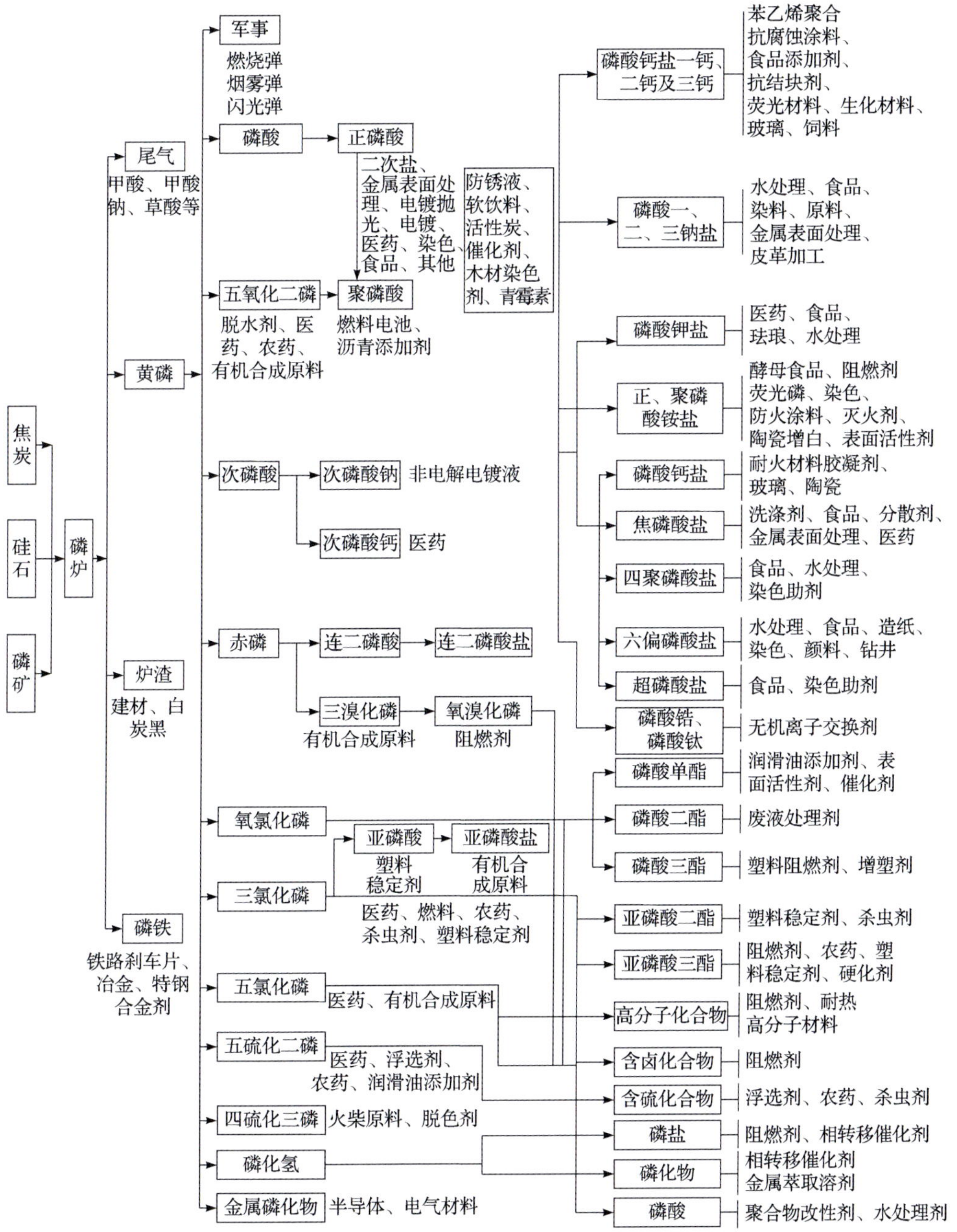

图 1-3　磷及其衍生物的用途

1.3　磷资源的开采及利用

世界磷资源供应的充足度和稳定性关系到世界粮食供应安全。近代人类开发利用的磷资源主要来源于磷矿，自然界中含磷矿物很多，具有开发利用价值的主要是磷酸盐岩和含铝磷酸盐岩。磷酸盐岩主要是海相沉积磷灰石，大型沉积矿床主要分布在非洲北部、中国、中东和美国。火成磷酸盐岩矿床主要发现于巴西、加拿大、俄罗斯和南非。

1.3.1　磷矿的蕴藏特征

世界上最早的磷矿大约是在56亿年（中元古代）以后形成的，而且最先发现的是在中国江苏海州。

现就目前已知的几个大型至特大型含磷盆地简单介绍如下。

1. 中国黔中盆地

位于贵州中部的开阳—瓮安一带，是陡山沱期扬子海盆中的一个水下高地——黔中台地北东缘的台盆凹地。其分布面积2万多km^2。该含磷盆地自1953年发现以来，已知探明成矿的磷矿产地40余个，储量12亿t有余。其中开阳、瓮安两个特大型磷矿床就占该盆地储量的95%以上，且素以富矿多、品位高而著名。富矿储量占该盆地总储量的34%。陡山沱组含磷岩系，主要为碳酸盐岩、磷块岩和不等量的黏土岩。普遍具有碎屑结构，多含磷质叠层石，富磷砂砾屑磷块岩及叠层石磷块岩极为发育，构成了中国南方晚震旦世陡山沱期的富矿聚磷区，即黔中聚磷盆地。

2. 中国滇东盆地

中国滇东盆地是早寒武世梅树村期扬子海盆的次一级坳陷盆地，它是被若干群岛、古陆、水下隆起所环抱的而封闭条件较好的海湾潟湖成磷盆地。1939年首先发现盆地内含有工业意义的磷块岩。它位于云南省的东部，北自昭通南至华宁，长约400 km，东西宽50～150 km，面积近4万km^2。已知大型磷矿产地41个、中型17个、小型14个，合计72个。构成三个主要含磷区，11个磷矿带。含磷岩系主要由硅质岩、磷块岩、白云岩、灰岩及粉砂岩组成。现已探明储量为87亿t，总资源量可望达200亿t。矿石含磷量（以P_2O_5计）15%～33%，平均为21%，其中滇池含磷区，已探明储量占该盆地总储量的一半，磷矿石产量占98%。著名的矿山有昆阳、海口、晋宁等磷矿，是目前中国磷矿的重要产地之一。

3. 蒙古国库苏古尔盆地

蒙古国库苏古尔盆地磷矿于1964年发现，位于蒙古国与俄罗斯边境，分布面积达2.5万km^2，为一坳陷盆地。已发现30多个矿床。整个盆地的地质储量达50亿t，而库苏勒矿床是盆地中最大的，地质储量达14亿t。P_2O_5含量10%～28%，平均为22%。形成时代尚有争议，一般认为下含磷层（即主矿层）属前寒武纪文德期，上含磷层属早寒武世。1980年6月在蒙古国召开的第三届国际磷块岩讨论会上，有人认为下含磷层可能是寒武纪早期的。含磷岩层由白云质或硅质磷块岩、硅质岩、白云岩及砂砾岩等组成。磷块岩有五层，各层厚1～12 m，总厚70 m，占含磷岩系总厚的二分之一。

4. 卡拉套盆地

卡拉套盆地磷矿于 1936 年被发现，位于哈萨克斯坦东南，再向东与天山山脉相连。工业磷块岩分布在长达 120 km、宽 25 km 的 3000 km^2 的范围内。其中已发现 45 个矿床（点），全区共有工业储量 10 亿 t，含 P_2O_5 21%～26%，少部分储量的品位可达到 28% 以上。整个盆地以深度 200～250 m 估算的远景储量可达 30 亿 t（P_2O_5 储量 7 亿 t）。其中库拉客套、阿克塞、扎纳塔斯、科克扎恩、科克苏等五个矿床可占总储量的 75%。

这五大矿床还有大量的含 P_2O_5 18%～20%的表外磷块岩。矿层厚 6～20 m，呈缓倾斜-急倾斜产出。矿层主要产于文德-寒武纪含磷岩系中的寒武系底部，由硅质碳酸盐层、锰铁磷酸盐层、磷块岩层及硅质层组成。整个含磷岩系厚可达 50～100 m。该盆地是仅次于科拉半岛的第二个磷酸盐生产基地。

5. 澳大利亚乔治娜盆地

澳大利亚乔治娜盆地磷矿于 1966 年被发现，位于昆士兰西部，盆地面积约 50 万 km^2。盆地中央发现了 15 个磷矿床，整个盆地的储量被确定有 20 亿 t。P_2O_5 平均含量为 18%。含磷岩系为硅质岩、粉砂岩、磷质灰岩、灰岩及磷块岩等。

6. 美国二叠纪磷块岩盆地

这是迄今世界上唯一的二叠纪时形成的巨型磷块岩盆地，简称落基山矿区或美国西部矿区。主要地区为爱达荷、蒙大拿、内华达、犹他及怀俄明等州，含磷地层出露面积 34.9 万 km^2，含磷层最厚可达 450 m，由碳质页岩、燧石岩、磷质页岩、泥质岩及各种生物灰岩组成。总储量在 54.5 亿 t 以上；其中富矿储量可达 30 亿 t。磷矿层的磷含量（以 P_2O_5 计）大多为 22%～26%，部分可高达 31%～32%。

7. 美国佛罗里达盆地

美国佛罗里达盆地是世界著名磷矿产地之一。它是一个大的成磷区，其中包括南、中、北三个磷块岩产地。磷块岩大多产于中新统和上新统，含磷地层主要由石英砂、黏土、白云岩砂及磷块岩颗粒组成。矿石分原生磷块岩和再造磷块岩，特点是矿石松散、混杂，富含陆源磷屑，品位低（一般 11%～16%），但极易分级和选别富集。据 1978 年详细勘察核对的储量按 P_2O_5 含量为 29.31%～35.72%计算可达 116 亿 t。

8. 摩洛哥盆地

摩洛哥盆地磷矿于 1922 年以前就已被发现。有三个主要磷矿区，分布在大约 350 km 的带状晚白垩纪与始新纪沉积层内，走向北东—南西，总资源量在 400 亿 t 以上。

9. 西撒哈拉盆地

1947 年首次发现北西部的阿尤恩盆地内含磷，岩性为黏土与泥质板岩、硅质岩，内夹磷矿岩层。工业矿层集中在盆地北部的布克拉矿区，面积 2000 km^2，被证实该矿区高品位的矿石储量超过 16 亿 t，其中 P_2O_5 品位高于 33%的有 4.16 亿 t，31%～33%的有 4.96 亿 t，低于 31%的有 6.88 亿 t，是世界上罕见的储量较大、质量最好的磷矿床之一。

已知全世界有 35 个国家和地区有磷矿资源的分布，但具有工业开采和商业开发价值、经济意义较高的优质磷矿床 80%以上集中在中国、摩洛哥（西撒哈拉）、南非、美国等 4 个国家。世界磷矿资源分布不均衡，非洲磷矿资源富集度相对高，约占世界总量的一半以上。

欧洲磷矿资源主要分布在俄罗斯和哈萨克斯坦，科拉半岛的特大型磷酸盐岩矿床，是磷酸盐岩与霞石正长岩复合矿体，资源量估计 32 亿 t。

亚洲和太平洋地区磷矿资源比较丰富，沙特阿拉伯东北部磷酸盐岩远景资源量达 17 亿 t。Sirhan-Turaf 磷酸盐岩矿只是大型磷酸盐岩沉积区域的一部分，该磷酸盐岩沉积矿带延伸至约旦、伊拉克。澳大利亚最大的浅海相磷酸盐岩矿床位于乔治娜盆地，磷酸盐岩资源量约 20 亿 t，最大的磷酸盐岩矿床在西北磷酸盐岩丘陵，证实储量 2350 万 t，P_2O_5 含量 24.2%，概略储量 6560 万 t，P_2O_5 含量 24.1%。

美洲磷矿资源主要分布在美国、巴西和秘鲁。美国磷酸盐岩资源量 90 亿 t 多，佛罗里达州占 45%，北卡罗来纳州、爱达荷州和犹他州等占 55%。巴西已发现大型矿床有塔皮拉。秘鲁著名的塞丘拉矿床，磷酸盐岩资源量达 100 亿 t。

在太平洋和大西洋海底蕴藏大量磷酸盐岩资源，已知五个成矿带为：加利福尼亚浅海磷矿带，秘鲁—智利浅海磷矿带，美国东南部大陆架磷酸盐岩矿带，摩洛哥—加纳磷酸盐岩矿带，纳米比亚—南非浅海磷矿带，但是当前技术还不能进行经济的开采回收。

1.3.2　磷矿的开采方式

磷矿开采通常采用地下开采和露天开采。中国磷矿床多数位于山区，埋藏较深，地下开采约占磷矿开采总产量的 60%，常用空场采矿法和崩落法，其中又以房柱采矿法和分段崩落法为主。露天开采约占磷矿产量的 40%，中国先后建成了昆阳、海口、浏阳、黄麦岭、瓮福、大峪口等一批大、中型露天矿，多为山坡露天矿，单一的汽车公路开拓运输系统占绝大多数。

1. *磷矿地下开采*

根据中国磷矿床的赋存状态、采矿技术条件和矿区地质环境以及磷矿石价格等因素，选择采矿方法的常规模式是“能空则空（空场法），不能空则崩（崩落法）”，成本较高的充填法现在也在采用。中国磷矿地下开采主要采矿方法见表 1-2。

表 1-2　中国磷矿地下开采主要采矿方法

矿山名称	采用的采矿方法	矿山名称	采用的采矿方法
锦屏磷矿	深孔留矿法、有底柱分段崩落法	樟村坪磷矿	房柱采矿法
金河磷矿	底盘漏斗采矿法、房柱采矿法、有底柱分段崩落法	承德磷矿	空场采矿法
荆襄刘冲磷矿	房柱采矿法、浅孔留矿法、分段采矿法	浦市磷矿	长壁式崩落法
王集磷矿	房柱采矿法（中深孔）	什邡磷矿	有底柱分段崩落法

续表

矿山名称	采用的采矿方法	矿山名称	采用的采矿方法
开阳磷矿	锚杆护顶分段空场采矿法	贺兰山磷矿	全面采矿法
矾山磷矿	有底柱阶段崩落法、 无底柱分段崩落法	大茅磷矿	分段崩落法
荆襄磷矿	浅孔房柱法、浅孔留矿法	何家岩磷矿	全面采矿法
石门磷矿	分段留矿法		

（1）地下开采方法

1）空场采矿法。

空场采矿法是依靠矿柱和矿岩自身的稳固性支撑采空区的一种采矿方法。按其适用条件，分为两大类：第一类有全面采矿法、房柱采矿法等，适用于水平至倾斜、厚度在15m以下磷矿床的开采；其特征是支撑顶板的矿柱一般不予回收，封闭处理采空区，必要时须对采空区进行局部充填或崩落顶板，以防止区域性地压活动带来的地质灾害。第二类有分段法、留矿法、阶段空场法等，适用于急倾斜（55°以上）及缓倾斜厚大磷矿床的开采，该类方法多数已发展成为两步骤回采的空场嗣后充填法。

中国磷矿床以沉积型磷块岩为主，大部分磷矿床为倾斜至缓倾斜、薄至中厚矿层。实际生产中，适用于空场法回采的矿体，常常采用全面采矿法和房柱采矿法进行开采。

i）全面采矿法。

全面采矿法是最古老的采矿法之一，一直沿用至今，主要适用于矿体倾角小于30°、矿体厚度小于3m、矿岩完整稳固、顶板允许暴露面积不小于200～300m^{2}的矿床。矿房开采过程中，视顶板稳定性留设不规则矿柱，矿柱通常不回收，如图1-4所示。由于矿柱承载能力的限制，开采深度不宜太深，否则回采率太低。

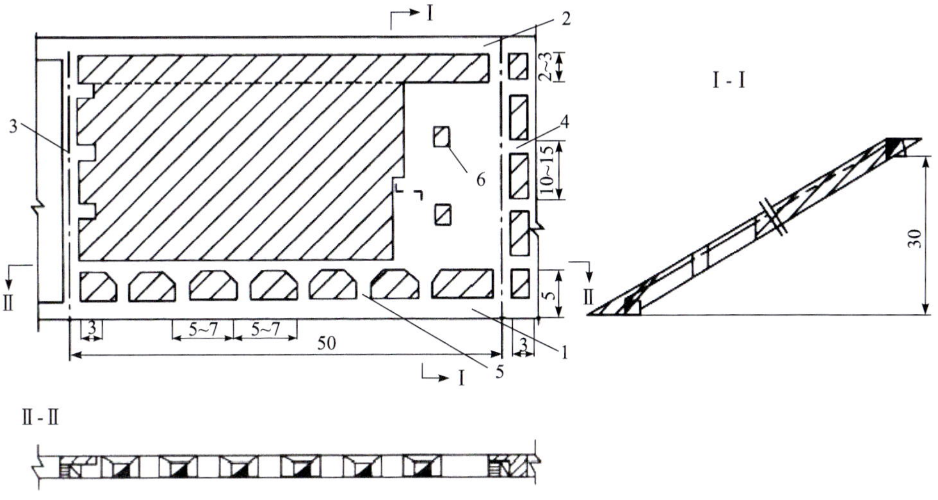

图1-4 典型全面采矿法

1. 运输平巷；2. 回风平巷；3. 天井；4. 天井联络道；5. 漏斗；6. 不规则矿柱，图中标尺数值对应单位为m

全面采矿法优点：采准工程量小，回采工序简单，能适应矿体形态、品位及倾角的变化，灵活性大，对于矿体变厚的地段，可以采用分层开采的方法，对于矿体倾角变陡的地段，可以采用留矿全面采矿法，品位低的部位可留作矿柱。

全面采矿法缺点：一般采用浅孔落矿，使用电耙进行采场矿石运搬，采场生产能力低，劳动强度大，回采率低。有些矿山为了提高回采率，采用人工矿柱进行置换，也取得不错的经济效益。

全面采矿法这一最古老的采矿方法一直沿用至今，其生命力就在于方法本身具有采准工程量小、回采工序简单、灵活性大的优势。对于中小型矿山，全面采矿法仍然是一种重要的采矿方法，其发展的特点，在国内是立足于气腿式凿岩机和电耙，因地制宜地创造多种变形方案，在国外则是采用无轨设备提高采场生产能力和劳动生产率，并扩大其应用范围，具体表现如下：

a）采用无轨设备，包括凿岩台车、铲运机、锚杆台车等，由于这些措施，在国外单层开采的矿体厚度已提高到 7.5～9 m，逐渐扩大应用范围。

b）采用锚杆、锚杆金属网、锚索、预注浆等支护技术加固顶板，保证作业安全。

c）与留矿法相结合用于倾角较陡的矿体，形成留矿全面法。

d）与崩落法相结合形成崩落全面法，用于顶板欠稳固的矿体。

e）采用人工矿柱或嗣后回收矿柱。

ii）房柱采矿法。

房柱采矿法实质上是全面采矿法的变形方案，要求留规则矿柱，其形状通常为方形、矩形或圆形。如果矿石品位分布不均匀，往往将贫矿部分留设为矿柱，逐步变形为全面采矿法。

房柱采矿法的适用条件：倾角 30°以下的缓倾斜矿体，矿岩稳固，或用锚杆支护顶板能保证安全，顶板与矿体接触线平整为最好。对矿体厚度的限制不严格。如果磷矿石品位很高，或者顶板岩石稳固性差，则宜改用条带形矿柱（即矿壁），矿房采完填充后再回采矿柱，即变成两步骤回采的充填采矿法。

根据所采矿体厚度的不同，房柱采矿法可分为整层回采和分层回采两种。国外，在采用凿岩台车、撬毛台车、锚杆台车、LHD（铲运机）和自卸汽车的条件下，整层回采的高度可达 8～10 m；在采用气腿式凿岩机和电耙出矿条件下，整层回采的高度则限制在 3～4 m 以内。分层回采一般是顶层超前，并用锚杆或锚网支护顶板，工人能在较安全的顶板下工作；也有采用底层超前（即拉底），在留矿堆上进行上层凿岩的矿山，除非矿岩十分稳固，否则此种方法安全性较差。采用不同的装备，采矿方法的效率差别很大，详见表 1-3。

表 1-3　不同装备水平房柱采矿法的生产效率

房柱采矿法类型	凿岩设备	出矿设备	采场生产能力/（t/d）	工作面工人劳动生产率/（t/工班）
普通房柱法	气腿式凿岩机	电耙	50～80	5～10
中深孔落矿房柱法	YG-80、YZ-90 配台架	电耙	150～250	12～15
无轨设备房柱法	双机液压凿岩台车	LHD 及自卸汽车	>1000	50～70

进入 20 世纪 70 年代以来，随着无轨自行设备的推广以及锚杆支护和充填技术的发展，开采水平和缓倾斜矿床的房柱采矿法在变革中出现了许多新型回采方案。例如，由于大直径高风压地下潜孔钻机和地下牙轮钻机研制成功以及下向深孔球状药包爆破理论的发展，1973 年末，加拿大首次在列瓦克（Levack）镍矿使用了下向深孔球状药包爆破阶段矿房法（VCR 法）；长锚索加固岩体技术的应用，扩大了房柱采矿法在破碎矿岩体开采中的应用等。

2）崩落采矿法。

崩落采矿法的特点是连续回采，在覆盖岩下放矿，以崩落覆岩充填采空区管理地压。按照目前应用情况，这种采矿方法分为三大类，即壁式崩落法、分段崩落法和自然崩落法。总体讲，崩落采矿法属低成本、高效率的大规模采矿方法，在中国各类矿山中都有应用，以金属矿为多。这种方法对矿体赋存条件、矿岩稳固程度具有广泛的适用范围，如上盘围岩、覆盖岩层能成大块自然冒落最为理想。采用这种方法要求地表允许崩落，在矿体上部无有用矿物，无较大的含水层和流沙，矿石不会结块、自燃，品位不高，允许相对较高的贫化和损失。

崩落采矿法技术发展很快，主要原因在于以下几个方面：

a）采矿设备趋于无轨化、液压化、大型化。

b）厚大矿体的分段崩落法逐渐扩大结构参数，分段高度 × 进路间距从过去通常采用的 12 m × 15 m 发展到(15～18)m × (20～22.5)m，进路间距大于分段高度。

c）随着岩石力学研究的进展、大型铲运机和计算机的应用，扩大了自然崩落法的应用范围。20 世纪 60 年代以前，自然崩落法只能用于松软破碎的矿岩，现在采用自然崩落法的矿山的矿体，多属于较坚硬稳固的特大型矿床。

鉴于磷矿床赋存特点及目前磷矿山使用采矿方法的现状，现有磷矿床赋存条件不适合自然崩落法的条件，最常用的为无底柱分段崩落法、有底柱分段崩落法两种采矿方法。例如，河北矾山磷矿、锦屏磷矿、汉中茶店磷矿都使用有底柱分段崩落法。

i）无底柱分段崩落法。

将矿块划分分段，在分段回采进路中进行落矿、出矿等回采作业，不需要开掘专用的出矿底部结构；崩落矿石在崩落围岩的覆盖下放出。按矿块出矿装运设备的不同，分为无轨运输方案和有轨运输方案。无轨运输方案采用的出矿设备是自行的柴油铲运机、电动铲运机或气动装运机；有轨方案采用的出矿设备是装岩机和翻斗矿车或电动自行矿车。目前，国内外大多数矿山都采用无轨运输。典型方案如图 1-5 所示。

无底柱分段崩落法具有安全性好，各项回采作业都在回采巷道中进行，二次破碎比较安全；矿块结构与回采工艺简单，容易标准化，易于使用高效率的大型无轨设备；机械化程度高；可剔除夹石或进行分级出矿。

但是回采巷道通风困难，这是由于回采巷道为独头作业，无法形成贯通风流；矿石损失与贫化大，这主要是由于每次崩矿量小，放矿时矿岩接触面大；若采用装运机出矿，由于受到装运机出矿效率的限制，其采矿强度不如有底柱分段崩落法大。

无底柱分段崩落法发展趋势主要表现在以下方面：

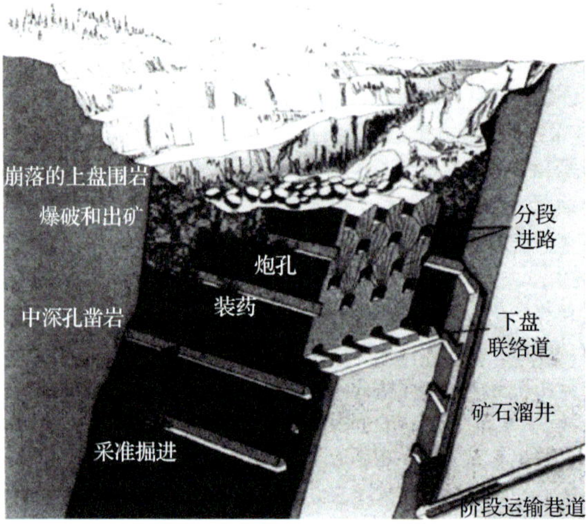

图 1-5　典型的无底柱分段崩落法简图

a）结构参数增大。随着凿岩、出矿设备的不断改进，无底柱分段崩落法在分段高度、进路间距、巷道宽度等结构参数上显著增大。分段高度 × 进路间距从过去通常采用的 12 m × 15 m 发展到(15～18)m × (20～22.5)m，进路间距大于分段高度。

b）采矿设备趋于大型化、无轨化、液压化。大型设备的应用具体表现在出矿设备铲运能力不断增大，现阶段出矿铲运机最大载重达 25 t。增大设备能力的目的是提高出矿强度，增加生产规模，降低综合成本。大设备必须和每班出矿量相匹配，即同时与合理运输距离、合理分担进路条数、合理一次爆破量相匹配。

c）增大一次爆破量。增大一次爆破量的好处是减少凿岩、装药、爆破、出矿的循环次数，从而减少不同生产环节之间的衔接对生产的影响。

d）低贫损少采掘的变形方案。为了降低无底柱分段崩落法的矿石损失和贫化指标以及减少采掘工程量和回采凿岩爆破工作量，出现了多种变形的布置方式和放矿形式，如分段留矿法和自然崩落法结合的方法等。分段高度和进路间距也不是保持不变，而是根据各分段的作用不同采用不同的参数。

e）远程遥控生产。无底柱分段崩落法是较容易实现自动化采矿的方法，部分生产环节已经实现自动化作业，如阶段运输、凿岩、出矿等。瑞典基律纳铁矿已经实现地面遥控采矿，真正做到工作面无人采矿。

ii）有底柱分段崩落法。

有底柱分段崩落法是在每个分段形成底部结构，在其上崩落矿石，随着矿石放出，矿石顶板、围岩逐渐崩落的一种采矿方法。按爆破方向分为垂直落矿方案、水平分层落矿方案、联合落矿方案。按爆破补偿空间分为挤压爆破方案和自由空间爆破方案。传统的有底柱分段崩落法多以电耙出矿为主。典型方案如图 1-6 所示。

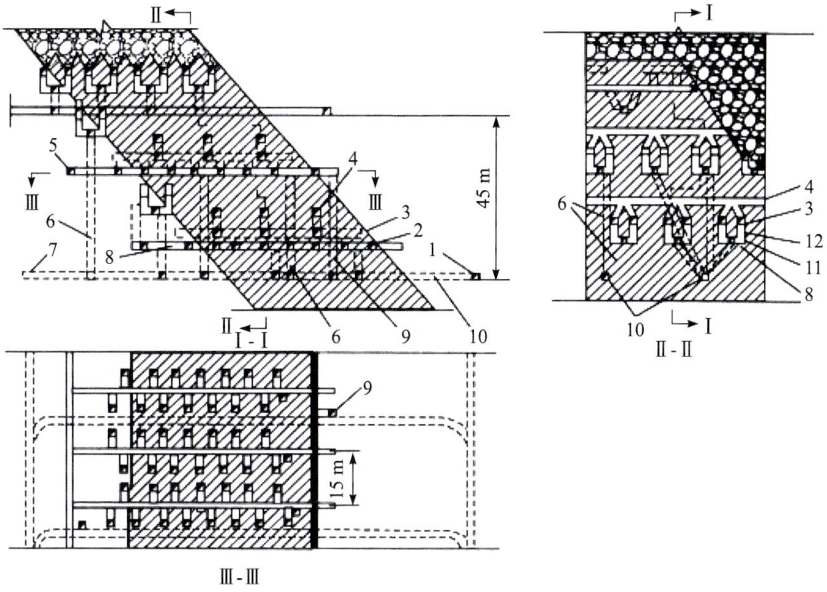

图 1-6 有底柱分段崩落法

1. 上盘阶段运输平巷；2. 上盘电耙联络道；3. 堑沟巷道；4. 凿岩巷道；5. 下盘电耙联络道；6. 矿块出矿小井；7. 下盘阶段运输平巷；8. 电耙道；9. 人行材料井；10. 阶段穿脉运输平巷；11. 斗穿；12. 漏斗颈

有底柱分段崩落法具有不同的回采方案，能够适应多种地质条件变化，具有一定的灵活性；开采强度大，生产安全可靠；若采用电耙出矿，设备简单、易于操作和维修；矿块存窿矿石多，有利于矿山均衡生产；设有专用进、回风道，通风效果好。

但是有底柱分段崩落法存在矿块底部结构复杂，采准比大，采用电耙出矿时上水平掘进效率低，管理跟不上易造成采掘失调；底柱巷道多，对底柱稳固性有影响，电耙道等维护工作量大；放矿管理比较复杂，若采用电耙出矿，难以实现控制放矿。

除崩落采矿法一般适用的条件外，采矿方法还包括下述条件：厚度大于 5 m 的急倾斜矿体或任何倾角的厚和极厚矿体；矿体形态不太复杂，含夹石量不多，不需要分采；矿石在出矿过程中不结块、不自燃。

（2）充填采矿法

充填采矿法也是一种比较古老的采矿方法。充填是指用适当的材料，如废石、碎石、河砂、炉渣或尾砂等，把地下采矿形成的采空区进行回填的作业过程。充填的作用除用来防止采矿引起的岩层大幅度移动、地表沉陷外，在充分回收矿产资源特别是高价值和高品位矿石、保护生态和环境以及矿业可持续发展方面日益显示出重要的作用，对深井开采和极复杂矿床开采业也具有重要意义。因此，充填采矿法的占比呈不断增长趋势。

在 20 世纪 30 年代之前，充填采矿法还只是采用干式充填。1933 年加拿大诺兰达公司的 Horne 矿利用粒状炉渣和脱泥尾矿再加入磁黄铁矿混合形成充填材料，磁黄铁矿的氧化作用把尾砂和炉渣胶结在一起，可以在其中掘进巷道而无须支护，这一尝试揭开了胶结充填的序幕。Sullivan 矿利用地表砾石、掘进废石、重介质和硫化物尾砂组成胶结充填材料成为另一种尝试。库兹巴斯煤田利用低标号混凝土充填以提高回采率和消除内因火灾，是又一种尝试。但是这些尝试由于在使用过程中遇到种种问题，都未能推广应用。

胶结充填技术对金属矿山地下开采产生了巨大影响，使不少复杂的技术难题从此找到了解决途径。采用胶结充填技术，可以在一定程度上控制地压，对深井开采减缓岩爆威胁具有重要意义。此外，胶结充填技术与大型无轨设备相结合，使古老的充填采矿法面貌焕然一新，开始进入高效率采矿方法的行列。某些采用分层充填法的先进矿山，劳动生产率已达到 50 t/工班，盘区生产能力达到 800～1000 t/d。

非胶结充填的充填料主要是利用分级尾砂，分级界限为 20～37 μm，多数采用后者，达到至少 10 cm/h 的渗透率，也有少数实例采用河砂、风化砂、棒磨砂作为充填料，加水泥后便成为胶结充填料。非胶结充填料的输送为遵循两相流理论的水力输送，输送流速必须大于临界流速。

中国充填工艺技术，经历了废石干式充填、碎石混凝土胶结充填、分级尾砂水力充填和胶结充填、高浓度棒磨砂或分级尾砂胶结充填、全尾砂膏体胶结充填（包括各种固化剂代替水泥作胶凝剂）的发展过程。

在 20 世纪 50 年代初期，废石干式充填采矿法曾经是中国主要的采矿方法之一，1955 年在有色金属矿床地下开采中占 38.2%，在黑色金属矿床地下开采中达到 54.8%。但随着回采技术的发展，废石干式充填因效率低、生产能力低和劳动强度大，已满足不了生产要求。因而，自 1956 年开始，国内干式充填法所占比例逐年下降，到 1963 年在有色矿山担负的产量仅占 0.7%，处于被淘汰的地位。

1965 年，锡矿山南矿开始为了控制大面积的地压活动，首次采用了尾砂水力充填工艺充填采空区。1973 年焦家金矿开始采用立式沙仓分级尾砂胶结充填料浆水力输送工艺的上向分层充填法，随后铜绿山铜矿、招远金矿、新城金矿和凡口铅锌矿等矿山也都应用了类似的充填工艺，到 20 世纪 80 年代以后已有数十座矿山广泛推广采用立式沙仓分级尾砂胶结充填工艺技术。

1975 年金川镍矿与冶金工业部有色冶金设计总院、冶金工业部长沙矿山研究院开发了戈壁集料棒磨砂高浓度胶结充填技术，使中国在高浓度充填方面居于国际前列。后来安庆铜矿等矿山在此基础上又发展了高浓度分级尾砂胶结充填技术。

20 世纪 90 年代初，金川镍矿、凡口铅锌矿、招远金矿等矿山开始了全尾砂充填的试验研究工作。1991 年，金川镍矿率先引进了全尾砂膏体充填技术，进行了膏体充填的工业试验，并建成了相应的充填系统。1992 年在铜绿山铜矿建成了中国第二套膏体充填系统。2006 年云南会泽铅锌矿引进的深锥浓密机制备膏体充填料的系统建成投产。在此期间，几种取代水泥作胶凝材料的固化剂专利技术研究成功，并在大红山铜矿等生产中得到应用。

1）充填采矿法适用范围。

i）矿石和围岩破碎、稳固性较差、品位较高的富矿体。

ii）稀有、贵重金属矿床。

iii）矿体形态变化较大，很不规则，分枝复合现象严重，含夹石多的矿床。

iv）地表有建筑物、铁路、公路、水体、农田、果园、村庄等需要保护，地表不允许陷落。

v）露天地下联合开采，露天开采需要安全保证。

vi）有发热、自燃、火灾、放射性等危害的矿床。

vii）地压较大、赋存深度较深的矿体。

viii）矿体垂深很大，需在垂直方向上分数个区段同时开采的矿床；因某种原因，需从下而上回采的矿床。总的来说，充填采矿法的适应条件很广，但它的种类很多，选择哪种充填法取决于矿体的稳固性和矿体产状。

2）充填采矿法的分类。

充填采矿法一般根据矿岩稳固性、矿体几何形态及空间赋存特点，按照采场构成要素、采场布置形式、回采作业顺序、采矿工艺等特点进行划分，主要可分为分层充填法、进路充填法、壁式充填法、削壁充填法、分段充填法、嗣后充填法。充填采矿法的分类及适用条件见表 1-4。

表 1-4 充填采矿法分类及适用条件

充填采矿法分类		矿岩稳固性	赋存条件
分层充填法	上向分层充填法	矿体稳固，围岩不稳固	倾斜、急倾斜，中厚、厚矿体
	上向分层点柱充填法	矿体中等稳固，围岩不稳固	倾斜、急倾斜，中厚、厚矿体
进路充填法	上向进路充填法	矿体不稳固到中等稳固，围岩不稳固、稳固	倾斜、急倾斜，薄到极厚矿体
	下向进路充填法	矿体极稳固，围岩不稳固到稳固	倾斜、急倾斜，薄到极厚矿体
壁式充填法		矿体极不稳固到不稳固，围岩不稳固到稳固	缓倾斜、薄矿体
削壁充填法		矿体不稳固到稳固，围岩不稳固到稳固	缓倾斜到急倾斜，极薄矿体
分段充填法		矿体不稳固到中等稳固，围岩不稳固到稳固	倾斜、急倾斜，中厚、厚矿体
嗣后充填法	分段空场嗣后充填法	矿体极稳固，围岩不稳固到稳固	倾斜、急倾斜，中厚到极厚矿体
	VCR 法	矿体稳固，围岩稳固	急倾斜，中厚到极厚矿体
	大直径深孔空场嗣后充填法	矿体稳固，围岩稳固	急倾斜，中厚到极厚矿体

（3）磷矿地下采矿新技术

1）多层磷矿体并层落矿回采工艺。

针对磷矿层间连续分布的特点，将矿体整层爆破落下，这样可采用大规模的采矿方法，极大地提高生产能力和采矿效率，大幅度降低采矿成本。该工艺具有资源回收率高、采矿效率高、采矿成本低、采矿安全等突出优点。

2）多层磷矿体选别回采工艺。

在对富矿有特殊要求或围岩夹层较厚的情况下，可先将富矿层采出，用中深孔或浅孔将其顶底板的中低品位的矿体合并落下。该工艺在具有上述优点的同时，还具有出矿品位高、高低品位分出的优点，可适用于对高品位产品的需求。

3）磷矿体采空区废料充填采矿技术。

采场回采结束后，利用掘进或地表废石充填采空区。废石回填采空区，可降低废石运输成本、提高采矿安全性，并可有效防止地表的陷落与污染。

2. 磷矿露天开采

露天矿开采工艺和技术，与所使用的设备有密切的关系。设备大型化和多样性成为大型露天矿装备的发展趋势，爆破器材和起爆方式也有了很大的变化。

中国露天磷矿生产总体特点是大型的少，中、小型居多，山坡露天或上部为山坡露天，下部为凹陷露天多，剥采比一般较小，单一的公路开拓汽车运输方式占主导地位。

（1）露天开采主要生产环节

1）露天矿开采一般顺序。

为加速开发大型露天矿，矿区的开发大多在全面规划的基础上，结合矿山基本条件，选择建设条件好、品位高、剥采比小的地段作为首采区，然后分期分区进行开采，以达到初期基建工程量小、投资省、建设周期短和见效快的目的。例如，昆阳磷矿，全区长达5.1 km，按照分区开采的原则，首先集中资金和力量开采一、二采区，以后依次开发三、四采区。类似昆阳磷矿开发原则的还有海口磷矿、晋宁磷矿和瓮福磷矿等许多露天矿。

2）开拓系统。

中国露天磷矿采用以汽车运输为主的开拓系统，这是由资源特点、矿体的赋存状态以及其他条件所决定的。以云南、贵州的露天磷矿为例（该地区是中国露天磷矿集中地），其基本情况如下：

i）开采水平在当地侵蚀基准面以上，大多为山坡露天矿，矿区生产规模不大，矿、岩运距不长。

ii）矿区内地形切割甚烈，沟壑多。

iii）在开采工艺上，要求按矿石品级、品种出矿，需要在采场内进行分采分选。

iv）矿体产状较缓，矿体一般为薄至中厚，开采推进速度快。

根据这些特点，采用单一的汽车开拓运输系统，能够充分发挥汽车的机动、灵活、适应性强的特点。单一汽车开拓运输系统不仅具有投资少、建设速度快、运距短、经济效益较好的优点，而且在由小到大逐步扩大生产能力方面，较为方便、灵活。

3）穿孔爆破。

穿孔爆破作业是露天矿第一道生产工序。微差爆破、挤压爆破、孔内微差爆破、大爆区微差爆破等技术在露天矿得到很好的应用，解决了难爆矿岩的破碎块度和爆破减振问题。新型炸药及爆破器材不断问世：铵油炸药及各种衍生含水炸药，如防水浆状炸药、水胶炸药、乳化炸药以及硝酸型液体炸药；新的爆破器材层出不穷，如毫秒继爆管、电雷管、塑料导爆索起爆系统、气体传爆管起爆系统等新型爆破器材的使用，对提高爆破精度、改善爆破质量、加强爆破安全等都有重大的影响。

当前中国矿山炸药使用乳化炸药约占40%，多孔粒状铵油炸药约占45%，其他如铵梯炸药、粉状铵油炸药、铵沥蜡炸药、铵松蜡炸药等约占15%，主要在地方中小型矿山使用。乳化炸药是指用乳化技术制备的油包水（W/O）乳胶型抗水工业炸药，经过几十年的研究发展，实现了产品的系列化、制造的连续自动化和使用的机械化。乳化炸药成为目前适用范围和适用条件最广的工业炸药。多孔粒状铵油炸药由硝酸铵和燃料油混合制成，其制造方法和过程都比较简单且容易实施，易于装药，非常适合在露天矿开采中的干孔爆破作业。乳化铵油炸药（即重铵油炸药）是乳化基质与多孔粒状铵油炸药按一定比例进行物理混合的炸药，利用不同的掺和比例调节乳化铵油炸药的爆炸性能。利用乳化铵油炸药体积威力大的特点，可克服大抵抗线且能破碎坚硬矿岩；可以调节乳化铵油炸药的黏度，适宜采矿爆破中的压气装药。实践证明，压气装填乳化铵油炸药，返药少、粉尘低、爆破效果好、爆破后有毒气体含量少。这三种炸药是目前原材料和制造成本最低廉的工业炸药，其流动性或松散性好，计量准确，非常适合机械化生产和作业。

4）铲装与运输工艺。

由于露天矿开采深度不断增加，最大深度已超过 800 m。利用电铲、铁路和汽车运输的现代间断工艺，已不能保证开采强度和整个采矿效率所要求的增长速度，于是出现了包括以移动式破碎站和胶带运输为主体的间断-连续运输工艺，并得到推广。按照矿岩运输方式的不同，间断-连续运输工艺主要有四种典型的工艺系统：①汽车-胶带运输机-铁路运输[图 1-7（a）]；②汽车-胶带运输机运输[图 1-7（b）]；③胶带运输机运输[图 1-7（c）]；④汽车-重力-胶带运输机运输[图 1-7（d）]，它们都带有破碎机，否则大块矿石无法进入胶带运输机。

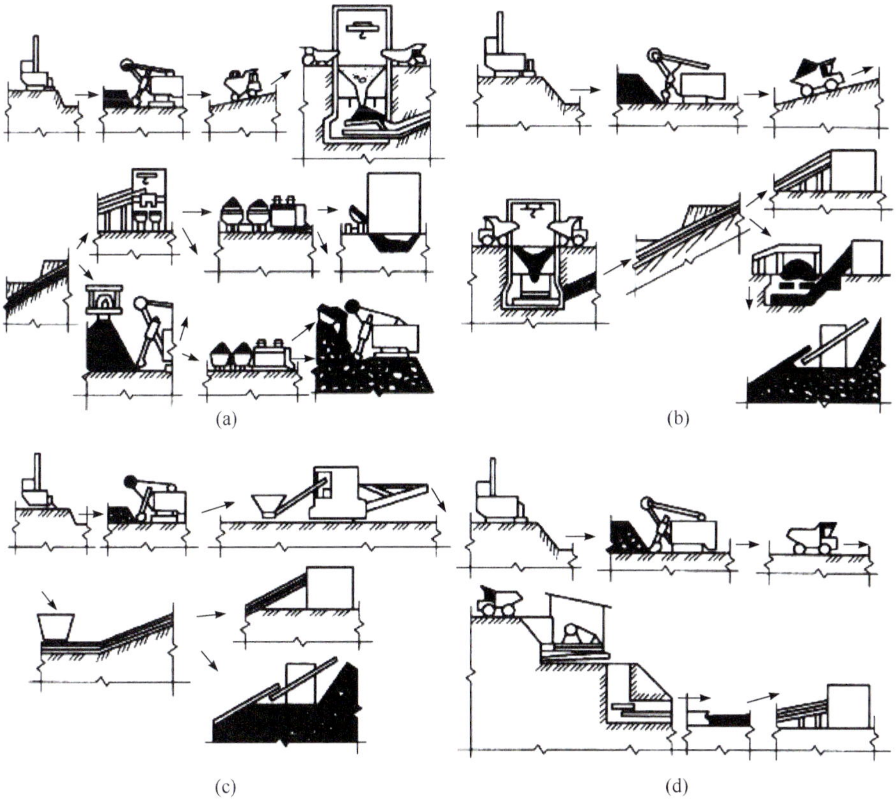

图 1-7　采用不同运输方式的间断-连续工艺系统

（a）汽车-胶带运输机-铁路运输；（b）汽车-胶带运输机运输；（c）胶带运输机运输；（d）汽车-重力-胶带运输机运输

间断-连续运输系统不仅技术可行、经济合理，而且具有良好的节能、环保特点。发挥这些优越性的关键是要有大型汽车、可移式破碎站和胶带输送机，特别是大倾角胶带输送机，而且要合理选型，以及要采用从间断环节到连续环节的最佳配套工艺。

5）排土。

世界露天矿每年要剥离废石的总量约 300 亿 t。国外大型露天排土场，每百万立方米废石要占地 2～3 hm²。美国矿山全年排弃的废石量约 25 亿 t，总计占地 8 万 hm²，其中排土场占地 4.8 万 hm²，是矿山企业占地总面积的 56%。据估计，一个露天矿排土场地面积是全矿占地面积的 40%～55%，这个数字是相当可观的。因此，当今露天矿都在采用增加排土场高度来减小占地面积。有条件的矿山一般都将价值不大的土地（或天然沟谷，或报废矿坑），作为排弃废石的排土场。并且尽量利用报废露天坑作为内部排土场，其深度常达 100～150 m 或更深。由于利用电铲、索斗铲、推土机排土，排土场的台阶增高了。实践证明：最终高度比原设计大 1～4 倍。

近年来，在研究排土场堆置技术上做了很多工作，主要有：①采用频繁移动排土设备，堆置高效率的单台阶高排土场，以代替占地面积大和运费高的多台阶排土场；②为了使排土场的岩石以后可供其他用途，采用了不同岩石的分别堆置，可以将多种岩石分别堆置在一个排土场和按岩石类型单独堆积在几个排土场；③采用铁路运输和机动设备排土的倾斜分层排土方法，具有很好的推广前景；④排土工艺中的一个发展方向，是朝向允许变形条件下的排土工艺方案过渡，当排土场上部平台产生超过 20 cm/d 的位移时，将排土工作转移到备用区段进行，直到排土区段的岩石变形停止；⑤能控制排土场变形的排土方法，是最有前途和效益的方法；⑥在多数情况下，利用露天采空区堆置剥离的岩石是合理的。

露天矿的生产工艺比地下矿要简单，过去一向被忽视，直到近几十年来才为人们所关注，在爆破、高台阶、陡帮、运输工艺、废石场等方面，都取得了较好的成绩。目前的焦点是深凹露天开采工艺问题，这是一项综合性的技术，需要应用许多新的科学技术，对进一步发展露天开采将会有所促进。

（2）露天磷矿采矿方法

中国露天磷矿开采的矿体多为缓倾斜、倾斜薄至中厚矿体，有的还有夹层。由于倾角缓、斜面长、机械铲采装时难以充分发挥设备效能，在开采过程中又残留了三角矿柱，矿石的损失贫化率增大。为此，通过长期的生产实践，总结出以下两种较为有效的叠剥开采方法。

i）倾斜分层采矿。

该法适用于倾角近似水平的矿床，如云南磷化集团有限公司海口磷矿，矿体四周被冲沟切割，基本上出露地表。覆盖层像馒头状覆于矿体上，中间厚，周边薄。一般为 0～25 m。矿体倾角 4°～8°，有上、下两层矿，上层矿平均厚度 7.88 m，下层矿平均厚度 4.1 m，中间夹层厚度 9.8 m。平均剥采比 1.4 m³/t。根据上述特点，剥离采用了台阶为 10 m 的水平分层，采矿沿矿体底板倾斜分层自下而上推进的叠剥开采方法。先采上层矿，次是夹层和下层矿（图 1-8）。

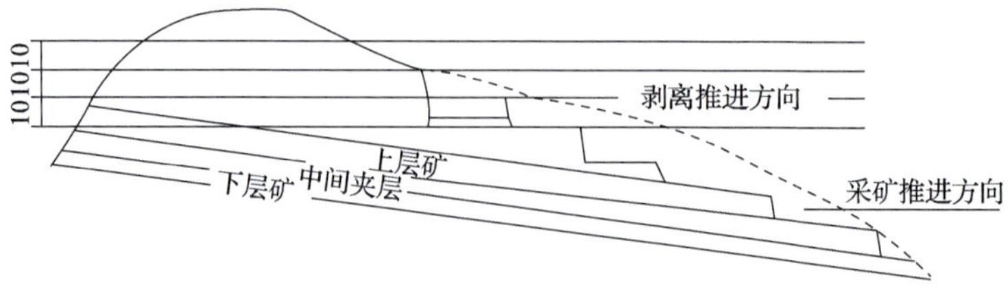

图 1-8 倾斜分层采矿方法

图中数值单位为 m

这种开采方法，只有当剥离物出现“三角体”时需要用推土机集堆处理，所以采掘设备效率较高，贫化率和损失率小于 5%。

ii）水平分层采矿。

该法适用于缓倾斜矿床开采。例如，昆阳磷矿，矿体倾角上陡下缓，平均 15°，共有两层矿，中间有一定厚度的夹层。针对倾斜缓、台阶斜面长、夹层薄但必须剔除的特点，采用了水平小分层开采方法，即将 10 m 台阶划分为 2.5 m 高的四个小台阶，分别按上层矿、夹层和下层矿由上而下依次采装，夹层及残留的“三角矿体”则用推土机分别集堆后采装。如图 1-9 所示，该法的优点是矿石的损失率和贫化率均小（小于 5%），但采装设备的效率甚低。

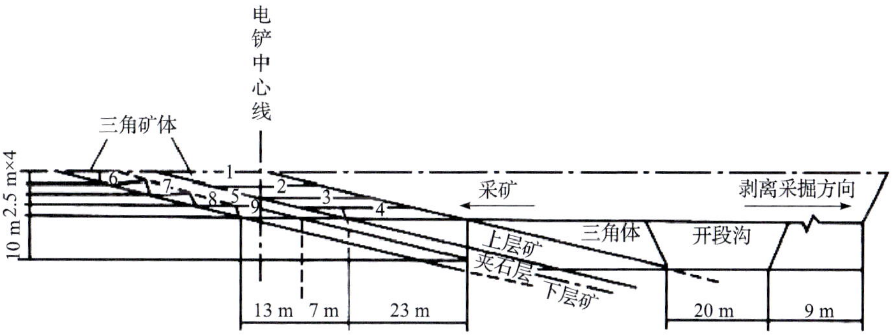

图 1-9　水平分层采矿方法

1.3.3　磷资源的有效利用

1. 国外磷矿资源开发利用情况

全球磷矿石生产能力见表 1-5。目前全球高品位磷矿主要集中在北非、中东、西非等地区，其磷矿 P_2O_5 品位均高于 20%。与国外相比，中国的磷矿以低品位磷矿居多。中国磷矿生产过程中平均给矿 P_2O_5 品位大约为 19.4%，略低于全球平均水平。虽然入选磷矿 P_2O_5 品位低，但中国的磷矿选矿回收率高达 89.97%，远高于全球的平均水平 63.01%。这主要是由于中国磷矿通常采用洗矿富集再加各种浮选流程，大大提高了磷矿的回收率，表明中国磷矿开发利用技术指标达到世界领先水平。

全球另外两个重要磷矿产区美国和北非（主要为摩洛哥）与中国相比，磷矿回收率整体偏低。这主要是因为：美国磷矿（以佛罗里达州磷矿区为例）黏土含量比较高，开采出来的磷矿原矿经过破碎—筛分—洗矿和筛选—选矿之后，尾矿中仍存在相当大比例的细粒磷矿。由于黏土矿物等杂质存在，这部分磷矿再次利用难度较大，无论是从环境上还是从经济成本上都是不划算的，因此该地区的磷矿选矿回收率低。北非（主要为摩洛哥）地区磷矿资源丰富，主要为沉积型矿床，磷矿品质优异，目前开采的 P_2O_5 品位基本都在 30%以上。高品位磷矿开采出来之后直接经过洗选脱泥处理后便作为精矿出售，品质差磷矿石未经浮选等工艺就直接作为尾矿丢弃，因而该地区磷矿回收率整体偏低。近年来，摩洛哥地区正在新建及扩产的洗选厂也逐步增加了中低品位磷矿的浮选工序，预计未来该区磷矿回收率将会逐步提高，加上该区的开发规模正在逐步扩大，预计其生产成本也将进一步降低。

表 1-5　世界磷矿石生产能力　（单位：万 t）

国家或地区	2007 年	2008 年	国家或地区	2007 年	2008 年
美国	29700	30900	俄罗斯	11000	11000
澳大利亚	2200	2300	塞内加尔	600	600
巴西	6000	6000	南非	2560	2400
加拿大	700	800	叙利亚	3700	3700
中国	45400	50000	多哥	800	800
埃及	2200	3000	突尼斯	7800	7800
以色列	3100	3100	其他	8110	10800
约旦	5540	5500	世界总计	156410	167000
摩洛哥和西撒哈拉	27000	28000			

磷矿石产量超过 1000 万 t 的国家有 4 个，分别是：美国 3532.8 万 t，占全球总产量的 24.6%；摩洛哥 2667.5 万 t，占 18.6%；中国 2617.4 万 t，占 18.2%；俄罗斯 1134.6 万 t，占 7.9%。四国合计矿石产量 9952.3 万 t，占全球磷矿石总产量的 69.3%。全球磷矿石生产相对集中，详见表 1-6。

表 1-6　世界磷矿石产量　（单位：万 t）

国家或地区	磷酸盐岩			折 P_2O_5		
	2002 年	2003 年	2004 年	2002 年	2003 年	2004 年
阿尔及利亚	74.1	89.8	80.5	22.0	26.7	23.7
澳大利亚	207.5	221.8	210.0	49.9	53.3	50.9
巴西	502.7	525.2	568.9	178.7	187.0	204.4
加拿大	100.4	98.1	106.4	36.4	35.3	39.0
中国	2300.6	2447.0	2617.4	690.2	734.1	785.2
埃及	155.0	218.3	221.9	46.5	64.5	64.7
芬兰	80.0	80.0	83.8	29.0	28.5	30.6
印度	124.0	106.2	125.0	38.4	32.7	38.7
以色列	346.8	320.8	294.7	108.5	99.5	91.4
约旦	717.9	676.3	622.3	232.2	218.1	199.0
哈萨克斯坦	119.8	126.0	169.9	27.7	28.2	39.0
摩洛哥	2302.8	2333.8	2667.5	734.1	742.4	850.7
俄罗斯	1076.3	1105.0	1134.6	413.5	423.7	432.4
塞内加尔	155.2	176.3	175.4	52.8	59.9	61.5
南非	291.3	291.9	285.6	110.5	111.0	108.1
叙利亚	248.3	241.4	288.3	75.6	73.2	87.1

续表

国家或地区	磷酸盐岩			折 P_2O_5		
	2002 年	2003 年	2004 年	2002 年	2003 年	2004 年
多哥	128.1	147.1	111.5	46.1	53.0	41.8
突尼斯	756.6	789.0	805.0	227.0	236.7	233.5
美国	3620.0	3406.5	3532.8	1066.4	1003.0	1037.5
其他	295.1	247.1	256.7	89.3	74.0	77.6
世界合计	13602.5	13647.6	14358.2	4274.8	4284.8	4496.8

美国磷矿主要分布在佛罗里达和北卡罗来纳两州，其浅部的磷矿只需要简单的采洗就可以得到合格的磷精矿，深部磷矿的质量变差，MgO 含量明显升高，这限制了美国开发自己的资源。佛罗里达州是美国最大的磷矿生产区，占国内生产量的 75%，占世界总产量 20%。事实上，美国最有经济意义的磷矿床和生产矿山大多集中在该州中部地区，主要位于哈迪、希尔斯伯勒、马纳蒂、波尔卡 4 个县。在这里，嘉吉化肥公司、CF 实业公司、IMC 磷矿公司三大磷矿生产企业，共有 7 座生产矿山。在该州东北地区还有一座重要的磷矿山，位于汉密尔顿县，由 PCS 磷矿公司经营。

摩洛哥是世界磷矿资源最为丰富的国家之一，磷块岩资源开发也是它最重要的经济支柱之一。全国现有 4 座矿山，分别是本杰里尔（Benguerir）、布克拉（Boucra）、胡里卜盖（Khouribga）、优素菲耶（Youssoufia），全部由摩洛哥磷酸盐公司（OCP）垄断经营。经过与世界主要磷肥生产和消费国家的广泛洽谈与合作，不但在生产和销售领域取得了较大进展，而且还走出了低迷状态，步入了稳定发展的新阶段。

独立国家联合体是世界第四大磷矿石生产区。该地区磷矿生产主要集中于俄罗斯、乌兹别克斯坦和哈萨克斯坦 3 个国家，2004 年三国合计磷矿石产量约 1344.5 万 t，占世界约 9.4%，折合 P_2O_5 约为 481.6 万 t，占世界约 10.7%。

2. 国外磷矿资源开发利用策略

磷矿石主要用来制造磷肥、黄磷、磷酸以及磷酸盐等产品，目前全球约 80%以上的磷矿石用来制造含磷肥料，全球磷肥消费量决定磷矿石的消费量。矿石生产大国均已经实现了高集中度。摩洛哥的磷资源开采基本由其国有企业 OCP 一家控制，OCP 建设 400 万 t 磷铵产能，减少矿石出口；约旦国内磷矿石的生产主要由其国企 Jordan Phosphate Mines 有限公司控制。

过去国际磷矿工业以磷矿石进出口为主。磷矿石生产者将磷矿石运输到主要化肥市场和其他原材料所在地进行加工，大部分产品就地销售，节省了大量的运输费用，只有少部分产品返销到原料提供地。从 1992 年开始，发展中国家的化肥消费数量已经开始超过发达国家，国际化肥市场重心发生了转移。据 IFA（国际肥料工业协会）统计，2012 年发达国家的化肥消耗量在世界所占比例明显下降，约为 30%，发展中国家的经济迅速发展，化肥消耗量占比迅速提升，占世界总消耗量的 70%。

虽然世界化肥消费重点已经从发达国家转向发展中国家，世界上最大的磷矿出口国家美国和摩洛哥不断减少磷矿出口，取而代之的是增加了磷酸和磷肥的出口，美国和摩洛哥对磷矿的开发利用政策发生了改变。

1）美国用磷铵出口取代磷矿石的出口，并且逐渐加大磷矿石进口数量。20 世纪 70～80 年代美国磷矿石出口占产量的 1/4，但是到 90 年代美国逐渐停止了磷矿石的大量出口，而磷铵的出口数量却从 100 万 t（P_2O_5）左右增长到 400 万 t（P_2O_5）以上，出口结构的变化带来了直接的经济效益。1980 年出口 428 万 t 磷矿石（P_2O_5），创汇 4.3 亿美元，折 1 t 磷矿石中 P_2O_5 平均只有 100 美元，而 2000 年出口 403 万 t 磷铵（P_2O_5）（当时的价格为 140 美元/t），创汇达到 12.3 亿美元，折 1 t 磷铵中 P_2O_5 价格达到 300 多美元。20 世纪以来美国逐渐加大磷矿石进口量，2004 年已经达到 251 万 t。美国采取逐渐增加进口磷矿石的策略，一方面是为了保护国内磷矿资源，延续国内磷复肥产业的发展；另一方面是为了节省成本，利用摩洛哥廉价的磷矿生产高附加值的磷铵进行出口。

2）摩洛哥在保持磷矿出口世界第一的同时，积极发展磷复肥产业。磷矿开采是摩洛哥政府矿产的支柱产业，磷矿石生产占摩洛哥政府矿产收入的 96%，因此得到政府的大力支持，并且投入大量资金用于磷矿产业的开发与扩大再生产。在不断扩大磷矿石生产规模的同时，摩洛哥也在积极发展磷复肥产业，增加磷复肥出口创汇收入。

3. 中国磷矿资源储量利用情况和资源潜力

（1） 查明磷矿资源利用情况

我国已探明磷矿资源分布在 27 个省份，湖北、湖南、四川、贵州和云南是磷矿富集区。磷矿分布的区域主要有：云南滇池地区，贵州开阳地区、瓮福地区，四川金河—清平地区、马边地区，湖北宜昌地区、胡集地区和保康地区。中国磷矿资源分布极不平衡，探明储量南多北少、西多东少，大型磷矿及富矿高度集中在西南部地区。西南地区云南、贵州和四川 3 省磷矿资源储量矿石量 8500 Mt，P_2O_5 量 1860 Mt，平均品位 22%。云南、贵州和湖北 3 省的磷矿基础储量占全国的 68.5%，可采储量占全国的 74.6%。30%以上品位的富矿，基本集中在贵州的开阳和瓮福地区、云南的滇池地区和湖北宜昌地区。我国的磷矿资源开采存在比较严重的浪费现象，除贵州开阳磷矿、瓮福磷矿、云南晋宁磷矿等国有大矿的回采率能达到国际水平以外，大量中小型磷矿的回采率仅能达到 30%，甚至更低。我国磷矿查明资源储量及利用情况见表 1-7。

表 1-7 我国磷矿查明资源储量及利用情况

矿区	资源储量/万 t	可利用资源储量/万 t	原矿生产能力/（万 t/a）	磷矿石可供价格/（元/t）	磷矿可供资源储量/万 t
湖北省宜昌市殷家坪磷矿	7193.2	4600.3	100	171.1	3680.2
湖北省夷陵区店子坪磷矿	5887.9	3068.6	205	180.5	2454.9
湖北省夷陵区杉树垭磷矿	122.3	104.0	10	152.3	83.2
湖北省兴山县树崆坪磷矿	8791.5	71.2	10	144.2	57.0
湖北省荆襄磷矿红土矿	60.1	45.1	5	126.1	36.1

续表

矿区	资源储量/万 t	可利用资源储量/万 t	原矿生产能力/（万 t/a）	磷矿石可供价格/（元/t）	磷矿可供资源储量/万 t
湖北省神农架林区寨湾磷矿	6722.3	2016.7	30	208.8	1310.9
湖北省鹤峰矿区白果坪磷矿	3816.8	572.5	14	133.4	427.7
湖北省武穴市松阳钾磷矿	1145.6	970.1	15	127.5	221.9
湖北省黄梅县塔畈磷矿	399.1	279.5	5	151.6	153.7
湖北省大悟县白云磷矿	88.7	71.0	6	107.1	60.3
湖北省孝感黄麦岭方家冲磷矿	1182.6	901.4	30	177.8	766.2
湖北省钟祥市土子岭磷矿	134.7	107.8	15	150.0	86.3
湖北省钟祥市朱堡埠磷矿	25.3	22.3	6	160.9	20.5
湖北省南漳县邓家崖磷矿	605.0	453.8	30	140.5	408.4
湖北省远安县苏家坡磷矿	3705.6	3156.8	80	138.2	2683.2
湖北省夷陵区仓屋垭磷矿	4351.0	1958.0	70	155.4	1828.9
湖北省夷陵区莫家垭磷矿	1289.6	248.1	20	152.6	210.9
湖北省夷陵区龙洞湾磷矿	2164.5	1515.2	28	174.3	1287.9
湖北省房县长岭磷矿	608.0	243.2	20	180.8	182.4
湖北省宜昌磷矿肖家河矿区	2046.6	1432.6	70	111	1217.7
湖北省宜昌孙家墩磷矿	1499.4	674.7	30	155.7	630.2
湖北省宜昌磷矿江家墩矿区	15315.3	9886.6	50	153.2	8502.5
四川省绵竹市王家坪磷	640.2	384.1	10	124.5	307.3
四川省绵竹市马槽滩矿河东磷矿	157.6	94.6	5	147.3	75.6
四川省马边县老河坝磷矿	2478.6	1982.9	50	150.3	1586.3
四川省绵竹市英雄岩岳儿岩磷矿	369.6	221.8	20	137.4	177.4
四川省绵竹市桃花坪矿段磷矿	95.6	57.4	5	152.1	45.9
四川省绵竹市三星岩黄土坑磷矿	2069	1448.3	70	160.1	1231.1
四川省绵竹市烂泥沟矿段磷矿	2826	2260.8	80	154.2	1921.7

续表

矿区	资源储量/万 t	可利用资源储量/万 t	原矿生产能力/（万 t/a）	磷矿石可供价格/（元/t）	磷矿可供资源储量/万 t
湖南省泸溪县洗溪矿区磷矿	1574.2	1259.4	40	171.5	1070.5
湖南省泸溪县浦市矿区磷矿	469.4	328.3	10	180.2	279.3
湖南省石门县东山峰杨家坪磷矿	8756.9	7005.5	300	156.3	5954.7
湖南省浏阳市永和磷矿区	5333.8	4267.1	220	175.2	3626.9
贵州省开阳县牛赶冲磷矿	2297.6	1608.3	110	183.1	1286.7
贵州省福泉市瓮福磷矿	2079.7	1455.8	105	179.5	1164.6
贵州省织金县新华磷矿区	88517.7	53110.6	500	195.2	45144.0
贵州省息烽县温泉磷矿区	509.7	356.8	30	162.3	285.4
贵州省织金县打麻厂磷矿	3284.3	2299.0	150	169.8	1839.2
云南省晋宁区待云寺磷矿	2471.5	1730.1	180	135.2	1470.5
云南省曲靖市沾益区德泽磷矿	11682.2	7009.3	320	142.3	5957.9
云南省永善县金沙厂铅锌矿区	1179.6	825.7	60	152.1	701.9
云南省大山寺磷矿	2299.3	1609.5	55	123.4	1368.1
云南省东川大凹子磷矿	2936.9	2055.8	73	153.2	1747.5
云南省安宁草铺柳树磷矿	8356.6	5849.6	125	125.3	4992.2
云南晋宁磷矿	14687.2	12054.7	250	159.5	11594.5

注：①此表只列出大型主要矿区成果数据；②磷矿产品是原矿(P_2O_5 30%)；③矿区经济及资源参数来源全国矿产资源利用现状调查与矿山企业实地调研。

资料来源：李维. 中国磷矿资源可供性分析及其开发利用趋势研究. 北京：中国地质大学, 2015。

（2）新近查明磷矿资源储量

近年来，在一些老矿山外围又新发现和查明资源储量，截至 2010 年年底，查明磷矿产地达 540 处，查明磷矿资源储量 186.3 亿 t。有 4 个矿区经勘查的查明资源储量有所增加，分别是：江苏连云港市锦屏镇磷矿，资源量增加 1129.1 万 t；四川绵竹市板棚子磷矿区石笋梁子磷矿，资源量增加 1868.6 万 t；四川绵竹市龙王庙磷矿区天井沟矿段，资源量增加 14748.4 万 t；云南昆明市海口磷矿二采区，储量增加 161.2 万 t，总计 18480.2 万 t。在宜昌磷矿北缘勘查发现了一批大、中型隐伏磷矿，并在 12 个勘查区块内探明新增磷矿资源储量 10.99 亿 t，特别是远安县、开阳等发现特大型磷矿，新增查明磷矿资源储量 20.1 亿 t。2020 年，中化地质矿山总局湖北地质勘查院的地质专家历时 4 年努力，在远安县杨柳磷矿区地下发现一特大型磷矿床，初步探明储量 4.29 亿 t，潜在经济价值 1000 多亿元，为新中国成立以来我国发现的单一矿区最大规模磷矿。初步查明磷矿石的平均品位为25.46%，其中Ⅰ级品矿石占30%。2023年来，瓮安县共完成了7个找矿项目，新增磷矿探明储量约13.5亿t，累计探明储量达25亿t以上。2025年，云南省镇雄县羊场—芒部地区新增资源量27.6亿t，是亚洲迄今探明的最大规模隐伏单体富磷矿床，有望形成滇东北磷矿大型资源基地。

1.4 磷资源在国民经济中的地位和作用

1.4.1 磷的应用领域

磷化学工业是国民经济的重要基础工业，磷化工系列产品广泛应用于工业、农业、日常生活、高科技领域和国防军工等的发展中。除肥料磷酸盐外，各种精细磷酸盐、特种磷酸盐、专用有机磷化学品以及磷系新型功能材料等，在国防工业和高科技领域进一步推广应用，使磷化工产业更加生机勃勃，进一步奠定了磷化学工业在国民经济的重要地位和科技发展中的不可替代作用。下面略举几例说明。

1. 食品级磷酸及其盐

磷酸盐（包括聚磷酸盐）作为食品添加剂的品质改良剂在各类食品加工中得到了广泛应用。目前世界食品级磷酸盐的消费量约为30万t（以 P_2O_5 计）。美国使用的食品级磷酸盐有31种，根据其在食品加工中的功能，美国《食品化学法典》（FCC）将它们分为15类（表1-8）。日本使用的食品级磷酸盐有26种，在使用的1252种食品添加剂制品中，添加一种或多种磷酸盐的制品为321种，占25.64%。

表 1-8 食品级磷酸盐的功能和种类

功能	食品级磷酸盐品种
酸味剂	磷酸
抗结块剂	磷酸钙
抗氧化剂	次磷酸钙
缓冲剂	磷酸氢二铵、磷酸二氢铵、磷酸氢钙、磷酸钙、焦磷酸钙、磷酸二氢钾、磷酸氢二钾、酸式焦磷酸钠、磷酸钠、焦磷酸钠
面团改良剂	磷酸二氢铵、磷酸氢二铵、磷酸二氢钙、磷酸氢钙
乳化剂	磷酸钾、聚偏磷酸钾、焦磷酸钾、磷酸铝钠（碱性）、偏磷酸钠（不溶性）、磷酸二氢钠、磷酸氢二钠、磷酸钠、聚磷酸钠（玻璃质）、焦磷酸钠
硬化剂	磷酸二氢钙
保湿剂	聚偏磷酸钾
发酵剂	磷酸二氢铵、磷酸氢二铵、磷酸二氢钙、酸式焦磷酸钠、磷酸铝钠（酸性）
营养剂	磷酸二氢钙、磷酸氢钙、磷酸钙、焦磷酸钙、磷酸铁、焦磷酸铁、磷酸氢镁、磷酸镁、次磷酸锰、焦磷酸铁钠、磷酸二氢钠、磷酸氢二钠、磷酸钠、焦磷酸钠
防腐剂	次磷酸钠

续表

功能	食品级磷酸盐品种
螯合剂	磷酸二氢钙、磷酸、磷酸二氢钾、磷酸氢二钾、酸式焦磷酸钠、偏磷酸钠（不溶性）、聚磷酸钠（玻璃质）
改性淀粉添加剂	三偏磷酸钠、磷酸二氢钠
组织改良剂	焦磷酸钾、三聚磷酸钾、偏磷酸钠（不溶性）、磷酸氢二钠、聚磷酸钠（玻璃质）、三聚磷酸钠
酵母食品	磷酸二氢铵、磷酸氢二铵、磷酸氢钙、磷酸二氢钾、磷酸氢二钾、磷酸二氢钙

食品级磷酸及其盐（包括聚磷酸及其盐）的主要品种有：磷酸及其钠盐、钾盐、钙盐、铵盐、铁盐等，主要作为食品品质改良剂和营养强化剂。国外从事食品级磷酸盐生产的企业有：荷兰国际天富有限公司、美国颖乐福（Innophos 磷酸盐产品生产商)、以色列化工集团、比利时瑞普年（Prayon）集团等。

中国允许使用的食品级磷酸盐有 10 多个品种：H_3PO_4、$CaHPO_4$、$Ca(H_2PO_4)_2$、$Ca_3(PO_4)_2$、NaH_2PO_4、Na_2HPO_4、Na_3PO_4、$Na_4P_2O_7$、三聚磷酸钠（Na_5P_3Oio）、$(NaPO_3)_n$ 和淀粉磷酸酯。2009 年中国食品级磷酸的出口量达到 48.03 万 t（实物量），与 2008 年出口量 37.14 万 t 相比，增长 29.34%。

食品级磷酸盐的发展趋势是在确保质量的基础上，大力发展专用化、系列化和复合化。今后应重点发展食品级磷酸、磷酸钙盐和焦磷酸铁盐等，加强聚磷酸盐新品种，尤其是复合磷酸盐品种的研究开发，加强应用研究，大力拓展市场。

2. 饲料级磷酸盐

饲料级磷酸盐的生产技术与消费水平是反映一个国家农业和畜牧业发展水平的重要标志之一。

近年来，世界饲料级磷酸盐的生产总能力为 1100 万 t/a，实际产量约 740 万 t/a。饲料级磷酸盐的生产主要集中在欧洲（包括俄罗斯），产量约 260 万 t/a，北美 240 万 t/a，中国 240 万 t/a。

近 15 年来，中国饲料级磷酸盐产业得到了快速发展，已成为世界上最大的饲料级磷酸盐生产、消费和出口大国。2008 年，中国饲料级磷酸盐的生产能力达到 420 万 t，实际产量达到 210 万 t，分别占世界饲料级磷酸盐的产能、产量的 41.7%和 35.0%。2008 年中国饲料级磷酸钙盐出口量达到 41.23 万 t，占当年产量的 19.6%。2008 年中国饲料级磷酸盐实现销售收入 62.5 亿元，实现利润 5.5 亿元。

饲料级磷酸盐包括磷酸钙盐、钠盐、钾盐、铵盐、镁盐以及锌盐、铁盐、铜盐等，品种达 20 多个。目前生产和应用的主要是磷酸钙盐：磷酸氢钙（DCP）、磷酸二氢钙（MCP）和脱氟磷酸钙（DFP）等。这些磷酸盐用于平衡饲料的营养，促进家禽家畜的生长发育。今后应在精细化、功能化和专用化上做工作。

3. 电子级磷酸

电子级磷酸是微电子工业中使用的一种超高纯度的磷酸，主要用于集成线路板的清洗、二极管专用试剂、液晶显示器的清洗与蚀刻以及芯片的蚀刻等，是重要的微电子工业化学品之一。通常所说的电子级磷酸多指液晶显示器和芯片生产用的电子级磷酸，其质量要求最高。随着超大规模集成电路（IC）和薄膜液晶显示器（TFT-LCD）的推广和应用，电子级磷酸市场需求量以每年两位数的速率增长，年增长率近 20%，电子化学品市场销售额超过 80 亿美元。

电子级磷酸的制备可由高纯元素磷或磷的氧化物经化学反应制取，也可由热法磷酸或湿法磷酸经精制净化制得。目前电子级磷酸的制备方法主要有：高纯黄磷（或红磷）氧化法、热法磷酸（或净化湿法磷酸）结晶精制法、五氧化二磷水合法、三氯氧磷水解法、磷酸三酯水解法等。制备的核心是控制微量杂质的含量，以满足微电子工业的需要，因此，精制净化技术是关键。电子级磷酸较成熟的制备方法是先生产出低杂质磷酸，然后采用化学精制，而结晶净化和超滤净化是电子级磷酸精制技术发展的重要方向。

电子级磷酸属于磷化工高端垄断产品，世界上只有少数几家大公司能够生产，如日本化学工业株式会社（Nippon Chemical Industrial Co. Ltd）和罗莎（ROSA）公司、德国 E. Merck 公司、韩国东方公司等。国内有一些单位和企业厂家研究开发和规划发展电子级磷酸，迄今多属于“准电子级磷酸”。目前只有湖北兴发化工集团股份有限公司建成了工业规模的生产装置。贵州磷化集团有限公司采用湿法磷酸净化制备电子级磷酸，这也是一项重大的技术创新和进步。

4. 能源材料磷酸盐

锂离子电池是新一代的绿色高能电池，广泛用于各种便携式电动工具、电子仪表、摄录机、移动电话、笔记本计算机、武器装备等，被认为是 21 世纪对国民经济和人民生活具有重要意义的高新技术产品。

锂离子电池自商品化以来，层状结构 $LiCoO_2$ 是唯一商品化的正极材料，研究比较成熟，综合性能优良，容量较高，循环寿命长，但钴资源较缺乏且价格昂贵，毒性较大，也存在安全性问题，寻找性价比较高的正极材料是人们关注的焦点。自 1997 年美国德克萨斯州立大学 Goodenough 等报道了磷酸亚铁锂（$LiFePO_4$，以下简称磷酸铁锂，简写为 LFP）具有可逆嵌脱锂离子的特性，能够作为锂离子电池的正极材料，立即引起了人们极大的兴趣。这是因为在复合阴离子的 $LiFePO_4$ 结构中，用磷酸根替代氧离子使材料的三维结构发生了变化，不仅给锂离子的迁移创造了更大的三维空间，而且还使锂离子的脱出与嵌入电位保持稳定，使其具有很好的电化学特性和热力学稳定性。由于磷酸铁锂正极材料结构稳定，在常压下的空气气氛中，即使加热到 200℃仍然是稳定的，仍具有较长的循环寿命，进行 8000 次高倍率充放电循环而不存在安全性问题；理论容量大（170 mA · h/g），工作电压适中（3.4 V），平台特性好，电循环性能优良，平稳的充放电平台使有机电解质在电池的应用中更为安全；能与大多数电解液系统具有良好的相容性，与碳负极材料配合时的体积效应好，存储性能好；而且资源丰富，成本低，毒性小，无污染，成为目前电池界竞相研究开发的热点材料之一，其产业化进程也在如火如荼地发展。

磷酸铁锂正极材料也存在两个明显的缺点：一是电导率低，导致高倍率充放电性能差；二是锂离子迁移速率低。这两个缺点限制了该材料的实际应用。目前主要通过改进材料的制备方法和对材料进行表面包覆改性等手段制备新型的磷酸铁锂，以改善其电化学性能。例如，优化合成工艺，采用溶胶-凝胶法、液相共沉淀法、控制结晶法和微波固相合成等新工艺，合成球形、纳米和多孔磷酸铁锂，以及往磷酸铁锂颗粒内部掺入导电碳材料或导电金属微粒，或者往磷酸铁锂颗粒表面包覆导电碳材料，提高材料的导电能力。每种方法制备的磷酸铁锂从形貌到电化学性能上虽各有不同，均比纯相的磷酸铁锂有较大的进步。

除了磷酸铁锂正极材料外，六氟磷酸锂作为锂离子电池电解质材料的研究和开发也是人们极为关注的，其产业化进程发展非常快。六氟磷酸锂因具有良好的导电性和电化学稳定性，目前广泛用作锂离子电池的电解质。随着世界各国节能减排和保护环境的进一步发展，必将促进绿色能源锂离子电池行业的迅猛发展，对锂离子电池电解质的需求将更加旺盛。日本是六氟磷酸锂生产大国，2010 年六氟磷酸锂产量超过 3000 t。国内天津金牛电源材料有限责任公司 2010 年六氟磷酸锂生产能力达到 500 t/a；张家港市亚源高新技术材料有限公司已投资建成 300 t/a 的生产装置；河南多氟多化工股份有限公司已于 2009 年投资建设 200t/a 六氟磷酸锂项目。国内其他省区有的也对六氟磷酸锂项目深感兴趣。

5. 磷系阻燃剂及其阻燃材料

全球阻燃剂市场消费量达到 145 万～155 万 t，而美国阻燃剂的消费量占去其中的三分之一以上。积极发展阻燃剂及其阻燃材料，对于确保经济建设的顺利进行和人们生命财产安全具有重要意义。近年来中国发生的一系列重大火灾，教训是深刻的。在三大阻燃剂系列中，磷系阻燃剂及其复合材料由于具有优良的阻燃性能，低烟、低毒、无腐蚀性气体产生，适应阻燃剂及阻燃材料技术绿色化的发展需要，成为当今世界阻燃剂发展的主流，其市场销售额占整个阻燃剂销售总额的 23%以上。

在磷系阻燃剂中，无机磷阻燃剂的主要品种有红磷、磷酸铵盐和聚磷酸铵（APP）；有机磷阻燃剂包括磷酸酯、亚磷酸酯、膦酸酯等系列，其中磷-氮系阻燃剂、高相对分子质量的磷酸酯类阻燃剂和复合型磷系阻燃剂将是阻燃剂发展的重要方向之一。

例如，季戊四醇三聚氰胺磷酸酯是一种优良的大分子膨胀型阻燃剂，其结构式为

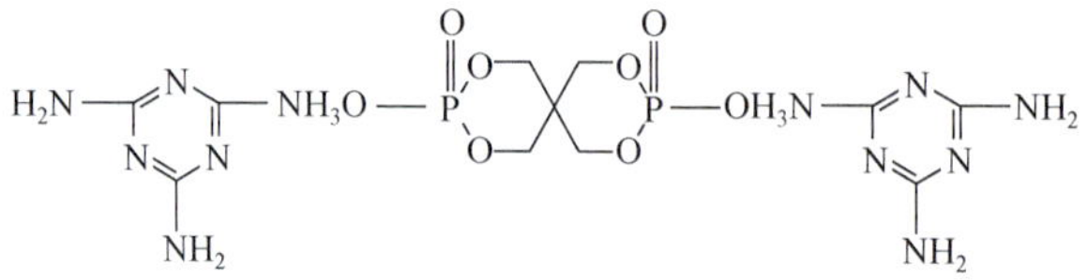

它可由 P_2O_5（或 $POCl_3$）、季戊四醇、三聚氰胺缩合而成，其商品名为 SpinflamMF82，广泛用于聚乙烯、聚丙烯、聚苯乙烯等聚烯烃的阻燃。

酰胺类膦酸酯由于 P-N 阻燃作用及其协同效应，阻燃效果好，热稳定性高，无烟低毒，是一类新的反应型阻燃剂。例如，Ciba-Geigy 公司研制的 Pyrovatex CP 为 *N*-羟甲基丙酰胺类甲基膦酸酯。其合成路线为

$$(CH_3O)_2P(O)H + CH_2{=}CHC(O)NH_2 \longrightarrow (CH_3O)_2P(O)CH_2CH_2C(O)NH_2 \xrightarrow{HCHO} (CH_3O)_2P(O)CH_2CH_2C(O)NHCH_2OH$$

它主要用于纺织品的阻燃，阻燃效果好，耐洗性强。这种阻燃纺织品可加工成婴幼

儿的睡衣睡裤、风衣、沙发的外套和地毯等。

加强复配型磷系阻燃剂的研究，对于发展绿色阻燃材料具有重要意义。采用复配技术，可以充分发挥各相关阻燃材料的特性，达到优势互补，协同增效，从而获得比较理想的阻燃效果，实现安全高效、低毒低烟和无环境污染。

例如，将三聚氰胺磷酸盐与己二胺磷酸酯按一定比例复配用于聚烯烃阻燃，限氧指数为 29.4，阻燃性能达到 UL94V-O 级。将磷酸铵盐与硼酸锌等复配用于木材的浸渍阻燃处理，可得到不易燃性木材，对木材还有一定的防腐作用。聚磷酸铵（APP）是近 20 年来发展起来的一种高效无机阻燃剂，P-N 阻燃元素含量高，热稳定性好，产品近于中性，能与其他任何物质配伍，阻燃性能持久。美国 Monsanto 公司 APP 的商品名称为 Phos-chek P/30。将聚磷酸铵与季戊四醇和硼酸锌等进行混合复配，已广泛用于电线电缆、塑料制品、橡胶制品、涂料等的阻燃处理。

6. 有机磷农药

世界上应用的有机磷农药商品达 100 余种。有机磷杀虫剂的销售额占整个杀虫剂市场的三分之一以上，如果加上有机磷除草剂（如草甘膦、草铵膦等），更为引人注目。世界农药销售额超过 300 亿美元，而草甘膦以约 50 亿美元销售额高居榜首。由于转基因作物种植面积及生物能源迅猛增长的推动，草甘膦市场需求呈现可持续增长的趋势，在未来几年草甘膦的年需求将保持 15%的增速。美国 Monsanto 公司是全球最大的草甘膦除草剂生产企业，其草甘膦的销售量占据世界 70%的销售市场。草甘膦的合成方法较多，但概括起来，目前国内外工业生产多采用亚氨基二乙酸（IDA）合成路线和甘氨酸-亚磷酸二烷基酯（Gly）合成路线。IDA 法是世界先进的草甘膦生产工艺，约占草甘膦总产量的 70%，Monsanto 公司是应用 IDA 法生产草甘膦的主要公司。

中国黄磷消费结构中约 10%用于有机磷农药的生产。应根据国内外农药市场发展的需要，做强做优草甘膦、乙酰甲胺磷等有机磷农药产品，扩大生产规模，降低生产成本，提高经济效益。同时，积极开发高效低毒新品种，如甲基嘧啶磷、甘氨硫磷、吡唑硫磷、乙嘧硫磷等，搞好有机磷农药的升级换代，大力发展绿色化学农药。

7. 磷系水处理剂

全球水处理化学品（包括絮凝剂、缓蚀剂、阻垢剂、杀菌剂等）市场销售额约 50 亿美元。美国是水处理化学品生产和消费最多的国家，约有 50 多家从事水处理剂制造和服务的公司，其中最具有代表性的是 NALCO 公司和 Betz 公司。中国水处理化学品生产厂家约 200 家，生产的水处理剂有 100 多种，年产值为 6 亿～8 亿元。在水处理化学品中，磷系化合物作为水质稳定剂，广泛用于石油化工、化肥生产、钢铁冶金、火力发电等工业循环冷却水处理，能有效防止设备腐蚀和结垢，延长设备的使用寿命，保证设备的安全运转以及节省淡水资源。尤其中国是一个水资源缺乏的国家，人均淡水资源不足 2300 m^3，约为世界平均水平的 1/4，而且分布又极不均匀。

磷系水处理剂包括聚磷酸钠（习惯称为六偏磷酸钠）和有机多元膦酸等是国内外广泛应用的水质稳定剂。表 1-9 列出了磷系水处理剂的主要品种和应用。

表 1-9 磷系水处理剂的主要品种和应用

名称	英文缩写名	用途	名称	英文缩写名	用途
氨基三亚甲基三膦酸	ATMP	缓蚀阻垢	三元醇膦酸酯	POE	缓蚀阻垢
氨乙基二膦酸	AEDP	缓蚀阻垢	2-膦酰基丁烷-1,2,4-三羧酸	PBTC	缓蚀阻垢
羟乙基二膦酸	HEDP	缓蚀阻垢	羟基膦酰基乙酸	HPA	缓蚀阻垢
羟丙基二膦酸	HPDP	缓蚀阻垢	膦酰基羧酸共聚物	POCA	缓蚀阻垢
乙二胺四亚甲基四膦酸	EDTMP	缓蚀阻垢	聚异丙烯膦酸	PIPPA	缓蚀阻垢
丁二胺四亚甲基四膦酸	BDTMP	缓蚀阻垢	四羟甲基镁硫酸酯	THPS	杀菌灭藻

聚磷酸钠（通式为 $Na_{n+2}P_nO_{3n+1}$，$n=14\sim20$）在工业水处理中作为缓蚀阻垢剂，具有较强的配合作用，螯合封闭金属离子，阻止碳酸钙等水垢的形成，是国内外广泛使用的一种无机磷酸盐水质稳定剂。

有机多元膦酸的品种有氨基三亚甲基三膦酸（ATMP）、羟乙基二膦酸（HEDP）、乙二胺四亚甲基四膦酸（EDTMP）、丁二胺四亚甲基四膦酸（BDTMP）、氨乙基二膦酸（AEDP）、羟丙基二膦酸（HPDP）等，其中 HEDP 是目前中国工业循环冷却水处理中在磷系、磷/锌系和全有机膦系配方中应用最多的一种有机多元膦酸，具有良好的阻垢和缓蚀作用；而且 HEDP 与其他缓蚀剂、阻垢剂配合使用，具有协同效应，可提高药效。

有机膦羧酸分子中同时含有膦酸基和羧基，阻垢和缓蚀性能均佳，能在高硬度、高碱度、高 Cl^-含量和较高温度下使用，用药量少。例如，2-膦酸基丁烷-1,2,4-三羧酸（PBTCA）是有机膦羧酸的代表性品种，能耐酸耐碱耐氧化剂，比 ATMP、HEDP 等的热稳定性好，是目前全有机配方中广泛应用的主要缓蚀阻垢剂。

今后中国水处理剂的发展应坚持创新开发为主，重点开发高效低廉、特色性好和专用性强的多功能水处理剂，以满足不同行业、不同领域和不同水质的处理需要，以合理利用工业用水，保护和节约水资源。

8. *磷酸酯类表面活性剂*

磷酸酯类表面活性剂是一类性能优良、应用广泛的精细化学品。其主要品种有烷基（或芳基）磷酸酯、脂肪醇（或烷基酚）聚氧乙烯醚磷酸酯、烷基醇酰胺磷酸酯、咪唑啉类磷酸酯、高分子聚磷酸酯及硅氧烷系磷酸酯等。

磷酸酯的合成方法很多，主要有三种：以五氧化二磷为磷酸化剂合成磷酸酯；以三氯氧磷为磷酸化剂合成磷酸酯；以磷酸、聚磷酸为磷酸化剂合成磷酸酯；其中前两种方法是工业上合成磷酸酯的重要方法。

磷酸酯类表面活性剂具有优良的抗静电性、润湿性、洗净性、增溶性、乳化性、分散性、润滑性、缓蚀防锈等特性，其生物可降解性好，毒性和刺激性比一般表面活性剂低，尤其是热稳定性、耐碱和耐电解质、抗静电等性能均优于一般阴离子表面活性剂，因而广泛用于洗涤助剂、日用化学品、纺织印染助剂、皮革加工助剂、造纸化学品、矿物浮选助剂、油品添加剂以及材料加工等。

9. 含磷药物和高能物质

在精细磷化工中，含磷药物的研究开发是人们关注的热点。许多含磷化合物在抗菌抗病毒、消炎镇痛、抗肿瘤以及预防心血管类疾病等方面具有重要的应用。表 1-10 列举了一些含磷药物的重要品种。例如，福辛普利钠的化学名称为反式-4-环己基-1-({[2-甲基-1-(1-氧代丙氧基)丙氧基](4-苯基丁基)氧膦基}乙酰基)-L-脯氨酸的钠盐，为抗高血压药物，系血管紧张素转换酶抑制剂，在人体内转变为具有药理活性的福辛普利钠，能降低血管紧张素Ⅱ和醛固酮的浓度，扩张血管，已用于高血压和心力衰竭的治疗。又如，氨磷汀（amifostine）的化学名称为(*S*)-2-（3-氨丙基氨基）乙基硫代磷酸酯，作为抗辐射药用于癌症化疗时的正常细胞保护剂，以及预防和减少顺铂、环磷酰胺等用于抗癌化疗时所造成的累积性肾毒性、神经毒性和造血系统的损害，于 1996 年经美国食品药物管理局（FDA）批准使用。试验表明，膦酸酯核苷具有广谱的抗 DNA 病毒活性，其中一些还具有抗肿瘤作用，作为抗病毒药物，有的已被用于抗艾滋病的临床治疗。例如，化合物 PMPA（商品名 Tenofovir）作为 HIV 逆转录酶抑制剂，已于 2001 年经美国 FDA 批准用于临床治疗艾滋病。

表 1-10　含磷药物的重要品种和应用

分类	品种	应用
心血管药	福辛普利钠	抗高血压药
	果糖二磷酸钙	治疗心血管疾病
	环磷腺苷	抗心绞痛
	三磷酸腺苷	治疗心衰
	肉醇磷酯	强心剂
	磷酸丙吡胺	治疗心室早搏、房颤
	磷地尔	扩张血管
	肌苷磷酸钠	强心剂，治疗心绞痛
抗肿瘤药	环磷酰胺/环磷氮芥	广谱抗肿瘤
	异环磷酰胺	广谱抗肿瘤
	氯膦酰胺	抗肿瘤
	曲洛磷胺	广谱抗肿瘤
	噻替哌	广谱抗肿瘤
	磷酸雌莫司汀	抗前列腺癌
	氟达拉宾	抗胰腺瘤，淋巴瘤
	双二甲磷酰胺乙酯	抗肺癌
	N-（膦酰基乙酰基）-*L*-天冬氨酸	治疗骨瘤
抗菌抗病毒药	磷霉素	广谱抗生素
	磷酸氯洁霉素	抗革兰氏阳性菌感染
	膦甲酸钠	抗病毒
	西多福韦	新型抗病毒药
	替诺福韦	抗艾滋病药
营养康复药	复合磷酸酯酶	肝营养康复药
	卵磷脂颗粒	改善机体新陈代谢

在关注含磷药物与中间体开发应用的同时，还应特别指出的是高能磷酰化合物（HEPC）。这是一类极为重要的生理活性物质，在生命活动中参与基因、蛋白质及多种酶的组装与表达，从而对生物信息的传递、生物催化反应过程进行调控，并为上述过程提供必需的能量。高能磷酰化合物应用很广，在医学领域，主要用于心脑血管疾病、肝炎、癌症和神经性疾病等的治疗和辅助治疗；在药物合成化学中，作为医药中间体用于多种药物的合成；在食品和保健领域，可帮助增强肌肉的性能，补充体力，缓解疲劳。

近年来，国际上已生产 100 多种磷酰化合物，而且新的磷酰化合物还在不断地被发现和开发出来。随着高新技术的应用和推广，高能磷酰化合物及其相关产品的市场正以每年 15%～20%的速度增长。而中国能生产的磷酰化合物只有 10 多种，远远满足不了需要。国内一些公司和企业正在积极进行研究开发，有的在高能磷酰化合物的合成制备技术方面取得了可喜的重大进展。可以相信，随着高能磷酰化合物绿色合成技术的突破，必将极大促进中国磷化工高端化的发展。

1.4.2 世界磷产品的产量

1. 世界磷矿资源利用

世界磷矿资源供应的充足度和稳定性关系到世界粮食供应安全。近代人类开发利用的磷资源主要来源于磷矿，自然界中含磷矿物很多，具有开发利用价值的主要是磷酸盐岩和含铝磷酸盐岩。磷酸盐岩主要是海相沉积磷灰石，大型沉积矿床主要分布在非洲北部、中国、中东和美国。火成磷酸盐岩矿床主要发现于巴西、加拿大、俄罗斯和南非。

磷是一种多功能元素，磷矿资源通过物理化学加工可以生产各种磷化学制品，如图 1-10 所示。全球磷矿产量的 80%用于生产磷肥，20%用于生产工业磷酸盐和其他磷化合物。中国磷矿产量的 77%用于工生产磷肥，16%用来生产黄磷，7%用于生产饲料级磷酸钙盐。

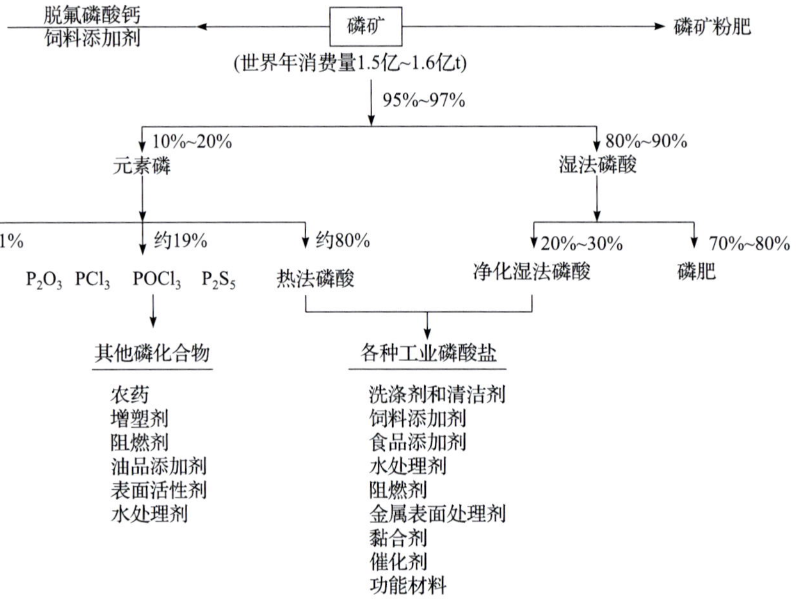

图 1-10 磷矿资源的加工和利用

全球磷酸盐的产量主要分布在中国、摩洛哥和美国等国家。2023 年全球磷酸盐的产量约为 9000 万 t，其中中国的产量为 9000 万 t，摩洛哥为 3500 万 t，美国为 2000 万 t。中国的磷酸盐产量虽然有所下降，但仍保持领先地位。

据统计，2023 年全国磷肥总产能为 2170 万 t（折 P_2O_5），同比增长 2.3%。磷铵产能净增 60 万 t，磷酸基复合肥产能净增 135 万 t，增加的产能大多是新能源配套装置。截至 2023 年年底，全国磷铵产能共计 3850 万 t。全年磷肥产能利用率为 74.4%，磷铵产能利用率为 77.7%。2023 年磷肥总产量为 1615.1 万 t（折 P_2O_5）。其中，磷铵（磷酸一铵、磷酸二铵）产量 1395.4 万 t，同比增长 5.8%，占磷肥总产量的 86.4%。磷酸一铵（含工业级）实际产量为 1530.1 万 t，其中农用 1308.7 万 t；湖北、云南、四川和贵州磷酸一铵产量持续在行业领跑，4 省份产量合计 623.2 万 t（折 P_2O_5），产量占比 85%。磷酸二铵实际产量 1461.6 万 t，云南、湖北、贵州和内蒙古 4 省份产量占比 87.0%。出口方面，2023 年受政策相对宽松的影响，磷复肥出口量较上年明显增长，实现净出口各种磷复肥 395.9 万 t（折 P_2O_5），同比增长 24%，但由于国际价格大幅度下滑，出口呈现量增价减的特点。

世界工业生产的无机磷化合物有 200 多种，加上同一品种不同规格，总数达 300 种以上。其中美国无机磷化合物达 114 种，中国有 100 多种。世界生产的有机磷化合物近 10000 种，主要是膦酸酯、亚磷酸酯、磷酸酯、硫代磷酸酯、卤代磷酸酯等。

2. 中国磷矿资源储量与资源分布

中国磷矿资源比较丰富，已探明资源总量仅次于摩洛哥，位居世界第二位。中国磷矿资源储量大，约占世界磷资源的 30%。

（1）中国磷矿资源地理分布

中国已探明磷矿资源分布在 27 个省、自治区，全国共有矿产地 540 处，其中大型 72 处，中型 137 处。2009 年中国磷矿石基础储量为 37 亿 t，次于摩洛哥居全球第二，资源储量 170 亿 t。除此之外，尚有伴生磷矿 0.12 亿 t。但中国磷矿质量较差，全国磷矿平均品位（以 P_2O_5 计）在 17%，矿石品位大于 30%的富矿只有 16.57 亿 t，富矿占磷矿总量约 9.40%。因此，大部分的磷矿必须经过选矿富集后才能满足湿法磷酸生产的需要。详细数据见表 1-11。从以上数据可知，中国磷矿资源虽然较多，但是近中期在技术经济上可利用的基础储量仅占查明资源储量约 24%，而难以利用的资源量占 76%，表明中国磷矿开发利用比较困难。

表 1-11　中国主要磷矿省份磷矿资源查明情况

年份	地区	矿区数	储量/万 t	基础储量/万 t	资源量/万 t	查明资源储量/万 t	占全国比例/%	排序
2002 年	全国	447	21.11×10^4	40.54×10^4	127.32×10^4	167.86×10^4		
2003 年	全国	435	18.91×10^4	39.02×10^4	124.62×10^4	163.64×10^4		
2004 年	全国	440	189242.90	389393.0	1244559.28	1633952.58	100.00	
	河北	8	3555.40	23186.80	49908.00	73094.80	4.47	6
	山西	6	6157.80	9473.60	41039.07	50512.67	3.09	10
	内蒙古	9		672.60	26926.60	27599.20	1.69	11

续表

年份	地区	矿区数	储量/万 t	基础储量/万 t	资源量/万 t	查明资源储量/万 t	占全国比例/%	排序
2004 年	辽宁	6	4584.40	7793.70	4149.10	11942.80	0.73	12
	江苏	14	1238.00	2829.85	9110.63	11940.48	0.72	13
	江西	6	5631.50	7559.80	3995.80	11555.60	0.71	14
	山东	4		6671.00	55877.80	62548.80	3.83	8
	湖北	79	49820.40	100781.00	110648.90	211429.90	12.94	3
	湖南	28	8989.00	27625.60	175527.00	203151.60	12.43	4
	四川	51	11686.51	28368.78	112554.50	140923.28	8.62	5
	贵州	56	49450.80	70648.40	197423.30	268071.70	16.41	2
	云南	47	38074.84	89714.24	303414.37	393128.61	24.06	1
	陕西	15	1535.00	2053.10	67700.16	67753.26	4.15	7
	青海	2	5742.90	6045.10	45082.90	51128.00	3.13	9

中国除西藏外均发现磷矿，相对集中在云南、贵州、湖北、湖南和四川五省，且 P_2O_5 大于 30%的富矿几乎全部集中于这五个省。中国磷矿查明资源储量在 1 亿 t 以上的有 14 个省、自治区，位居前五位的依次是云南、贵州、湖北、湖南和四川，分别占全国查明资源储量的 24%、16%、13%、12%和 9%，主要分布在以下八个区域：云南滇池地区，贵州开阳地区、瓮福地区，湖北宜昌地区、胡集地区、保康地区和四川金河清平地区、马边地区。

从总体上看，中国磷矿资源分布极不平衡，储量南多北少、西多东少，大型磷矿及富矿高度集中在西南部地区。

湖北、湖南、四川、贵州和云南是磷矿富集区，5 个省磷矿已查明资源储量（矿石量）135 亿 t，占全国 76.7%，如表 1-11 所示；按矿区矿石平均品位计算，5 个省磷矿资源储量（P_2O_5 量）28.66 亿 t，如表 1-11 所示。各省拥有磷矿资源储量按 P_2O_5 量排列，云南省磷矿位居全国第一，P_2O_5 量 8.94 亿 t，平均品位 22.2%。湖北位居第二，P_2O_5 量 6.8 亿 t，平均品位 22.34%。贵州列第三，P_2O_5 量 6.2 亿 t，平均品位 22.3%。四川位居第四，P_2O_5 量 3.5 亿 t，平均品位 21.2%。湖南位居第五，P_2O_5 量 3.25 亿 t，平均品位 16%。西南地区云南、贵州和四川 3 个省磷矿资源储量矿石量约 85 亿 t，P_2O_5 量 18.6 亿 t，平均品位 21.9%。中原地区河南、湖北、湖南、广东、广西和海南 6 个省、自治区磷矿资源储量矿石量 52 亿 t，P_2O_5 量 10.2 亿 t，平均品位 19.6%。华东地区江苏、浙江、安徽、福建、江西和山东 6 个省磷矿资源储量矿石量 9.6 亿 t，P_2O_5 量 0.9 亿 t，平均品位 9.4%。西北陕西、甘肃、青海、宁夏和新疆 5 个省、自治区磷矿已查明资源储量矿石量 13 亿 t，P_2O_5 量 0.88 亿 t，平均品位 6.8%。东北和华北地区河北、内蒙古和山西 3 个省、自治区磷矿资源储量矿石量 16.4 亿 t，P_2O_5 量 1 亿 t，平均品位 6.1%。

（2）中国磷矿质量分布

中国Ⅰ级磷矿（P_2O_5 含量≥30%）资源储量矿石量 16.57 亿 t（占矿石总量的 9.4%），

P_2O_5 量 5.3 亿 t（占 P_2O_5 总量的 16.7%）；分布在云南、贵州、湖北、四川、新疆、江苏和浙江 7 个省、自治区，其中 95.5%（以 P_2O_5 计）分布在云南、贵州、湖北。云南省Ⅰ级磷矿资源储量矿石量 7.28 亿 t，含 P_2O_5 量 2.19 亿 t，会泽县梨树坪磷矿区是特大型富磷矿，资源储量矿石量超过 7 亿 t，P_2O_5 量超过 2 亿 t，矿石 P_2O_5 含量平均 30%。Ⅱ级磷矿（P_2O_5 含量 25%～30%）资源储量矿石量 21.2 亿 t（占矿石总量的 12%），P_2O_5 量 5.74 亿 t（占 P_2O_5 总量的 18.1%），分布在云南、贵州、四川、湖北、湖南、甘肃、河北和内蒙古 8 个省、自治区，其中 97%（以 P_2O_5 计）分布在云南、贵州、四川、湖北。云南省Ⅱ级磷矿资源储量主要分布在晋宁磷矿和昆阳磷矿，贵州Ⅱ级磷矿主要分布在瓮福磷矿白岩矿区和瓮安磷矿高坪矿区，四川Ⅱ级磷矿主要分布在马边彝族自治县和绵竹地区，湖北Ⅱ级磷矿主要分布在湖北省兴神磷矿瓦屋矿区、保康磷矿和兴山县树崆坪磷矿区。

Ⅲ级磷矿（P_2O_5 含量 12%～25%）资源储量矿石量 105.2 亿 t（占矿石总量的 59.6%），P_2O_5 量 19 亿 t（占 P_2O_5 总量的 60%），云南、贵州、四川、湖南和湖北 5 个省Ⅲ级磷矿资源储量 P_2O_5 量 17.5 亿 t，占全国Ⅲ级磷矿 P_2O_5 量的 92%。各省最大的矿区分别是：云南省安宁市安宁矿区，资源储量矿石量超过 5 亿 t，P_2O_5 量超过 1 亿 t，平均品位（P_2O_5）18.53%；贵州省织金县新华磷矿区，资源量矿石量超过 14 亿 t，P_2O_5 量超过 2.5 亿 t，平均品位（P_2O_5）17.22%；四川省马边磷矿老河坝矿区，资源量矿石量超过 2.8 亿 t，P_2O_5 量约 6742 万 t，平均品位（P_2O_5）23.5%；湖南省石门县东山峰磷矿，资源储量矿石量超过 14 亿 t，P_2O_5 量超过 2.2 亿 t，平均品位（P_2O_5）15.6%；湖北省钟祥市荆襄磷矿，资源储量矿石量超过 8 亿 t，P_2O_5 量约 1.45 亿 t，平均品位（P_2O_5）17.9%，见表 1-12。

表 1-12　不同品位磷矿资源储量

平均品位（P_2O_5）/%	资源储量（矿石量）		资源储量（P_2O_5 量）	
	亿 t	比例/%	亿 t	比例/%
≥30	16.6	9.39	5.3	16.67
25～30	21.2	12.02	5.7	18.11
20～25	27.3	15.48	6.1	19.22
15～20	60.1	34.09	10.5	33.04
10～15	21.9	12.45	2.9	9.13
5～10	4.8	2.74	0.4	1.23
2～5	24.4	13.83	0.8	2.60

中国磷矿矿石类型主要有硅钙（镁）质磷块岩、硅质磷块岩，钙（镁）质磷块岩和磷灰石。硅钙（镁）质磷块岩资源储量约占中国磷矿资源储量的一半。

第 2 章
黄磷制备技术

2.1 制磷工业发展历程

2.1.1 黄磷的发现及发展

磷的发现是由于一次偶然的试验结果。1669 年德国汉堡炼金术士布兰特听说尿液中能提取黄金，于是就将砂子、木炭、石灰与尿液混合后在隔绝空气的瓶中加热。经过多次试验并没有得到所期望的黄金，却意外获得了一种白色质软的物质，而且这种物质能在黑暗中闪亮发光，布兰特就将其称为“phosphorus”，也就是今天的“磷”，另外也有发光的意思。在布兰特之后有许多研究者，如克拉夫特（J. D. Krafft）、约翰·昆克尔（Johann Kunckel）、莱布尼茨（G. W. Leibniz）、罗伯特·玻意耳（Robert Boyle）等，对磷的各种制备方法进行了大量研究，不过所有的这些研究工作都仅停留在实验室阶段，而且在 1737 年以前，磷的制备方法还一直是保密的。直到 1830 年，才有人用硫酸处理磷酸钙（从骨灰中提取）制得磷酸，再将磷酸蒸浓与炭混合放入曲颈瓶内高温制得成品磷。这种制备方法也依然是小规模的生产；后来又尝试用熔矿炉法进行了工业化试验，但扩大的生产装置的生产工艺技术都不够理想。1888 年，英国的雷德曼（Readman）用电炉法生产黄磷首次获得成功。1889 年 12 月 24 日，雷德曼在美国取得了电炉法制磷的专利权，当时称为雷德曼法黄磷。

电炉法制磷的成功是一个开创性的成就。它为近代黄磷生产找到了经济上比较可行的制磷方法，翻开了黄磷生产史上崭新的篇章。1891 年，世界上第一台工业化制磷电炉在法国的 Coignet 开始运转。1899 年，法国 BiUandot 获得配备无水凝聚设备和气体洗涤收磷设备的新型电炉装置专利权。1902 年，法国建成第一座磷炉底部构成电流回路的电炉。1914 年，美国南方电气公司在北卡罗来纳州建成当时世界上容量最大的 4000 kV · A 黄磷电炉。1927 年，德国在 Pieteriz（彼得利兹）为 I. G. Farben（法本）公司建成世界上第一座容量为 10000 kV · A 黄磷电炉。1940 年以后，为了进一步降低黄磷生产成本，满足热法磷酸、水处理、洗涤剂用磷酸盐以及战争的需要，各国竞相建设大容量电炉，制磷电炉的规模也越来越大。1942 年美国田纳西河流域管理局（TVA）建设了容量为 15000 kV · A 制磷电炉。20 世纪 60～70 年代是世界黄磷工业发展比较快的时期，苏联、美国、德国、荷兰、加拿大等国相继建成了 30000～90000 kV · A 大型制磷电炉 60 多台。进入 20 世纪 80 年代以后，西方一些国家出于对磷矿资源、生态环境及各国自身利益的考虑，先后关闭了一些黄磷厂，世界主要黄磷生产转移到了苏联地区。当时苏联黄磷生产的 90%集中在中亚的哈萨克斯坦，那里有苏联第二大磷矿基地——卡拉塔乌磷矿。卡拉塔乌矿区靠近我国新疆西部。在矿区附近江布尔、奇姆肯特等地建设有 50000 kV · A 制磷电炉 22 台，80000 kV · A 制磷电炉 13 台，黄磷生产能力达 80 万 t/a。

2.1.2 我国黄磷工业的起步与发展

黄磷工业自 1889 年电炉法制磷获得专利权并推广使用电炉法生产黄磷以来，至今已有 130 多年的历史。而中国的黄磷工业起步较晚，1936 年以前，除少数几家工厂用硫酸浸出兽骨液再加入木炭屑混合，放入密闭坩埚中蒸得少量黄磷外，基本没有黄磷生产。1936 年 5 月，江苏锦屏山发现磷矿，曾一度计划进行电炉法生产黄磷试验，但终因种种缘故未能实现。

中国采用电炉法生产黄磷的创始人是潘履洁博士（1897—1979）。潘博士祖籍江苏苏州，1919 年于东吴大学毕业后考取清华大学留美班。1926 年在美国哥伦比亚大学获得化学硕士学位及哲学博士学位，在化学学科学有专长。1934 年春回国，1936 年在上海工业研究院化学研究所担任研究员。当时中国的火柴紧缺，大部分是从国外进口的“洋火”。火柴工业专家林天骥博士常为火柴工业缺少磷类原料发愁，就努力促成潘博士利用研究单位的有利条件，进行电炉法黄磷生产的研究试验。1936 年 10 月，潘博士完成了 20 kW 单相制磷电炉全部设计，1937 年 3 月该试验装置在上海建设安装完工并投入试生产。1938 年冬，潘博士被派往法国考察化学工业，将试验黄磷生产的工作交由王学海、钟道树两人负责。两人在昆明滇池附近的昆阳县（现昆明市晋宁区昆阳街道）意外发现了高品质的磷矿石。他们即利用这种磷矿石在昆明试验成功了电炉法黄磷生产工艺。1939 年夏，抗日战争进入了战略相持阶段，西南各省的火柴工业因战事海运阻塞，一向依赖进口的磷类原料即告“断炊”。为了挽救火柴厂不致倒闭，上海的民族资本家刘鸿生先生和重庆大中华火柴厂厂长周太初发起筹建组成“中国火柴原料厂”，聘请林天骥博士为经理，潘履洁博士为总工程师兼厂长，江善襄工程师为第一任车间主任。厂址选定在重庆长寿上东街的塘角湾，地处长江北岸，靠近县城正在兴建的桃花溪水力发电站。这些中国老一辈黄磷先驱们坚持不懈地努力，项目建设克服重重困难得以顺利开展。1941 年 11 月，中国首台 100 kV · A 单相黄磷工业电炉在重庆长寿顺利投产，年产黄磷 20 t，保证了火柴原料供应的长期自给自足。1943 年春夏之交，潘履洁博士会同许乃波、江善襄、王师俊、丁侃公等工程师认真总结了中国电炉法黄磷生产试验以来的经验和教训，在单相电炉的基础上，进一步修改完善技术方案，重新设计了一台 150 kV · A 三相两根电极黄磷电炉。1945 年 5 月，该台制磷电炉在云南昆阳利用当地的磷矿石、硅石、焦炭等原料建成投产，年产黄磷 30 t，这是我国建成的第二台工业化黄磷电炉。抗日战争胜利后，由于战乱等各种原因，国内制磷电炉遭到严重破坏，生产基本处于停顿状态。

中华人民共和国成立后，我国黄磷工业又进入了快速发展阶段，除少数省份外，各省份普遍兴建了小型黄磷电炉。其主要用途在于满足含磷农药生产的需求。在当时百废待兴的形势下，大力发展农药是为了减少病虫害，保证粮食丰收，支援国家经济建设和满足人民生产生活需要。因而当时对黄磷生产用电需求纳入了国家重点保障清单。到了

20 世纪 60 年代后期，各省的小黄磷厂逐渐移向有磷矿资源和电力丰富的省份。1960 年云南昆阳磷肥厂建成一套 400 t/a 三相 3 根电极黄磷电炉，这是新中国成立后云南省的第一台制磷电炉。到 20 世纪 70 年代末，云南省陆续有个旧市磷化工总厂、宣威滇东磷酸盐厂先后共建成 4 套小黄磷生产装置，生产能力 2750 t/a，实际产量仅 1916 t/a。1965 年，当时的化学工业部为了发展黄磷工业，将黄磷用途向磷酸盐、高效磷肥方面发展，计划建设两台 15000 kV · A 中型电炉，抽调了国内有关黄磷技术方面的设计人员到化工部第七设计院（现中石化南京工程有限公司），组织了由江善襄、陈善继为工程设计总负责人的上海大会战。15000 kV · A 黄磷电炉所需的石墨电极直径按设计计算要大于 800 mm，当时仅民主德国和苏联有此技术，因无条件出国考察，只有自力更生，考虑采用自焙电极。在生产钙镁磷肥的自焙电极电炉上开展试验工作，测定出该电极各部分的物理特性，推导出适合密闭制磷电炉用直径 950 mm 自焙电极的各项技术参数，15000 kV · A 黄磷电炉的核心技术才得以确定。1975 年，两套采用直径 950 mm 自焙电极的 15000 kV · A 制磷电炉在广西柳城磷酸盐厂建成投产。这是我国黄磷电炉向大型化发展的第一步，为更大容量的电炉设计提供了实践的经验和数据，是老一辈制磷科技先驱留给后人的一笔技术财富。1983 年 12 月 5 日，昆明三聚磷酸钠厂引进德国赫斯特公司技术的 72750 kV · A（磷炉变压器容量）制磷电炉建成投产，自焙电极直径 1350 mm。轻工业部就是为了解决当时国内洗涤剂行业的原料短缺问题而建设的。1997 年，云南磷肥工业有限公司（安宁大黄磷项目）引进苏联技术的 90000 kV · A（磷炉变压器容量）1 号、2 号制磷电炉分别建成投产，自焙电极直径 1700 mm。随着制磷电炉容量的不断增加，设计采用的自焙电极直径也越来越大。

国内自行设计和国外引进的三种系列自焙电极制磷电炉，由于设计制造工艺复杂，建设投资大，维修、维护工作量大（主要指自焙电极浸没式把持器系统），自装置投产后再没有同类型电炉装置建设。其中最主要的原因是国内企业受限于资金，同时设计上又没有降低制造成本的最佳优选方案。制磷电炉容量要扩大，采用国内当时最大直径的石墨电极如何降低电极电流密度来满足和适应黄磷生产工艺的特殊要求，这是摆在中国制磷科技人员面前的一道难题。1990 年 9 月，云南宣威磷化工总厂试验将石墨电极电流密度由常规 5～6 A/cm^2 提高到 8.5 A/cm^2，采用进口日本直径 600 mm 电极的 15000 kV · A 制磷电炉建成。但在试车阶段又历尽艰难和曲折，1990 年 9 月～1993 年 1 月的第一阶段试车中，最长运行周期 16 天，最短仅 6 天，到 1996 年该装置才基本正常。这台电炉的建成投产虽然经历了漫长的岁月和艰难的探索历程，但它的出现改变了大容量制磷电炉只能采用自焙电极的状况，是一次很有意义的实践。

20 世纪 90 年代中后期是贵州、四川、湖北黄磷行业进入全面大提速的高峰期。在引进云南成功经验的基础上，贵州先后建设了 13 台三相 3 根直径 600 mm 石墨电极 15000 kV · A 的制磷电炉。在消化吸收的基础上，为了解决单炉产量不达标等问题，针对该炉型存在的缺点和不足，贵州天和磷业股份有限公司提出了用 6 根直径 500 mm 的国产石墨电极替代 3 根直径 600 mm 进口电极的构想（当时直径 600 mm 的进口石墨电极价格为 32000～36000 元/t，直径 500 mm 的国产电极价格为 15000 元/t），不仅解决了电极采购困难、价格高的问题，还可以达到降低电极电流密度，减少电极消耗和提高单炉产量的目的。1997 年，贵州天和磷业股份有限公司 15000 kV · A 制磷电炉技改为三相 6

根 500 mm 石墨电极的中国首台制磷电炉顺利投产（6 根电极呈圆周形布置）。四川也随后跟进，仅攀枝花市就先后建成 16500～20000 kV · A 三相 6 根电极的制磷电炉 18 台。1999 年 8 月，湖北兴发化工集团股份有限公司首台 7500 t/a 三相 6 根直径 500 mm 电极制磷电炉正式投产，经过连续三年的生产考验，各项经济技术指标优于同容量三相 3 根电极制磷电炉。该装置在 2003 年 4 月获国家实用新型专利，专利号为 ZL02229575.5。2001 年，云南石屏县磷酸盐厂厂长及主要负责人在分别考察分析了国内各类制磷电炉炉型和三相 6 根电极制磷电炉后，认为三相 6 根电极呈圆周形布置，电炉熔池中间容易出现冷区，热量不足。回厂后与工程技术人员共同研究，通过反复修改设计方案，在石屏县磷酸盐厂 21000 kV · A 2 号制磷电炉上采用了国内第一台三相 7 根直径 500 mm 电极的设计方案。该炉在 2002 年 11 月 8 日建成投产，并申报了专利。2004 年 3 月 24 日国家知识产权局授予专利权，专利号为 ZL03233160.6。2005 年 6 月 19 日，云南石屏县方盛磷化工科技有限公司利用三相 7 根电极发明专利建设的 23000 kV · A 制磷电炉顺利投产。该装置在原来设计的基础上改进完善了有关技术参数，还采用了孙志立等的多项新技术、新工艺，如原直径 500 mm 石墨电极改为直径 600 mm，消除炉盖涡流新技术；原始开车烘炉首次采用电极直接烘炉，电极、电流协调操作法等。同年 10 月 4 日～6 日，在电力部门大力支持和有关专家参与下，该装置成功进行了 72 h 性能考核，各项经济技术指标均达到和超过了设计值，三天产量 108 t（平均日产 39.33 t），吨磷耗电 11791 kW · h，达到了满意的预期目的。多电极的出现，解决了当时条件下制磷电炉不用自焙电极即可向大型化迈进、国产化发展的难题。在实际运用和推广中，其高效低耗的优良特点，已经得到了越来越多国内厂家的认可和采纳，实现了国人认识科学技术是第一生产力到自主创新是第一竞争力的跨越，可以说是中国制磷工业发展的一个新的里程碑。

多电极制磷电炉的设计原理是以生产实践和理论研究相结合，在尊重科学的基础上大胆突破禁区，进行宏观的、全方位的研究后得到的结果。它的设计理念结合了中国国情，是有自己独创的知识产权和中国特色的制磷装置。中国是目前世界上黄磷生产、消费和出口大国，在制磷技术上应该有自己独创的知识产权。到 2006 年，全国共有黄磷生产企业 148 家，主要生产地集中在有磷矿资源的云南、贵州、四川和湖北等省。有各种类型的制磷电炉 150 台左右，变压器总装机容量为 4×10^6 kV · A 的设计产能。

由于电力供应政策的关系，厂家磷炉变压器铭牌与实际容量有相当的偏差，因此实际设计产能估计超过 200 万 t。云南是国内黄磷产量大省，年产量基本都在国内产量的 50% 以上。据统计，全国已有制磷电炉 150 台左右，产能 90 万 t 左右。其中 10000～20000 kV · A 以及以上的制磷电炉有 100 多台，1000 kVA 以下的制磷电炉还有 44 台。我国黄磷主要省份的产能见表 2-1。

表 2-1　我国黄磷主要省份的产能

云南黄磷生产企业产能统计		
序号	公司名称	产能/万 t
1	云南宣威磷电有限责任公司	8.0
2	弥勒磷电化工有限责任公司	7.0

续表

云南黄磷生产企业产能统计		
序号	公司名称	产能/万 t
3	云南江磷集团股份有限公司	7.0
4	云南澄江华业磷化工有限责任公司	3.0
5	云南澄江德安磷化工公司	3.0
6	云南福石科技有限公司	2.8
7	云南活度磷化工有限公司	2.5
8	云南再峰（集团）龙凤磷厂	2.5
9	云南浩坤磷化工有限公司	2.8
10	云南浩明磷化工有限公司	2.5
11	云南南磷巡检司磷电公司	2.5
12	云南澄江志成磷业公司	2.3
13	云南旭东集团有限公司	2.3
14	云南屏边黄磷厂有限公司	2.1
15	云南陆良宏盈磷业公司	2.0
16	云南澄江冶钢集团黄磷厂	1.4
17	云南师宗富盛磷电公司	1.2
18	云南马龙云华磷化工公司	1.0
19	云南石屏瑞龙电力实业公司	0.75
20	云南磷源化工有限公司	0.75
21	云南富民和平化工有限公司	0.75
22	云南富民云富磷酸盐公司	0.5
合计：58.65 万 t		

贵州黄磷生产企业产能统计		
序号	公司名称	产能/万 t
1	贵州瓮安龙马磷业有限公司	5.0
2	贵州瓮安瓮福黄磷公司（续建 6.6）	5.0*
3	贵州瓮安成功磷化有限公司	3.0
4	贵州新天鑫化工有限公司	3.6
5	贵州福泉川东磷化工公司	5.0
6	贵州开阳贵创天盟公司	1.8
7	贵州跨能天和磷业公司（续建 6.0）	*
8	贵州开阳川东化工公司	1.0
9	贵州施秉成功磷化公司	1.1
10	贵州瓮安雕鸿成公司（续建 2.5）	0.8*
11	贵州福泉华鑫磷化公司	1.25
合计：27.55 万 t（备注：续建 15.1 万 t）		

续表

四川黄磷生产企业产能统计		
序号	公司名称	产能/万 t
1	雷波凯瑞磷化工公司	6.0
2	会东金川磷化工公司	5.0
3	攀枝花众立诚化工公司	6.0
4	攀枝花天化化工公司	2.0
5	攀枝花汇丰和磷化公司（续建 2）	2.0*
6	绵阳启明星磷化公司	3.1
7	石棉蓝海(集团)公司（续建 2.5）	2.5*
9	美姑凯元磷化工公司	2.0
10	西昌明源磷化工	1.2

湖北兴发黄磷变压器容量及产能				
序号	地点	变压器数量/台	变压器容量/（万 kV · A）	总容量/（万 kV · A）
1	兴山刘草坡	3	1.65、1.8、2.3	5.75
2	兴山白沙河	3	3×1.65	4.95
3	保康楚烽	2	2.3、2.5	4.8
4	襄阳南漳	2	2×2.5	5.0
5	宜昌远安	2	（续建 2.8 万 t）2×2.5	5.0
合计：12 台，25.5 万 kV · A（备注：2 台 25.5÷2=12.75 万 t）				

注：*代表在建产能。

综上所述，可以看到中国黄磷工业经历了一个曲折发展的过程。虽然经历了重重困难，但一直以来都在艰难地不断发展壮大，特别是新中国成立以来，我国黄磷工业取得了飞速的发展与进步。仅从产量来看，30 年间产能增长了近 1000 倍，产量也增长了 600 多倍。最近几年的产能及产量情况，可参照图 2-1 和图 2-2。总产量的降低主要是因为我国黄磷产业结构的调整。有关原因的分析在后续章节中还要继续讲到。

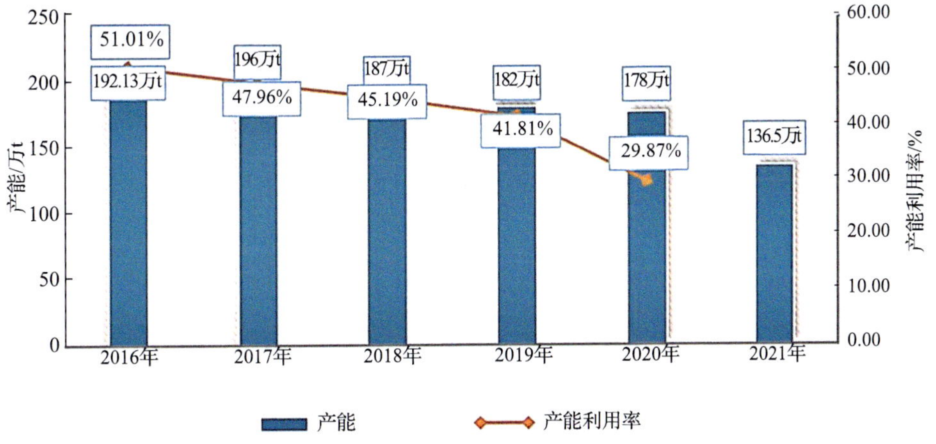

图 2-1　2016～2021 年中国黄磷行业产能及产能利用率情况

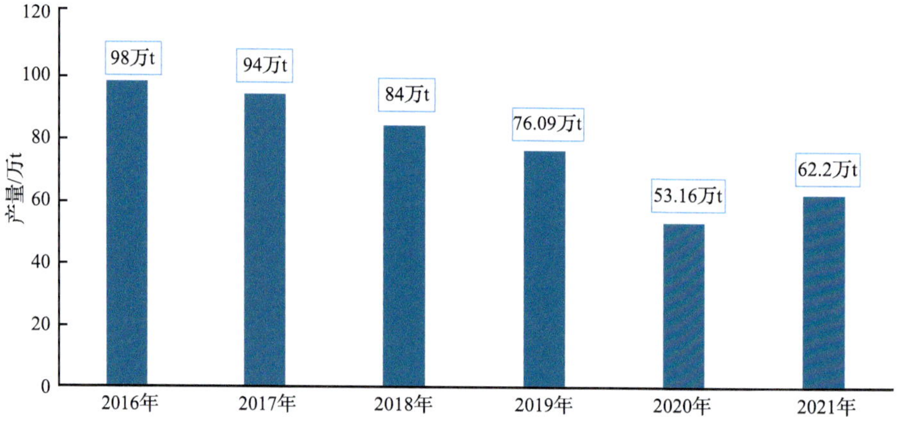

图 2-2　2016～2021 年中国黄磷行业产量统计情况

2.1.3　我国黄磷产业的调整方向

我国黄磷工业产品结构调整是发展方向之一。黄磷是重要的基本化工原料之一，用途十分广泛，同时又是高能耗、高污染的行业。我国的黄磷生产从开始主要用来生产火柴，到后来生产农药、磷酸盐等，目前仍然多以基础产品为主。其产品主要为热法磷酸、三聚磷酸钠、饲料磷酸氢钙，前两种产品产量已位居世界第一，而精细化工产品只占 4%。我国虽然是黄磷生产消费大国，但以黄磷为原料生产的无机及有机磷产品市场开发不够，从经济学的角度考虑，高能耗的黄磷产品用于生产低附加值的磷化工产品是不经济、不合理的。磷化工产品链各环节的产量比例失调，头大尾小是国内存在的实际情况。通常国外工业发达国家黄磷、中间产品、最终产品的合理比例约为 1∶3∶5，而我国现在的比例却是 1∶1.5∶0.8。磷化工产品结构的不合理导致初级磷化工产品低价出口，而有的行业，特别是高科技行业所需的精细磷化工产品又需从国外高价进口。我国以生产基础产品为主的磷化工产业现状亟待改变，应加快步伐发展精细磷化工产品。除注重磷化工自身的新品种和新技术的开发外，还应更多研究其他行业，包括电子、汽车、油气开采、钢铁、石油化工、合成材料、特种玻璃、特种陶瓷、表面处理、造纸、皮革、水处理、纺织、涂料及颜料、化妆及日用品、食品及饲料、机械加工、特种功能（催化、吸附、压电、发光、耐温）等的应用。

我国黄磷产业布局优化调整则是另一个发展方向。我国的黄磷发展曾经辉煌一时，大量出口，赚取外汇；同时价格高涨，利润大增。但是也经历过价格大起大落，三五年一个轮回的尴尬局面，表面上看是产品价格起伏不定，其实是市场这只无形的手在操作，是市场经济规律的自我调整。就黄磷企业而言，必须清醒地看到：①虽然我们现在拥有了自主创新的黄磷生产技术和知识产权，产量上称得上是世界黄磷老大，但单个企业规模小，布局分散，缺乏市场竞争力，没有从资源—基础产品—精细磷化工产品到各应用领域的完整的磷化工发展体系和优势企业集团。②装备落后、能耗高、故障多、污染较严重等情况还时有所见。2006 年国内几家大公司平均电炉生产能耗分别为：四川省川投化学工业集团有限公司 14246 kW · h/tP，云南南磷集团 14186 kW · h/tP，云南马龙产业集团股份有限公司 13741 kW · h/tP，湖北兴发化工集团股份有限公司 13942 kW · h/tP，贵州黔能天和磷业有限公司 14100 kW · h/tP，没有一家低于 13500 kW · h/tP。磷收率一般在 75%～85%之间徘徊，达到 90%以上磷收率的很少。③产品单一，结构不合理，新产品开发能力弱，相互技术交流和沟通少，副产品综合利用不够。一家公司一台电炉，一个地方多家公司，同质竞争，互相消耗，亟待优化组合，形成大的企业集团。

综上所述，磷矿作为不可替代和不可再生的战略资源，我国黄磷工业的可持续发展必须要在有效利用资源、保护环境的前提下，充分利用好我国宝贵的磷矿资源，这是历史和子孙后代赋予我们的责任和历史使命。加速技术改造，实行国内自主开发和中外合资、联营等各种方式引进国内外先进技术，尽可能应用新工艺、新技术、新设备、新材料；加强科学管理，以人为本，提高技术人员素质，重视磷化工创新人才的培养和使用；制定新的可持续发展战略规划，将重点从围绕资源优势向产业优势上转型升级；突出精细磷化工，加快工业级磷化工产品向食品级、电子级产品的转变，无机磷化工向有机磷化工的转变，进一步优化调整产业结构和布局，建设一批科技含量高、市场前景好的重点项目。这是黄磷企业立足国内、放眼国际市场和今后继续努力发展的方向。

2.2 黄磷制备的化学原理

自然界丰富的磷资源大多以磷酸盐矿物的形式存在，其大致的组成为 $Ca_3(PO_4)_2$ 或 $Ca_3F(PO_4)_3$。磷酸盐是最常见的含磷化合物，长久以来一直被认为对植物和动物的生命有着重要的作用。为阐述黄磷制备的化学过程，本章分别以 $Ca_3(PO_4)_2$ 和 $Ca_3F(PO_4)_3$ 为例进行分析讨论。由于磷与氧之间的结合非常紧密，从天然磷酸盐中提取磷的过程变得复杂化。将磷从含磷化合物中分离出来，目前唯一的工业化方法就是以炭还原磷酸根，然后再除去生成的 CO、CO_2 和其他杂质。磷酸盐的还原反应需要大量而又集中的热量，而电热法解决了黄磷生产工艺技术和经济方面的诸多问题。因此，磷的应用及其生产方法的不断发展，总是和能源的发展紧密联系，息息相关。

2.2.1 黄磷制备的化学过程

在电热法制磷工艺中，制磷电炉本质上是一个化工反应器，由于炉料中含有很多杂质，加上电炉操作时工艺条件的变化，除了磷酸盐的化学还原反应外，还会发生不同的副反应和次级反应。因此，炉内的化学反应网络极为复杂，各国制磷科技人员就此做了大量的试验研究工作，对制磷电炉内曾提出以下可能发生的化学反应。

$$Ca_3(PO_4)_2 + 3SiO_2 \longrightarrow 3CaSiO_3 + P_2O_5$$

$$Ca_3(PO_4)_2 + 4C + SiO_2 \longrightarrow 3CaSiO_2 + 4CO + P_2$$

$$Ca_3(PO_4)_2 \longrightarrow 3CaO + P_2O_5$$

$$Ca_3(PO_4)_2 + 5C \longrightarrow 3CaO + 5CO + P_2$$

$$Ca_3(PO_4)_2 + 8C \longrightarrow Ca_3P_2 + 8CO$$

$$SiO_2 + 2C \longrightarrow Si + 2CO$$

$$Ca_3(PO_4)_2 + 5CO \longrightarrow 3CaO + 5CO_2 + P_2$$

$$Ca_3(PO_4)_2 + 5H_2 \longrightarrow 3CaO + 5H_2O + P_2$$

以上这些化学反应有的是希望发生的，有的则不希望发生，那么在理论温度 1400℃左右时，存在哪些反应呢？首先要分析这些化学反应可能性及先后次序。而要进行这样的分析，就要对上述环境下发生化学反应的热力学和动力学进行讨论。

2.2.2 制磷反应热力学分析

热力学分析在化工生产中起着极为重要的作用，通过热力学的研究分析可以确定体系内可能存在的化学反应个数和反应进行的程度，即达到化学平衡时的反应转化率，以及确定反应的最佳温度范围和为减少副反应的发生提供理论依据和实践指导。

热力学分析的方法是通过试验或数据计算，求得相应温度下吉布斯自由能（ΔG）和平衡常数（$\lg K_p$），根据 ΔG 和 $\lg K_p$ 的正负判断反应可能进行的情况和反应的进行程度。

表 2-2 是磷酸三钙还原过程的热力学数据。从表中的热力学数据对以上各反应情况分析如下。

反应①：

$$Ca_3(PO_4)_2 + 3SiO_2 \longrightarrow 3CaSiO_3 + P_2O_5$$

当 $t = 2327$℃时，$\Delta G > 0$；故 1400℃析出的 P_2O_5 极少。

反应②：

$$Ca_3(PO_4)_2 + 4C + SiO_2 \longrightarrow 3CaSiO_2 + 4CO + P_2$$

该反应在温度为 1177～1227℃范围内 $\Delta G < 0$，$\lg K_p > 0$ 的温度为 1177℃，$\lg p$（反应蒸气压的对数）> 0 的温度为 1152℃。因此，在 1497℃下反应平衡趋向于生成 P_2 的方向。当温度为 1227℃、$\lg K_p = 2.395$ 时，反应几乎可以进行完全。

反应③：

$$Ca_3(PO_4)_2 \longrightarrow 3CaO + P_2O_5$$

该反应的起始反应温度在 2727～3327℃之间，此时，$\Delta G < 0$，$\lg K_p > 1.01\times10^5$Pa（1atm）的温度也在 2727～3327℃。因此，在 1097～1497℃几乎无此反应进行。

反应④：

表 2-2 磷酸三钙还原过程的热力学数据

反应式	数据									分析
反应①	T/℃	25	927	1127	1527	1727	1927	2127	2327	T = 2327℃时，$\Delta G > 0$；故 1400℃析出的 P_2O_5 极少
	ΔG/J	599.83	432.63	390.83	301.796	247.874	131.25	106.59	34.276	
	$\lg K_p$	105	−18.9	−14.6	−8.77	−6.4	−2.98	−2.3	−0.688	
反应②	T/℃	25	927	1027	1127	1152	1177	1227		温度在 1177～1227℃时，$\Delta G < 0$，$\lg K_p > 0$ 的温度为 1177℃，$\lg p > 0$ 的温度为 1152℃。因此，在 1400℃下反应平衡趋向于生成 P_2 的方向。当温度为 1227℃时，$\lg K_p$= 2.395，反应几乎可以进行完全
	ΔG/J	1202899	247581.4	143959.2	36909.4	12122	−19228	−68594		
	$\lg K_p$	−211	−10.8	−5.78	−1.38	−0.445	0.694	2.395		
	$\lg p$	−35.15	−1.8	−0.963	−0.25	0.0273	0.1155	0.399		
反应③	T/℃	25	1127	1727	2227	2727	3327			温度在 2727～3327℃时，$\Delta G < 0$。因此在 1400℃时不可能有此反应发生
	ΔG/J	816354	618222	438064	309320	10.9516	−22572			
	$\lg K_p$	−143.5	−23.1	−11.53	−6. 47	−0.162	0.326			
反应④	T/℃	25	927	1027	1127	1227	1327	1352	1377	T = 1352℃，$\Delta G < 0$。即在 T > 1352℃时，反应能自发进行，平衡趋向于生成 P_2 的方向。但与反应②相比，起始的反应温度要高些，相同温度下反应进行程度稍低
	ΔG/J	2262968	506992	357724	238803	130290	17430	−5977	−33690	
	$\lg K_p$	−251	−20	−14.28	−8.91	−4.54	−0.66	0.1925	1.068	
	$\lg p$	−11.8		−2.381	−1.485	−0.5757	−0.11	0.0329	0.1778	

续表

反应式	数据									分析
反应⑤	T/℃	25	927	1127	1527	1627	1677			在 1400℃下该反应发生的概率很小
	ΔG/J	2274.338	1007.38	733.172	168.872	26.752	−39.71			
	$\lg K_p$	−398	−43.8	−27.8	−4.86	0.737	1.075			
	$\lg p$	−49.7	−5.46	−3.41	−0.607	−0.092	0.135			
反应⑥	T/℃	25	927	1127	1327	1427	1527	1577	1627	该反应的起始温度为 1627℃，在 1400℃下平衡趋向于反应的左边方向，所以几乎无此反应发生
	ΔG/J	626247	228060	160261	92252	54381	18183	8903.4	−17054	
	$\lg K_p$	−110	−9.25	−5.98	−3.01	−1.677	−0.531	−0.0153	0.47	
	$\lg p$	−55	−4.65	−2.99	−1.505	−0.836	−0.266	−0.0076	0.235	
反应⑦	T/℃	25	927	1127	1327	1527	1727			该反应的起始反应温度为 1727℃，在 1400℃下无此反应发生
	ΔG/J	827.64	672.144	634.524	599.412	564.3	−529.19			
反应⑧	T/℃	25	927	1127	1327	1527	1727			此反应的起始反应温度为 1727℃，在 1400℃下无此反应发生
	ΔG/J	968.715	620.312	543.3	465.234	385.396	−309.74			

注：T 表示温度(℃)；ΔG 表示吉布斯自由能(J)；$\lg K_p$ 表示平衡常数的对数；$\lg p$ 表示反应蒸气压的对数。

$$Ca_3(PO_4)_2 + 5C \longrightarrow 3CaO + 5CO + P_2$$

该反应的起始温度为 1352℃，在 $T > 1352$℃时，该反应能自发进行，平衡趋向于生成 P_2 的方向。但与反应②相比，起始的反应温度要高些，相同温度下反应进行程度稍低。

反应⑤：

$$Ca_3(PO_4)_2 + 8C \longrightarrow Ca_3P_2 + 8CO$$

该反应的起始温度为 1677℃，在 1497℃下平衡趋向于反应的左边，所以几乎无此反应发生。

反应⑥：

$$SiO_2 + 2C \longrightarrow Si + 2CO$$

该反应的起始温度为 1627℃，在 1497℃下平衡趋向于反应的左边，所以几乎无此反应发生。

反应⑦：

$$Ca_3(PO_4)_2 + 5CO \longrightarrow 3CaO + 5CO_2 + P_2$$

该反应的起始温度为 1727℃，在 1497℃下几乎无此反应发生。

反应⑧：

$$Ca_3(PO_4)_2 + 5H_2 \longrightarrow 3CaO + 5H_2O + P_2$$

该反应的起始反应温度为 1727℃，在 1497℃下几乎无此反应发生。

从以上的数据分析中可以得出如下结论：在制磷电炉内的正常工况条件下，只有反应②、反应④发生的机会最大。从以上两个反应的比较还可以看到，有 SiO_2 存在时碳对磷酸三钙的还原起始温度要低些，还原程度也比无 SiO_2 时大。

反应①和反应③的起始温度在 2000℃以上，炉内一般不可能达到如此高的温度，故不可能发生此反应，其余反应发生的概率也很小。只有在炉内产生过热区才会在局部高温时伴随有这样的反应发生，因此对可能有的反应需要具体问题具体分析。在确定操作条件时，为了减少副反应的发生，炉内温度尽量控制在磷酸盐还原反应的最佳温度（1400℃）范围内，才最有可能发生我们所期待的化学反应。

2.2.3 制磷反应动力学分析

从上面的热力学分析可知，两个主要磷酸盐还原反应的起始温度都在 1400℃以下，其中反应②和反应④的起始温度分别为 1152℃和 1352℃。在 1400℃以下几乎都能使反应进行完成，也就是说在该条件下，磷酸盐还原反应所需的热量从热力学的分析是完全能够满足的。

然而，仅明确了热力学的问题还不够全面，因为热力学只解决了化学反应的可能性问题，而要了解反应在一定条件下以多快的速率进行，还需进行反应动力学分析，以研究解决制磷反应的速率问题。

1. 动力学理论分析

从 CaO-P_2O_5 系统图（图 2-3）和 CaO-SiO_2 系统平衡图（图 2-4）可以看到，在 1152℃时为固-固反应，在该温度下无液相生成。当有 SiO_2 存在，温度上升到 1227℃时，有液相出现。当温度上升至 1427℃时，磷矿石形成液相。因此，反应可以大致分为两个阶段：第一阶段为固-固反应，第二阶段为固-液反应。

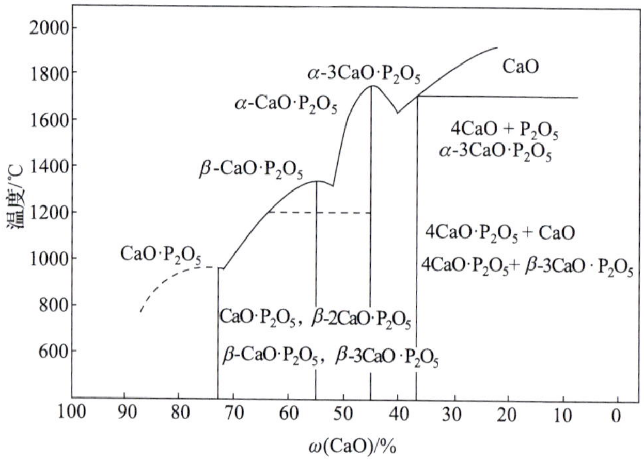

图 2-3 CaO-P_2O_5 系统图

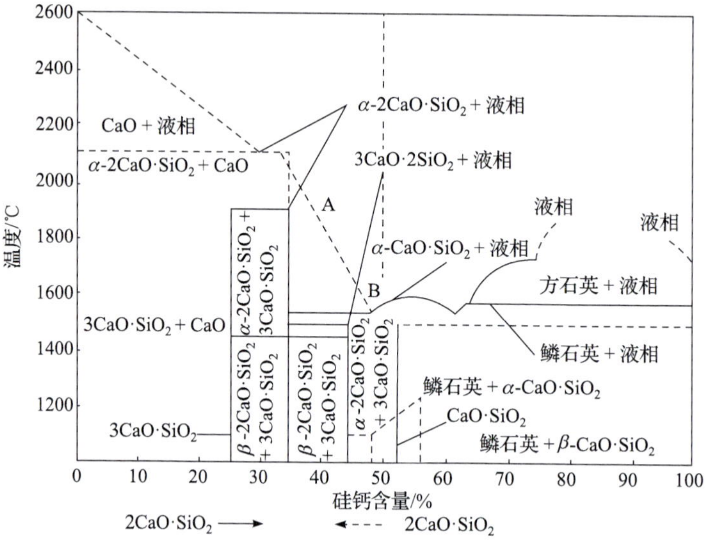

图 2-4 CaO-SiO_2 系统平衡图

为了更加清晰地描述磷酸三钙的还原过程，可以对固体料层反应提出以下五个假设的反应过程：一是原料表面的黏结、覆盖；二是扩散形成“假分子”及分子膜的活化；三是分子表面膜的活化过程；四是晶体内部扩散的活化阶段；五是生成新的结晶中心。

通过假设以上的五个反应过程，可以把碳还原磷酸三钙的过程描述为：首先是碳、磷酸三钙和 SiO_2 相互间的接触、半熔融、黏结；随后是三种物料相互扩散的反应活化过程，形成反应区间（熔池）；炉料在反应区间发生相应的化学反应，生成物形成膜层，反应物通过这个逐渐增厚的膜层而扩散；接下来就是各自晶体内部的物质向反应区间扩散；最后是生成物形成新的结晶中心以及生成物的扩散。

从以上的研究分析可以看出，影响反应的因素有以下几点：一是反应物之间相互接触的表面积；二是反应物扩散到反应空间的速率；三是化学反应进行的速率；四是形成的新体系对反应的影响；五是生成物的扩散，以及反应物通过生成物逐渐增厚膜层的速度。

按照化学反应的原理，参加化学反应的各组成部分必须具有足以克服库仑力活化能时才有可能发生化学反应。在常温下，气态和液态物质因组成部分原子、分子、离子均具有充分活动性，所以能很好满足这个条件，故对于气相反应、液相反应人们一般能够理解化学反应过程的发生和发展。然而对于固相反应，在制磷行业中往往还有一个逐步认识的过程。由于焦炭没有明显的熔点，在 3000℃时还是固体，到 3540℃时才发生气化，因此在制磷电炉内的焦炭始终都是固体。由于固体物质所组成的原子、分子、离子不具有活动性，它只能围绕某些结点振动。温度升高其振幅增大，最终达到发生位移程度而产生化学反应。

对于制磷工艺而言，在炉料中减小焦炭粒度和适当增加焦炭用量，可以增加彼此间的接触面积，对扩散更为有利。提高炉料温度也能使相互间的碰撞机会增加，这就是磷酸盐还原率随温度升高而提高的根本原因。由于制磷电炉料粒度远比磷矿熔融时的粒度大，因此磷矿石在熔化前的还原率是极其有限的，而当炉料熔化后，其熔融液不断渗透进焦炭的毛细孔（孔隙）中，这对扩散有利，反应速率迅速提高。因此，反应过程的完整描述应该是：磷酸盐的化学还原反应从固相反应（1050℃）开始，随着温度不断提高至磷矿石的软化温度，还原率也逐步提高，当磷矿石熔化后其还原率迅速提高直至还原反应结束。

通过以上的分析研究，将反应速率用式（2-1）表示：

$$v = f[S \cdot (v_a + v_b)] + b \tag{2-1}$$

式中，v 为反应速率；S 为表面积；v_a 为化学反应速率；v_b 为扩散速度；b 为常数。$v = f[S \cdot (v_a + v_b)] + b$ 为以 S、v_a、v_b 为变量的与反应体系有关的函数。

从上述理论分析和试验数据中可以得出如下结论：碳还原磷酸三钙是由扩散速率控制的反应，因为化学反应速率大大快于扩散速率，在研究该反应时可以忽略化学反应速率对整个反应的影响。

因此，速率关系式可写为

$$v = f(S \cdot v_b) + b \tag{2-2}$$

按照菲克定律，扩散速率方程式可表达为

$$\mathrm{d}s/\mathrm{d}Z = -DF(\mathrm{d}c/\mathrm{d}y) \tag{2-3}$$

式中，s 为在时间 Z 通过面积 F 向低浓度一方扩散的物质通量；$(\mathrm{d}c/\mathrm{d}y)$为浓度扩散梯度；$D$ 为扩散系数。设浓度扩散梯度为恒定，则$(\mathrm{d}c/\mathrm{d}y)$可用$(c_0 - c)/y$表示。其中，$c$ 和c_0 分别为扩散物质浓度和初始浓度；y 为扩散所经过的膜厚。

因此，可以用 $\mathrm{d}y$ 代替 $\mathrm{d}s$，设 $F = 1$（单位面积），由于化学反应速率极快，可令 $c = 0$，

则得

$$dy/dZ = D(c_0/y) \tag{2-4}$$

积分得

$$y^2 = 2Dc_0Z \tag{2-5}$$

由于 D、c_0 为常数，因此可设 $K = Dc_0$，则：

$$y^2 = 2KZ \tag{2-6}$$

由此可以进行如下讨论。

（1）正方形颗粒模型

由于直接测出反应产物膜的厚度很困难，提出了正方形颗粒模型，设边长为 a，作用率为 $x\%$，模型中 x 与 y 之间的对应关系可以表示为

$$\frac{a^3-(a-2y)^3}{a^3} = \frac{x}{100} \tag{2-7}$$

$$y = a\Big/2\left[1-\sqrt[3]{(100-x)/100}\right] \tag{2-8}$$

把式（2-8）代入式（2-5）得

$$\left[1-\sqrt[3]{(100-x)/100}\right]^2 = (8Dc_0/a^2)Z = K_1Z \tag{2-9}$$

设 $\left[1-\sqrt[3]{(100-x)/100}\right]^2 = \Phi$，则

$$\Phi = K_1Z \tag{2-10}$$

为直线关系。

再用反应阻力的模型进行研究，由反应阻力动力学方程式：

$$dy/dZ = K(c_0-c)/W = K(c_0-c)/(W/F+l/D)\int(dl/g) \tag{2-11}$$

式中，$W=W_R+W_D$，W_R 和 W_D 分别为反应的化学阻力和扩散阻力；c_0及c 为浓度；Z 为时间；F 为反应面积；D 为扩散系数；l 为扩散层厚度；g 为扩散表面积。由试验结论：$W_R \ll W_D$，则：

$$dy/dZ = K(c_0-c)/W_D = K(c_0-c)/l/D\int dl/g \tag{2-12}$$

将式（2-12）中的 $\int dl/g$ 积分换成

$$dy/dZ = KDF/l(c_0-c) \tag{2-13}$$

式（2-13）和式（2-4）对应：

$$dy/dZ = KDc_0/l \tag{2-14}$$

由 y 代替 l，则有 $y^2 = K_1Z$，其中，$K_1 = KD$。

（2）球体模型

球体模型理论认为反应物料为球体，球体颗粒的反应动力学方程式为

$$dG/dZ = \sqrt[3]{1-G}\Big/\left(1-\sqrt[3]{1-G}\right) \tag{2-15}$$

式中，G 为转化率；Z 为时间。

根据扩散为反应控制步骤，积分并整理得

$$1-2/3G-\sqrt[3]{(1-G)^2}=KZ \quad (2\text{-}16)$$

通过以上的数学分析可知，当扩散系数 D 一定时（T 一定），随着反应的进行，生成物厚度增加，c_0/y 变小，因此反应速率变小。当厚度增加到一定程度时，就会阻碍反应的进行，使还原进程变慢。随着温度的升高，由于扩散速率加快，反应速率必然随之发生变化，这里就用动力学方法研究反应速率与温度的关系。反应时间与还原率的关系如图 2-5 所示。

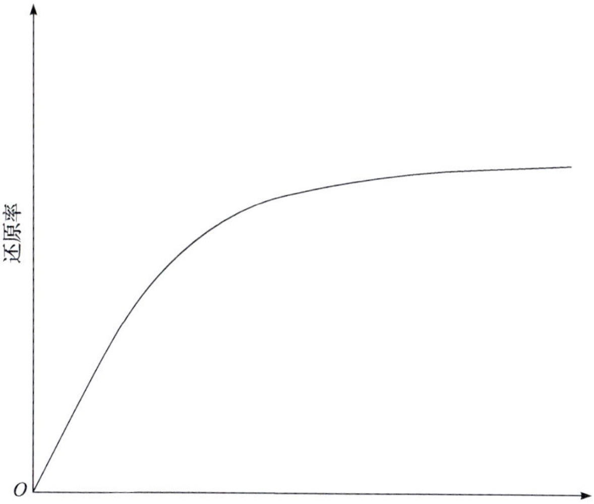

图 2-5　反应时间与还原率的关系

由范特霍夫-阿伦尼乌斯方程式表示为

$$K_r=K_0e^{-E/RT} \quad (2\text{-}17)$$

式中，K_0 为常数；e 为自然对数的底；T 为热力学温度；E 为活化能；R 为气体常数。对该式中的物理意义讨论如下。

由式（2-3）、式（2-5）和式（2-9）得

$$K_1=8Dc_0/a^2 \quad (2\text{-}18)$$

而 a、c_0 可看作常数，则：

$$8Dc_0/a^2=K_0e^{-E/RT}$$

$$D=K_0\times e^{-E/RT}\times a^2/8c_0 \quad (2\text{-}19)$$

因此，D 随 T 变化而变化，D 与 T 的关系为

$$D=D_0e^{-W/KT} \quad (2\text{-}20)$$

式中，D_0、K、R 为常数；W 为断裂能。

因此，固态反应速率常数与温度关系式相比可写成

$$K_1 = C'\mathrm{e}^{-W/KT} \quad (2\text{-}21)$$

式中，C'为对单位面积而言的常数。

同理，常见的速率常数与温度的关系式相比可写成：

$$K_1 = C'\mathrm{e}^{-E/KT} \quad (2\text{-}22)$$

式中，E 表示活化能。取对数，则 $\ln K=(-E/KT)\ln C'$，即，$\ln K$ 与 $1/T$ 的关系为直线关系。

通过以上讨论可以看出，K 与 $1/T$ 的关系如图 2-6 所示。随着温度的升高，扩散速率加快，反应速率加快，反应率增大。

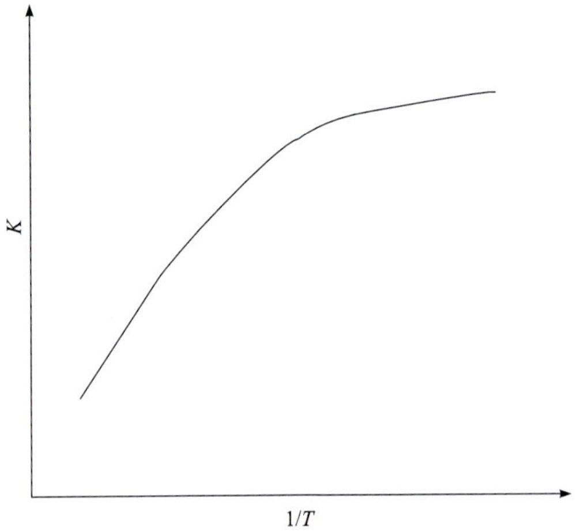

图 2-6　K 与 $1/T$ 的关系

2. *碳还原 $Ca_3(PO_4)_2$ 过程动力学试验*

用过剩炭黑还原 $Ca_3(PO_4)_2$ 分别在 1350℃、1300℃、1250℃和 1200℃下进行试验，结果如图 2-7 所示。由图可以看出，随还原温度的提高，单位时间内的还原率增加。对于在任何温度下，前 60min 还原率增加较快，以后则增加较慢。

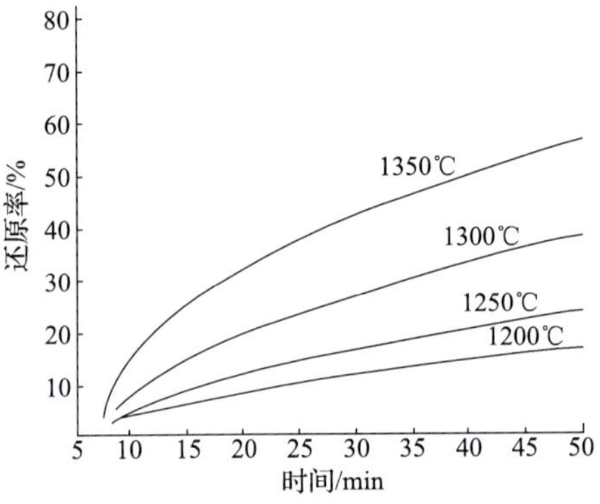

图 2-7　过剩炭黑（乙炔炭黑）在各种温度下还原 $Ca_3(PO_4)_2$ 的还原率

由此可以得出结论：碳还原磷酸三钙的过程为扩散控速反应过程。科学工作者通过数学模型分析得出的结论与试验是一致的。

由于在实际的生产中都有 SiO_2 存在，科学工作者做了对比试验，结果如图 2-8 所示。由图可以看出，有 SiO_2 存在比没有 SiO_2 存在时用碳还原磷酸三钙的还原率高；同时也指出，在有 SiO_2 存在下，此过程性质仍属于扩散过程。

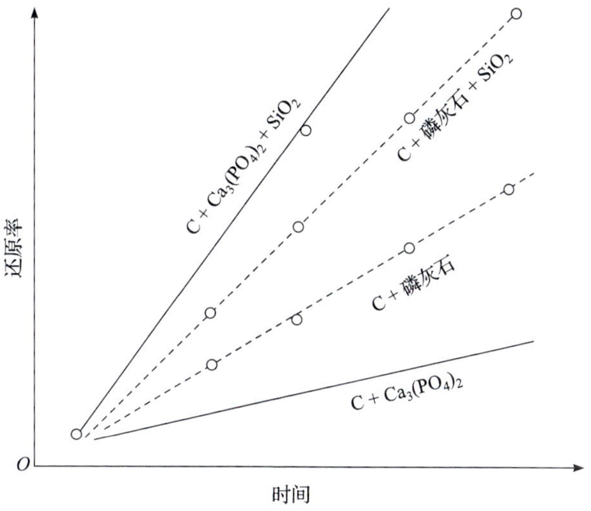

图 2-8　在有无 SiO_2 存在下，磷酸三钙和磷灰石的还原

T=1300℃，焦炭过量系数为 1.1

碳还原 $Ca_3(PO_4)_2$ 扩散模型可假设为

$$Ca_3(PO_4)_2 \longrightarrow CaO \longleftarrow C$$

根据式（2-20），C 向 CaO 的扩散系数方程式为

$$D_{C\to CaO} = 2.1\times10^4 \times e^{17500/RT}\ (cm^2/s)$$

PO_4^{3-} 向 CaO 的扩散系数方程式为

$$D_{PO_4^{3-}\to CaO} = 2.1\times10^5 \times e^{17100/RT}\ (cm^2/s)$$

CaO 向 C 的扩散系数方程式为

$$D_{CaO\to C} = 1.4\times10^5 \times e^{12100/RT}\ (cm^2/s)$$

PO_4^{3-} 和 C 都是扩散性组分，物料的粒度对扩散的影响大，同时配料的堆密度对反应也有影响。

3. 碳还原 $Ca_3(PO_4)_2$ 的机理假设

通过上面反应热力学和反应动力学的分析，已确定了碳还原 $Ca_3(PO_4)_2$ 的化学反应式，该反应是以扩散为控制步骤的反应，即是由离子、原子之间的相互作用引起的扩散来决定反应速率的，碳还原 $Ca_3(PO_4)_2$ 是 C 原子与 PO_4^{3-} 的作用。可以推测有 SiO_2 存在时 C 原子与 PO_4^{3-} 的作用机理由下列化学反应构成：

$$Ca_3(PO_4)_2 + 5C + 3SiO_2 \longrightarrow \cdots\cdots$$

$$PO_4^{3-}+C \longrightarrow PO_3^{3-}+CO$$

$$2PO_3^{3-} \longrightarrow PO_2+PO+3O^{2-}$$

$$3O^{2-}+3Ca^{2+}+3SiO_2 \longrightarrow Ca_3Si_3O_2O_7$$

$$PO_2+C \longrightarrow PO+CO$$

$$PO+C \longrightarrow P+CO$$

$$2P \longrightarrow P_2 \longrightarrow \frac{1}{2}P_4$$

— — — — — — — — — — — — — — — — — —

$$\cdots\cdots \longrightarrow Ca_3Si_3O_2O_7+P_2+5CO$$

4. 天然磷酸盐被碳还原的机理

由于炉内各个料层范围内温度的变化不一样，主反应和副反应的反应温度高低不同，各化学反应相对稳定地在炉内不同高度及前后不同的时间内相继发生，因此研究天然磷酸盐被碳还原的机理尤为重要。可以按炉内料层几个温度范围对还原过程机理进行分析研究。

（1）700～1000℃炉内生料层中下部、半熔化层上部的固相及气相（热交换和粉尘过滤区域）。

矿物质的化学变化：

$$\text{块矿} \longrightarrow Ca_3(PO_4)_2+Ca_4P_2O_9+Ca_5F(PO_4)_2+H_2+CO_2$$

形成偏磷酸盐：

$$Ca_3P_2O_8+P_2O_5 \longrightarrow Ca(PO_3)_2$$

偏磷酸盐的还原：

$$Ca(PO_3)_2+C \longrightarrow Ca_3P_2O_8+P+CO$$

CO 的分解：

$$CO \longrightarrow C+CO_2$$

Fe_2O_3 的还原：

$$Fe_2O_3+CO \longrightarrow Fe_3C_4+CO_2$$

（2）1000～1300℃半熔化层中下部（熔化层上部的过渡区域）。

磷矿石的直接还原：

$$Ca_3P_2O_8+CO+SiO_2 \longrightarrow Ca_3P_2O_6+\cdots+P_2+CO_2+m\text{CaO}\cdot n\text{SiO}_2$$

$$CO_2+C \longrightarrow CO$$

固相扩散、矿石的还原：

$$Ca_3P_2O_8 + C \longrightarrow Ca_3P_2O_6 + \cdots + SiO_2 \longrightarrow P_2 + CO + mCaO \cdot nSiO_2$$

矿石的间接还原：

$$Ca_3P_2O_8 + H_2 \longrightarrow Ca_3P_2O_6 + H_2O$$

$Ca_4P_2O_9$ 的反应类似于其他磷酸盐，反应生成的磷部分氧化为 P_2O_5。

（3）1300～1500℃半熔化层下部，熔化层的固相、液相和气相（主要反应区域）

还原物熔化：

$$Ca_3P_2O_8 \rightleftharpoons Ca^{2+} + PO_4^{3-}$$

$$PO_4^{3-} + 4C \longrightarrow PO_3^{3-} \longrightarrow PO \longrightarrow P \longrightarrow \frac{1}{2}P_2 + CO$$

$$Ca^{2+} + SiO_3^{2-} \longrightarrow CaSiO_3$$

磷铁的形成：

$$4Fe + P_2 \longrightarrow 2Fe_2P$$

氟化硅的形成：

$$6CaF_2 + 7SiO_2 \longrightarrow 3SiF_4 + 2Ca_3Si_2O_7$$

（4）超过 1500℃熔化层中下部，渣层上部的固相、液相和气相（焦炭过剩而富集出现炉内过热区）。

该温度下容易发生副反应，炉况不好，能耗上升。

SiO_2 的还原：

$$SiO_2 + C \xrightarrow{1500℃} Si + CO_2$$

$$mSi + Fe \longrightarrow FeSi_m$$

磷化钙的生成：

$$Ca_3P_2O_8 + 8C \xrightarrow{1600～1700℃} Ca_3P_2 + 8CO$$

碳化钙的生成：

$$Ca_3P_2O_8 + 14C \xrightarrow{1800～2000℃} 3CaC_2 + 8CO + P_2$$

从以上反应机理的研究分析可知，磷酸盐被碳还原的进程与反应的温度密切相关，反应区的温度低则还原率低，反应速率慢；温度过高则伴随着副反应的发生。

苏联黄磷专家尼·尼·波斯特里科夫曾指出：磷酸盐还原反应在 1190℃时已有一定的还原率，1200～1300℃增加最快，1350～1400℃达到最大值，反应进行 20 s 即达到还原率的 90%。而在实际生产中，在这一区域的时间远大于 20 s（一般在 4 h 左右），所以还原率都可以达到 95%以上。

大量分析研究还显示，对于低于磷酸盐还原温度的副反应是不可避免的，但 SiO_2、Ca_3P_2、CaC_2 的生成量与炉内熔池产生过热区的程度有关。任何可能引起熔池内温度升高而使电炉熔池直径变小的因素必须避免，特别是焦炭的粒度和用量，它随时影响着电极的位置和熔池。电炉良好熔池形成的条件应该是：在磷酸盐还原反应结束时，熔池下部、渣层里面几乎没有剩余的焦炭，从而保证炉料电阻正常，避免 1500℃以上的过热区在炉内出现。在电炉法黄磷生产中，反应区的温度指标控制是非常重要的，影响的因素很多、很复杂，必须引起高度重视，认真分析研究。

2.3　黄磷工业生产技术

从现有的研究结果来看，制取黄磷的方法有多种，如流化床还原制磷法、等离子制磷法、太阳能聚焦法（20 世纪 70 年代美国燃气技术研究院在新墨西哥美国导弹设施场内做过太阳能聚焦炉生产黄磷的试验，因未解决热损失和维持反应热温度等问题，尽管对能源有效利用起到促进作用，但这一试验最终未能继续下去）、天然气或甲烷还原制磷法等都只能在实验室的研究中得到结果。

根据上面的分析可以知道：由于磷与氧之间结合得非常紧密，因此从天然磷酸盐中提炼磷的过程变得复杂化。从天然的矿石制备黄磷是一个十分复杂的物理和化学的变化过程，首先要认识到有多种化学反应可能发生，其次要对这些反应进行化学热力学分析，判断最可能实现的化学反应，再对这些热力学上可以进行的反应进一步做动力学分析，以寻找最适合的操作条件。这些分析和判断都要结合试验研究同步进行。在不断反复试验分析的基础上，确定工业上可以实施的方案。此外还需要小试、扩试、中试等环节才能大规模生产。而这要经过几代人几十年的不懈努力才最终得以规模化生产。虽然已经研究了多种方法制磷，目前主流的方法为电炉法制磷和高炉法制磷，本节仅分别做简单概述，得到一些感性知识，具体工艺设备在随后的章节中将做详细讨论。

2.3.1　电炉法制磷简介

电炉法生产黄磷是将磷矿石、硅石和焦炭的混合炉料加入电炉内（硅石作为助熔剂，焦炭作为还原剂和导体），通过电能转换成热能将其熔融发生化学还原反应，使其中的磷升华出来，含磷炉气经冷凝洗涤、精制分离得到成品磷。同时，副产磷铁和炉渣，尾气可作为燃料和下游化工产品的原料。

电炉法生产黄磷的主要工艺流程都是类似的，由于电炉容量大小、炉型各有不同，在设备配置、一般的工艺流程上有所差异。大型和中小型制磷电炉生产工艺流程分别如图 2-9 和图 2-10 所示。

国内 30000 t/a 大型制磷电炉，采用烧结料或球团料入炉，所以设有一套原料制备装置（炉料烧结机或炉料团化焙烧机）。电极采用大直径的自焙电极（ϕ1700 mm 或ϕ1350 mm），排渣口是水冷铜质大小套，渣经水淬后由渣泵送往渣仓滤水外运。黄磷尾气要经静电除尘器后进入冷凝洗涤系统，所以尾气温度高达 500℃，整个系统需要 N_2 密封或保温。有一套庞大的废气粉尘处理系统，自动化控制水平比较高，现在仍是世界上技术最先进的大型制磷电炉之一。

国内具有自主知识产权的7000～10000 t/a多电极中型制磷电炉，是目前各省黄磷生产采用的主要炉型，采用块矿入炉，有三相6根、三相7根ϕ500 mm或ϕ600 mm石墨电极的制磷电炉。电极的平面布置、接线方式各有不同，尾气温度一般低于200℃，电炉的几何尺寸和技术参数与传统的中小型电炉有较大差异。例如，多电极制磷电炉的内高，现在最高的为6060 mm，比大型制磷电炉的5650 mm还高410 mm。

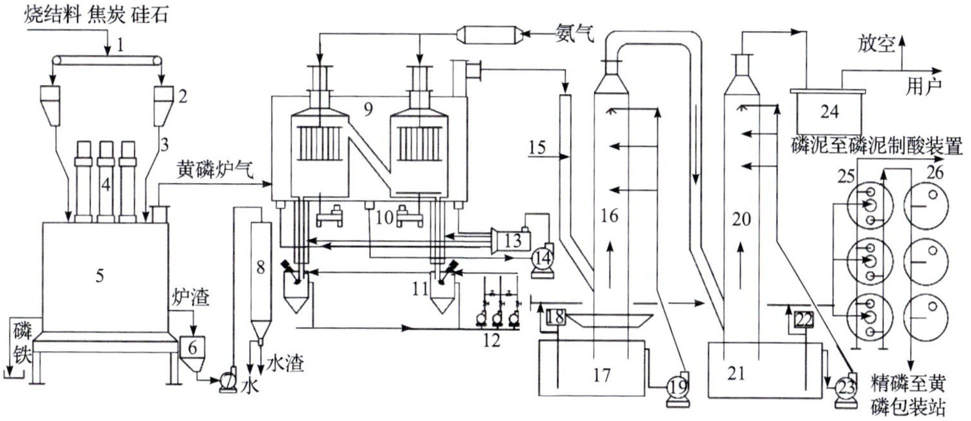

图2-9　大型制磷电炉（30 kt/a）生产工艺流程图

1. 皮带；2. 料仓；3. 下料管；4. 电极；5. 电炉；6. 渣水混合器；7. 渣水泵；8. 脱水仓；9. 静电除尘器；10. 静电除尘器灰扒；11. 电尘浆槽；12. 电尘浆循环泵；13. 氮气加热器；14. 热氮循环风机；15. 下降管冷凝器；16. 一段热冷凝塔；17. 热塔受磷槽；18. 热塔粗磷液下泵；19. 热塔冷凝水循环泵，20. 二段冷冷凝塔；21. 冷塔受磷槽；22. 冷塔粗磷液下泵；23. 冷塔冷凝水循环泵；24. 尾气安全阀；25. 粗磷槽；26. 精磷槽

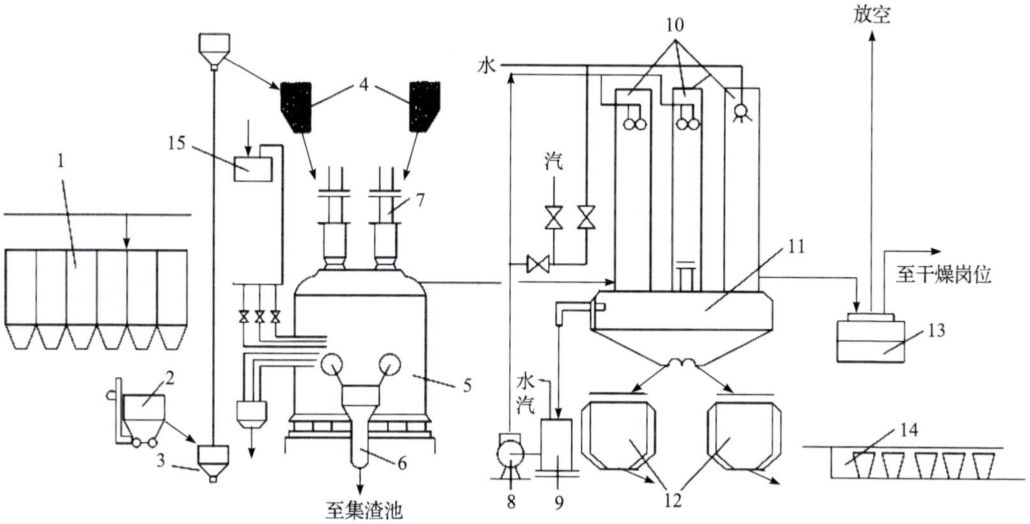

图2-10　中小型制磷电炉生产工艺流程图

1. 小料仓；2. 配料车；3. 料桶；4. 料柜；5. 电炉；6. 排渣道；7. 电极；8. 循环泵；9. 热水槽；10. 冷凝塔；11. 集中槽；12. 精制锅；13. 总水封；14. 冷凝池；15. 高位槽

2.3.2 高炉法制磷简介

高炉法制磷的工艺过程是以块状磷矿为原料，硅石为助熔剂，焦炭、无烟煤作还原剂和燃料，按一定比例及顺序加入高炉。在炉内借助热空气将焦炭燃烧提供热量，同时剩余的焦炭在高温条件下和熔融的磷矿发生化学还原反应，尾气从高炉顶部逸出，经除尘设备和冷凝精制装置获得磷产品。该法的特点是不用电，只用焦炭而避开了电力供应紧张的约束条件，从某种意义上讲对电炉法有一定的竞争力。

1868 年，英国和法国就取得了高炉法生产黄磷的专利，1929 年美国在纳什维尔建过一台高 22.86 m 的制磷高炉，日产能力达 14.9 t。苏联也曾试验生产过，但都未形成大规模生产。

1985 年，国家投资 1700 万～2000 万元，由中国科学院化冶所、冶金工业部有色冶金设计总院、贵州省福泉市磷肥厂等单位参与，在福泉市设计建设一座规模 2600 t/a 的制磷高炉。该装置于 1985 年开始建设，1990 年 6 月建成投产，试生产时间 23 天，生产黄磷 29 t，经济技术指标和设计值相差甚远，磷收率不到 50%，没有推广的价值和意义。其主要因素如下：

1）高炉法制磷所需的热量来自焦炭的燃烧，产生的气体体积按每 1 当量元素磷计算比电炉法多 10 倍左右。因此，必须相应扩大炉体、除尘系统和冷凝洗涤系统，项目投资比同能力的电炉法高出 50%以上。

电炉法尾气磷含量为 300 g/m^3（标态）左右，高炉法仅 15～25 g/m^3（标态）。通常，气体的饱和磷含量越低，对应的冷凝温度也就越低，这样才能达到同样的磷收率。如果在常温下冷凝，尾气磷含量控制在 1g/m^3（标态），生产每吨黄磷产生的尾气带走损失的磷，电炉法约为 2.5 kg，占 2.5‰，用同样的冷却方法，高炉法损失的磷为 20 kg，占 2%。

2）渣中残磷的多少是磷收率的重要指标。高炉法渣中 P_2O_5 难以控制并且量大；电炉法生产每吨黄磷副产 7～8 t 废渣，而高炉法就要多得多。电炉法要求渣中 P_2O_5 为 1.5%，在生产上控制并不困难，但高炉法就非常困难，一般都在 5%以上。当渣中 P_2O_5 为 1.5%时，磷收率下降 4.2%～5.25%，若渣中 P_2O_5 在此基础上每增加 1%，则磷收率还得下降 2.8%～3.5%。

3）电炉法尾气中 CO 含量高达 85%以上，除了可以作为热值很高的燃料外，经净化后可用来生产甲酸、草酸及合成甲醇等化工产品。而高炉法的尾气中 CO 含量仅 30%左右，且含氮多，在工业上回收利用的价值不大，用作燃料虽然可以，但由于 P_2O_5、H_2S 含量高，对设备的腐蚀比较严重。

制磷工业同其他工业一样，其工艺技术的发展同样经历了实验室、中试、小规模工业化，最后才发展为成熟的大规模制磷工艺。高炉法有可能由于投资高、消耗大、磷收率低、经济技术指标差而难以大范围推广。但是除了上述因素之外，还取决于当地的电力供应情况，如果电力相对便宜的地区，高炉法应该具有相对的市场经济竞争能力，为了回应对高炉法的上述争议，在下一章工艺计算中将进行比较计算，使读者更客观地分析两种炉型的优缺点。

第 3 章
黄磷生产工艺

3.1 不同黄磷生产工艺中的主要化学反应

3.1.1 早期工业化过程中的制磷化学反应

在黄磷工业化过程中，有这样的几个时间点值得关注，它们涉及早期制磷方法的化学反应。

1771 年制取黄磷的方法是：①用硫酸处理骨灰；②在加热下用碳还原生成酸性磷酸盐。这是制磷工业化最早的化学反应方法。后来这个方法经过了改进，用硫酸分解骨或磷矿石时得到 2 分子磷酸和 1 分子磷酸一钙。化学反应方程式为

$$2Ca_3P_2O_8 + 5H_2SO_4 \longrightarrow 5CaSO_4 + Ca(H_2PO_4)_2 + 2H_3PO_4 \qquad (3\text{-}1)$$

1829 年的方法是硅石和黏土存在下煅烧还原得到黄磷。这个成为黄磷工业生产方法的基础，化学反应方程式为

$$Ca_3P_2O_8 + 5C + 3SiO_2 \longrightarrow 3CaSiO_3 + P_2 + 5CO \qquad (3\text{-}2)$$

1834 年的方法是：①用含有磷酸三钙的骨灰与足够量的硫酸反应生成磷酸一钙；②从溶液中得到的磷酸一钙在 850～900℃下煅烧转变成偏磷酸钙；③在 1000～1100℃下用碳还原成元素磷。但是三个分子的偏磷酸钙只还原了两个，有一个变成磷酸三钙。磷酸三钙用硫酸处理几次后，得到完全还原。

$$Ca_3P_2O_8 + 2H_2SO_4 \longrightarrow Ca(H_2PO_4)_2 + 2CaSO_4 \qquad (3\text{-}3)$$

$$Ca(H_2PO_4)_2 \longrightarrow Ca(PO_3)_2 + 2H_2O \qquad (3\text{-}4)$$

$$3Ca(PO_3)_2 + 10C \longrightarrow Ca_3P_2O_8 + P_4 + 10CO \qquad (3\text{-}5)$$

比较起来看，几百年以前的制磷方法与现在使用的方法和工艺设备都有很大的差别。但正是这样不断的改进革新，才有了现代的制磷工业。科学技术进步的历史规律也是这样的：技术的进步需要不断地传承与创新，过去如此，现在如此，将来也会按照这个规律不断改进与创新，促进磷化工业不断持续地向前发展。

3.1.2 磷矿热法工艺化学反应解析

1. 电炉法制磷

电炉法制磷的原料是磷矿石、二氧化硅和焦炭。二氧化硅在高温下的作用，几乎与强酸一样，能与磷酸钙中的氧化钙化合，生成易熔的炉渣。因此，二氧化硅作为助熔剂，对磷酸盐的还原过程有重要影响。由于二氧化硅的存在，加快了磷酸三钙盐的还原，并降低了反应混合物的熔融温度。对于这个还原过程的机理，至今还没有完全研究清楚。目前，普遍认为在有助熔剂二氧化硅存在下，用碳还原磷酸三钙盐的过程可分为两个阶段进行，即硅石把磷酸三钙盐中的五氧化二磷释放出来，并生成硅酸钙，五氧化二磷再在第二阶段被碳还原，生成元素磷。反应方程式为

$$Ca_3(PO_4)_2 + 3SiO_2 \longrightarrow 3CaO \cdot SiO_2 + P_2O_5 \qquad \text{第一阶段}$$

$$P_2O_5 + 5C \longrightarrow P_2 + 5CO \qquad \text{第二阶段}$$

$$Ca_3(PO_4)_2 + 3SiO_2 + 5C \longrightarrow 3CaSiO_3 + P_2 + 5CO - Q$$

当没有助熔剂二氧化硅存在时，磷酸三钙盐在高温下，首先分解成氧化钙和五氧化二磷，然后五氧化二磷被碳还原。反应方程式为

$$Ca_3(PO_4)_2 \longrightarrow 3CaO + P_2O_5 \qquad \text{第一阶段}$$

$$P_2O_5 + 5C \longrightarrow P_2 + 5CO \qquad \text{第二阶段}$$

$$Ca_3(PO_4)_2 + 5C = 3CaO + 5CO + P_2$$

可以看出，这两种磷酸盐被碳还原的过程基本相同。

在 20 世纪 30 年代，又提出了另一种新的理论。这个理论认为磷酸盐还原过程仍然分为两个阶段，即磷酸三钙盐首先与碳反应，生成磷化钙，然后磷化钙再与多余的磷酸盐反应，生成氧化钙和元素磷。反应方程式为

$$Ca_3(PO_4)_2 + 8C \longrightarrow Ca_3P_2 + 8CO \qquad \text{第一阶段}$$

$$3Ca_3(PO_4)_2 + 5Ca_3P_2 \longrightarrow 8P_2 + 24CaO \qquad \text{第二阶段}$$

其中，反应的第一阶段进行得比较慢，是整个过程速度的控制阶段。对于在有二氧化硅存在下，用碳还原磷酸三钙机理的探讨，通过用硅从磷酸三钙中置换 P_2O_5 的失败说明了磷酸三钙盐是一种由 Ca^{2+}和 PO_4^{3+} 所组成的离子结构，而碳是分子结构。因此，还原反应的机理可理解为磷酸根的氧离子与碳原子之间的作用，磷酸盐的还原是以逐渐从磷酸根上取得氧的方式进行。这个机理可用下列方程式表示：

$$Ca_3^{2+}(PO_4)_2^{3-} + 5C + 2SiO_2 \longrightarrow \cdots\cdots$$

① $$PO_4^{3-} + C \longrightarrow PO_3^{3-} + CO$$

② $$2PO_3^{3-} \longrightarrow PO_2 + PO + 3O^{2-}$$

③ $$3O^{2-}+3Ca^{2+}+2SiO_2 \longrightarrow Ca_3Si_2O_7$$

④ $$PO_2+C \longrightarrow PO+CO$$

⑤ $$PO+C \longrightarrow P+CO$$

⑥ $$2P \longrightarrow P_2 \longrightarrow 1/2P_4 = Ca_3Si_2O_7+P_2+5CO$$

当SiO_2足够时，$Ca_3Si_2O_7$进一步生成$CaSiO_3$。当温度升高时，上述反应过程中将会产生副产物CaC_2及Ca_3P_2等。

由于反应物料，如磷矿石、焦炭等还含有其他杂质，因此在还原过程中势必还有副反应发生。磷矿石中的Fe_2O_3可被碳还原为金属铁，随之与磷化合而生成磷铁。因为炉料中碳的用量及炉渣酸度指标的影响，铁可与磷结合生成FeP、Fe_2P或Fe_3P等。反应方程式为

$$Fe_2O_3+3C \longrightarrow 2Fe+3CO$$

$$4Fe+P_2 \longrightarrow 2Fe_2P$$

磷矿石中的碳酸盐是以方解石（$CaCO_3$）、白云石（$CaCO_3 \cdot MgCO_3$）的形态存在。$CaCO_3$在910℃开始分解，而白云石则分两个阶段分解，在750℃分解为$MgCO_3$，至910℃时$CaCO_3$分解释放CO_2，此时，CO_2随即被碳还原成CO，或与磷反应，生成低级氧化物。反应方程式为

$$P_4+8CO_2 \longrightarrow P_4O_8+8CO$$

在磷酸三钙还原过程中，除了磷的升华外，还同时有氟的升华。

磷矿石中化合态的氟按下式参与反应：

$$12Ca_3(PO_4)_3F+114C+27SiO_2 \longrightarrow 18P_2+114CO+3SiF_4+12Ca_3Si_2O_7$$

磷矿石中若有游离态的CaF_2存在，则按下式参与反应：

$$6CaF_2+7SiO_2 \longrightarrow 3SiF_4+2Ca_3Si_2O_7$$

升华磷时，氟可能是以氟化硅的形式升华，并且随着炉渣中SiO_2含量的增加氟的升华率也增加。在磷蒸气冷凝过程中，氟化硅即被水解生成氟硅酸。不过通常情况下，大部分氟是以氟化钙（CaF_2）的形式随同炉渣排出。

随同炉料进入电炉的SiO_2，其中少部分以SiF_4的形式进入尾气，其余大部分转入炉渣，但在炉渣酸度较高和焦炭过量系数大的情况下，SiO_2会被碳还原生成SiO或Si，而SiO和Si在高温下均具有高的蒸气压，结果是大量蒸发，进入冷凝系统又氧化成SiO_2，与磷结合，形成磷泥。另外，随炉料进入电炉的水分（包括游离水及结晶水），其中大部分被蒸发进入冷凝系统，但还有小部分进入电炉内高温区，和炽热的焦炭作用生成氢，并与磷蒸气化合产生磷化氢，进入磷冷凝系统。这不仅降低了磷的产率，还增加了对设备的腐蚀。这是由于生成的偏磷酸与尾气中粉尘结合成糊状黏物，造成导气管和下料管堵塞。因此，对炉料的水分含量必须提出要求。

2. 熔融还原反应机理

因为磷矿石成分较为复杂，杂质较多，其熔态还原不是一个简单的反应过程，尤其是中低品位磷矿，所以磷矿石的熔态还原反应也比较复杂，下面重点讨论其主要成分磷酸钙、助熔剂二氧化硅和还原剂碳之间的化学反应。根据文献指出，在磷酸钙存在于矿物中的所有形式中，以氟磷酸钙的稳定性最好，所以磷矿石还原反应的化学式中一般常用 $Ca_5(PO_4)_3F$ 表示。

$$2Ca_5(PO_4)_3F + 15C + 9SiO_2 \xrightarrow{\text{高温}} 3P_2 + 15CO + 9CaO(SiO_2) + CaF_2 \quad (3\text{-}6)$$

显然，由式（3-6）可以看出，生成物硅酸钙的形式是由二氧化硅的加入量和温度等反应条件所决定的。根据氧化钙与二氧化硅的化合物组成，可能生成四种主要形式的硅酸钙：$CaSiO_3$、Ca_2SiO_4、Ca_3SiO_5 和 $Ca_3Si_2O_7$。由此推测，可能发生的反应主要有以下几种：

$$2Ca_5(PO_4)_3F + 15C + 9SiO_2 \longrightarrow 3P_2 + 15CO + 9CaSiO_3 + CaF_2 \quad (3\text{-}7)$$

$$2Ca_5(PO_4)_3F + 15C + 3SiO_2 \longrightarrow 3P_2 + 15CO + 3Ca_3SiO_5 + CaF_2 \quad (3\text{-}8)$$

$$2Ca_5(PO_4)_3F + 15C + \frac{9}{2}SiO_2 \longrightarrow 3P_2 + 15CO + \frac{9}{2}Ca_2SiO_4 + CaF_2 \quad (3\text{-}9)$$

$$2Ca_5(PO_4)_3F + 15C + 6SiO_2 \longrightarrow 3P_2 + 15CO + 3Ca_3Si_2O_7 + CaF_2 \quad (3\text{-}10)$$

$$2CaF_2 + SiO_2 \longrightarrow 2CaO + SiF_4 \quad (3\text{-}11)$$

$$CaO + SiO_2 \longrightarrow CaSiO_3 \quad (3\text{-}12)$$

部分学者认为，氟磷酸钙的碳热还原机理中第一步为氟磷酸钙扩散至二氧化硅表面进行脱氟反应。其反应方程式为

$$4Ca_5(PO_4)_3F + 3SiO_2 \longrightarrow 6Ca_3(PO_4)_2 + 2CaSiO_3 + SiF_4(g) \quad (3\text{-}13)$$

然后，脱氟生成的磷酸三钙扩散至活性炭表面与碳反应生成磷蒸气与一氧化碳。

3. 隧道窑法制磷酸

我国窑法磷酸工艺研究始于 1988 年，中国石化集团南京设计院与化学工业部化肥工业研究所的一批技术人员开始了隧道窑法制磷酸的试验研究。该工艺路线采用与美国 ORC 公司不同的生产工艺：磷矿还原反应器改用隧道窑，先将粉碎后的磷矿石、硅石、焦炭配制的窑料经烤干后，加入硅酸盐类黏结剂，制成多孔砖坯，砖坯经烘干和浸渍两层硅矿盐类浆料包裹剂后，垒码在小车上送入隧道窑内进行升温还原和煅烧，煅烧温度在 1280～1300℃，窑气中 P_2O_5 经水合成磷酸。煅烧后窑砖耐压强度达到 100 号建筑用砖标准，放射性达到国家民用建筑砖标准，磷的还原率达 88%以上。

工业窑法制磷酸的具体过程是将磷矿石、硅石、焦炭按一定比例混合均匀造球，干燥后送入窑内煅烧，窑内温度一般控制在 1400～1500℃，磷矿石中的磷以磷蒸气的形式挥发出来，同时向窑中部通入空气将单质磷氧化成五氧化二磷（氧化反应热可作为磷矿石还原反应的热源），最后经水合生成磷酸，工艺流程如图 3-1 所示。

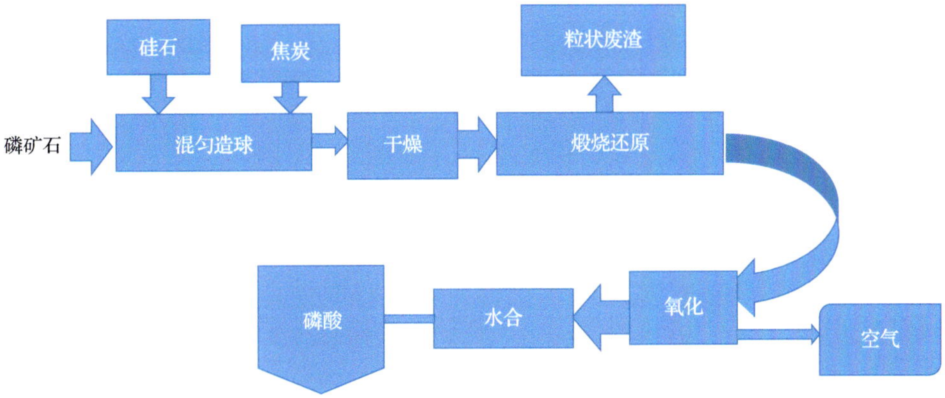

图 3-1　窑法磷酸工艺原则流程

反应方程式如下：

1）磷矿石的还原反应：

$$3[Ca_3(PO_4)_2]\cdot CaF_2+15CO+\frac{21}{2}SiO_2\longrightarrow 3P_2+15CO_2+10CaSiO_3+\frac{1}{2}SiF_4$$

2）磷蒸气和空气的燃烧反应：

$$P_2+\frac{5}{2}O_2\longrightarrow P_2O_5$$

3）CO 和空气的燃烧反应：

$$5CO+\frac{5}{2}O_2\longrightarrow 5CO_2$$

反应 2）和 3）放出的热足以供应反应 1）、料球升温、空气预热以及热损失。从气相向固相传热，属于“传热范畴”。要求有足够的传热表面积。为此，在设计工业窑炉时必须弄清气固相间的传热系数 K 值的大小。

4）　在预热和升温过程中，烟道气中 CO_2 与料球中配入的炭反应：

$$C+CO_2\longrightarrow 2CO-172.6\ kJ$$

5）　烟道气中的水蒸气在预热及升温过程中与料球中的炭反应：

$$C+H_2O\longrightarrow CO+H_2-13.13\ kJ$$

6）　烟道气中的游离 O_2 在预热过程中与料球中的炭反应：

$$C+O_2\longrightarrow CO_2+393.4\ kJ$$

7）　窑气中的 P_2O_5 在预热升温及反应过程中，遇到料球会渗入料球和磷矿石反应生成偏磷酸钙或焦磷酸钙而无法再被还原为 P_2。

$$Ca_3(PO_4)_2+2P_2O_5\longrightarrow 3Ca(PO_3)_2$$

$$Ca_3(PO_4)_2+P_2O_5\longrightarrow Ca_3P_2O_7$$

这两个反应在 1000℃以上不到几秒就可完成。

8）　窑气中的 P_2O_5 吸收烟道气及空气中的水分生成偏磷酸，受冷后冷凝到料球上或窑壁上而损失。

$$P_2O_5 + H_2O \longrightarrow (HPO_3)_2$$

9）窑气中含有还原出的Na和K蒸气，以及磷矿石中逸出的SiF_4，遇到P_2O_5或$(HPO_3)_n$，相互反应会产生NaF、KF、Na_2SiF_6、$(NaPO_3)_n$、$(KPO_3)_n$等，受冷相互聚合凝固，形成“石钟乳”滴落或凝附到料球上或窑壁上。据南京化工研究院分析，“石钟乳”中含P_2O_5 25.41%～34.62%，造成磷损失，并在回转窑内结圈使窑无法运转，危害极大。

隧道窑法制磷酸工艺的最大特点是：由于采用隧道窑，包裹在砖坯外的包裹层不会像回转窑工艺那样因磨损而失效。制成砖坯的物料内透气性很好，在外部采用包裹层后形成一层保护膜，CO_2、H_2O、O_2分子不容易进入料坯内与炭粉反应，P_2O_5分子也不易与磷矿粉化合而生成偏磷酸钙，并且防止了炭的提早燃烧。

从经济角度看，该工艺包裹砖的材料费用比回转窑法料球低得多，比表面积大得多。隧道窑法制磷酸工艺的主要问题是料坯中的焦炭在还原反应进行之前不得被窑气中的空气和二氧化碳所氧化，同时要严格控制窑内各点温度和空气供应量以防止局部窑温过高而造成物料熔融。

由于在隧道窑内设有预热段、升温段、主反应段和冷却段，相互间用隔板隔开，防止了气态P_2O_5被料块吸收，磷收率会较高。

3.2 电热法生产黄磷的主要影响因素

磷矿是指在经济上能被利用的磷酸盐类矿物的总称，是一种不能再生、不可替代的资源，是生产磷化工产品的主要原料。磷在自然界中分布很广，和氧的亲和力很强，一般以磷酸盐的形式存在于矿石中，地壳中含磷矿物有120种之多，在工业上的应用已经有100多年的历史。但具有工业价值的为数不多，主要为磷灰石型磷酸盐和铝磷酸盐。

制磷过程中由于使用不同种类的碳质还原剂，黄磷生产过程差别很大，直接影响生产和经济技术指标。黄磷生产选用的碳质还原剂有煤炭和焦炭两种，它们的主要成分是碳元素。实际上它们是由碳、氢、氧三种元素为主体，并以芳香烃缩合环为基本单元所构成的一种非常复杂的高分子有机物。煤炭中氧与氢元素的含量与碳化程度成反比，碳化程度越高，则氧与氢元素的含量越少。煤炭中的其他元素含量比氧与氢还要少得多。几种主要的煤炭和焦炭的元素组成见表3-1。

表3-1 几种主要的煤炭和焦炭的元素组成（质量分数） （单位：%）

种类	碳	氧	氢	氮	硫
泥煤	50～60	20～40	6～8	1～3	0.5～2
褐煤	60～75	10～30	5～6	1～3	0.5～2
烟煤	70～90	2～10	4～5	1～3	0.5～2
无烟煤	85～95	1～2	2～4	1～3	0.5～2
冶金焦	80～90	～0.2	～0.2	0.5以下	0.5～1.5

续表

种类	碳	氧	氢	氮	硫
沥青焦	98～99	～0.2	～0.2	0.5 以下	0.5
石油焦（生焦）	93～95	1～3	1～3	0.5 以下	0.5～4
石油焦（煅后）	99	0.1	0.1	0.5 以下	0.5

注：上述组成为不包括灰分杂质的元素成分。

硅石又称云母、石英、长石、高岭石、海砂（河道中的卵形硅石）等，主要成分为 SiO_2，在自然界中分布很广，外观呈灰白色、白色，含铁量较高的呈淡黄色，密度为 2.2～2.66 g/cm^3，不溶于水和酸（除氢氟酸），微粒状态时能与熔融的碱类起作用。硅石是生产元素硅、硅铁、耐火材料、玻璃、水玻璃等的主要原料，也是磷酸盐还原反应的助熔剂，因此是黄磷生产中的主要造渣成分。它与磷矿石中的 CaO 结合生成易熔的炉渣——硅酸钙，而易于出渣，从而使磷酸盐的化学还原反应在相对较低的 1400℃下进行。

在制磷过程中将物料进行系列、必要的加工处理，达到化学反应所要求的质量和状态的过程称为原料预处理过程。电热法制磷需要消耗大量的原料，生产每吨磷的原料消耗定额视原料组分、质量、工艺控制管理等因素而各有差异。以入炉料 P_2O_5 综合品位 25%左右计，吨磷的原料消耗一般分别为：磷矿石 8.5～10 t，焦炭 1.5～2.0 t，硅石 0.3～2.5 t；吨磷消耗的入炉料总量一般为 10～14.5 t。仅从数量上讲，就可以说明原料的制备加工任务相当繁重。实践证明，加强原料的预处理是黄磷行业从粗放型向科学型、效益型转变过程中投资省、见效快、效益好的一条有效途径，也是提高企业市场竞争力和黄磷生产技术含金量的基础。表 3-2 是三种原料的加工规格标准。

表 3-2　三种原料的加工规格标准

品种	粒度/mm	水分含量（质量分数）/%	主要成分含量（质量分数）/%
磷矿石	4～50	<1	$P_2O_5 \geqslant 25$
焦炭	3～16	$\leqslant 1.5$	$C > 80$
硅石	4～50	<1	$SiO_2 > 95$

由以上黄磷生产的原料可知，黄磷生产的主要影响因素有磷矿石、碳质还原剂和硅石。

3.2.1　磷矿石的影响

天然磷矿的种类和组分是决定矿石物化性质的重要指标。组分和种类的不同，对入炉料的制备也各有差异。研究磷矿石的目的在于：一是弄清物化特性，确定预处理的方法，例如，风化矿因机械强度很差，不适宜块矿入炉。二是为可行性研究、设计技术参数的选定和操作控制指标优化提供依据，合理使用磷矿资源。

1. 磷矿石品位的影响

磷矿石的品位通常以 P_2O_5 的质量分数表示，是衡量磷矿质量最重要的指标之一。按 P_2O_5 含量的高低，可将磷矿石分为高品位、中品位和低品位。P_2O_5 在 30%以上为高品位；

20%～29%之间为中品位；19%以下为低品位（贫矿）。但是，很难说这种划分就是规范的，因为迄今尚没有一种统一规定，只是目前业内约定俗成的惯例而已，更何况不同的生产工艺对磷矿石还有特殊的要求。

磷矿石中除 P_2O_5 外，还含有 CaO、SiO_2、Fe_2O_3、Al_2O_3、MgO、CaF_2、K_2O、Na_2O 等杂质。由于产地和组分的差异，各种物质变化的温度范围也会有差异，对于所选用的磷矿石应认真了解其物化特性，为确定热处理的最佳温度和炉况分析提供可靠的依据。

在黄磷生产中对磷矿石的入炉品位有较严格的要求，因为入炉混合料中 P_2O_5 含量每降低 1%，吨磷电耗将增加 300～350 kW · h、磷收率下降 0.5%左右。如果磷矿石的品位和质量频繁波动变化，会使工艺操作控制变得复杂，炉况恶化，产量和质量不稳定。从事黄磷生产的技术人员深有体会，稳定的磷矿石品位和质量比单纯追求高品位磷矿石更为重要。电热法生产黄磷，并不是磷矿石品位越高越好、越经济，磷矿石品位和入炉混合料中的 P_2O_5 含量并不呈正比关系。

由于原料磷矿石在黄磷生产成本中所占比例逐渐加大，既要考虑磷矿石本身的价格和消耗，也要考虑其他各项消耗指标的高低及投入产出的最终成本。黄磷用矿的不科学、不合理将会造成不可再生资源的浪费和长远用矿的潜在危机。

有的磷矿石表观上显示品位很高，但经配料计算后却很不经济；有的粗磷矿石虽然品位不高，但自身的 Mk（酸度系数）很合适，入炉品位反而不低。因此，对黄磷生产用矿石首先要对其化学组分进行认真分析及经济技术指标的综合比较评价，进行科学合理的兑配，改变其内在质量，方可达到低矿高用，优矿增值，事半功倍的效果。这样既充分利用了磷矿资源，又可降低消耗、改善炉况和产生好的经济效益，可促进黄磷生产企业的可持续发展。

2. 粒度的影响

磷矿石粒度对反应的影响主要有三个方面：其一影响炉气阻力大小；其二影响炉料的电导率及炉料分布；其三影响反应速率。

因此，入炉磷矿石粒度符合工艺要求是保证炉气能均匀排出电炉的必要条件，而且还能使高温炉气和生料进行充分的热交换及良好的过滤除尘作用，最终获得正常的炉气温度、含尘量，使黄磷质量好，磷泥少，磷收率高。粒度过大，易造成“架桥”堵塞料管，入炉后几种原料容易产生离析现象，改变炉料的电气特性和炉料比电阻，电极容易上抬或不升，破坏电炉熔池的良好形成，使炉况恶化，操作困难。粒度过小，炉气则难以通过生料层，会形成桥形洞穴，结成硬壳，塌料频繁，使炉料不能均匀有序地降入熔融反应区（熔池），造成炉气压力剧烈变化，出渣时容易发生喷渣事故。所以，入炉块矿粒度应控制在 4～50 mm，其中 30～50 mm 大于 50%；15～30 mm 大于 30%；4～15 mm 不大于 15%；4 mm 以下不大于 5%。

3.2.2　还原剂的影响

黄磷生产对碳质还原剂的要求是两个方面：既要技术上可行，又要经济上可行。技术可行性主要取决于其进入炉内两大作用的发挥程度：一是作为磷酸盐中 P_2O_5 的还原剂；二是作为电流回路中的导电体和导热体。

经济可行性也由两个方面决定：一是碳质还原剂物化性能影响制磷过程中每吨磷的能源消耗指标；二是碳质还原剂的市场动态价格和综合经济技术指标。

工业中使用的主要的还原剂是无烟煤和焦炭。

1. 无烟煤

无烟煤即煤化程度高的煤，挥发分不足 10%，密度大、燃点高、无黏结性，燃烧时多不冒烟，故得名——无烟煤。又因为完全燃烧后的灰分呈白色，因而又称白煤。白煤属于强石墨化类，因而化学反应活性比焦炭差，反应速率相对较慢，但它具有坚硬、光泽强、比电阻较焦炭高等特点，可以制备具有较高电阻的炉料，从而可以在制磷电炉上采用较高的二次电压，为白煤代替焦炭入炉提供了可能性。

然而，由于白煤的成因和产地不同，它的种类很多，并不是所有的白煤都适合黄磷生产。例如，贵州的白煤用于黄磷生产有成功的经验，当地的白煤比焦炭便宜很多。而山西的白煤就不能使用，特别是焦丁（冶金焦炭的次品）中兑了煤丁（次质煤）用于黄磷生产更糟糕。且不说白煤活性差，更关键的是白煤常温下的电阻率与高温下的电阻率相差太大。当 200℃以下时，白煤的电阻率在 4000 Ω · cm 以上；当温度由 200℃升到 1000℃时，比电阻直线下降；当温度升至 1200～1400℃时，电阻率不足 1.60 Ω · cm 左右。而冶金焦的电阻率在温度变化很大时却相差不大，常温下为 2.36～9.89 Ω·cm，1400℃左右时约为 0.63 Ω · cm。这就是冶金焦优于白煤的主要原因。鉴于以上特性，用白煤替代焦炭用于黄磷生产必须注意以下几点：

1）必须认真了解白煤的产地和物化特性，小规模试用成功后再大面积用于黄磷生产。

2）白煤入炉的粒度以 3～15 mm 较为合适，太大太小都会影响反应活性及熔池电阻。

3）按理论需要量配白煤，过量系数取低限，Mk 值取高限，尽量不让白煤在炉内累积。

4）10000 t/a 以上的多电极制磷电炉和大型制磷电炉不宜使用白煤作为碳质还原剂。

2. 焦炭

焦炭有不同的种类：有机焦、土焦、石油焦、沥青焦等。有机焦是大工业生产的产品，质量、物化性能较好，是钢铁、铸造和铁合金等行业的主要原料，故又称为冶金焦。土焦是个体独户小型炼焦炉的产品，质量时好时坏，波动大，环境污染严重，现在大部分已被取缔。石油焦、沥青焦是炼油厂、焦化厂的副产品，是生产石墨电极等碳素材料不可缺少的主要原料。

焦炭是合格炼焦煤在隔绝空气的炼焦炉中加热到 900～1200℃制得的固体产物，其主要成分是碳，是具有裂纹和不规则的孔隙结构体。裂纹的多少是衡量焦炭强度和抗碎强度的标准，孔隙结构指标影响焦炭气孔率、反应活性及强度。焦炭的强度通常用抗碎强度和耐磨强度两个指标来表示。抗碎强度是指焦炭受外来冲击力后不沿结构的裂纹或缺陷处破碎的程度；耐磨强度是指焦炭抵抗外来摩擦力而不产生碎屑或粉末的程度。

用于黄磷生产的焦炭质量要求为：固定碳含量高于 80%；挥发分含量 0.5%～2%；灰分含量低于 15%。

在实际生产中，各厂选用焦炭的质量各有不同，受供货商、当地资源和市场价格等因素的影响。但无论选用哪种焦炭，必须从固定碳含量、电阻率、反应活性、气孔率以及机械强度、热稳定性等方面综合考虑，既要使还原剂与磷酸盐之间具有良好的化学反应活性及速率，又要使炉料有较高的比电阻和良好的过滤性能，使炉内电阻合适，电流热量分布均匀，形成最优化的工艺条件，稳产高产。对碳质还原剂质量的严格要求和认真选择，是黄磷生产降低消耗、提高生产效率和经济效益的一项重要管理工作。

（1）焦炭用量的影响

焦炭用量对磷酸盐还原率的影响见表 3-3。由表可见，磷酸盐的还原率开始随焦炭用量增加而增加，但超过一定用量后，还原率反而有所下降。

表 3-3 焦炭用量对磷酸盐还原率的影响 （单位：%）

理论焦炭用量	90	95	100	105	110
磷酸盐的还原率	91	93	94	95	91

焦炭过剩量对磷酸盐还原速度的影响如图 3-2 所示。由图可见，随焦炭过剩量的增加，磷酸盐还原速度增大，但过量系数高于 3%后，对还原速度几乎没有影响，反而有下降趋势。

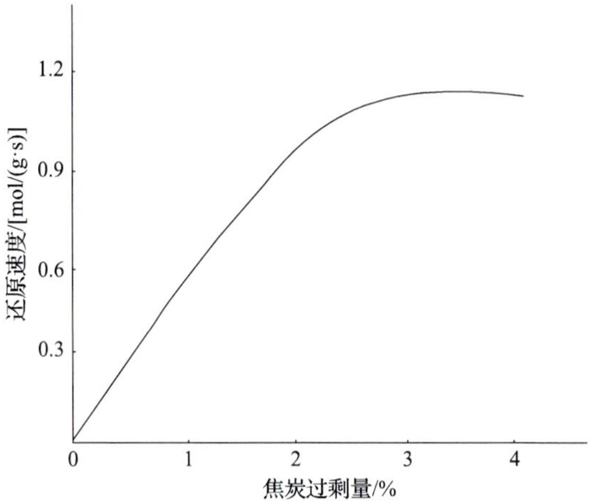

图 3-2 焦炭过剩量对磷酸盐还原速度的影响

焦炭用量不足，磷酸盐还原率下降，渣中 P_2O_5 含量升高。倘若炉料缺焦将导致熔融的磷酸盐与电极和炉衬中的炭砖发生反应，使电极消耗上升，加快炉衬腐蚀，缩短电炉使用寿命。

焦炭用量过多，增加炉料的导电能力，电极位置上抬，反应熔池缩小，炉壁、炉底、炉渣温度下降，渣流不畅、出渣困难。同时，炉气过滤层相对减薄，炉气含尘量增加，磷泥量增多，还会给炉内电流回路开辟一条导电性高的通道，干扰炉渣、磷铁流动性和排放，以致炉顶温度升高。

仅从指标控制的角度考虑，炉渣残磷含量越低越好。因为吨磷副产的渣量一般在 8～10 t（渣量与吨磷入炉料总量有关），渣中残磷含量低，磷的损失就小，磷收率提高。但是，生产实践表明，渣中残磷含量不但与磷收率有关，还与产量、电耗及化料量关系密切。图 3-3 为炉渣残磷含量（以 P_2O_5 计）与化料量的关系曲线。由图可见，随炉渣残磷含量的增加，化料量也相应急剧增加，当该值超过 0.7%时，化料量增加不再明显。为什么炉渣残磷含量降低而化料量也相应降低呢？这是因为要控制低的渣中残磷含量，焦炭配入量就得增加，结果和上面介绍的焦炭用量过多的情况相类似。同时，焦比控制过高，会促使副反应的发生，均要消耗电能和损失磷，从而增加电耗，降低电炉的热效率。图 3-4 为炉渣残磷含量（以 P_2O_5 计）对电耗的影响，可以看出，炉渣残磷含量控制越低，吨磷电耗越高。

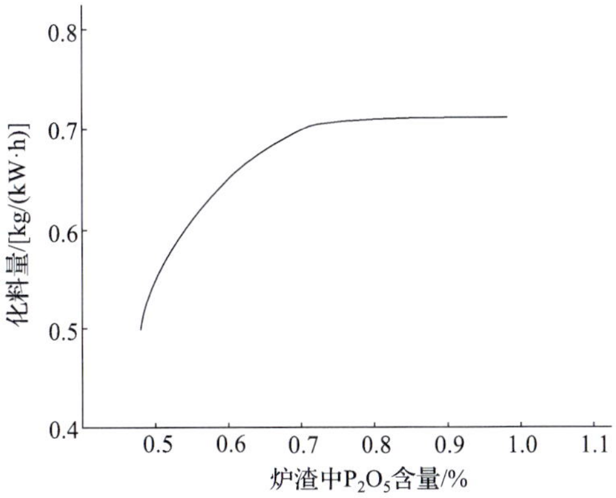

图 3-3　炉渣残磷含量与化料量的关系

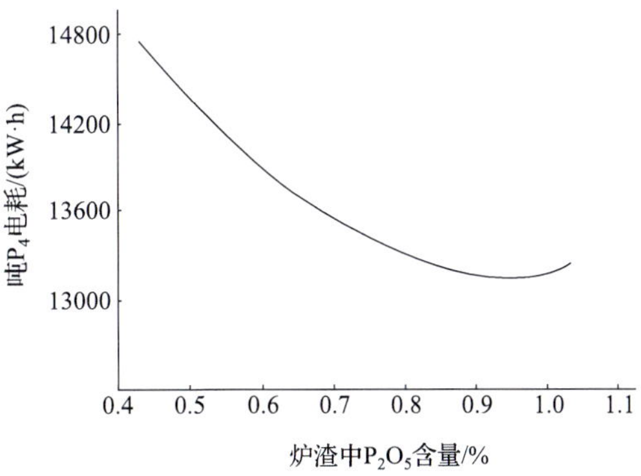

图 3-4　炉渣残磷含量对电耗的影响

综上所述，焦炭的用量是一项重要的控制和调整指标，在配料时一定要控制好而且应该确定一个合适的焦炭过量系数。经验表明：使用品质稍低的磷矿时过量系数选择 3%～5%；使用高品质磷矿、固定碳含量 80%以上的冶金焦时，不需要考虑过量系数，还可以根据当时的炉况做必要的调整，在理论计算值上减少 1%～2%更好操作控制，特别是制磷电炉在 100%负荷以上运行更是如此。

（2）焦炭粒度的影响

入炉原料中，磷矿石和硅石都比较容易熔化，前章已经说明焦炭没有明显的熔点，3000℃时仍然是固体，3540℃才开始气化，而且气化的速度相当慢。因此，炉内的磷酸盐反应可以认为是一个液-固相反应过程，反应物之一焦炭是固相，两相间接触面积的多少就成了促进、影响反应速率的重要因素。

从理论上讲，还原剂粒度越小，液固两相间接触面积越大，越有利于还原反应速率加快；粒度过大，接触面积减小，还原反应不易完成，未反应完的焦炭还会在炉内集聚形成富焦区，使炉内电阻减小，增加炉内电流回路的导电能力，电极电流增大，导致电极上抬、反应区上移、导气管温度升高、磷泥量增加等不利因素。若粒度小于 3 mm 也是不利的，粉料太小影响炉料的透气性，容易形成结拱塌料（若采用静电除尘器还会造成除尘器内短路，降低除尘效率）。由于焦炭的密度仅为磷矿石的 33%～50%，因此焦炭的粒度对炉料混合的均匀性影响很大，粒度过大或过小，操作过程中都会发生严重的离析现象，使炉料在炉内交替出现焦炭不足和过剩，造成炉况难以操作控制。通常要求焦炭粒度在 3～16 mm，小于 3 mm、大于 20 mm 的不应超过 5%（按质量计）。

粒度的大小还影响电阻率。因为电炉功率受电极的电压和电流大小支配，制磷电炉采用的生产工艺是低电压、大电流，而电压波动的影响远不及电流波动对电功率的影响大，操作中通过协调电极电流的大小，采用升降电极来控制制磷电炉负荷，这就需要炉内熔料有足够大的比电阻。经测定，焦炭粒度为 15 mm 时炉料电阻最大，这是因为碳质还原剂的电阻率是其自身电阻率和颗粒间的接触电阻率的总和。这就是规定黄磷生产用焦炭粒度为 3～16 mm 的理论依据。

电热法黄磷生产最关键的问题是炉内必须形成最佳的电炉熔池，而形成最佳电炉熔池的前提条件是有好的熔池电阻，而影响熔池电阻的主要因素就是碳质还原剂的质量。从这个意义上讲，在计算焦炭用量的时候仅仅考虑磷酸盐的还原率及其组分需要的用量是远远不够的。炉料焦比的高低将左右炉内的电阻变化，在配料和特殊情况下一定要全面综合考虑该问题。因为黄磷生产的控制过程实际就是熔池电阻的操作控制过程，这是黄磷电炉得以正常运行和发展的重要条件和基础。

（3）灰分的影响

这里所指的灰分是焦炭燃烧后的残留物，并不是焦粒的灰分。焦炭质量越差，灰分含量越高，尤其是土焦，灰分含量可高达 40%以上。表 3-4 是不同焦炭灰分中化学组分的对比情况。

表 3-4　不同焦炭灰分中化学组分的对比表（质量分数）　（单位：%）

品名	固定碳含量	挥发分含量	灰分含量	灰分中化学组分含量					
				SiO_2	Al_2O_3	MgO	CaO	Fe_2O_3	其他
冶金焦	84.9	1.45	12.64	41.5	39.39	0.76	4.85	8.94	4.59
土焦	70.01	2.94	27.05	39.05	19.11	1.71	4.5	30.85	4.68

注：由于存在测量误差，各项相加不为 100%。

由表 3-4 可知，土焦灰分中的 Fe_2O_3 含量为 30.85％，这在炉内要被还原并生成磷铁，耗费焦炭，使磷收率下降，电耗上升。由于灰分中杂质多，给配料带来的不可知因素也随之增加，炉料配比的准确性下降，对炉内磷酸盐的化学还原反应带来的未知影响也同样增加。因此，在选用入炉碳质还原剂时，不能仅从表面上看土焦价格比冶金焦便宜，必须认真总结分析由于土焦杂质含量高、质量不稳定对黄磷生产带来的弊端。计算原料最终的使用成本是企业管理者指导生产的重要手段之一。

3.2.3　硅石的影响

硅石作为助熔剂参加碳还原磷酸盐的反应，从前面的热力学分析可知，加入 SiO_2 生成易熔的偏硅酸钙，促使反应向正方向移动。磷酸盐还原反应是吸热反应，而生成硅酸盐的反应是放热反应，引起局部温度升高而增加了扩散速度，使还原速度和还原率增加，反应生成易熔的炉渣，降低了反应温度。因此，有 SiO_2 存在时，更有利于磷酸盐的还原反应进行。

1. 酸度的概念

炉渣酸度（Mk），又称酸度指标、酸度系数、酸度值、酸度。凡炉渣成分中二氧化硅占优势的渣称为酸性渣，氧化钙占优势的渣称为碱性渣（资料介绍，Mk > 1.07 称为酸性渣，Mk < 1.07 称为碱性渣，但是这个指标也不是绝对的）。黄磷炉渣根据此定义属于碱性渣，但是人们又把炉渣中的 SiO_2/CaO 称为炉渣酸度。其实这是一种习惯叫法，并不是说炉渣是酸性渣，而是指这种渣的碱度比较低。

对炉渣酸度的定义有两种：一种只考虑炉渣中 SiO_2 和 CaO 的含量，其酸度表达式为

$$\mathrm{Mk} = n(\mathrm{SiO_2} / \mathrm{CaO})$$

另一种不仅考虑 SiO_2 和 CaO，还要考虑其他酸性、碱性物质，其中最主要的是 Al_2O_3 和 MgO，其酸度表达式为

$$\mathrm{Mk} = n(\mathrm{SiO_2} + \mathrm{Al_2O_3})/n(\mathrm{CaO} + \mathrm{MgO})$$

前者称为二元酸度，后者称为四元酸度。由于 MgO 和 Al_2O_3 在磷矿中的含量通常很低，国内黄磷企业一般只用二元酸度进行配料计算。

高温下 SiO_2 是呈酸性的，它作为一个反应物与炉料中的 CaO 结合生成易熔的硅酸钙炉渣。因为炉渣的熔点低于炉料中的各组分，它就以液相或拟液相促进反应的进行，并易于将其排出。因此，SiO_2 的用量直接影响到磷酸盐的还原反应温度、还原率、炉渣磷含量、炉渣流动性、炉气含尘量及电耗等，是衡量炉内化学还原反应完全与否的一项重要指标，是电热法黄磷生产中工艺操作与控制的重要经济技术指标之一。

2. 硅石作用、酸度及其控制

硅石在制磷过程中作为助熔剂，以降低炉料的还原温度。从第 2 章图 2-4 所示 CaO-SiO_2 系统平衡图可以看出，炉渣的熔点取决于渣中 $m(\mathrm{SiO_2/CaO})$，其值（以下均按质量计）为 0.75～0.85 时，炉渣熔点较低，对抑制副反应、降低电耗是有利的。

硅石作为助熔剂，在磷矿石还原时主要生成二硅酸三钙，它的酸度为 0.715，由于二次反应才生成偏硅酸钙，它的酸度为 1.07。

$$\mathrm{Ca_3Si_2O_7} + \mathrm{SiO_2} \longrightarrow 3\mathrm{CaSiO_3}$$

因此，炉料中的硅石并未全部生成二硅酸三钙，过量的部分是不参加反应的。多余的 SiO_2 在还原温度下直接升华进入炉气（在过热区发生副反应时产生的），并在冷凝中成为磷泥。因此，混合料中的硅石用量不宜超标，以使炉料中的全部 CaO 生成 $Ca_3Si_2O_7$ 为佳。一般而言，碱性炉料的 SiO_2 升华量比酸性炉料少得多。

从第 2 章图 2-4 还可以看出，若酸度值在 0.80 左右，即处在温度变化缓慢的 B 位置，即使酸度有所波动，温度变化也不大，对操作不会带来大的影响；反之若酸度过低，即位于曲线比较陡直的 A 位置，就会造成熔点高、电炉效率低、副反应多，对电炉运行反而不利。而过大的酸度值同样会造成炉渣量大、副反应多、增加磷的杂质，使磷收率降低和消耗增加。

由 $Ca_3(PO_4)_2$ 还原程度随温度变化曲线（图 3-5）和反应时间对 $Ca_3(PO_4)_2$ 还原程度的影响（图 3-6）还可以看出 SiO_2 对制磷反应的影响。

1）在同一温度下，无 SiO_2 存在比有 SiO_2 存在时的磷还原率低。

2）达到同一还原率，无 SiO_2 存在比有 SiO_2 时的反应时间长。

3）有 SiO_2 存在时还原率提高最快的反应温度在 1200～1300℃，无 SiO_2 存在时还原率提高最快的反应温度在 1300～1400℃，两者相差 200℃。

4）在反应温度相同的条件下，无 SiO_2 比有 SiO_2 存在时，达到同一还原率的时间要长得多。

从以上的研究分析说明，SiO_2 的存在对制磷反应的影响相当大，能有效提高还原率，降低反应温度，加快反应速率，缩短反应时间。从化学反应动力学角度分析。有 SiO_2 存在时的扩散系数加大，因此加快了反应速率，有利于反应进程。然而，加入量应遵循化学剂量和 $CaO\text{-}Al_2O_3\text{-}SiO_2$ 系统平衡相图，加入量不足则不能使这一有利因素发挥到最佳，过量对还原率又几乎没有影响，相反还会增加能耗和渣量，使反应条件偏离最佳位置。

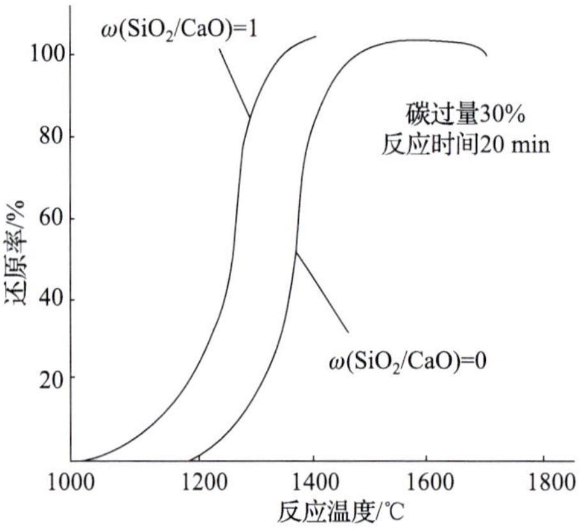

图 3-5　$Ca_3(PO_4)_2$ 还原程度随温度的变化曲线

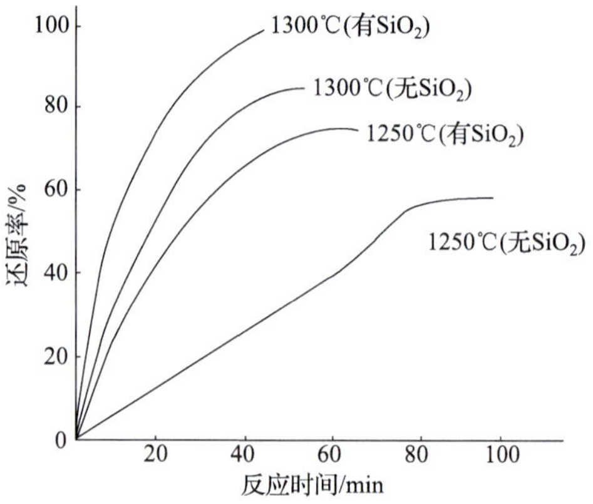

图 3-6　反应时间对 $Ca_3(PO_4)_2$ 还原程度的影响

3. 酸度的选择与控制原则

根据长期生产经验，各厂的制磷电炉对炉渣酸度有不同的控制要求。因为它和炉料的化学组分、配料比、渣中残磷含量、出渣情况、炉型及其操作控制指标等有着密不可分的联系，互为条件，息息相关，直接影响到制磷电炉的正常运行、吨磷的单耗和经济技术指标的好坏。

过高或过低的炉渣酸度均可能造成炉料熔点升高。多余量的 SiO_2 升华成 Si 在高温下具有很高的蒸气压，产生大量烟雾，进入冷凝系统使磷泥量增加。因此，酸度的选择控制要本着科学合理、尽量减少或避免产生副反应，有利于生产正常进行并符合经济技术指标的原则。区别对待每一种炉型和非正常条件下炉况的特殊需要，特别要避免在操作中强调某一方面而忽视另一方面的偏激做法和操作技术管理的盲动行为。

国内小黄磷装置的酸度一般选择指标都控制在 0.75～0.85，为数较多的厂家控制在 0.8 左右，也有的厂家认为 0.75 左右的下限最好操作，各项经济技术指标、炉温、炉况和生产都不错。若使用高硅矿生产，即使炉料中不配硅石炉渣酸度超过 0.85 时，必须加入一定数量的高磷低硅矿，以调整炉渣酸度。

德国伍德公司在配料时以实际计算酸度值 0.9（质量分数）为基准，然后再根据渣流、炉况和渣样分析结果作适当调整，硅石用量一般都是在理论计算值中减去 5%～12%。

哈萨克斯坦江布尔黄磷厂和云南马龙产业集团股份有限公司安宁分公司均采用 $m(Al_2O_3+SiO_2)/m(CaO+MgO)$ 表示酸度，控制在 0.8～0.9。如果炉料中 Al_2O_3 含量增加，将使炉料、炉渣的熔点都降低（ $CaO\text{-}SiO_2\text{-}Al_2O_3$ 体系熔点较低），从而导致反应区温度降低。所以，在使用 Al_2O_3 含量高的磷矿时，若采用四元酸度作为配料依据，Mk = 0.8～0.9，则使 $m(SiO_2/CaO)$ 达不到 0.8～0.9，造成炉渣中 P_2O_5 含量上升。

酸度对炉渣残磷含量有一定的控制作用。从酸度对炉渣中残磷含量的影响（图 3-7）可见，在不同的焦炭用量下，酸度对炉渣中残磷含量有不同的影响。当焦炭用量一定时，炉渣残磷含量随酸度的提高而下降；当酸度一定时，炉渣残磷含量随焦炭用量的增加而下降。图中显示，当炉渣残磷含量在 0.8%～1.0%（质量分数）时，其酸度为 0.77～0.8。因此，在不能增加焦炭用量（如炉况不好抬电极、出渣间隔缩短）时，可将炉渣酸度适当提高，以控制炉渣的残磷含量和使生产尽快恢复正常。

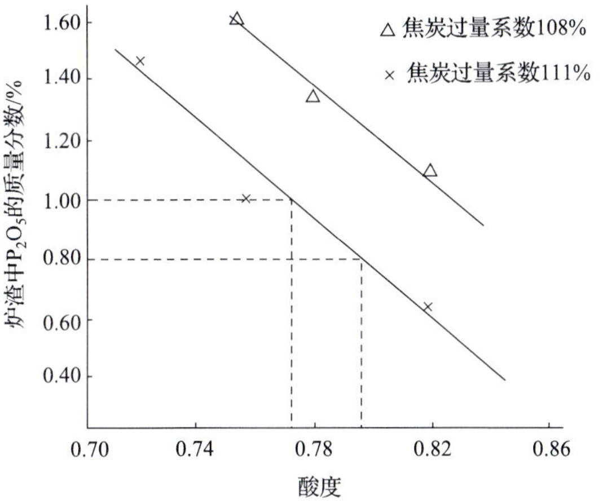

图 3-7　酸度对炉渣中残磷含量的影响

3.2.4　杂质的影响

炉料中除了含有 P_2O_5、C、SiO_2 外，还含有 CaO、CO_2、Fe_2O_3、Al_2O_3、MgO、K_2O、Na_2O、F、As 和 I 等，实际炉料中的组分可能还远不止以上这些。有关资料表明，炉料中还含有 Mn、Ti、Cr、V、Ni、Pb 等的氧化物或硫化物。在生产过程中几乎都被还原并富集于磷铁中。这些杂质有的含量很低，对黄磷生产影响不大，可忽略不计。因此，仅对那些常见的、影响大的逐个进行简要分析研究。

1. Fe_2O_3 对反应的影响

磷矿石、硅石、焦炭三种原料中都含有 Fe_2O_3，而 Fe_2O_3 对电热法黄磷生产危害极大，所以原料中 Fe_2O_3 含量从来都要进行重点分析研究。一般来讲，磷矿石中 Fe_2O_3 至多不应超过 3%，硅石中不超过 1.5%，焦炭中不超过 3%。如果采用自焙电极要带入钢壳，钢壳的主要成分是 Fe 和 Fe_2O_3，每吨黄磷的带入量为 2～8 kg。

Fe_2O_3 的还原温度为 730℃，比 P_2O_5 还原温度低得多，这样就促使炉料在半熔融层上部相当低的温度下熔融，发生下列反应：

$$Fe_2O_3 + 3C \xrightarrow{730℃} 2Fe + 3CO - Q$$

$$8Fe + P_4 \longrightarrow 4Fe_2P + Q$$

Fe_2O_3 首先被碳还原成 Fe（还原率可达 90%左右），熔融的元素铁在流向炉底的过程中与上升的气态磷接触生成磷铁，增加了上部炉料的导电性，改变了熔料的电阻，使电极位置上移，炉气温度升高，含尘量大，影响后续工序。

炉内生成的磷铁一般含磷 22%～28%，大致组成为 Fe_2P、FeP 的混合物，如图 3-8 所示。影响磷铁中磷含量的主要因素是炉料中的焦比，当制磷电炉具备强烈的还原条件时（炉内出现过热区），部分 SiO_2 被还原成 Si 而与磷铁化合，从而降低了磷铁的磷含量。Fe_2O_3 的还原率与炉渣酸度有关，当酸度高于 0.8 时，还原率低于 90%。

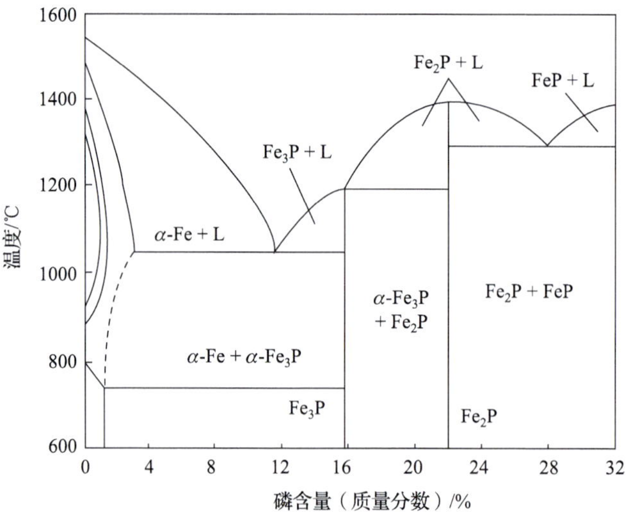

图 3-8　Fe-P 体系状态图

还原 Fe_2O_3 所耗的热量大于生成磷铁时释放的热量，另外后者释放的热量大部分被炉气带走。所以炉料中 Fe_2O_3 的还原反应是一个净热损失过程。假如磷矿中 Fe_2O_3 含量为 3.3%，输入炉内的电能约有 1%耗于生成磷铁，约有 0.9% 耗于磷铁排放时带走的显热。同时磷铁中的磷约占总磷量的 6.5%，导致电炉的热效率和磷收率下降。

根据理论计算和实际生产的消耗统计，当磷矿的品位在 30%，磷收率按 90%计，化学组分中的 Fe_2O_3 每增加 1%，每吨成品磷多耗电 120 kW · h、焦炭 20 kg，成品磷减少 13 kg。

2. 碳酸盐对反应的影响

磷矿中碳酸盐主要以方解石（$CaCO_3$）或白云石（$CaCO_3 \cdot MgCO_3$）的形式存在。碳酸盐的分解温度在 700～1000℃，分解出来的 CO_2 随即被 C 还原成 CO 或与磷反应生成低级氧化物。也就是我们通常说的灼失（烧灼量）。灼失高也就是分解出来的 CO_2 量高，所以一般也用 CO_2 表示灼失。其化学反应如下：

$$CaCO_3 \longrightarrow CaO + CO_2 \uparrow$$

$$MgCO_3 \longrightarrow MgO + CO_2 \uparrow$$

$$CO_2 + C \longrightarrow 2CO \uparrow$$

$$P_4 + 8CO_2 \longrightarrow P_4O_8 + 8CO$$

实践证明，含碳酸盐的磷矿在 700～1000℃时，分解率为 82%以上，炉内反应温度高达 1400℃，故碳酸盐的分解率可视为 100%。

由于碳酸盐的分解和 CO_2 的还原，矿石粒径在炉内会发生变化。当炉料依次降入熔融区（熔池）时，随温度的逐渐升高磷矿石爆裂使粉尘增多，粉尘增加率可高达12%～21%，给电炉的正常运行和粗磷的精制处理带来困难。由于粉尘增加，电极电流易发生波动，炉内容易结拱，塌料频繁，熔池电阻、电流不易控制，炉压剧增，严重时引起电极密封处喷火，烧坏电极悬挂等设施，还给炉面作业人员（护炉工、电炉工）的正常操作维护带来潜在的安全隐患。这种情况在湖北某地区的黄磷厂有过发生，磷矿石中碳酸盐的含量过高是其中的主要原因之一。

磷矿石中的 CO_2 每增加 1%，每吨黄磷要增加电耗 200 kW · h、焦炭 30 kg、磷泥量 10%～20%；此外，在 700～900℃条件下 CO_2 与电极发生氧化反应还会增加电极消耗。

3. MgO 对反应的影响

磷矿石中所含的 MgO 也和炽热的焦炭发生以下反应：

$$MgO + C \longrightarrow Mg + CO + Q$$

该反应的还原率为 80%～100%，生成的 Mg 分布于磷铁、炉渣、磷泥（或电尘灰）或残留在成品磷中。由于该反应是放热反应，大量的热量产生在料层上部，使炉气温度升高，严重时会使导气管发红。同时，MgO 的还原反应作用会降低电炉效率，增加焦炭消耗。MgO 还原产物的燃烧妨碍了电炉的正常操作运行，甚至毁坏炉衬，危及炉子寿命。

有关资料报道，Mg 是化学性质最活泼的金属元素之一，生成的 Mg 从熔池内上升至料面时又与 CO 反应：

$$Mg + CO \longrightarrow MgO + C$$

生成的部分 MgO 又随炉料下降，重复发生上述还原反应，如此往返循环的反应消耗了大量电能。这一现象在电炉生产中得到验证：当电炉突然断电时，从炉内取样分析其 MgO 含量高达 20%，远远高于炉料中原来的含量。这充分证实上述化学还原反应是存在的。危害更大的是，生成的 MgO 会在料面上结成硬壳，影响料层的透气性，这对炉料缓慢有序地下降产生不利影响，容易引起塌料。上述现象虽然发生在电石炉生产中，但电热法制磷电炉生产过程与其有相似、相同之处，不能不引起关注和研究。

据我国各矿区 65 个磷矿石样的综合分析数据表明：磷矿石中的 MgO 含量大部分在 0.14%～8.96%范围内，一般在 1%～4%之间，若 MgO 含量按 2%计，反应率为 80%考虑，吨磷的电耗将增加 448kW · h。因此，磷矿中的 MgO 含量越低越好，可以避免炉内不良影响的产生。

4. Al_2O_3 对反应的影响

黄磷生产中，炉料中 99.5%的 Al_2O_3 进入炉渣与磷矿石中的 CaO、SiO_2 作用形成新的化合物，成为 CaO-Al_2O_3-SiO_2 三元系统的熔融物排出。从图 3-9 所示 CaO-Al_2O_3-SiO_2 系统平衡图可知，当 Al_2O_3 含量增加到 11%时，就会使 CaO-Al_2O_3-SiO_2 系统的熔融温度降低，因而磷矿石的熔点随其中的 Al_2O_3、Fe_2O_3 含量的增高而降低。

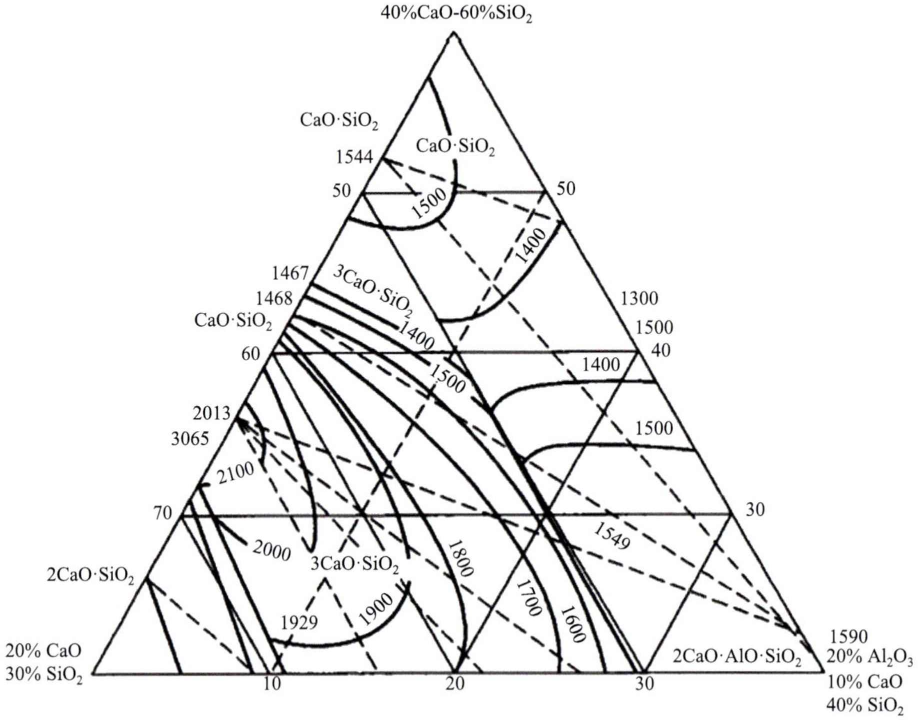

图 3-9　CaO-Al_2O_3-SiO_2 系统平衡图

根据试验，Al_2O_3 在磷矿石还原过程中可以代替 SiO_2（依据化学反应大约 1.5 kg 的 Al_2O_3 可代替 1 kg 的 SiO_2，在配料中可列入但同时也要将 MgO 引入），但其反应温度高达 2160℃，若熔池内无过热区，一般情况下炉内不可能出现如此高的温度，它在炉内发生还原反应的可能性不大。在相同的温度和时间下，SiO_2 作为助熔剂比 Al_2O_3 作为助熔剂对磷酸盐的还原率要高。

当采用酸性炉渣时，炉料中 Al_2O_3 的存在会使炉渣发黏，影响渣的流动性。这时低铝熔融炉渣不容易与磷铁分离，还会使排渣困难。

然而，当 Al_2O_3 含量增加到 11%时，熔渣的熔点反而下降，这是由于降低了 CaO-Al_2O_3-SiO_2 系统的熔融温度。由此可见，Al_2O_3 的存在对炉渣的熔化温度有很大影响。当磷铁不沉降、分离不好、渣的流动性差、排渣困难并伴有磷铁下水爆炸时，须注意原料和渣中的 Al_2O_3 是否含量变化或升高，尤其是当炉渣的酸度超过 0.95 时。在确定酸度时，必须从 CaO-Al_2O_3-SiO_2 体系进行分析，以确定 SiO_2 加入量，确保制磷电炉正常操作运行。

5. CaO 的影响

磷矿石中的 CaO 和 SiO_2 是黄磷生产中的造渣主要成分，CaO 含量的多少对经济技术指标的影响一般容易被忽略。在实际生产中，大家对 SiO_2 的含量比较重视，但对 CaO 的多少反而未引起注意。据有关资料介绍，当磷矿中 P_2O_5、SiO_2 含量不变时，磷矿石中的 CaO 含量上升 1%，则入炉 P_2O_5 含量下降 0.24%～0.26%，吨磷的磷矿矿耗上升 74～88 kg，电耗上升 98～117 kW · h。

当磷矿石中内在的酸度达到或超过 1 时，反而会使炉渣流动性变差，还原反应温度升高，炉渣和磷铁形成共熔体夹带磷铁，在炉渣水淬时易发生爆炸。为了控制合理的酸度需外加碳酸钙，结果降低了入炉料中的 P_2O_5 含量使渣量增加，从而增加了电的消耗和磷的损失。这种矿在云南文山广南县、越南老街省比较多，单独使用时经济技术指标较差，对炉衬炭砖腐蚀较频繁，需经合理兑配处理后方能使用。例如，和高磷低硅矿科学合理兑配，改变其内在质量，既是对磷矿资源的优化配置，又可以降低消耗，对改善炉况和产生好的经济效益将起到事半功倍的作用。

6. F 的影响

各种磷矿石中所含的 F 组分，通常情况下是以氟磷酸钙[$Ca_5F(PO_4)_3$]的形式存在。炉料中的 F 一部分以 CaF_2 的形式进入炉渣，另一部分则以 SiF_4 的形式升华逸出。

磷矿石中化合态的 F 按下式反应：

$$2Ca_5F(PO_4)_3 + 15C + 6SiO_2 \longrightarrow 3P_2 + 15CO + 3Ca_3Si_2O_7 + CaF_2$$

$$6CaF_2 + 7SiO_2 \longrightarrow 3SiF_4 + 2Ca_3Si_2O_7$$

SiF_4 随黄磷尾气一同逸出，并在磷蒸气冷凝过程中被水解生成氟硅酸和硅酸：

$$3SiF_4 + (n+2)H_2O \longrightarrow 2H_2SiF_6 + SiO_2 \cdot nH_2O$$

SiF_4 的逸出受 Mk 的影响，当炉料中 SiO_2 含量增加，Mk 值达 0.90 以上时，SiF_4 的逸出率可高达 80%～90%。当 Mk 值为 0.8 左右时，SiF_4 的逸出率仅为 30%～50%。将 Mk 控制在合适的指标内，让大部分 F 以 CaF_2 的形式留在硅酸钙炉渣中一起排出，是减少污染、稳定和改善生产环境的有效方法。

3.3 黄磷生产的工艺流程

3.3.1 黄磷生产的工艺概述

黄磷生产过程中，先将磷矿石、硅石、焦炭送往烘干炉，烘干原料按一定比例配料，均匀混合后提升入料柜，混合料顺料柜中的下料管进入电炉。黄磷电炉的输入三相电流分别输入到三根石墨电极，电极以电阻热为主要形式产生高温，将炉料形成熔融状态并进行反应，原料中的焦炭在反应中既充当还原剂也为反应提供一定的热量。其反应式为

$$4Ca_5F(PO_4)_3 + 30C + 21SiO_2 \xrightarrow{1200\sim1400℃} 6P_2\uparrow + 30CO\uparrow + 20CaSiO_3 + SiF_4\uparrow$$

反应之后产生的炉气中含有 CO、元素磷和氟化物，进入冷却吸收塔及一级石灰碱液洗涤塔内以两逆流两顺流的方式气液接触洗涤。磷蒸气被不同温度的洗涤水冷凝，结成 4 个原子的磷分子，聚集于受磷槽内形成粗磷。受磷槽采用蒸汽间接加热保温，洗磷后的炉气主要含 CO，部分点燃放空，部分导出作原料烘干、磷泥烧制污水处理站污泥干化的燃料使用。受磷槽废水进入预沉槽沉淀后返回磷炉洗涤炉气。受磷槽、预沉槽内的粗磷利用蒸汽盘管加热保温呈液态，定期虹吸至精制槽，使用热水漂洗精制。洗涤热水由锅炉蒸汽直接加热。经加热、保温、漂洗沉降后，粗磷分离成磷泥和成品黄磷，黄磷即可计量包装。精制过后剩余的磷泥存于磷泥池中。磷泥可用泵抽入旋转加热窑中，以黄磷尾气为热源加热，使磷泥中所含元素磷升华为气态磷，同时水转变为水蒸气，气态磷及水蒸气从加热炉溢出后进入洗磷塔，以水隔绝空气密封，洗涤冷却成为液态磷，并在受磷槽内洗涤，成品黄磷进入成品池内储存，磷泥精制过程与黄磷生产类似。电炉内炉渣由排渣口流出，经水淬后汇集在集渣池内，由于磷矿一般都是磷铁傍生矿，所以炉渣的主要成分是 $CaSiO_3$ 和一小部分磷铁，磷铁经缓冷凝固后，用人工破碎、去渣后出售，用作炼铁原料，其他炉渣出售到水泥厂用作生产水泥原料。

黄磷生产中水的循环利用。由于在黄磷生产中产生的废水含有氟和硫，因此要求所有废水进入全封闭循环，喷淋塔内的污水经过封闭管道内的预沉槽，折流沉淀后进入变速升流膨胀式中和过滤塔，对含磷污水进行过滤，经过滤塔净化的水，进入冲渣池，用石灰乳调节 pH 后，一部分用作冲渣水，另一部分经隔栅除渣后用泵送至喷淋塔顶，用作喷淋用水，形成污水的封闭循环。原则工艺流程如图 3-10 所示。

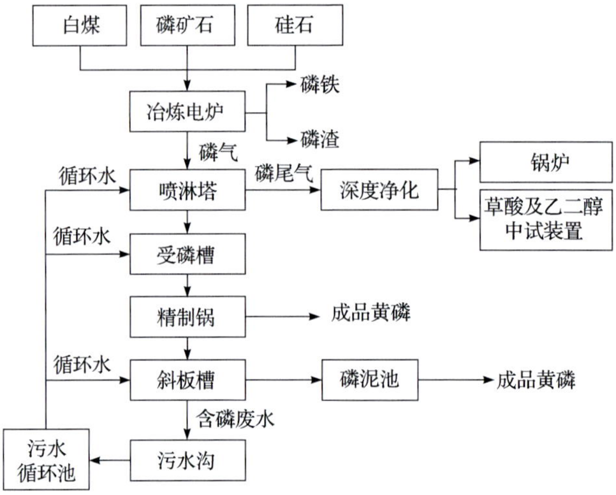

图 3-10 黄磷生产原则工艺流程

3.3.2 电炉法制磷工艺

1. 电炉法制磷工艺流程概述

电炉法制磷是将磷矿石、硅石和焦炭混合炉料送入电炉，以硅石作为助熔剂，焦炭作为还原剂，使磷矿石在绝氧的气氛中与焦炭发生还原反应，单质磷从磷矿中还原出来后与其他炉气进入冷凝塔，经冷凝洗涤、精制、分离可得到成品磷，反应方程式如下：

$$Ca_{10}(PO_4)_6F_2 + 15C + 9SiO_2 \longrightarrow \frac{3}{2}P_4 + 15CO + 9CaO \cdot SiO_2 + CaF_2 \quad (3\text{-}14)$$

简化的工艺流程如图 3-11 所示。

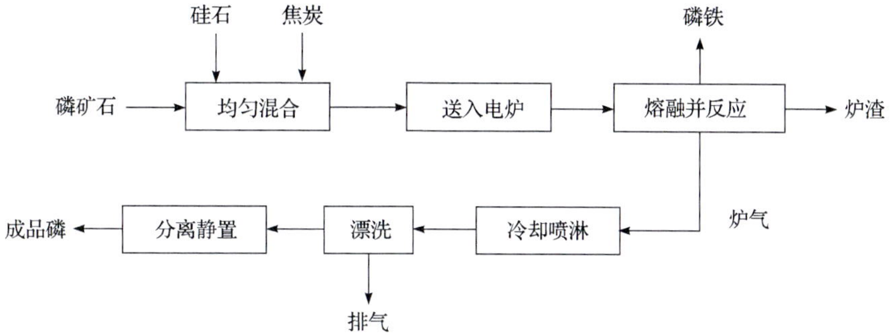

图 3-11　电炉法制磷工艺原则流程

电炉法制磷对于原料磷矿石要求较为苛刻：磷矿石平均品位（以 P_2O_5 计）大于 25%，转鼓系数大于 75%，灼失小于 5%；同时要求配入的磷矿石为块矿（粒度大于 20 mm），开采加工过程产生的许多矿粉需加工成球团后才能使用。磷矿石品位越高，需配入的焦炭越多，电炉电耗越低。电炉法制磷主产物有黄磷（P_4）、磷酸酐（P_2O_3）以及热法磷酸。黄磷可以作为有机磷化工的基础原料，也可作为无机磷化工的基础原料；以黄磷为原料制备磷酸酐，可用作气体或液体的干燥剂、脱水剂、防静电剂等；而磷酸酐经水合后得到的磷酸产品，具有浓度高、质量纯的优点，且经精制后可得到食品级热法磷酸。副产物有磷铁、炉渣、尾气（其中 CO 含量超过 90%），其中磷铁可作为产品出售，炉渣处理后可作水泥添加剂，尾气可用于烘干矿石、烧制磷泥以及作为下游化工产品的原料。

电炉法制磷需消耗大量电能，电耗和磷矿石消耗占到生产成本的 70%，较湿法磷酸工艺更为复杂，技术门槛较高，黄磷电炉和余热副产蒸汽设备制造和运行维护成本高。但由于有机磷化工与高纯热法磷酸的需求量逐年增加，电炉法制磷在磷化工行业仍然处于不可替代的位置。

2. 电炉法制磷工艺流程说明

各国电炉法制磷的生产工艺流程大体相似，根本上可以归纳成：供料系统、供电系统、制磷电炉、除尘装置和收磷系统等五个部分组成。

由原料预处理装置加工合格的磷矿石、硅石和焦炭，按生产工艺确定的配比，分别称量计量后混合均匀，然后将混合炉料送入电炉顶料仓，经下料管连续均匀地加入炉中。电网中的电能经电炉变压器、二次短网和电极输入电炉。在炉内电能以电阻的形式转化成热能，加热熔融炉料，温度到达 1350～1450℃。炉料在高温下发生还原反应，反应产物磷蒸气和一氧化碳从导气管中引出。炉渣与磷铁定期或连续地分别从电炉排渣口和排铁口排出。炉气的主要成分是一氧化碳和磷蒸气，以及少量的 CO_2、N_2、SiF_4、 PH_3、H_2

等。另外还夹带一部分粒径小于 2 μm 的细小粉尘，在回收磷以前需要用电除尘器将粉尘从炉气中排除。经除尘后的炉气，在收磷系统中以水为冷却介质进行冷却冷凝，磷蒸气冷凝而得粗磷。粗磷经磷过滤器分离得到成品磷，磷泥中的磷经蒸发成气态磷而予以回收，剩余灰渣与电除尘灰一并处理。

电炉制磷详细工艺流程见图 3-12，下面将分系统叙述。

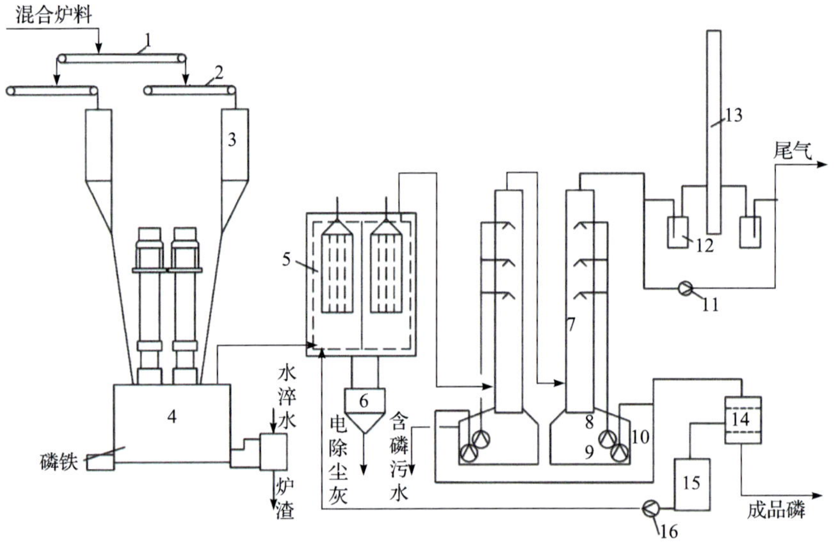

图 3-12 电炉制磷工艺流程图

1,2. 胶带输送机；3. 料仓；4. 电炉；5. 电除尘器；6. 电除尘灰槽；7. 冷凝器；8. 受磷槽；9. 水泵；10. 磷泵；11. 旋转压缩机；12. 水槽；13. 吸收塔；14. 分离罐；15. 回流罐；16. 单向流量计

（1）供料系统

由炉料预处理装置加工合格的混合炉料，经提升运输设备送入炉顶高位料仓。为防止炉料各组分在流动中发生离析现象，料仓宜设计成细高形的分隔仓，每个仓有一个下料管与电炉连通。炉料借自重连续加入电炉。下料管与电炉炉体间要求绝缘，并采取断磁措施，以减少电磁损失。因电炉为微正压操作，少量炉气通过料管向顶料仓逸出。因此，大型电炉一般采用氮封措施，中小型电炉采取加强炉顶料层作业并进行通风，以防止发生 CO 中毒事故。

（2）供电系统

电炉变压系统由磷炉变压器和短网组成。磷炉变压器是供电的主要设备。为了适应电炉制磷操作的特殊要求，磷炉变压器的参数必须专门设计。通常磷炉变压器的二次电压较低（一般不超过几百伏），而负荷电流则随变压器容量增大而增大（一般可达数千甚至数万安培）。按电炉的工作特性，二次电压要求在适当的范围内加以调节改变。为了提高电炉的作业率，大中型电炉的变压器均采用有载调压。电炉在操作过程中可能出现短时间超负荷，甚至短路，以及由于切断电路而引起的过电压。因此，磷炉变压器必须具有足够的机械强度和电气绝缘。

磷炉变压器的类型有三相和单相两种。中小型电炉从布置及经济观点出发，一般都采用一台三相变压器。但是对于大功率电炉而言，由于考虑短网布置紧凑与均衡减少感应损耗、提高功率因数，以及大型三相变压器构造复杂、价格昂贵等因素，一般均采用三台单相变压器。磷炉变压器的容量是根据电炉生产能力及单位产品的电耗计算而定。电耗取决于磷矿石的品位和杂质含量，以及生产规模的大小。

变压器容量以磷的单位电耗、产量确定，其计算公式如下：

$$S=\frac{G\cdot W}{K_1K_2\cos\varphi\times330\times24}$$

式中，S 为变压器总功率，kV · A；G 为电炉年产量，t/a；W 为单位产品所需电能，kW · h/t；K_1 为功率利用系数，即平均负荷与额定负荷之比；K_2 为时间利用系数；$\cos\varphi$为电炉的功率因数。单位产品所需的电能随磷矿石品位、炉料的组成不同而不同，故实际选取的变压器容量往往都大于计算值。

变压器二次电压的确定。国内应用较广的计算公式如下：

$$E=1.46\sqrt[3]{S}$$

式中，E 为变压器二次电压，V；S 为变压器总功率，kV · A。按照该式求得二次电压，其上限、下限之间每隔 5%确定为一挡，挡数及挡间电压差值可综合考虑制磷电炉容量、内径、电极圆心圆及电极直径、电极组数等技术参数，原则上取电极之间的电压梯度为 2.5V/cm，电极与炉壁间距离和电极间距离比在 1.1～1.3 之间。

（3）制磷电炉

电炉是黄磷生产的核心设备，设计应符合电气性能、热量分布、化学反应等方面的要求。到目前为止，绝大部分的电炉是凭经验设计的。各国所采用的炉型主要有电极呈直线排列的长圆形电炉和电极呈三角形排列的圆形或圆三角形电炉。美国阿尔勃赖特和威尔逊公司曾建造过电极呈六角形排列的六电极电炉。这两种类型的电炉都没有获得大规模应用。近年来新建的大型制磷电炉，大多为电极呈三角形排列的六电极电炉。

大型制磷电炉的构造示意图如图 3-13 所示。电炉外壳为钢板焊制，炉底及反应区的炉壁用炭砖砌筑，上部炉壁用耐火砖或耐热混凝土筑成，炉顶采用耐热混凝土筑成，其上覆盖一层抗磁不锈钢或普通钢板加隔磁措施的顶板。整个炉体应保持良好的气密性，以防炉气外逸。

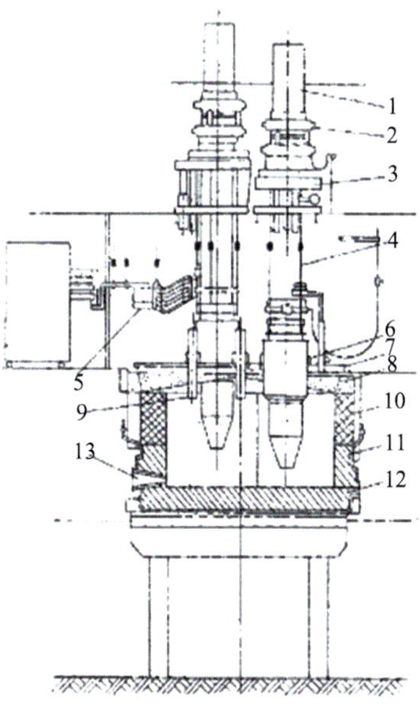

图 3-13　制磷电炉结构示意图

1. 电极；2. 压放机构；3. 电极把持器；4. 拉杆；5. 短网；6. 密封结构；7. 炉盖；8. 炉拱；9. 料管；10. 炉衬；11. 炉壁炭砖；12. 炉底炭砖；13. 排渣口

电炉使用的电极通常有预烧结电极和自动烧结电极（Soderberg electrode）两类。中小型电炉使用的石墨电极、碳质电极，以及局部大型电炉上使用的半石墨化电极均属于预烧结电极。这类电极都是在电极生产厂中加工制得，以成品售给制磷厂使用。自动烧结电极是将电极糊充填于电极壳内，借电极本身的热传导、电流通过电极产生的电阻热，以及炉内高温区的辐射给热等，使电极糊自动焙烧碳化而成。这两类电极的性能见表 3-5。

表 3-5 各种电极的性能（25℃）

项目	单位	石墨电极	碳质电极	自动烧结电极
堆积密度	kg/m^3	1500～1700	1480～1650	1450
密度	kg/m^3	2200～2240	1900～2050	1900
孔隙率	%	28～30	20～22	23
灰分含量	%		4～8	
抗压强度	kgf/cm^2（$1\ kgf/cm^2=9.80665\times10^4\ Pa$）	200～350	200～450	260～300

目前，中国常用的石墨电极最大直径为 500 mm，国际上的大型制磷电炉使用的预烧结电极最大直径为 1400 mm，最大的自动烧结电极直径为 1500～1700 mm。预烧结电极的优点是机械强度高、比电阻低、构造简单、操作方便。自动烧结电极与预烧结电极相比，电极消耗费用较低，但是构造复杂，电极把持器与导电颚板须伸入炉内，控制要求严格。由于预烧结电极直径增大后最大允许电流密度反而减小，在电极接头处的电流密度受到限制，并且还受到制造设备的能力限制，因此在大型制磷电炉中越来越多地使用自动烧结电极。

电炉炉体是炉料进行加热、熔融和还原反应的地方。对炉衬的要求是在高温条件下对熔融炉料的耐热抗腐蚀性，良好的导电性和一定的热容量。为了防止炉衬的腐蚀，炉衬内壁温度低于炉料熔融的温度，因此要求炉体外壁有一定的散热冷却功能。中小型制磷电炉通常采用炉壁自然散热，而大型制磷电炉都是采用外壁淋水冷却。不同的冷却方式，其构造和材质也不一样。炉衬与高温熔料接触的部位都是用在高温下具有良好机械强度的炭砖砌筑。

电炉炉盖上有电极孔、出气孔和事故处理孔等多处开孔。在正常生产时，炉盖内外表温度为 300～500℃，但在烘炉及生产不正常时，温度可能高达 1200℃，故要求炉盖构造稳定，当受到高温冲击时不变形、不塌陷。有时生产中有少量偏磷酸或偏磷酸盐会黏附在炉盖上，因此炉盖材料要求有一定的耐腐蚀性能。为了减少炉盖钢壳的磁涡流损失，炉盖钢壳应采用抗磁不锈钢或采取隔磁构造。

（4）除尘装置

炉气中常含有粉尘 50～150 mm/m^3，因此在进入冷凝系统之前必须净化除尘。煤气除尘，在中小型制磷电炉装置中曾采用过箱式除尘器，后因劳动条件差、净化效率低而被淘汰；大型装置通常采用静电除尘器。各厂所用的静电除尘器形式不同，但其根本要求是一样的：必须有较高的除尘效率和良好的保温性能，以保证炉气中的磷蒸气不被冷凝下来；同时高压进料与电极振打装置要有良好的密封性。静电除尘器的外壳通常为钢制，沉淀部分为管状、板状或长圆管状，电晕极可用软铁棒、不锈钢丝等材料。静电除尘器的操作电压为 40～70 kV。静电除尘装置的构造简图如图 3-14 所示，该静电除尘器采用的是长圆筒管形成沉淀，用热气夹套保温，电除尘灰以泥浆状排出。

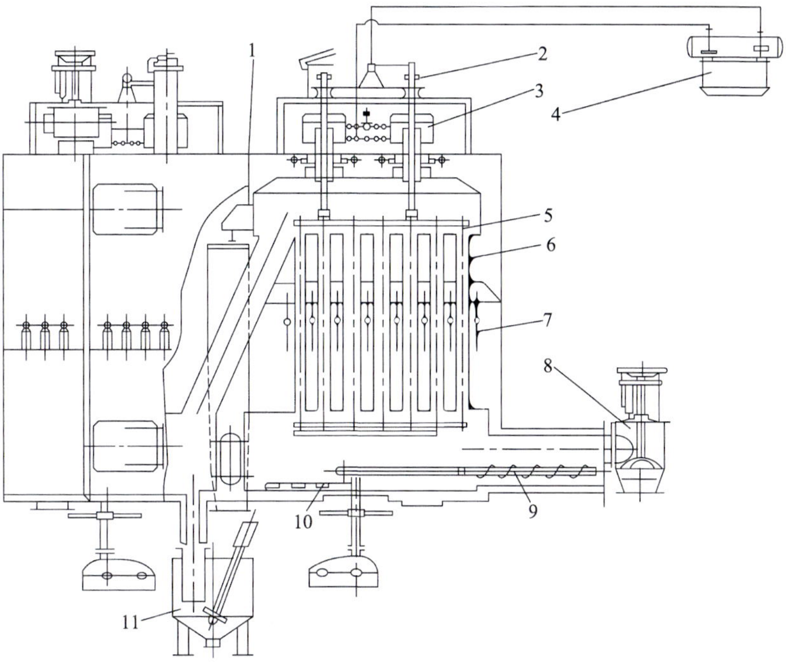

图 3-14　静电除尘器结构示意图

1. 壳体；2. 高压干进线装置；3. 密封装置；4. 直流变压器；5. 阴极框架；6. 阳极排；7. 支架；8. 下角阀；9. 螺旋；10. 灰耙；11. 电尘浆槽

（5）冷凝系统

净化后的炉气，在冷凝系统用直接喷淋方式将磷蒸气冷却成液态磷后回收。这在中小型装置中，通常采用三座空塔，其中前面的两座塔用热水喷淋，第三座塔用冷水喷淋，冷凝的磷在集磷槽中收集；而在大型装置中，大多采用两座冷凝塔，第一座塔为“热冷凝塔”，喷淋 60℃的热水，第二座塔为“冷冷凝塔”，喷淋约 20℃的冷却水，在低于磷的凝固点温度下操作，以减少尾气带走的磷损失。冷凝系统收得的粗磷中含有少量磷泥的混合物。通过沉降分离或过滤即可将磷泥与产品黄磷分离，产品直接输入储磷槽中储存。

3. 电炉制磷工艺计算

（1）炉料配比计算

在制磷生产中，炉料配比计算是工艺操作管理的基础和一项重要的技术工作，关系到电炉能否正常运行及消耗的高低。掌握原料的真实情况，是准确计量、科学配料的根本。

1）焦炭用量。

i）焦炭理论用量。

焦炭在制磷生产中有两个作用：一是作为还原剂；二是作为炉料的导电体和导热体。它的加入量多少关系到炉内熔池电阻、渣中残磷指标的控制，对电炉能否正常运行起着至关重要的作用。

在还原过程中耗用焦炭的主要氧化物有磷矿组分中的 P_2O_5、Fe_2O_3、CO_2 等。在制磷电炉的高温环境中，还原产物基本上为 CO，反应方程式如下：

$$2P_2O_5 + 10C \longrightarrow P_4 + 10CO$$

$$Fe_2O_3 + 3C \longrightarrow 2Fe + 3CO$$

$$CO_2 + C \longrightarrow 2CO$$

根据上述化学反应式，就可以计算还原反应所需要的焦炭理论用量。炉料配比的计算一般取 100 kg 磷矿石为计算基准。

设焦炭中固定碳含量为 C%，磷矿石中 P_2O_5 含量为 $P_2O_5\%$，还原所需焦炭量为 X_1；磷矿石中 Fe_2O_3 含量为 $Fe_2O_3\%$，还原所需焦炭量为 X_2；磷矿中 CO_2 含量为 $CO_2\%$，还原所需焦炭量为 X_3。

a）还原 100 kg 磷矿石中 P_2O_5 所需的焦炭量 X_1 为

$$\begin{array}{lll} 2P_2O_5 & + \ 10C \longrightarrow P_4 + 10CO \\ 2\times 142 & 10\times 12 \\ 100\times P_2O_5\% & X_1 \ C\% \end{array}$$

根据化学反应方程式，P_2O_5 量与焦炭量的计量比例关系为

$$(2\times 142)\times(X_1\times C\%) = (100\times P_2O_5\%)\times(10\times 12)$$

式中，142 为 P_2O_5 的相对分子质量；12 为碳的相对原子质量，整理得

$$X_1 = \frac{100\times P_2O_5\%}{C\%}\times\frac{10\times 12}{2\times 142} = 42.25\frac{P_2O_5\%}{C\%}$$

b）还原 100 kg 磷矿石中 Fe_2O_3 所需的焦炭量 X_2 为

$$\begin{array}{lll} Fe_2O_3 & + & 3C \longrightarrow 2Fe + 3CO \\ 159.6 & & 3\times 12 \\ 100\times Fe_2O_3\% & & X_2\times C\% \end{array}$$

$$159.6\times(X_2\times C\%) = (100\times Fe_2O_3\%)\times(3\times 12)$$

式中，159.6 为 Fe_2O_3 的相对分子质量，整理得

$$X_2 = \frac{100\times Fe_2O_3\%}{C\%}\times\frac{3\times 12}{159.6} = 22.56\frac{Fe_2O_3\%}{C\%}$$

c）还原 100 kg 磷矿石中 CO_2 所需焦炭量 X_3 为

$$\begin{array}{lll} CO_2 & + & C \longrightarrow 2CO \\ 44 & & 12 \\ 100\times CO_2\% & & X_3\times C\% \end{array}$$

$$44\times(X_3\times C\%) = (100\times CO_2\%)\times 12$$

式中，44 为 CO_2 的相对分子质量，整理得

$$X_3 = \frac{100\times CO_2\%}{C\%}\times\frac{12}{44} = 27.27\frac{CO_2\%}{C\%}$$

d）磷矿石还原反应所需焦炭理论用量 $X_{理}$ 为

$$X_{理} = X_1 + X_2 + X_3$$

表 3-6 为以西南某厂入炉原料化学组分为例，计算炉料配比。

表 3-6　西南某厂入炉原料化学组分统计表　　（单位：%）

组分	P_2O_5	SiO_2	CaO	CO_2	MgO	Fe_2O_3	Al_2O_3	H_2O	C	补充水
含量	26.76	21.11	39.99	5.85	1.78	0.74	0.69	1.02	70.65	16.05

还原 P_2O_5 所需焦炭量 X_1 为

$$X_1 = 42.25\frac{P_2O_5\%}{C\%} = 42.25\times\frac{26.76}{70.65} = 16.00(kg)$$

还原 Fe_2O_3 所耗焦炭量 X_2 为

$$X_2 = 22.56\frac{Fe_2O_3\%}{C\%} = 22.56\times\frac{0.74}{70.65} = 0.24(kg)$$

CO_2 所耗焦炭量 X_3 为

$$X_3 = 27.27\frac{CO_2\%}{C\%} = 27.27\times\frac{5.85}{70.65} = 2.26(kg)$$

还原该磷矿石的焦炭理论用量 $X_{理}$ 为

$$X_{理} = X_1 + X_2 + X_3 = 16.00 + 0.24 + 2.26 = 18.5(kg)$$

ii）焦炭实际用量。

在制磷生产中，焦炭实际用量一般取理论用量的 103%～105%，也就是焦炭的过量系数控制在 3%～5%，同时还要考虑焦炭的粒度、水分含量，特别是水分含量在计算时要扣除。另外，焦炭的加入量最终要根据渣中 P_2O_5 的含量来决定，一般渣中 P_2O_5 含量控制在 1.5%～2%较合适，不要低于 1%，不要超过 2.5%，实际加入量要视具体的炉况适时、精确地调整。

考虑到这些因素，焦炭实际加入量 $X_{实}$ 为

$$\begin{aligned} X_{实} &= X_{理}\times 103\% + X_{理}\times 水分含量 \\ &= 18.5\times 103\% + 18.5\times 16.05\% = 22.02(kg) \end{aligned}$$

2）硅石用量。

i）硅石理论用量。

硅石在制磷生产中作助熔剂，一般控制炉渣的酸度在 0.75～0.85，使熔渣流动性良好利于出渣，同时便于富余焦炭的排出。炉渣酸度是一个重要的经济技术指标，如果忽视对炉渣酸度的调整控制，同样使消耗指标上升，成本增加，经济效益下降。硅石的理论用量是按磷矿石在还原过程中 CaO 全部与 SiO_2 生成二硅酸三钙（$Ca_3Si_2O_7$）来进行计算。化学反应式为

$$3CaO + 2SiO_2 \longrightarrow Ca_3Si_2O_7$$

设硅石中二氧化硅含量为 $SiO_2\%$，磷矿石中氧化钙含量为 CaO%，设还原 100 kg 磷矿石需要加入的硅石量为 Y，则：

$$\begin{array}{lcl} 3CaO & + & 2SiO_2 \longrightarrow Ca_3Si_2O_7 \\ 3\times 56.1 & & 2\times 60.1 \\ 100\times CaO\% & & Y\times SiO_2\% \end{array}$$

$$(3\times 56.1)\times(Y\times SiO_2\%)=(100\times CaO\%)\times(2\times 60.1)$$

式中，56.1 和 60.1 分别为 CaO 和 SiO_2 的相对分子质量，整理得

$$Y=\frac{100\times CaO\%}{SiO_2\%}\times\frac{2\times 60.1}{3\times 56.1}=0.714\frac{100\times CaO\%}{SiO_2\%}$$

式中，0.714 为磷矿石中全部 CaO 与 SiO_2 生成二硅酸三钙的理论酸度指标。在制磷生产过程中，实际酸度指标一般高于理论酸度指标，控制在 0.75～0.85 之间，这里用β表示，故硅石的理论用量 $Y_{理}$ 为

$$Y_{理}=\beta\times\frac{100\times CaO\%}{SiO_2\%}$$

配料时取酸度指标为 0.8，硅石含 SiO_2 为 95%，计算硅石的理论用量。

根据硅石理论用量计算公式：

$$Y_{理}=\beta\times\frac{100\times CaO\%}{SiO_2\%}=0.8\times\frac{100\times 39.99}{95}=33.68(kg)$$

ii）硅石实际用量。

由于磷矿石和焦炭中均不同程度含有一定量的 SiO_2，在配料时必须将它们计入，因此硅石的实际用量应是硅石理论用量减去磷矿石和焦炭中带入的 SiO_2 所折合的硅石量。

设磷矿石和焦炭中二氧化硅的含量分别为 $SiO_{2矿}\%$ 和 $SiO_{2焦}\%$，则磷矿石中二氧化硅折合硅石量 Y_1、焦炭中二氧化硅折合硅石量 Y_2 分别为

$$Y_1=\frac{100\times SiO_{2矿}\%}{SiO_2\%}$$

$$Y_2=\frac{Y_{实}\times SiO_{2焦}\%}{SiO_2\%}$$

所以，硅石的实际用量为

$$Y=Y_{理}-Y_1-Y_2=\frac{100\times\beta\times CaO\%-100\times SiO_{2矿}\%-X\times SiO_{2焦}\%}{SiO_2\%}$$

设焦炭灰分含量为 26.40%，灰分中 SiO_2 含量为 41.06%，计算硅石实际用量。

焦炭中的 SiO_2 含量 $SiO_{2焦}\%=26.40\%\times 41.06\%=10.84\%$

硅石的实际用量 Y：

$$Y=\frac{100\times0.8\times39.99-100\times21.11-22.02\times10.84}{95}=8.94(\text{kg})$$

经过以上的计算，得出表 3-6 中入炉原料的配料比为

磷矿：焦炭：硅石=100：22.02：8.94

（2）消耗定额管理

1）中小型制磷电炉消耗定额。

中小型制磷电炉一般消耗定额及副产品如下（每吨磷）：

磷矿石（P_2O_5%）：8.5～10.0 t；　焦炭（固定碳含量 84%）：1.4～1.8 t；

电极：15～30 kg；　升华电：13500～17000 kW · h；

水（含循环水）：约 600 m^3；　蒸汽：约 3 t；

磷泥：0.1～0.5 t；　磷铁：0.1～0.4 t；

炉渣：7～10 t；　尾气（CO 含量 85%～90%）：2500～3000 m^3（标态）。

以磷收率、配料比计算消耗定额。国内中小型电炉的磷收率一般在 72%～87%之间，国外大型电炉在 85%～92%之间。

设磷矿石中 P_2O_5 含量为 P_2O_5%，磷收率为 B%表示，生产一吨黄磷的磷矿石消耗定额为 $G_{矿}$（单位 t），则：

$$\begin{array}{ccc}2P_2O_5 & \longrightarrow & P_4\\ 2\times142 & & 4\times31\\ G_{矿}\times P_2O_5\%\times B\% & & 1\end{array}$$

$$(2\times142)\times1=(G_{矿}\times P_2O_5\%\times B\%)\times(4\times31)$$

式中，142 为 P_2O_5 的相对分子质量，31 为 P 的相对原子质量，整理得

$$G_{矿}=\frac{2\times142}{4\times31\times P_2O_5\%\times B\%}=\frac{2.29}{P_2O_5\%\times B\%}(\text{t})$$

设焦炭的消耗定额为 $G_{焦}$，每 100kg 磷矿石需配入的焦炭为 X kg，则

$$G_{焦}=G_{矿}\frac{X}{100}$$

设硅石的消耗定额为 $G_{硅}$，每 100 kg 磷矿石需配入的硅石为 Y kg，则

$$G_{硅}=G_{矿}\frac{Y}{100}$$

以表 3-6 的原矿为例，若磷收率 B 为 84%，计算磷矿石、焦炭、硅石的消耗定额。

磷矿石消耗定额：

$$G_{矿}=\frac{2.29}{P_2O_5\%\times B\%}=\frac{2.29}{26.76\%\times84\%}=10.19\ (\text{t})$$

折 30% P_2O_5 的磷矿石为：$10.19\times26.27\%/30\%=8.92\ (\text{t})$。

焦炭消耗定额：

$$G_{焦}=G_{矿}\frac{X}{100}=10.19\times22.02/100=2.24\ (\text{t})$$

折 84 % 固定碳的焦炭为：$2.24\times70.65\%/84\%=1.88\,(\text{t})$。

硅石消耗定额：

$$G_{硅}=G_{矿}\frac{Y}{100}=10.19\times8.94/100=0.91\,(\text{t})$$

折 100 % SiO_2 的硅石为：$0.91\times95\%/100\%=0.86\,(\text{t})$

2）混合料 P_2O_5 含量计算。

混合料是指磷矿石配入硅石后的入炉物料，它的 P_2O_5 含量高低直接影响制磷电炉操作和经济技术指标。

设 100 kg 磷矿石需加入硅石 Y kg，该混合料的 P_2O_5 含量 $P_2O_{5混}\%$：

$$\begin{aligned}P_2O_{5混}\%&=\frac{100\times P_2O_5\%}{100+Y}\\&=(100\times26.76)/(100+8.94)\\&=24.56\%\end{aligned}$$

3）磷矿石质量对升华电耗定额的影响。

磷矿石的质量（P_2O_5、Fe_2O_3、CO_2 含量等）对消耗定额中的升华电耗影响最大。根据《黄磷单位产品能源消耗限额》（GB 21345—2024）规定，可用下列经验公式计算磷矿石质量对升华电耗的影响量：

$$Q_k=\frac{170000}{N_1-0.5}+\left(\frac{7750}{N_1-8}-76\right)\times N_2+\left(\frac{3200}{N_1-3.5}+8\right)\times N_3-7234$$

式中，Q_k 为磷矿石质量对每吨黄磷（t P_4）电炉电耗影响量，kW · h；N_1 为混合炉料中 P_2O_5 含量，%；N_2 为混合炉料中 Fe_2O_3 含量，%；N_3 为混合炉料中 CO_2 含量，%。

任一磷矿的（每吨 P）升华电耗定额 W_k(kW · h)可用上式计算。

现在以表 3-6 中的磷矿石为例，计算磷矿石对升华电耗的影响量及升华电耗定额。

$$\begin{aligned}N_1&=26.76\%\\N_2&=\text{磷矿中}Fe_2O_3\text{的量/混合料总量}\\&=(100\times0.74\%)/(100+8.94)=0.68\%\\N_3&=\text{磷矿中}CO_2\text{的量/混合料总量}\\&=(100\times5.85\%)/(100+8.94)=5.36\%\end{aligned}$$

则：

$$\begin{aligned}Q_k&=\frac{170000}{N_1-0.5}+\left(\frac{7750}{N_1-8}-76\right)\times N_2+\left(\frac{3200}{N_1-3.5}+8\right)\times N_3-7234\\&=\frac{170000}{26.76-0.5}+\left(\frac{7750}{26.76-8}-76\right)\times0.68+\left(\frac{3200}{26.76-3.5}+8\right)\times5.36-7234\\&=6473.72+229.24+737.40-7234\\&=206.36\,(\text{kW}\cdot\text{h})\end{aligned}$$

$$W_k=\frac{170000}{N_1-0.5}+\left(\frac{7750}{N_1-8}-76\right)\times N_2+\left(\frac{3200}{N_1-3.5}+8\right)\times N_3+6000$$

$$= \frac{170000}{26.76-0.5} + \left(\frac{7750}{26.76-8} - 76\right) \times 0.68 + \left(\frac{3200}{26.76-3.5} + 8\right) \times 5.36 + 6000$$

$$= 6473.72 + 229.24 + 737.40 + 6000$$

$$= 13440.36\,(\text{kW} \cdot \text{h})$$

4）综合能耗计算。

黄磷产品综合能耗是指在报告期内生产黄磷产品实际消耗的各种能源量，经综合计算后得到的能源消耗量；即在报告期内黄磷生产界区内实际消耗的一次能源（如煤炭、石油、天然气等）、二次能源（电力、焦炭、煤气、电石、碳素制品、蒸汽等）和耗能工质（如水、氧气、氮气、压缩空气等）；不包括自产的耗能工质，但包括其所消耗的能源。

黄磷单位产品综合能耗是指在报告期内黄磷产品的综合能耗与黄磷产品产量的比值。磷矿质量下降造成电耗升高可以从综合能耗中扣除。

i）黄磷综合能耗的计算。

黄磷产品综合能耗按下式计算：

$$E = \sum_{i=1}^{n} e_i p_i$$

式中，E 为折合成标准煤的综合能耗，吨标煤（tce）（1tce = 29.3076 GJ）；n 为消耗的能源品种数；e_i 为黄磷生产中消耗的第 i 种能源实物量，t；p_i 为第 i 种能源折合成标准煤的折算系数，tce/t。

ii）黄磷单位产品综合能耗的计算。

黄磷单位产品综合能耗按下式计算：

$$e = \frac{E}{P}$$

式中，e 为黄磷单位产品综合能耗，tce/t；E 为黄磷产品综合能耗，tce；P 为黄磷产品产量，t。

iii）计算示例。

还是以表 3-6 中的磷矿石为例，吨磷综合能耗计算如下，结果见表 3-7。

表 3-7　单位产品综合能耗计算结果表

序号	名称	耗能数量	折标系数	单位产品综合能耗/GJ(tce)	备注
1	电	13440.36 kW · h	0.1229 kgce/(kW · h)	49.13(1.6764)	包括动力电 200 kW · h
2	焦炭	1.88 t	0.9714 kgce/kg	53.52(1.8262)	折标数量
3	水	8 t	0.0857 kgce/t	0.021(0.0007)	取中型制磷电炉平均值
4	石墨电极	16 kg	1.1571 kgce/kg	0.54(0.0185）	取中型制磷电炉平均值
合计				103.211(3.5218)	

电力的综合能耗 $= (13440.36 + 200)\text{kW} \cdot \text{h} \times 0.1229\ \text{kgce}/(\text{kW} \cdot \text{h})$

$= 1676.400\ \text{kgce} = 1.6764\ \text{tce} = 49.13\ \text{GJ}$

焦炭的综合能耗 $= 1.88\text{t} \times 0.9714\ \text{kgce/kg}$

$= 1.8262\ \text{tce} = 53.52\ \text{GJ}$

石墨电极的综合能耗 = 16 kg × 1.1571 kgce/kg

= 18.5136 kgce = 0.0185 tce = 0.54 GJ

耗能工质水的综合能耗 = 8 t × 0.0857 kgce/t

= 0.6856 kgce = 0.0007 tce = 0.0205 GJ

（3）电炉制磷工艺物料衡算

a）电炉变压器容量：25000kV · A。

b）电炉功率因数：$K_1 = 0.95$。

c）操作间断系数：$K_2 = 0.96$。

d）平均负荷系数：$K_3 = 0.90$。

e）年操作日：300 天。

f）操作制度：每天三班，每班 8 h。

g）磷矿石组成（干基），见表 3-8。

表 3-8　磷矿石组成　（单位：%）

组分	P_2O_5	SiO_2	CaO	MgO	Fe_2O_3	Al_2O_3	CO_2	F
比例	27.00	25.8	35.8	0.22	1.76	4.38	2.6	2.44

h）硅石组成（干基），见表 3-9。

表 3-9　硅石组成　（单位：%）

组分	SiO_2	Fe_2O_3	Al_2O_3	CaO
比例	98.00	0.6	1.0	0.4

i）焦炭组成（干基），见表 3-10。

表 3-10　焦炭的组成　（单位：%）

组分	固定碳	灰分	挥发分
比例	81.0	17.14	1.6

j）焦炭灰分组成，见表 3-11。

表 3-11　焦炭灰分组成　（单位：%）

组分	SiO_2	Al_2O_3	Fe_2O_3	CaO	MgO	其他
比例	42.6	18.4	29.5	3.9	1.6	4.0

k）炉料酸度指标：$m(SiO_2)/m(CaO) = 0.8$。

l）焦炭过量系数：3%。

m）磷铁组成，见表 3-12。

表 3-12　磷铁组成　（单位：%）

组分	P_4	Fe	其他
比例	25	70	5

n）炉渣中 P_2O_5 含量：1.5%。

o）电炉出口炉气温度：250℃。

p）炉气含尘量为加入电炉炉料的 0.5%。

q）F 的升华率为 30%，F 在炉气中以 SiF_4 形式存在。

r）炉气中其他气体（PH_3、H_2S、H_2 等）占气体总量的 5%（体积分数）。

s）洗气塔（冷凝塔）进口温度 100～200℃，出口温度 35℃，尾气中水蒸气含量依湿空气的饱和水蒸气计。

t）F 在洗气塔中的吸收率为 98%，尾气中剩余 SiF_4 作为不凝性气体考虑。

u）尾气中磷含量为 1 g/m^3（标态）。

v）黄磷污水循环使用，含磷水中损失的磷忽略不计。

w）洗气塔冷凝的磷有 10%是以磷泥的状态存在。

x）磷泥中的磷有 10%是以贫磷泥状态存在于黄磷污水渣中。

y）富磷泥经蒸馏后磷的回收率为 95%。

z）制磷杂质有三分之二存在于富磷泥中，可通过连续蒸磷后回收利用，其余 1/3 存在于污水渣中。

2）电炉部分物料平衡。

i）炉料配比。

电炉混合料中以 1000 kg 的磷矿石（干基）为基准。

a）1000 kg 磷矿石中各组分的质量，见表 3-13。

表 3-13　1000 kg 磷矿石中各组分的质量

组分	P_2O_5	SiO_2	CaO	MgO	Fe_2O_3	Al_2O_3	CO_2	F
质量分数/%	27.00	25.8	35.8	0.22	1.76	4.38	2.6	2.44
1000 kg 磷矿石中各组分的质量/kg	270	258	358	2.2	17.6	43.8	26	24.4

b）混合料中的焦炭量 X：

还原磷矿石中 P_2O_5，所需焦炭量：

$$X_1 = 42.25 \times \frac{P_2O_5\%}{C\%} \times 10 = 42.25 \times \frac{27}{81} \times 10 = 140.83(\text{kg})$$

还原磷矿石中 Fe_2O_3 所需焦炭量：

$$X_2 = 22.56 \times \frac{Fe_2O_3\%}{C\%} \times 10 = 22.56 \times \frac{1.76}{81} \times 10 = 4.90(\text{kg})$$

还原磷矿石中 CO_2 所需焦炭量：

$$X_3 = 27.27 \times \frac{CO_2\%}{C\%} \times 10 = 27.27 \times \frac{2.6}{81} \times 10 = 8.75(\text{kg})$$

该磷矿石中需加入的实际焦炭量（干基）为

$$\begin{aligned} X_{实} &= (X_1 + X_2 + X_3) \times 103\% \\ &= (140.83 + 4.90 + 8.75) \times 1.03 \\ &= 159.11(\text{kg}) \end{aligned}$$

焦炭带入后组分，见表 3-14。

表 3-14　焦炭带入后组分

组分	固定碳	灰分	挥发分
质量分数/%	81.0	17.4	1.6
质量/kg	128.88	27.68	2.55

焦炭灰分带入后组分，见表 3-15。

表 3-15　焦炭灰分带入后组分

组分	SiO_2	Al_2O_3	Fe_2O_3	CaO	MgO	其他
质量分数/%	42.6	18.4	29.5	3.9	1.6	4.0
质量/kg	11.79	5.09	8.17	1.08	0.44	1.11

c）混合料中外加硅石量 Y：

$$Y = \frac{1000 \times \beta \times \text{CaO}\% - 1000 \times \text{SiO}_{2矿}\% - X \times \text{SiO}_{2焦}\%}{\text{SiO}_2\%}$$

$$= \frac{1000 \times 0.8 \times 35.8\% - 1000 \times 25.8\% - 159.11 \times 17.4\% \times 42.6\%}{98\%} = 16.95(\text{kg})$$

硅石带入后成分，见表 3-16。

表 3-16　硅石带入后成分

组分	SiO_2	Fe_2O_3	Al_2O_3	CaO
质量分数/%	98.00	0.6	1.0	0.4
质量/kg	16.61	0.10	0.17	0.07

d）混合料的组成见表 3-17。

表 3-17　混合料的组成

组分	质量/kg				质量分数/%
	磷矿石	焦炭	硅石	合计	
P_2O_5	270			270	22.96
CaO	358	1.08	0.07	359.15	30.54
SiO_2	258	11.79	16.61	286.40	24.36
Al_2O_3	43.8	5.09	0.17	49.06	4.17
Fe_2O_3	17.6	8.17	0.10	25.87	2.20
MgO	2.2	0.44		2.64	0.22
F	24.4			24.4	2.07

续表

组分	质量/kg				质量分数/%
	磷矿石	焦炭	硅石	合计	
CO_2	26			26.0	2.21
固定碳		128.88		128.88	10.96
挥发分		2.55		2.55	0.22
其他		1.11		1.11	0.09
合计	1000	159.11	16.95	1176.06	100

ii）电炉炉渣及磷铁。

已知条件：炉气带走的炉尘为入炉料的 0.5%。

炉渣中含 P_2O_5：1.5%。

F 升华率：30%。

a）F 的升华量：

$$24.4\times0.995\times0.3=7.28(\text{kg})$$

b）设 SiF_4 逸出所消耗 SiO_2 量 Z，则：

$$4F + SiO_2 \longrightarrow SiF_4$$

$$4\times19 \quad 59.9$$

$$7.28 \quad Z$$

$$Z=(7.28\times59.9)/(4\times19)=5.74(\text{kg})$$

c）炉渣总量：

$$\text{炉渣总量（不包含}P_2O_5\text{）}=(CaO+SiO_2+Al_2O_3+MgO+F+\text{其他})\times99.5\%-Z$$
$$=(359.15+286.40+49.06+2.64+24.4\times0.7+1.11)\times0.995-5.74$$
$$=706.12(\text{kg})$$

$$\text{炉渣总量（包含}P_2O_5\text{）}=706.12+706.12\times1.5\%=716.71(\text{kg})$$

另外，炉渣中有一部分进入磷铁中的“其他”，其量为 1.15 kg，故炉渣总量为：

$$716.71-1.15=715.56(\text{kg})$$

d）炉渣中含 P_4 量 M：

$$2P_2O_5 \longrightarrow P_4$$

$$2\times142 \quad 4\times31$$

$$715.56\times1.5\% \quad M$$

$$M=(715.56\times1.5\%)\times(4\times31)/(2\times142)=4.69(\text{kg})$$

e）炉渣中酸度指标 Mk：

$$\text{Mk}=\frac{m(SiO_2)}{m(CaO)}=\frac{286.40\times0.995-5.74}{359.15\times0.995}=0.78$$

f）磷铁量：

参与反应的 Fe_2O_3 量：$25.87\times0.995=25.74(\text{kg})$，能还原出铁 N kg：

$$Fe_2O_3 + 3C \longrightarrow 2Fe + 3CO$$

159.6　　　2×55.8

25.74　　　N

$$N = 25.74 \times (2 \times 55.8) / 159.6 = 18.0(kg)$$

该铁生成磷铁 K：

$$4Fe + P_2 \longrightarrow 2Fe_2P$$

4×55.8　　　2×142.6

18　　　K

$$K = 18 \times (2 \times 142.6) / (4 \times 55.8) = 23.0(kg)$$

g）磷铁中磷含量：

$$W(P_4) = 23 \times 25\% = 5.75(kg)$$

h）磷铁中含其他：

$$23 \times 5\% = 1.15(kg)$$

iii）电炉炉气量。

a）炉气含尘量＝混合料×0.5%

$$= 1176.06 \times 0.5\% = 5.88(kg)$$

尘中含 P_2O_5 量：尘量×混合料中 P_2O_5 含量

$$= 5.88 \times 22.96\% = 1.35(kg)$$

尘中含 P_4 量：

$$2P_2O_5 \longrightarrow P_4$$

2×142　　　4×31

1.35　　　X

$$X = 1.35 \times (4 \times 31)/(2 \times 142) = 0.59(kg)$$

b）炉气中含 CO 总量。

还原 P_2O_5 产生 CO：

参与还原反应的 P_2O_5 量：矿中 P_2O_5 − 尘中 P_2O_5 − 炉渣中 P_2O_5

$$2P_2O_5 + 10C \longrightarrow P_4 + 10CO$$

2×142　　　10×28

257.92　　　X_1

$$X_1 = 257.92 \times (10 \times 28)/(2 \times 142) = 254.29(kg)$$

还原 Fe_2O_3 产生 CO：

$$Fe_2O_3 + 3C \longrightarrow 2Fe + 3CO$$

159.6　　　3×28

25.87　　　X_2

$$X_2 = (25.87 \times 0.995) \times (3 \times 28)/159.6 = 13.55(kg)$$

还原CO_2产生 CO：

$$CO_2 + C \longrightarrow 2CO$$

$$44 \qquad\qquad 2\times28$$

$$26\times0.995 \qquad X_3$$

$$X_3 = (26\times0.995)\times(2\times28)/44 = 32.93(\text{kg})$$

炉气中 CO 总量$= X_1 + X_2 + X_3$

$= 254.29 + 13.55 + 32.93 = 300.77(\text{kg})$

炉气中CO体积：根据阿伏伽德罗定律，标准状态下，1 mol CO 的体积是 22.4 m^3（标态），1 mol CO 是 28 kg，所以 300.77 kg CO 相当于：300.77 × 22.4/28 = 240.6[m^3（标态）]。

c）炉气中磷蒸气：

磷矿带入的P_2O_5折算成$P_4 = 270\times(4\times31)/(2\times142) = 117.89(\text{kg})$

磷蒸气量 = 总磷 − 渣中磷 − 尘中磷 − 磷铁中磷

$= 117.89 - 4.69 - 0.59 - 5.75 = 106.86(\text{kg})$

磷蒸气的体积：$106.86\times22.4/124 = 19.30$ m^3（标态）

d）炉气中SiF_4的量X：

$$4F + SiO_2 \longrightarrow SiF_4$$

$$4\times19 \qquad\qquad 103.9$$

$$7.28 \qquad\qquad X$$

$$X = 7.28\times103.9/(4\times19) = 9.95(\text{kg})$$

转换为体积 $= 9.95\times22.4/103.9 = 2.15$[m^3（标态）]

e）炉气总体积$= (CO + P_4 + SiF_4)/(1-5\%)$

$= (240.6 + 19.30 + 2.15)/0.95 = 275.84(\text{m}^3)$

f）炉气中其他气体的体积 = 炉气总体积×5%

$=275.84\times5\%=13.79$[m^3（标态）]

用混合料总量减去已知组分的量，可以得到炉气中其他气体的质量：

$$1176.06 - 1162.05 = 14.01(\text{kg})$$

g）炉气组成，见表 3-18。

表 3-18 炉气组成

成分	质量/kg	体积/m^3（标态）	体积分数/%
CO	300.77	240.6	87.23
P_4	106.86	19.30	7.00
SiF_4	9.95	2.15	0.77
其他气体	14.01	13.79	5.00
尘	5.88		
合计	437.47	275.84	100

iv）电炉部分物料平衡。

电炉部分物料平衡见表 3-19。

表 3-19　电炉部分物料（以 1000 kg 磷矿为基准）

输入			输出		
成分	质量/kg	质量分数/%	成分	质量/kg	质量分数/%
磷矿	1000	85.03	CO	300.77	25.57
			P_4	106.86	9.09
焦炭	159.11	13.53	SiF_4	9.95	0.85
			炉渣	715.61	60.85
硅石	16.95	1.44	磷铁	23.0	1.95
			粉尘	5.88	0.5
			其他	14.01	1.19
合计	1176.06	100	合计	1176.08	100

注：计算过程中四舍五入，造成输入与输出合计有一定的偏差。

3）收磷部分物料平衡。

i）冷凝塔进口气组成。

冷凝塔进口气组成，见表 3-20。

表 3-20　冷凝塔进口气组成

成分	质量/kg	体积/m^3（标态）	体积分数/%
CO	300.77	240.6	87.23
P_4	106.86	19.30	7.00
SiF_4	9.95	2.15	0.77
其他气体	14.01	13.79	5.00
尘	5.88		
合计	437.47	275.84	100

ii）冷凝塔出口尾气成分。

尾气的主要成分为 CO、H_2O 和其他不凝性气体，在洗涤过程中的溶解损失不计。

a）出口尾气中的水蒸气量：

尾气温度 35℃，尾气中水蒸气含量依湿空气的饱和水蒸气计，35℃空气中饱和水蒸气的湿含量为 38g/m^3（标态）。而出口尾气的体积为

$$240.6+2.15\times2\%+13.79=254.43[m^3(\text{标态})]$$

则出口尾气中的水蒸气含量为：$254.43\times38/1000=9.67(kg)$

水蒸气体积为：$9.67\times22.4/18=12.03[m^3(\text{标态})]$

b）出口尾气中 SiF_4 的量 $=9.95\times2\%=0.20(kg)$

将其作为其他气体一起考虑。

c）出口尾气中其他气体的质量 $=14.01+0.20=14.21(kg)$

体积 $=13.79+2.15\times2\%=13.83[m^3(\text{标态})]$

d）出口尾气中的P_4。

出口尾气的体积＝240.6＋12.03＋13.83＝266.46[m^3（标态）]

出口尾气中磷含量为 1 g/m^3（标态），故出口尾气中的磷为

$$266.46 \times 1/1000 = 0.27(kg)$$

其体积为$0.27 \times 22.4/124 = 0.05$[$m^3$（标态）]

e）出口尾气组成，见表 3-21。

表 3-21 出口尾气组成

成分	质量/kg	体积/m^3（标态）	体积分数/%
CO	300.77	240.6	90.28
H_2O	9.67	12.03	4.51
P_4	0.27	0.05	0.02
其他	14.21	13.83	5.19
合计	324.92	266.51	100

iii）磷的收率。

尾气带走磷：0.27 kg

冷凝下来的磷：$106.86 - 0.27 = 106.59(kg)$

其中精制磷占 90%：$106.59 \times 90\% = 95.93(kg)$

富磷泥中占 9%：$106.59 \times 9\% = 9.59(kg)$

贫磷泥中占 1%：$106.59 \times 1\% = 1.07(kg)$

收得净磷

精制磷：95.93 kg

富磷泥蒸磷：$9.59 \times 95\% = 9.11(kg)$

成品磷总量：$95.93 + 9.11 = 105.04(kg)$

磷泥中的磷：$106.59 - 105.04 = 1.55(kg)$

成品磷总收率：成品磷 × 100%/总磷

$$=105.04 \times 100\%/(270 \times 62/142) = 89.1\%$$

iv）残渣量。

a）冷凝塔进口气体含尘量：5.88 kg。

b）SiF_4水解形成渣量：

$$3SiF_4 + 2H_2O \longrightarrow 2H_2SiF_6 + SiO_2$$

$$\begin{array}{cccc} 3\times104 & 2\times18 & 2\times144 & 60 \\ 9.95\times98\% & Z & X & Y \end{array}$$

SiO_2量：$Y = (9.95\times98\%)\times60/(3\times104) = 1.88(kg)$

H_2SiF_6量：$X = (9.95\times98\%)\times(2\times144)/(3\times104) = 9.0(kg)$

所需水量：$Z = (9.95\times98\%)\times(2\times18)/(3\times104) = 1.13(kg)$

其中，H_2SiF_6分别与污水渣中的Ca^{2+}、K^+反应生成CaF_2和K_2SiF_6沉淀。

c）回收装置中总残渣量 = 5.88 + 1.88 + 9.0 = 16.76(kg)。

d）蒸磷残渣（即进入富磷泥中的残渣，以总渣量的 2/3 计）：

$$16.76 \times 2/3 = 11.17(\text{kg})$$

v）耗水量。

耗水量 = 蒸发进入尾气中的水 + 参与 SiF_4 水解反应的水

$$= 9.67 + 1.13 = 10.80(\text{kg})$$

vi）收磷工段物料平衡。

根据上述计算，收磷工段物料平衡见表 3-22。

表 3-22　收磷工段物料平衡

输入			输出		
项目	质量/kg	质量分数/%	项目	质量/kg	质量分数/%
CO	300.77	67.09	CO	300.77	67.09
P	106.86	23.84	H_2O	9.67	2.16
SiF_4	9.95	2.22	P_4	0.27	0.05
其他气体	14.01	3.13	其他气体	14.21	3.17
尘	5.88	1.31	成品磷	105.04	23.43
水	10.80	2.41	磷泥中磷	1.55	0.35
			残渣	16.76	3.75
合计	448.27	100	合计	448.27	100

4）以 1 t 黄磷为基准的物料平衡。

根据上述计算，1 t 磷矿石制得成品磷 105.04 kg，则每吨成品磷需要磷矿石为 $1000 \times 1000 / 105.04 = 9520.18(\text{kg})$。则相应原材料和副产品平衡表见表 3-23。

表 3-23　原材料和副产品平衡表

原料		排出物	
项目	质量/kg	项目	质量/kg
磷矿石	9520	P_4	1000
焦炭	1515	尾气	3093
硅石	161	炉渣	6813
水	103	磷铁	218
		磷泥残渣	160
		磷泥中残磷	15
合计	11299	合计	11299

5）原料工段物料衡算。

i）原始条件。

黄磷年产量：10000 t/a。

年操作日：300 d/a，三班操作，破碎作业每班有效操作时间以 6 h 计，干燥作业以 7.5 h 计。

每吨黄磷的原材料消耗（干基）以吨磷物料平衡表为准。

ii）计算。

a）制磷工段每天需要矿量（干基）：

磷矿石：9.520 × 10000/300 = 317.33(t/d)

焦炭：1.515 × 10000/300 = 50.50(t/d)

硅石：0.161 × 10000/300 = 5.37(t/d)

b）每天需要的半成品矿量（烘干筛分后含水 1%）：

磷矿石：317.33/0.99 = 320.5(t/d)

焦炭：50.50/0.99 = 51(t/d)

硅石：5.37/0.99 = 5.42(t/d)

c）全年需要的半成品矿量（装置设计增加 20%计）：

磷矿石：320.5 × 300 × 1.2 = 115380(t/a)

焦炭：51 × 300 × 1.2 = 18360(t/a)

硅石：5.42 × 300 × 1.2 = 1951(t/a)

3.3.3 高炉法制磷工艺

1. 高炉法制磷的工艺流程

高炉法制磷是将磷矿石、硅石、过量焦炭或无烟煤按一定比例及顺序送入高炉，在高炉内焦炭或无烟煤首先与热空气发生氧化反应以提供热源，过量的焦炭或无烟煤再与熔融态的磷矿石在高温下反应生成单质磷蒸气[反应方程见“3.3.2 电炉法制磷工艺”式（3-14）]，磷蒸气与其他炉气一并从高炉顶部逸出，依次经过除尘设备和冷凝精制装置后获得成品磷。工艺流程如图 3-15 所示。

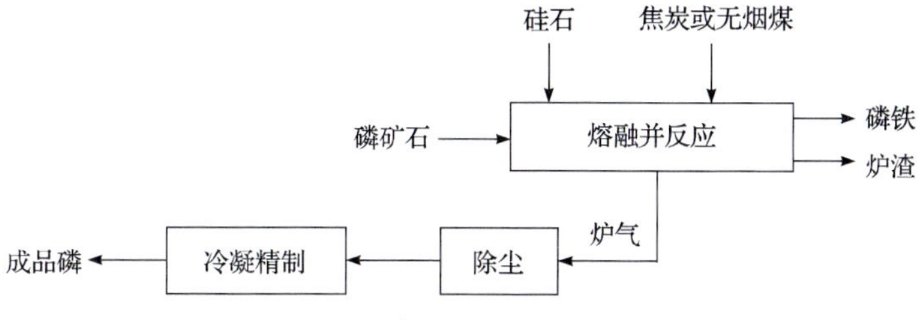

图 3-15　高炉法制磷工艺流程

高炉法制磷不消耗电能，但对磷矿石的品位与粒度要求较高，由于要保证气相顺利逸出，块状磷矿与焦炭堆密度较小，从而降低了还原速度并提高了还原温度。另外，过量焦炭或无烟煤以及大量空气进入炉体降低了炉气中磷含量并增加了炉气中尘含量。与电炉法相比，高炉法的单位能耗（以标准煤计）更低，但电炉法的热能利用率更高。目前，我国黄磷生产以电炉法制磷为主，高炉法制磷由于装置投资高和干式除尘器系统难以操作与维护等问题没有更好的解决方案而暂未能实现大规模工业化应用，但是随着技术的进步和节能降耗政策的实施，经济上可行的高炉法制磷工业化生产未来可期。

2. 高炉法制磷工艺技术经济分析

围绕发展高炉炭热法制磷，在国内存在着争论。怀疑的论点主要有两点：一是外国不用；二是经济上不合算。但是外国不用高炉法不是技术问题，而是一个经济问题。美国生产磷肥以酸法为主，因为有硫和高品位磷矿资源，适合用酸法且投资省。加拿大、德国等以电炉法为主，因电能便宜。

关于发展高炉炼磷技术路线，化工部规划局于20世纪80年代要求上海化工研究院做了“电炉法、高炉法制磷工艺技术经济探讨”的报告。该报告认为：若比较单位能耗（以标准煤计），高炉法比电炉法低。若比较炉子的热能利用率，高炉法比电炉法低。单位能耗都以一次能源来比较。高炉法中热能利用率是二次能源的焦炭，难以和电炉法比较，因为计算的前提是不考虑煤气的利用。至于建设投资，如果该地区有富裕的电能供应，高炉法比电炉法高，如果要新建电厂，投资就取决于电力是否计算在电炉法投资之内，因此高炉法并非技术问题，而是经济成本问题。

电炉法和高炉法的产品成本影响因素，主要是能耗指标、能源价格和磷矿价格等，其他各项所占比例很小。下面将用这两种方式所作的物料和热量平衡计算作基础，就影响产品成本的一些主要因素进行系统分析。

3. 两种工艺比较计算

（1）计算条件

1）高炉法和电炉法采用同一种原料、燃料。磷矿石、硅石、焦炭成分见表3-24。

表3-24 磷矿石、硅石和焦炭组成

磷矿石									
含量/%								烧损率/%	粒度/mm
P_2O_5	CaO	SiO_2	Fe_2O_3	Al_2O_3	MgO	CO_2	F		
29.57	45.39	6.28	1.29	1.51	3.52	8.1	2.81	8.67	0～300

焦炭				
含量/%				粒度/mm
固定碳	挥发分	硫	灰分	
>80	1	1.2	>17.8	<200

硅石				
含量/%				粒度/mm
SiO_2	Fe_2O_3	Al_2O_3	水分	
>95	<0.5	0.5	<1	5～35

2）硅石用量，以控制炉渣中SiO_2与CaO的质量比为0.8来进行计算。

3）高炉黄磷生产强度取 0.3 t 磷/d，高炉磷挥发率为 85.9%，磷收率为 80%，热风温度为 11000℃，焦炭消耗量为 16.9 t/t 磷。

4）高炉法和电炉法的物料平衡、热量平衡分别见表 3-25～表 3-28。

表 3-25　高炉法制磷物料平衡

收入				支出			
序号	项目	质量/（t/t 磷）	比例/%	序号	项目	质量/（t/t 磷）	比例/%
1	烧结矿	9.22	14.85	1	炉渣	9.84	15.85
2	硅石	2.54	4.09	2	磷铁	0.24	0.39
3	焦炭	16.90	11.11	3	灰	0.31	0.50
4	物料带水	0.23	0.37	4	黄磷	1.00	1.61
5	冷凝塔补充水	2.30	5.23	5	污水	1.78	3.12
6	热风炉预热空气	26.69	47.24	6	放空煤气	34.73	43.12
7	热风炉阻燃空气	10.75	17.10	7	热风炉放空尾气	21.25	35.40
	合计	68.63	100		合计	69.15	100

注：由于四舍五入，造成合计部分比例不为 100%，下同。

表 3-26　高炉法热量平衡

收入				支出			
序号	项目	热量/（kJ/t 磷）	比例/%	序号	项目	热量/（kJ/t 磷）	比例/%
1	原料、燃料	0.38×10^6	0.48	1	化学反应热	30.10×10^6	38.10
2	热风	32.40×10^6	41.02	2	炉渣	18.55×10^6	23.48
3	焦炭燃烧成 CO	46.22×10^6	58.50	3	磷铁	0.33×10^6	0.42
				4	高炉煤气	13.31×10^6	16.85
				5	其他损失	16.71×10^6	21.14
	合计	79.00×10^6	100		合计	79.00×10^6	100

表 3-27　电炉法制磷物料平衡

收入				支出			
序号	项目	质量/（t/t 磷）	比例/%	序号	项目	质量/（t/t 磷）	比例/%
1	烧结矿	8.18	67.16	1	黄磷	1.00	8.21
2	硅石	2.55	20.94	2	炉渣	8.17	67.08
3	焦炭	1.45	11.90	3	磷铁	0.18	1.48
				4	电除尘灰	0.10	0.82
				5	尾气	2.73	22.41
	合计	12.18	100		合计	12.18	100

表 3-28　电炉法热量平衡

收入				支出			
序号	项目	热量/（kJ/t 磷）	比例/%	序号	项目	热量/（kJ/t 磷）	比例/%
1	原料带入	0.25×10^6	0.50	1	化学反应热	25.12×10^6	50.25
2	电能	49.74×10^6	99.5	2	炉渣	16.54×10^6	33.08
				3	磷铁	0.29×10^6	0.59
				4	电炉煤气	2.09×10^6	4.19
				5	其他损失	5.95×10^6	11.89
	合计	49.99×10^6	100		合计	49.99×10^6	100

5）每吨磷所需原料和燃料。

	高炉法	电炉法
烧结矿/t	9.22	8.18
硅石/t	2.54	2.55
焦炭/t	16.9	1.45
动力电/(kW · h)	213	730
电炉电能/(kW · h)		13820

6）副产品：如磷铁、煤气、灰尘和炉渣可能的回收费，两种方法都暂不计算。

7）原料、燃料单价，以贵州条件计算：

磷矿按 25 元/t 计算（上海化工研究院以 24.5 元/t 计算）。

磷矿烧结矿以 50 元/t 计算，其中磷矿加工费 5 元/t，烧结加工费 20 元/t（与上海化工研究院采用的电炉法为 49.93 元/t、高炉法为 48.88 元/t，大致相同）。

硅石按 20 元/t 计算，其中已包括加工费。

焦炭是从水城钢铁厂买来的合格焦，到厂价格为 105 元/t，入炉焦成品率按 80%计算，则入炉焦炭价格为 130 元/t，其筛下焦粉足抵加工费（上海化工研究院电炉法用焦为 156.45 元/t，高炉法用焦为 148.67 元/t，明显偏高）。

电费按 0.08 元/(kW · h)计算[上海化工研究院取 0.062 元/(kW · h)]。

8）对于影响磷成本的主要因素：入炉焦炭价格（以下简称入炉焦价）、电价、磷矿价、电炉电耗和高炉焦耗等进行了系统分析，计算结果见图 3-16～图 3-19。

（2）计算结果的讨论

1）电价、入炉焦价对车间成本的影响（图 3-16）。计算条件是：电炉电耗 13820 kW · h/t 磷，高炉焦耗 16.9 t/t 磷。从热量平衡看可满足要求，这些指标比较先进但可达到。

从图 3-16 可见：电炉法的产品成本，随电价提高而直线上升。而高炉法的产品成本随电价提高影响很小。同样，高炉法的产品成本随入炉焦价提高而提高，而对电炉法就影响较小。

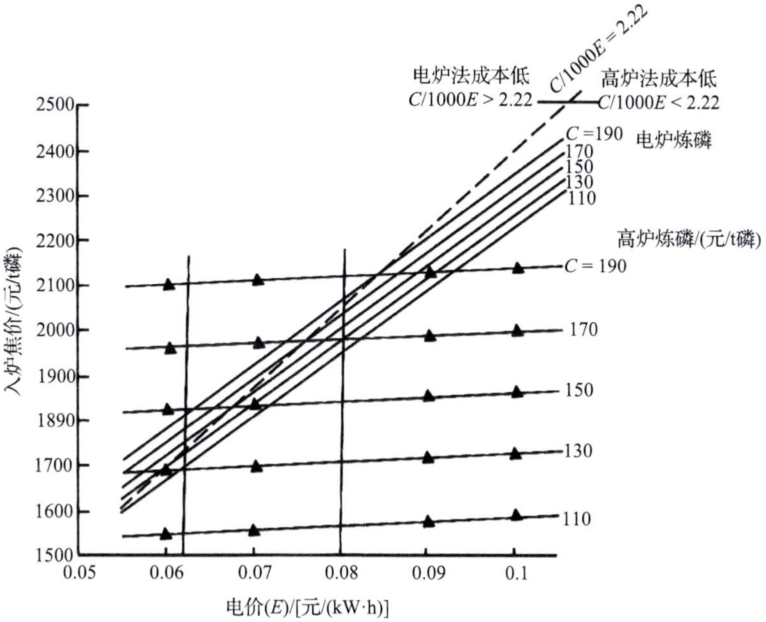

图 3-16 电价和入炉焦价对成本的影响

如果完全按计算结果，高炉入炉焦价 148.67 元/t，电价按 0.062 元/(kW · h)，电炉法比高炉法成本略低一些，可低 55.13 元/t 磷，即低 3.11%（图 3-16）。

若按当地实际入炉焦价 130 元/t 计算，则从图 3-16 可见，高炉法比电炉法成本略低一些，可低 34.17 元/t 磷，即低 2%。

关键是电价。若按当地实际的电价 0.08 元/(kW · h)计算，则从图 3-16 可见，高炉法比电炉法成本要低得多，可低 278.1 元/t 磷，即低 16.23%。图 3-16 列出了高炉法和电炉法产品成本的比较。

总之，就磷成本而言，电炉法和高炉法到底哪个有利，主要取决于当地电价和入炉焦价之间的比价。图 3-16 中 $C/1000E$ 是每吨入炉焦价和每千千瓦时电价的比价，位于直线 $C/1000E = 2.22$ 左上方的范围（即 $C/1000E > 2.22$），属于焦炭贵电便宜的地区，在我国这类地区很少。而国外如加拿大、荷兰和美国属于这个范围（$C/1000E$ 比值为 4～6）。所以欧美用电炉法比较经济。在直线右下方的范围（$C/1000E < 2.22$）即属于电价贵焦价便宜的地区。中国大部分地区处于这个范围，因此我国用高炉法较合理。由于我国幅员辽阔，能源分布不均，各地可根据这个原则因地制宜地应用。

2）电炉不同电耗对产品成本的影响。从图 3-17 可见，电炉电耗的增加，将显著提高产品的成本。将贵州高炉黄磷厂与贵州电炉黄磷厂比较，由于同处一个地区，电价相同，磷矿价也相同。贵州的电炉电耗在 15000～17000 kW · h 之间，由图 3-17 可见，车间成本在 2200 元/t 磷，高炉法可比电炉法成本低 350～500 元/t 磷，即低 20%～30%。

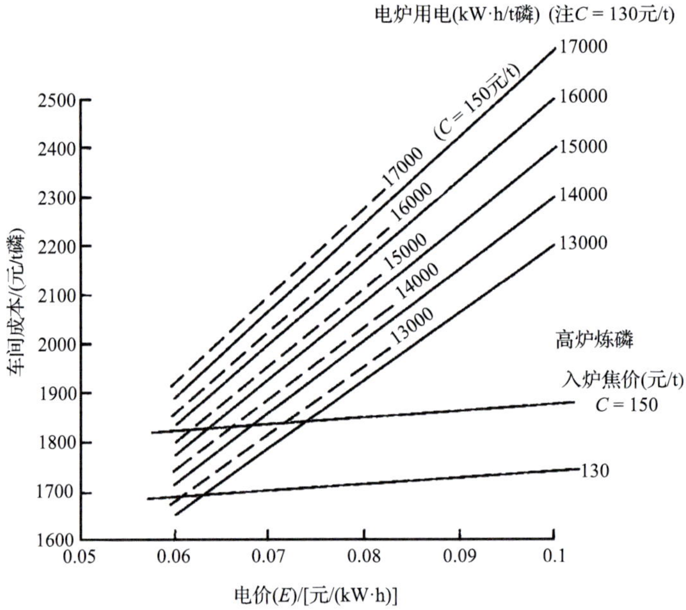

图 3-17　电炉电耗对产品成本的影响

3）图 3-18 是不同磷矿价格对磷成本的影响。磷矿价格是构成磷成本的基本要素之一。对高炉法或电炉法的产品成本都有相似且明显的影响。选择在磷矿产地，即磷矿价格便宜的地方建厂，无论对高炉法或电炉法都是很重要的。例如，贵州电炉黄磷厂与全国某些先进电炉黄磷厂比较，贵州电炉黄磷厂尽管电耗比较高，每吨磷耗电 15000～17000 kW · h，由于磷矿价格（25 元/t）比较便宜，由图 3-18 可见，贵州电炉黄磷厂车间成本仍较低。现在，高炉黄磷厂设在贵州，以此高炉法与其他地区耗电在 13820 kW · h 的先进电炉黄磷厂比较，从图 3-18 可见，高炉法要比电炉法产品成本低 500 元/t 磷，即低 30%左右。

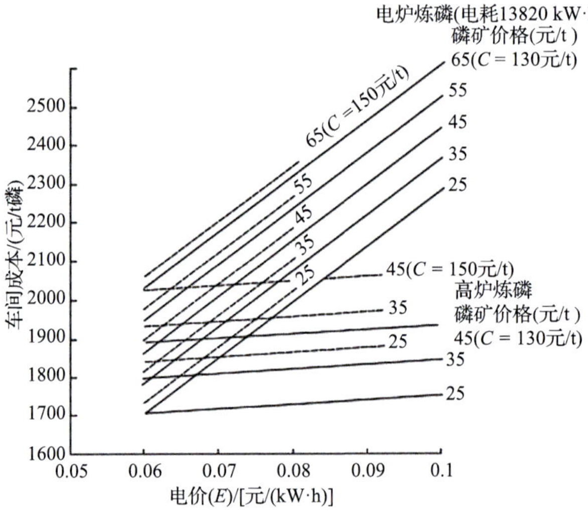

图 3-18　不同磷矿价格对产品成本的影响

4）图 3-19 是高炉不同焦比对磷成本的影响。如果和先进的电炉法比较，即电耗 13820 kW · h，磷矿价格又相同，万一高炉法操作不太理想，或者小高炉热损失较大，高炉焦耗较高，情况可能会怎样呢？从图 3-19 可见，电价 0.08 元/(kW · h)，入炉焦价 130 元/t 时，焦比在 9 t 以下可以和电炉竞争，入炉焦价在 150 元/t 时，焦比在 8 t 以下仍可和电炉竞争。高于这个界限，高炉法在经济上将不及电炉法，所以高炉法最好设在焦炭便宜的地区。

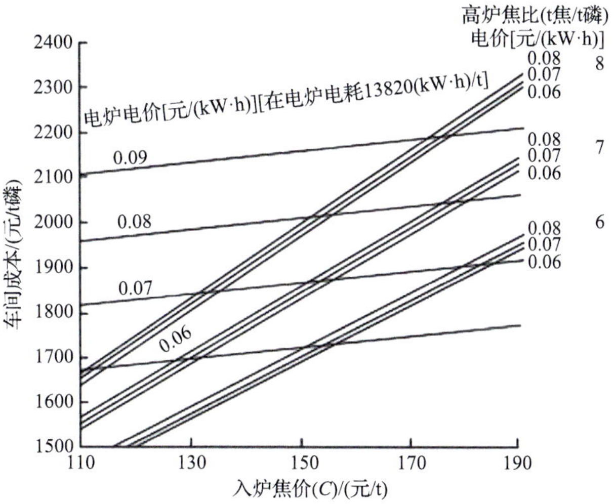

图 3-19　高炉不同焦比对成本的影响

（3）结论

高炉法、电炉法制磷成本主要取决于当地焦价与电价之比。在本小节计算条件下，每吨焦价与每千千瓦时电价之比（$C/1000E$）大于 2.2，则用电炉法成本低，欧美主要处于这个范围。每吨入炉焦价与每千千瓦时电价之比小于 2.2，则用高炉法成本低，我国大部分地区处于这个范围。

按比较先进而可能达到的指标：电炉电耗 13820 kW · h，高炉焦比 16.9 t/t 磷。在电价 0.08 元/(kW · h)、入炉焦价 130 元/t 的条件下，高炉法比电炉法磷成本要低 278.1 元，即低 16.23％。高炉法与贵州实际的电炉黄磷厂比较，同属一个地区，电价相同，磷矿价相同，贵州电炉黄磷厂的电耗为 15000～17000 kW · h，则高炉法可比电炉法成本低 350～500 元/t，即低 20%～30%。

磷矿价格的变化，对高炉法和电炉法都有相似且明显的影响。所以选择在磷矿产地，即磷矿便宜的地区建厂是很重要的。以建在贵州的高炉黄磷厂与全国某些先进电炉黄磷厂（电耗 13820 kW · h、磷矿价格 50～60 元/t）比较，高炉法要比电炉法产品成本低 500 元/t 磷，即低 30%。

如果高炉操作不当，或是小高炉热损失过大，则在电价 0.08 元/(kW · h)、入炉焦价 130 元/t 的条件下，只要入炉焦比在 9 t 以下仍可与电炉竞争。入炉焦价 150 元/t 时，高炉焦比必须在 8 t 以下。所以地方要建小高炉制磷的话，必须建在焦炭便宜的地区。

3.4 电炉法主要操作及控制参数的说明

电炉生产工艺操作流程即所谓“一炉三个塔”，一般分为配料、电炉操作、除尘、磷的冷凝和粗磷的精制五个部分，如图 3-20 所示。从配料仓底部将磷矿石、硅石、焦炭按一定的配料比例（一般先放入焦炭，然后加硅石，最后加磷矿石）放入可以称量的电动小车的料斗内，开动配料车将混合料运到混料皮带，并打入单轨吊车的料桶内，借此直接加入炉顶料柜内，并经料管连续加入电炉内，三种物料自配料仓放出至进入电炉经过数次转运达到混合的目的。

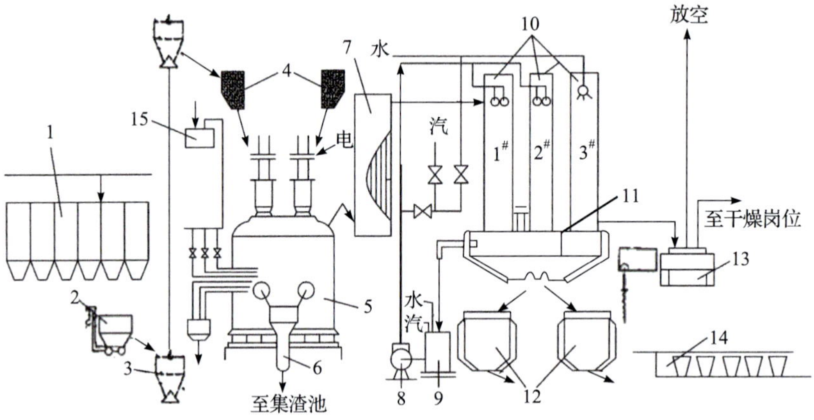

图 3-20　电炉操作工艺流程

1. 小料仓；2. 配料车；3. 料桶；4. 料柜；5. 电炉；6. 排渣道；7. 除尘器；8. 循环泵；9. 热水槽；10. 冷凝塔；11. 集中槽；12. 精制锅；13. 总水封；14. 冷凝池；15. 高位槽

外来高压电经电炉变压器降为低压电，经铝排、软母线、铜瓦和电极导入炉内。对于本流程所述 2000 kW 电炉，电炉外径 5400 mm，电炉内径 3600 mm，电炉高 2550 mm。电流由电极导入炉内，借炉料本身的电阻和电极间产生电弧火花的形式转变为热能，使炉料熔化，并进行化学反应。电炉的操作条件可借电极的升降或借助于变更变压器的级数以改变电压的方法来控制。

炉料在电炉内经加热熔融，发生还原反应生成磷蒸气、一氧化碳、炉渣和磷铁。含磷炉气经导气管、除尘器进入三个串联的冷凝塔（直径 1 m，高 6 m），塔顶各有一排喷头。$1^{\#}$和 $2^{\#}$塔喷淋 60～70℃的热水（由循环泵打入），$3^{\#}$塔用冷水喷淋以控制电炉炉气磷含量小于 1 g/m^3，使磷蒸气被冷凝为液体黄磷，并与粉尘一起随水落入塔底集中槽。污水经热水槽至污水处理池。沉于集中槽底部含有粉尘的粗磷定期放入一次精制锅，用夹套蒸汽进行保温（60～80℃），使其静置分离。再用热水槽的热水将其压入二次精制锅中，用直接蒸汽加热 1.5～2 h 后在热水池（60～80℃）中保温使其再次静置分离。合格的液态黄磷放入成型桶进行冷却，并按规定质量进行包装。桶中应充满水使磷与空气隔绝。

精制锅内上层的磷泥抽出后和热水槽放出的磷泥以及沉淀池明沟捞起的磷泥（磷含量达 50%以上，以干基计）合并一起进行处理。

从冷凝塔出来的气体经总水封分成三路：一路去蒸磷岗位；一路去原料工段干燥岗位；一路是在不用时作为放空。

黄磷炉内的化学反应除生成元素磷和一氧化碳外，炉料中的氧化铁经还原后与磷结合生成磷铁。炉料中 SiO_2、CaO、Ae_2O_3 等杂质则成为炉渣。炉渣每 4 h 从排渣口排出一次，磷铁每天从铁口排放一次。排铁时，为避免熔融磷铁遇水爆炸，必须避免磷铁遇水。液态炉渣由渣道流入渣槽，经高压水淬后流入渣池。排渣水经下水道排出，粒状炉渣则由电动抓斗抓至渣斗由汽车运走。磷铁排入砂坑冷却后回收。其操作流程如图 3-20 所示。

如采用水冷夹套排渣口，则水冷夹套中使用的冷却水均系工业用水。为节约用水，可将经热交换后的水供冲渣水泵使用。为了防止因停电、停水而导致大套、小套及导向板的冷却水中断，应备有高位储水缸和备用水系。水冷夹套的操作条件可参考表 3-29。

表 3-29　水冷夹套的操作条件　（单位：℃）

时间	大套		小套		导向板	
	进口	出口	进口	出口	进口	出口
出渣时	8	15	8	18	8	20
非出渣时	8	10	8	9	8	8

估计总的冷却水量，在出渣时为 8～9 t/h。生成 1 t 成品磷所消耗的物料和能量及所得副产品和原料的数量，随原料的组成、炉子功率等因素不同而差异较大。经统计，国内中小型制磷电炉的消耗一般为（以 1 t 黄磷计）：

磷矿石：8.5～9 t

焦炭：1.5～1.8 t

硅石：5～1.8 t

电极：15～30 kg

磷泥：0.1～0.15 t

磷钛：0.1～0.4 t

炉渣：8～10 t

炉气：2500～3000m^3（标态）

电炉用电：14000～17000 kW·h

3.4.1　电炉制磷的工艺技术特点

制磷电炉看似简单，与一台冶金矿热炉的工艺流程和（前半部分）操作几乎相同，但它具有易燃、易爆、有毒和腐蚀介质接触的特殊环境；处在高温、低电压、大电流，并伴有激烈化学反应的特殊条件下，是典型的集化工、热工、电工于一体的生产装置。因此，制磷电炉无论是从结构还是在操作控制上都具有独特性，可以认为它是介于冶金与化工之间的综合体系。一台制磷电炉兼具以下多种功能。

1. 制磷电炉是一个复杂的化学反应器

制磷电炉是一个复杂的气液固三相化学反应器，也可认为是一个气体发生器，这是因为加入炉内的物料经化学反应后约20%转变为气体。生产黄磷所用的原料——磷矿石、焦炭、硅石经料管连续不断向炉内加入并预热、熔化；电极将电能输入并转变为热能，以保证磷酸盐与碳的化学还原反应所需的热量。除了主反应的发生，还有很多其他化学反应也在发生。从目前的科学研究及测试手段推导，能说清楚的就有 20 多个化学反应。与合成 NH_3 生产相比，转化造气、变换、合成塔内的化学反应理论上都是一清二楚，同是化工生产，它们之间在本质上存在很大差别。黄磷生产的主要化学还原反应式如下：

$$Ca_3(PO_4)_2 + 2SiO_2 + 5C \longrightarrow P_2 + 5CO + (CaO)_3 \cdot (SiO_2)_2 - 1544.5\ kJ$$

由上式计算，生成 1×10^6 g 磷的理论电耗为

$$(2\times1544.5 - 224.4)\times1\times10^6 \div (4\times30.97\times3600) \approx 6420(kW\cdot h)$$

式中，224.4 kJ 为 $P_2 \longrightarrow P_4$ 的生成热。

从上式可知，理论电耗远远低于实际电耗[14000 kW·h左右（每吨P_4消耗）]。这主要是因为磷矿石中含有各种不同的其他杂质，在磷酸盐化学还原反应过程中还存在着不同的副反应和次级反应，消耗了一定的热能；加之这些副反应和次级反应并不是恒定的，它和制磷电炉的操作控制、工艺条件差异、配料配比等有直接关系。即便是以制磷电炉做试验所取得的数据也很难将其解释清楚。加上不少杂质含量很低，又缺乏必要的试验和数据，这些杂质引起的副反应、次级反应是在主反应之前、之后或是同时发生都很难确定，所以说制磷电炉是一个极其复杂的多相化学反应器。

2. 制磷电炉是一个分离器

炉料中的 Fe_2O_3 在 730℃下被碳还原成 Fe，并和上升的磷蒸气接触生成 Fe_2P ，磷铁如果没有落入熔池是很难分离的。它生成在半熔融层之上，影响干扰炉内电流回路和透气性。如前面所述，炉内熔融料中 P_2O_5 经还原后升华为磷蒸气，随同反应中所产生的 CO、CO_2、SiF_4 等气体、物质携带着大量热量逸出，自身的热量逐步传导给下移的炉料。炉气与生料层之间既起到了热交换的作用，又使随炉气上升的粉尘在通过生料层时得到初步过滤、分离（除尘作用）。

生成的 Fe_2P 由于密度大，最终沉积于炉底，反应后的残余炉渣（主要成分为 $CaSiO_3$、GaF_2 等物质），未消耗完的富积焦炭（或大粒度焦炭）通过排渣、铁口定期排出，整个制磷电炉的生产过程就形成了一个连续不断的化学还原反应，连续不断的气体、炉渣分离。因此，制磷电炉是一个反应产物的初级分离器。

3. 制磷电炉是一个电能转换热能的转换器

制磷电炉的电气特点是变压器、短网结构和制磷电炉本体系三位一体的有机组合，热能消耗大，变压器长期处于满负荷运行，炉料的阻抗随炉料熔化程度变化而发生变化，使得控制变得十分不易。因此，制磷电炉和炉料必须符合电气特性方面的电学原理要求，即炉料应具有一定的导电性和电阻率。炉料是由合格磷矿石、焦炭、硅石按一定配比混合入炉。据有关资料介绍，在 1100℃时纤维磷灰石的电阻率为 $12 \times 10^6\ \Omega \cdot cm$，磷灰石・霞石的电阻率为 $4\times10^6 \sim 5\times10^6\ \Omega \cdot cm$，常温下该矿的电阻率为 $10\times10^6\ \Omega \cdot cm$。由此可见，制磷电炉中的炉料电阻率还和炉料温度有关，当炉料在 1200℃以下时是不导电的，具备了可靠的电气绝缘性能，可使炉膛内在充满炉料的情况下，电能转换成热能的电路通道畅通。同时，被加热的物料（焦炭）本身是发热体，电流通过炉料形成的电阻热将电能转换成热能，使熔池内热量充足，这是制磷电炉得以正常运行的重要理论依据。因此说制磷电炉是一个电能转换成热能的转换器。

4. 制磷电炉是一个热工设备

为了使制磷电炉有较高的热效率，要求制磷电炉结构和炉料性能满足热工方面的要求，尽可能提高电炉热效率。例如，在操作中要尽可能降低随炉渣、磷铁带走的热量，减少炉内发生副反应而消耗的热量，以及降低炉壳、二次短网等的热损失。另外，从炉气和炉料充分热交换角度考虑，要求炉内生料层有足够的厚度（设计时炉体的几何尺寸选择合理），降低炉料中的 H_2O 和细粉含量，避免炉内结拱，确保炉气量排出均匀。因此，保证制磷电炉内外温度分布和热量分配合理是提高电炉热效率，满足热工设备的必要条件。

5. 制磷电炉与炼钢电弧炉及矿热炉的区别

炼钢电弧炉的供能特点是电极引进的电流与钢材作用形成电弧柱，电弧柱产生的高温将钢材熔化，冶炼的生产过程为间歇式，周期短，并伴有倾斜动作。此种方法电极不插入炉内料层，散热条件好，无外力冲击，熔池可以一目了然。

冶炼铁合金矿热炉为连续生产，多为大型电炉，加热方式为复合加热，电弧和电阻加热各半（非正常时有出入），通常情况下电极也埋入炉内料层之中，但插入深度很浅。例如，SiFe 炉仅在 1～1.5 m，并且电炉多为敞开式，容易观察炉内熔池形成状况和电极工作情况。

制磷电炉的结构特点是密闭式，产品是靠炉内升华的磷蒸气冷凝精制而成，因而整个系统必须是密闭的，所以又称为密闭炉。而矿热炉的产品则是从炉眼排出（相当于制磷电炉收集副产品磷铁），最终产品的获得方式和制磷电炉恰恰相反。另外，制磷电炉电极深插炉料熔融层（熔池），无法观察炉内的熔池形成和电极工作状况，现在的多电极制磷电炉，炉内的电极长达 5 m 左右，为矿热炉的 3 倍以上。

另外，制磷电炉为电阻炉，而炼钢炉为电弧炉。图 3-21 和图 3-22 分别是制磷电炉和炼钢电炉的电流波形曲线。

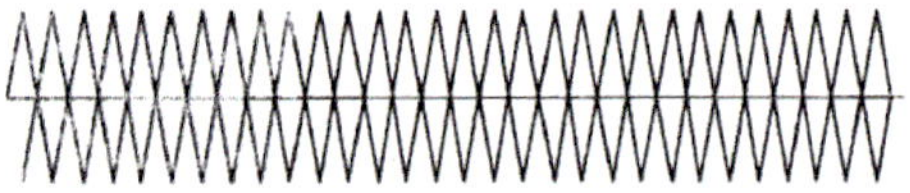

图 3-21　制磷电炉电流波形曲线

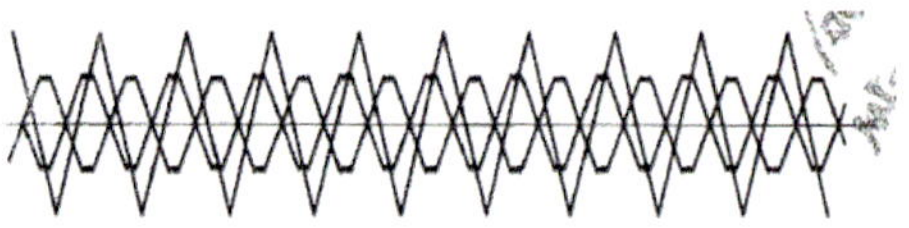

图 3-22　炼钢电炉电流波形曲线

从图 3-21 可以看出，制磷电炉的电流波形曲线基本上是正弦曲线，而炼钢电炉（图 3-22）测出的电流波形曲线存在着高次谐波。根据电学原理，电流波形呈正弦曲线是以电阻热为主的电炉；而存在着高次谐波的电流波形曲线是以电弧热为主的电炉。

正常生产的制磷电炉，电流控制一般比较平稳，其主要原因是入炉物料组分稳定，电阻值相对恒定，制磷电炉的电热机理是以电阻热为主，其电流必然稳定。倘若二次侧电压选择不适宜，当操作电压超过了优化电压值的范围时，则电弧热的比例加大，表现在操作控制上是电极电流波动大，升降电极频繁，炉况不易调整控制。又如，电石、铁合金以及炼钢电炉，它们的共同特点是电流波动都很大，调整电流平稳就成了主要的操作控制手段。从分类讲，它们都属于电弧炉，故从电流稳定条件看，也可以认为制磷电炉是以电阻热为主的电炉。

然而，制磷电炉虽然是以电阻热为主，但并不是炉内就不存在电弧的产生。炉内物料中焦炭与焦炭的接触，电极与物料之间的滑动、接触（表现在塌料之前的电流波动），电极端头的电弧段同样存在轻微的电弧产生，只不过这些电弧在整个热量产生的过程中所占比例很小。所以，我们说制磷电炉是以电阻热为主的电阻（电弧）炉，这也是制磷电炉和炼钢电弧炉及矿热炉的主要区别之一。

3.4.2　工艺操作的要点

在制磷电炉操作中，电压的波动对功率的影响不大，电炉的负荷可以用电流的大小来表示输入炉内功率的大小。电流的大小是借助电极升降进行调节，欲增电流，将电极下降；欲减电流，则上升电极。对于电极位置的升降，炉内所有电极端头在同一平面做功有利于良好熔池的形成。由于每根电极电流的高低受炉料及熔池电阻大小的影响而需要随时调整，因此电极经常处于活动状态。其活动的范围和时间是每一个出渣周期，出渣后电极位置最好下降 800 mm 左右，最多不超过 1000 mm，最少不小于 600 mm；而每小时上升的幅度在 150 mm 左右（对于 10000 t/a 多电极制磷电炉而言），炉况操作好坏的标准以每次出渣后的电极位置回到上次出渣后的位置，所有电极都能降到位（出渣后电极位置平衡）为最合适。

1. 正常操作及条件控制

（1）配电

由于控制三相电流和电极在炉内的活动范围，对电炉操作影响很大，因此应力求平衡，以充分发挥电炉的生产能力。为此，要求配电人员每小时测定一次电极位置，以便掌握电极升降情况。若出现电极位置不正常，必须找出原因。通常是三种物料混合不均匀，炉料配合比例不适当等，使炉内反应不正常。此时应立即采取措施。对于电极位置的升降，从理论上希望三相电极端能在同一平面做功。但是实际执行中，靠近两个排渣口的两个电极端在同一平面做功就算满意了。其活动范围是每一个出渣周期，电极位置最好下降 250～400 mm，每小时上升的幅度最好在 50～80 mm。并且，以每次出渣后的电极位置回到前次出渣后的位置或稍低些为好。在操作过程中，应保持料管和所有导气管通畅，确保系统压力在 5～15 mmH_2O($1\ mmH_2O = 9.80665\ Pa$)。如太高，则可能是因为炉料中粉尘多、水分含量高，而造成导气管堵塞或者是喷淋水温度低，喷淋水量过大而导致溢流管堵塞，槽中液位上升，增加气体通过的阻力等。

必须密切注意变压器运行情况，如有不正常，立即找出原因并加以排除，油温不得超过 80℃，铁芯温度不得超过 104℃。

生产中如欲停电数分钟，则送电时先将电极适当提起一点，待送电完毕后，再将电极慢慢下降使电流恢复正常。

如果电极接头连接得不好，尤其是电极电流密度很大时，在接头处的电阻往往是最大的，因而有可能引起强烈的氧化作用。电极发生严重的氧化时，质变脆，强度减弱，有造成电极折断的可能。遇到这种情况，可考虑采用下列两个方法补救：①调节电极电流，使被氧化的一相带有较少量的电负荷；②在被氧化的电极附近添加由磷矿石和硅石组成的特殊料，使电极向炉内钻进，把接头引至水封内罩以下，防止与空气接触而进一步氧化。

（2）电极夹头移位（俗称倒卡子）

在正常操作过程中，随着炉内化学反应的进行，电极逐渐消耗，电极夹头也慢慢地接近电极水封。当电极夹头在出渣前距水封不足 700 mm 时，必须将电极夹头向上移动。这种操作称为电极夹头移位。为了防止事故的发生，执行这一操作时必须停电进行。停电时间的长短与操作熟练程度有关，一般是 2～5 min。操作时，先将电极夹头稍许松开，然后上提 150～250 mm，再将其夹紧即可送电。

（3）上电极

当电极夹头靠近电极上端不足 200 mm 时，要加接一根新电极。这一操作称为上电极。上电极时先将铁制丝扣拧紧于新电极的一端，然后用吊车或手动葫芦将电极吊起并移至电极孔处慢慢下降。再停电将原有电极上端接触面和丝孔中灰尘吹干净，将石墨丝箔拧入，当丝扣露出部分是原高度的一半时（一般为 155 mm），再把新电极放下，使其上下对正，然后慢慢转动新电极，同时将该电极缓慢下降，直至两根电极端面接触无缝为止。经检查无问题后即可送电。这一操作一般需停电 7～8 min。由于电极接头处的强度比电极本身低，如电极拧得不紧将会产生较大的接触电阻，甚至引起电极折断，因此上电极时一定要拧紧。

（4）排渣及排放磷铁（俗称出渣）

炉渣和磷铁周期性地排出炉外，周期的长短视电炉负荷大小来决定。以 2000 kV · A 电炉为例，每 4 h 排渣一次，磷铁则每天放一次。出渣前必须调试冲渣水泵，然后清理排渣口，并用 45 # 圆钢制成的钎子打入排渣口，若排渣口被凝固炉渣或凝固磷铁堵塞，钎子打不进或因其他原因钢钎打进但渣子仍不流出来时，可用氧气烧穿排渣口。为延长水冷夹套的使用寿命，如用水冷夹套出渣时十分困难，每次基本都用氧烧时，为了避免将小套烧坏，可从铁口出渣。有时铁口放铁以后，由于炉内渣和铁基本都被排尽，下次在水冷夹套排渣口出渣就势必困难些。此时，需适当延长出渣间隔时间，以增加炉内熔融层高度，情况会有好转。

待炉渣流出后，即可启动冲渣水泵。熔融炉渣经排渣通道流入 V 型槽，立即被水淬成细小颗粒，随水冲入集渣池，水淬后的炉渣用电动抓斗送入贮斗运出。

所谓水淬即高温熔料被高压水骤冷的过程，水淬水压和水量的选择与熔料流动性有很大关系。对于制磷电炉而言，通常采用的水压为 3～5 kg/cm^2，渣水比为(1∶6)～(1∶7)。常用的冲渣水泵是离心泵（55 kW），见表 3-30。

表 3-30　几种离心泵规格

型号	流量/（m^3/h）	扬程/m	电机功率/kW	转速/（r/min）
10SH9A	468	30.5	55	1450
8SH9A	210	46	55	2930
8 K_{12}	220～340	25.4～32	40	1478

出渣结束时，用适当粗细的堵眼木堵住排渣口，并在外面用黄泥封口。

排放磷铁一般和排渣同时进行。磷铁较渣子重，沉于磷铁坑。堵完堵口后，可打开磷铁坑下部小孔，让磷铁流入砂坑冷凝回收。

2. 停电与送电

电炉因计划检修、辅助设备发生故障或外部原因需要短期或长期切断电源的操作，称为停电。根据停电时间的长短，可按以下规定进行操作。

（1）停电时间在 4 h 以内的操作

1）保持电极原位置不动。

2）保持电炉内有 0.5～1 h 的渣量。

3）关闭电极水封的水源，并检查是否漏水。

4）停电后待 CO 火焰稍弱时，闸死放空管闸板，并通知精制岗位停止喷淋。

（2）停电时间在 4～10 h 的操作

1）保持炉内有 1～2 h 的渣量。

2）关闭电极水封的水源，电极水封不得漏水。

3）停电后先将三相电极各下降 150 mm 左右。

4）待 CO 火焰微弱时，封死总水封，通知精制岗位停止喷淋。

（3）停电时间在 10～24 h 的操作

停电时间过长，将使炉内炉渣温度下降，可能造成炉渣凝固影响送电。故停电前必须停止下料，送电电流通常适当大些，以使炉底温度上升。

1）停电前 1 h 把料管闸死，停止下料。

2）炉内保持有 1～2 h 的渣量。

3）停电后，先将三相电极各下降 150 mm 左右。

4）关闭电极水封水源，电极水封不得漏水。

5）待放空管 CO 火焰微弱时，封死总水封，通知精制岗位停止喷淋。

6）有条件可中途送电一次。

（4）长期停电操作

1）停炉前3～5天改变配比，适当增加硅石，减少焦炭，以减少炉内挂料。

2）提前16 h停止加料，待炉料下至原料柜喇叭处时闸死下料管。

3）当炉气温度达800℃时，注意炉气出口管是否有发红现象。如发现发红，则立即停电，排尽炉渣。

4）将电极提升至生料层。

5）通知精制岗位，停止喷淋，通入蒸汽排出CO。一天后可打开盲板，关闭蒸汽。

6）关死冲渣水泵进出口阀，3～5天后关闭水冷夹套水源。

（5）事故停电操作

如遇紧急事故，可利用装置在操作台上的急停按钮进行停电，再采取有关措施，如炉内渣量不多，应根据具体情况处理。

除第一次开炉送电外，均属中途送电，按其操作情况可分为：正常送电和不正常送电两种。

1）正常送电。

送电准备工作完毕后，即可送电。必要时，可将三相电极稍微下降一些以检查电极是否被凝固，为防止送电时电流过大，可将电极提升至比原来高一些。如送不上电，则可调低一级电压再行送电，如因停电时间过长送电后无电流指示但电压表上有电压指示时，可慢慢下降电极，电流则逐渐上升。

当炉内有一定压力后，即将总水封中水位逐渐恢复正常，并打开放空闸板，通知精制岗位恢复喷淋。

2）不正常送电（即三相无电流）。

当按正常送电后，虽将电极下降，但电流表上无电流指示，提高二次电压仍无效时，可按不正常送电处理。根据炉内情况及电极位置的不同，处理方法也不相同。

i）电极位置在炉底（一般由于计划检修时间较长，加上水封漏水）时发生无电流事故，则可立即关闭电极水封水源，同时将钢钎从炉眼打入炉内，利用电烧铝排送电后，电流表上有电流指示，表示已接通电流。当取出钢钎后，仍保持有电流即可。这样等待电流逐渐增大，并采取相应措施恢复正常。

ii）电极位置在炉内上部（一般由于出渣时电极升降器出故障或出渣时停动力电）时，发生无电流事故。采用上述方法就不一定有效。此时可由电烧口加入适量焦炭（50～100 kg）或铁屑，联通各电极如若无效，则必须先将下料管闸死，然后沿用下列方法进行送电：

a）如果是在电极底下有生料隔断电流，电极下不去时，可以用一根铁棒，由电烧口插入炉内，使铁棒差不多与电极接触，从而使其与导电的炉底相接触。电流从电极经过铁棒到电极炉底，由于铁棒的熔融，形成一个通路，随着熔融物数量的增加，电流则逐渐增大直到恢复正常。

b）采用辅助电极法接通电流。此法是用辅助电极由电烧口插入炉内通电，促使三相电极电流提前恢复。

c）采用碳素小电极法接通电流。由于辅助电极法操作中指示的电流不够平稳，波动

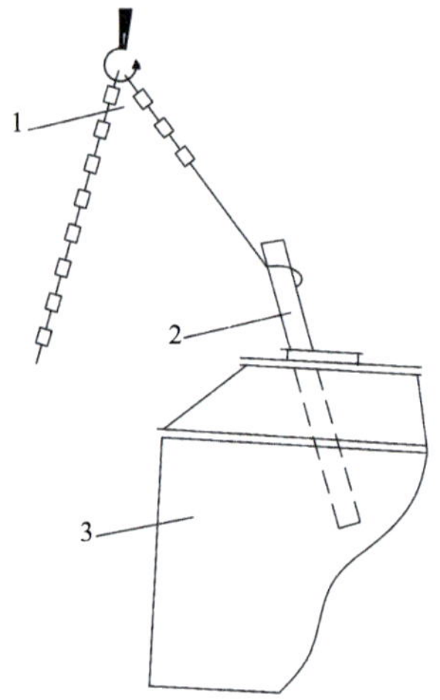

图 3-23　碳素小电极法

1. 倒链；2. 碳素电极；3. 电炉

大，而且所用圆钢由于强大电流的通过很容易烧断，影响操作的连续性，大大增加了工作量，因此不少单位改用 150 mm、长 1800 mm 的小电极代替圆钢和电极丝扣。操作布置如图 3-23 所示。小电极的一端插入炉内，用以产生连续电弧，另一端用倒链吊起，用以控制小电极在炉内的插入深度。这种方法的优点是产生的电流大而且稳定，具有连续性，大大缩短了送电时间，而且操作人员只要稍许扶着电极即可。

显然，操作人员均应佩戴好劳保用品，如穿干燥胶鞋、戴石棉手套、戴有色眼镜等。

3. 开炉

新建或大修完毕的电炉投产之前，要根据电炉砌筑材料和炉衬更换的情况进行烘炉。这是一项重要的工作，对于炉子的使用寿命有很大影响。烘炉子的目的主要有三个：蒸发炉衬及炉盖中的水分，初步烧结砖缝中电极糊以将炭砖联结起来形成一个整体，使炉子慢慢升温为投料作好温度准备。为了达到这些目的，一般要分成木柴烘炉和电烘炉两个阶段。木柴烘炉的优点在于温度上升较慢而均匀，炉内电极糊进一步除去挥发分和初步烧结。

（1）木柴烘炉

木柴烘炉一般在炉盖砌筑完毕后即可进行。木柴烘炉是敞口进行的，并且根据炉衬炉盖修换情况来决定烘炉时间。一般是 7～12 天，时间过长也无实际意义，若时间过短使砖缝电极糊挥发分不能很好地除去，可能造成电烘中挥发分大量逸出影响砖缝质量。

木柴烘炉之前，必须进行电炉本体砌筑情况及辅助设备安装质量的检查，并在排渣口和铁口内安置一段相适应直径的空铁管，防止电极糊流失（如使用水冷夹套排渣口，则大套、小套要预先装入）。所有料管要安装插板，以便于控制温度。导气管大闸板必须闸紧，以免炉气逸入冷凝系统发生爆炸。

由于烘炉时产生的烟气为挥发性碳氢化合物，与空气混合后会成为爆炸性气体，冷空气进入炉内可能导致爆炸。温度控制不当造成排气过猛会影响砖缝质量，因此烘炉时必须注意：

1）木柴烘炉为敞口烘炉，排渣口及铁口要经常保持畅通。

2）按升温曲线进行升温，要稳定控制（测温电偶装于中间料管处）。

3）炉内火焰不得熄灭，以防爆炸。

4）木柴由三个电极孔轮流加入，尽可能不用潮湿木柴，以免引起压力波动。

5）经常观察烟气排出情况。如烟气发黑，则保持排渣通畅；如烟气发黄，则缓慢升温。

木柴烘炉的温度控制一般是通过盖于电极孔上的薄铁板及加入木柴的量并按照升温曲线进行。根据电极糊挥发分逸出速度（表 3-31），500℃时挥发分已大量逸出。

表 3-31　电极糊挥发分逸出速度

温度/℃	200	400	500	600	700	750	850
逸出速度 /(cm^3/h)	50	100	850	450	875	急减	基本烧结

由于木柴烘炉时温度较电烘炉易于控制，所以提高木柴烘炉温度使电极糊在木柴烘炉阶段逸出较多的挥发分，以减少电烘炉阶段挥发分大量逸出而影响砖缝质量。因此，木柴烘炉温度最高可取 500℃。具体升温速度一般为

温度控制	升温速度	时间
在小于 150℃之前	上升(10 ± 5)℃/h	13 h
维持 150℃		48 h
150～350℃	上升10℃/h	20 h
维持 350℃		72 h
350～500℃	上升 5℃/h	30 h
维持 500℃		96 h
500～350℃	下降15℃/h	10 h
350～150℃	下降10℃ / h	20 h
150℃至室温	自然冷却	

根据烘炉的实际操作，低温阶段，温度波动较大，不易控制。所以在 150℃以下时的升温速度取(10 ± 5)℃。

如炉衬是部分更换，则可相应缩短保温时间。通常木柴烘炉需木柴约 20 t。

（2）电烘炉及系统开车

木柴烘炉结束，即可着手通电烘炉，这部分操作目前均趋向于闭口烘炉，即在电烘炉前上好电极及水封，关死下料管闭口，堵好排渣口和铁口，使电炉与精制系统成通路。

在电烘炉即将开始时，首先用惰性气体（CO_2或 N_2气）通入炉内以排出电炉内的空气，并仔细检查电炉漏气情况。冷凝系统可通入水蒸气以置换空气，待总水封或炉气出口管处取样分析气体含 O_2 小于 3%～4%时，即可开始送电，此时必须保持炉内正压，待总水封处排出烟气点燃后，可视炉气压力情况停止通入惰性气体，具体操作如下。

1）电烘炉前的准备。

i）木柴烘炉后将炉内柴灰打扫干净，并仔细检查电极糊烧结和流失情况，如有流失的地方必须立即修补。在此同时安装好电极水封，要求其绝缘电阻不得小于 0.2 MΩ。

ii）对大修后油开关、变压器、高压母线等试验记录进行审查，看其是否合格。

iii）对所有有关电气设备（低压）进行检查，要求低压设备绝缘电阻不得小于 0.4 MΩ。

iv）排渣口用堵头堵死（水冷夹套排渣口），铁口用焦炭灰（掺加少量黄泥，保持质量比为 3∶1）封孔堵死，外用黄泥封好。炉内铺入焦炭 700～900 kg（炉底耐火砖砌筑时，在三相电极下加炭砖）。为了防止电烘炉时焦炭被电弧打散，可在焦炭周围砌上两层耐火砖。

v）电极升降器运转正常后，上好三相电极，将电极下降到触及炉底焦炭（标上记号），然后将电极提起 150 mm（离炉底）。

vi）检查电极水封、电极夹头等是否漏水，并用电焊机试验时不得打火花。如用水冷

夹套排渣口时，必须打开小套冷却水进行冷却。

vii）闸死所有下料管，按配比要求将料柜配满料。

viii）保持电炉到精制总水封为一通路，将总水封封死，放磷阀关死并将受磷槽、搪瓷锅加满水保温至 60～80℃。

ix）检查测温仪表等是否灵敏。

x）惰性气体是否够用，并取样分析，证明确为 CO_2 或 N_2，且其中含氧量应小于 2%。

2）通电烘炉。

经检查合格后，自加料斜管通入惰性气体。待总水封处取样分析，气体含氧量小于 4%时即可送电。电烘炉时最好采用最低一级电压，功率也要慢慢增加。当电压表有电压指示后将二相电极慢慢下降，使与焦炭接触通电，有电流指示后再降三相电极。在送电过程中，可用二相或三相同时送电，但必须保持炉内温度均匀上升，促使电极糊挥发分缓慢逸出。通电烘炉，应尽量避免停电，以免冷空气进入系统发生爆炸，若温度上升很快，为防止温度过高，引起炭砖发生氧化或使炉壁胀裂，导致投产后熔融磷铁进入裂缝而影响电炉寿命，可采用二相送电或停电，如有必要可通入惰性气体，以保证系统正压。

电烘炉时间由炉衬修补情况决定，一般为 3～5 天。

具体烘炉速度一般为

有电流指示	24 h（炉气温度不高于 350℃）
10～20 A	48 h
20～40 A	48 h

如炉衬仅部分更换，则可相应缩短电烘炉时间。

电烘炉时必须注意：

i）所有料管、闸板、导气管、拉扒处均用黄泥封死，以防漏气造成负压而发生爆炸。

ii）时刻注意保持系统正压，如发生负压，立即通入惰性气体。

iii）气体由总水封处支管逸出点燃后不得熄灭，并根据系统压力情况调节阀门，以保持系统正压。

iv）电烘炉过程中，受磷槽继续通蒸汽加温至 60～80℃，以免产生负压。

3）系统开车投料。

投料前 1～2 h 将一次电流增至 80～100 A，并按炉气出口温度的变化，决定投料具体时间，以炉气温度不超过 700～800℃为好。投料前打开排渣口大夹套冷却水进行冷却，投料时要按秩序逐根料管交替下料。加料时不可过急，以免造成无电流事故。要注意保持原料柜有一定的炉料，防止气体从料柜冲出。由于最初开炉炉内所用焦炭较多，往往出渣困难，因此最初投的炉料中焦炭用量要少些为好。

在投料过程中 CO 火焰逐渐增大，因此要不断调节系统压力，保持 30～50 mmH_2O，随着炉气压力的继续增大，可将总水封水位调为正常操作液位，最后可关闭支管阀门，打开放空管闸板。在电流稳定和料柜有料的情况下，可以逐根打开料管闸板，直至炉内满料。此时电流可送 120～140 A。投料后约 1 h，待电流和炉气压力稳定后，精制部分开动循环泵，向冷凝塔内喷淋热水。待系统压力稳定后，立即打开喷淋塔冷水，向塔内喷淋。一般在投料后 6～8 h 即可首次出渣（具体时间视电极位置而定）。此时还需要打开水冷夹套排渣口导向槽的冷却水进行冷却。

4. 停炉

在正常情况下，电炉经过较长时间的运转，损坏严重。为恢复其再生产的能力，必须对炉子进行大修或中修，这种停电操作称为停炉。

（1）停炉前的准备

按照各制磷单位的具体情况准备工作略有不同，但大致都包括以下几个内容：首先在停炉前 3～5 天更改炉料配比，焦炭减 2 kg，在停炉前三天焦炭再减 2 kg，以达到减少炉内挂料量的目的（俗称洗炉）。其次在停炉前一天停止加料，待炉料下至料管闸板上 1 m 左右处，闸死料管，并自料柜中向料管内投入适量黄泥，以避免气体逸出，此时继续送电，待炉气温度达 700～800℃时，若导气管发红就立即停电出渣。若估计炉内还有大量熔融料时，可再行送电，进行出渣。这种操作习惯上称为“干崩”。

（2）停电后的操作

经“干崩”炉内熔融料基本排尽即可停炉。停炉后立即将三相电极上提至限位，并在 1～3 天内将三相电极全部取出。为缩短修理时间，可立即进行下电极水封，打开导气管盲板，拆除水冷夹套以及出渣池。精制系统随之通入蒸汽并开始排出系统中 CO 等。在炉内温度下降的情况下开始进行清理“扒炉”。但必须注意，炉内温度的冷却不宜太快，否则容易引起炉衬不必要损坏，造成必须进行大修。

5. 不正常现象及处理

制磷电炉发生的不正常现象类别较多，现在就我们所知道的一些常见的不正常现象及处理方法做简单介绍。

（1）三相无电流

一般是出渣时电极升降器出故障，或升降器无动力电造成电极“跟不上”，也可能是停电时间过长，加上电极水封漏水，或出渣时电极位置已经较低而无法再下降，甚至是电极折断而造成。根据发生事故的原因，其处理方法主要有：

1）发现电极升降器出故障或无动力电时，应立即堵渣。

2）如无法堵渣，可立即停电，同时松电极夹头，让电极下滑，排除故障后再送电。

3）出渣前电极位置必须在 700 mm 以上，否则必须倒卡子。

4）尽量缩短停电时间，停电前检查电极水封是否漏水。如水封漏水严重，必须更换水封以免导致大量水进入炉子内，严重时会产生爆炸事故。

5）按不正常送电程序处理。

（2）一相无电流

一般是出渣时电极位置太低，无法再下降或电极折断而造成，也可能是出渣时电极升降器出故障或升降器无动力电而造成的，有可能是生料进入电极下面切断电路，也有可能是电极水封漏水造成，其处理方法主要有：

1）无电流的一相电极附近的料管要闸死，停止下料。

2）有条件的可以提高二次电压，连续二相送电，等待来电。

3）如发现一相无电流，必须立即堵渣或停电，松开该相电极夹头，让电极下滑，然后送电。

4）根据电极折断情况进行抢修。

（3）电极折断

电极折断的原因很多，一般是下料管下料不均匀，导致电极侧面压力不等，电极歪斜又不及时处理产生应力折断，也可能由于电极质量不好或电极接头未上紧，产生高温造成折断。此外，电极升降器三脚架不平衡以及炉内悬料突然下塌均可能引起电极折断。其处理办法主要有：

1）控制好料管，保持下料均匀。

2）根据折断情况进行处理。在将电极上部吊走后，如断面处属电极丝扣就可设法下掉剩下的半节丝扣，再安上新丝扣，重新安装电极水封，加上新电极。但如断面处不在电极接头处（这种情况较少见）又无法加接新电极时，可用钢丝绳将炉内断电极全部拔起，重新安装电极，再等待来电，或按不正常情况送电。

3）加强对电极、电极丝扣和电极接头处的质量检查。

4）随时检查升降器丝杆的平衡情况。

5）加强原料质量的控制，降低原料水分含量和粉量。

（4）电极水封接地

在操作过程中，由于炉内压力太高，炉气会喷出烧坏电极水封底座的云母垫和云母管，绝缘装置本身绝缘性能下降，还有炉盖太脏、水封法兰处不干净等均有可能导致电极水封接地，水封螺丝打火花。其处理方法主要有：

1）少数螺丝打火花，可以停电后取出，更换云母管、云母垫。

2）多个螺丝打火花则停电更换云母板、螺丝、云母管和云母垫。

3）绝缘装置要达到绝缘要求。

4）水封法兰打扫干净并防止电极水封满水现象。

（5）电极夹头线鼻或电极发红

出现电极夹头或电极局部“发红”应迅速查明原因。当螺丝松脱或接触不良时，必须立即停电，调整铜瓦与电极的接触松紧，并拧紧螺丝，若因二次电压选择不当，则适当调高电压。

（6）出渣困难

造成出渣困难的原因是比较多的，其中主要有：炉内焦炭过多，焦炭粒度大，使电极上移；硅石过多或过少，使炉渣发黏；排渣口没有堵好，也可能因为停电时间长等。其处理方法一般有立即调整配比、降低入炉焦炭粒度以及堵头尽可能堵进小套内（堵前要尽量放出炉眼处积存的焦炭）。

（7）磷铁量突然减少

磷铁量减少的原因绝大部分是原料中含铁量降低、磷铁口上移或者是炉渣发黏。因此，遇到这种现象时，必须了解所用磷矿石中的含铁量，并且出渣时用氧气将铁口烧平，必要时可以用钢筋来回疏通铁口。

（8）水冷夹套排渣口冷却水压力太低

冷却水中断或精制部分用水量太大，造成排渣口冷却水压力太低，此时首先要了解供水变化情况。若是精制部分用水量太大，可以通过协商解决，但如果是冷却水源断水，则可利用高位槽供水，当断水时间较长时，可使用备用泵。

（9）出渣时炉渣起泡或排渣口内有水汽和水

这是因为小套漏水或导向槽漏水。此时可以从磷铁口排渣，然后取出小套或导向槽更换。

（10）电极水封处冒火，但出口压力正常

一般是电炉出口管与炉盖处堵塞。此时可迅速捣通，最好在出渣时处理。

（11）炉气出口压力升高，总水封处压力正常

遇此情况，一般是电炉出口至$1^{\#}$塔交叉管或$1^{\#}$塔与$2^{\#}$塔的交叉管堵塞，也可能是$3^{\#}$塔出口管堵塞，少数情况是因为集中槽内液位太高。这时如交叉管堵塞可以用人工疏通，也可以用蒸汽冲刷。如集中槽液面升高，可疏通集中槽溢流管以降低液位，也可减少喷淋水量。

（12）总水封处压力升高

出现这种现象，较大的可能性是水封内积磷，放空管堵塞或者是水封内液面太高。处理方法是加温抽磷，用蒸汽冲刷，降低水位来排除压力。

（13）炉壁发红

制磷电炉是连续运转的设备，长时间经受着反应所需要的高温和生成的炉渣的腐蚀，沉积在炉底的磷铁具有较高的熔融温度，进一步加重了这个区域中炉衬遭受腐蚀的严重性。加上电炉操作反应条件的改变，如局部缺炭、加大负荷等加深了对炉衬薄弱点的侵蚀。特别是在出渣困难时，需要用氧气烧，必将加速炉门炭砖的氧化作用，因此出现炉壁发红（俗称热点）。其中由于磷铁及炉壳的不断冲刷，出铁口处更容易发生这种现象。

发现炉壁出现热点时，就反映该处炉衬已严重腐蚀，熔化了的炉渣和磷铁使炉壳过热，此时必须立即采取措施，防止烧穿。除加强观察外，可以降低电炉负荷，促使炉壁冷却和磷铁凝固；可以将配料比例作适当调整，如增加焦炭或在该处加入由焦炭和磷矿石组成的特殊料使电极上移，让被损坏的炉衬冷却，增加炉内挂料量，保护炉衬。

在水冷表面出现热点时（一般较少见）可加大冷却水量和降低电炉负荷。

经过处理，仍无好转，出现炉壁烧穿、电炉漏料时（即熔融的磷铁和炉渣自电炉内流出）必须立即停电抢修。假如炉壳烧穿的洞不大，一般情况下，炉衬还是好的（这种情况是多数）可以灌入电极糊填补并在孔洞处补焊一块挡板，继续送电。

3.5 制磷电炉重大事故分析及处理

3.5.1 电极折断的成因及影响因素

电极折断是黄磷生产中的重大事故，断一根电极的处理少则半天，多则数天，直接经济损失巨大。而且打捞电极环境恶劣，劳动强度大，生产恢复期加不上负荷，产量降低，消耗上升，增加员工的心理负担和压力，使人疲惫不堪。减少和杜绝电极折断，从某种意义上讲是制磷工厂最大的节能降耗。

1. 炉内电极折断的成因及受力分析

正常情况下，炉内电极的垂直平衡主要受下料的均匀性所产生的横向力的影响，如图 3-24 所示。当炉内充满炉料时，电极各方向的作用力 P 相互基本平衡，电极在炉内的位置不偏不斜是垂直的。稍有差异，只要这个力不超过电极的抗折强度，电极只会歪斜，不会折断。而当某一个方向的作用力发生大的改变，这种力的平衡状态也将被打破，力大的一方将向力小的一方产生推力或剪切力，当这个力超过电极自身的承受力（机械抗折强度）时，电极就会折断。

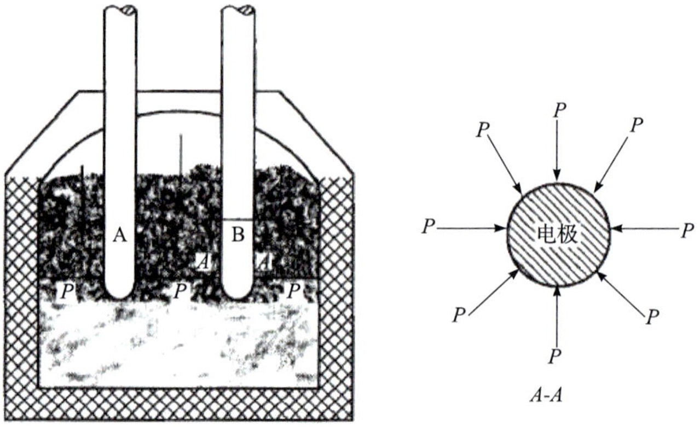

图 3-24 炉内电极受力示意图

因此，保持炉料各方向的作用力平衡是电极不折断的关键。制磷电炉是一个连续不断生产的反应器，随时处在一种动态平衡的环境中。要保持各方向的作用力平衡，必须使炉内的炉料缓慢均衡地下移进入各料层直至熔池。如果电极熔池不能良好形成并相互连成一个整体，或者说电极熔池在炉内高低不平，炉料的下降就不能达到均衡下移的效果，实际上就等于改变了某个方向对电极的作用力，破坏了电极在炉内的受力平衡。因此，在电极折断的多米诺骨牌效应中，熔池遭到破坏往往是倒下的第一块骨牌。

通过炉内电极受力情况的分析研究，找到了电极折断的成因和影响因素。得出的结论是电炉熔池良好形成是保证炉料缓慢、均匀下移，电极受力平衡的前提条件；而电极位置平衡又是影响、决定形成良好熔池的主要因素和必备条件。这就是在操作控制中强调以调整电极位置平衡为原则的“电极、电流协调操作法”的理论依据。

2. 影响电极折断的其他因素

电极折断的影响因素是一个相当复杂的问题，它与很多非正常的操作、落后的管理理念及炉料质量波动等有着密切的关系。例如，炉顶料仓出现空料后又突然供料，由于料仓通过料管到炉内料面有相当的高度，固体物料以自由落体形成的料流大量涌入炉内，对电极产生强大的冲击力而导致电极折断。因此在任何情况下都应保持炉顶料仓料位在一半以上（料仓空还有 CO 中毒的危险），保证下料管充满物料，减少和杜绝炉料对电极产生非正常的冲击力。

入炉物料的水分、灰粉过多，长时间得不到改善，在炉内形成大的硬壳结拱，当结拱承受不了硬壳上面物料的质量时形成大塌料，物料落入洞穴形成的强大冲击力也能导致电极折断。保证入炉物料的质量标准同样是减少和杜绝电极折断的条件。

断电极一般在出渣过程中发生的概率比较高，因此在出渣前最好对所有的料管进行必要的调整，不要大幅度活动电极，减少因出渣形成的塌料对电极的损伤。若在出渣过程中出现电极严重偏斜，应立即堵渣，防止电极进一步歪斜导致折断。断电极的影响因素很多，没有一成不变的，处理的方法也很多，只要根据电极的受力原理认真分析，综合考虑，是可以减少和杜绝断电极事故的发生。

3.5.2 炉气温度高、导气管烧红

炉气温度习惯称为导气管温度（实际上有一定差别）。由于设计炉型和取样点不同，各台制磷电炉的导气管温度正常指标显示并不相同。但对于黄磷生产来说，导气管温度是一项重要的工艺控制指标，它对于炉况好坏的反应非常灵敏，生产中将它比喻是预报炉况好坏的“晴雨表”。

1. 导气管温度高的分析处理

导气管温度升高的成因不同，处理的方法也就不同。在堵料管或塌料后，该点温度都会有不同程度的上升，这在可控范围内不用担心。

在正常生产中，如果导气管温度超过正常指标一直在缓慢上升，没有下降的趋势，并且炉底、炉壁温度也随之下降，出渣后电极降不到位，说明电极上抬，熔池上移，过滤层减薄，热交换效果不好，引起导气管温度升高。处理的办法是严格控制焦炭质量、调整配比、降低挡位，排渣时多通过渣口将炉内剩余焦炭尽量排出炉外。

如果导气管温度是在短时间（10～20 min）内突然升高几十摄氏度，而炉底、炉壁温度没有波动，显示正常，炉况又没有其他异常现象，这极有可能是系统的压力下降短时形成负压。此种情况多半出现在错让峰、加减负荷和短时开停车过程中，只要及时调整系统压力，恢复炉内的微正压，检查电极密封是否严实，即可恢复正常。但此种情况形成负压吸入空气，烧磷是看不见摸不着的磷损失，千万不可马虎大意、掉以轻心，必须引起高度重视，保证炉内随时处于微正压操作环境。

2. 导气管烧红案例分析处理

导气管烧红有几种原因：熔池上移和做功位置错乱。熔池上移没有理论依据，做功位置错乱也就是局部形成短路，有时也会出现炉壳外壁发红的现象，停炉冷却后喷水照样运行，但在导气管形成短路的可能性很小。

导气管烧红并不是常见的事故，只是偶尔碰到过，事后分析原因主要是长时间负压操作。有的制磷厂为了防止电极密封处（水封或干封）喷火，减少烟雾，炉内的微正压控制得很低，加上系统没有压力监控，如果系统负荷波动大，或尾气用量时多时少，电极密封处或底座出现漏风，稍有疏忽大意，炉内容易形成负压，空气入炉和磷蒸气发生如下氧化反应：

$$2P_2 + 5O_2 \longrightarrow P_4O_{10} + Q$$

$$2CO + O_2 \longrightarrow 2CO_2 + Q$$

从上式可见，该反应是一个体积缩小的放热反应，它不会导致压力升高而产生爆炸，故而有很大的隐蔽性和麻痹性。如果发现不及时，该反应的连续进行可使炉内的负压越来越高，放出热量越来越多，反应越来越激烈，燃烧 1 kg 磷相当于放出 24335 kJ 热量，恶性循环产生的大量热量能使导气管在不长的时间内烧红。处理的方法是在日常生产中要加强必要的系统压力监测，提高操作管理人员分析解决问题的综合能力，类似的事故出现千万不要直接喷水冷却，否则对设备的损伤很大。

3.5.3 电极断电流或者过载

炉内形成电流回路电极才会有电流，这是电学的基本原理。前面已经讲过，电极有电流的必备条件有三，缺一不可：其一是炉料中要有导体，其二是要有充足的热量，其三是电极端头距熔池的距离合适。三种情况都可以在生产中找到实例加以证明。

炉料中都按比例配有焦炭，第一个条件是随时满足的；在出渣过程中电极已降到位突然塌料电极断电流，此时就属于热量突然下降电阻增大所致，也就是没有达到充足热量的条件，所以断电流；断电极处理后电极的插入深度距熔池太远，没有满足电极端头距熔池的合适距离，所以没有电流。此时要想尽一切办法，最大限度地将电极压下去引电流。掌握这些基本原理，处理起电极断电流就容易判断分析清楚以后“对症下药”。

1. 热量突然下降断电流处理

在正常操作中突然塌料电极未跟上出现的断电流主要是热量下降太突然、炉料电阻瞬时增大、导电性能下降形成的。也就是生料将电流隔断了。还有出渣时塌料，电极已经降到位仍无电流都属于此类现象。此时，电极电炉的功率因子 $\cos\varphi$ 首先受到影响，表上显示多半处于超前（即电流超前电压），提电极夹头也无济于事。如果是多电极制磷电炉，可以通过同回路、同相尽量把 $\cos\varphi$ 调整在 0.90 以上，然后将断电流周边的电极电流适当控制高一点，提高熔池的热量，电流很快会恢复，调整好坏的标准是 $\cos\varphi$ 控制的质量如何。

2. 短期、长期停炉后的三相无电流处理

对于三相 3 根电极的小制磷电炉，停炉时如果电极位置未调整好，合闸后恢复开炉时常会碰到三相无电流的情况。此时首先不要着急，注意观察 $\cos\varphi$ 和电压表，如果 $\cos\varphi$ 超前，并有波动，而且电压比正常指标低，说明有感应电，可以先提高挡位，看看电流表和功率表有没有显示，只要有上升的趋势，恢复、引出电流也就没有太大问题。表盘上的 $\cos\varphi$ 反应最为灵敏，其次是电压表，反应最迟钝的是电流表。在合闸后不要仅盯着电流表，如果 $\cos\varphi$、电压表没有一点反应，再采取其他办法引电流，如打钢针等措施。

对于多电极制磷电炉，不管短期还是长期停炉目前都尚未碰到过开炉时所有电极无电流的状况，只要其中某几根电极有电流，恢复生产也就只是时间长短的问题，处理方法同上。

3. 短期、长期停炉后电流过载处理

恢复开炉合闸出现电流过载，主要原因还是停炉时电极位置未调整好，可以将挡位

降至最低再合闸，若还有过载跳闸，对过载的那一相甩相处理。甩相就是将电极铜瓦与电极接触面用木板隔开（不通电），等电极可以活动后再恢复。对于多电极制磷电炉也是如此，谁过载甩谁，若三相都过载，每相甩一根电极，但必须使未甩相的 3 根电极形成连通的电流回路。

3.5.4 炉内电极毁损及分析

每当停炉大修拔出电极后，电极端面有时不大一样。炉型不同，操作管理方法的差异，有的形状更是奇异。利用扒炉的机会认真观察炉内情况，仔细分析研究，可以对生产期间出现的异常现象及无法解释的“悬案”提供科学的分析依据和得出正确的判断结果，是对企业管理质量和水平高低的检验和再提高的必然过程。图 3-25 是三种电极烧损的典型形状。

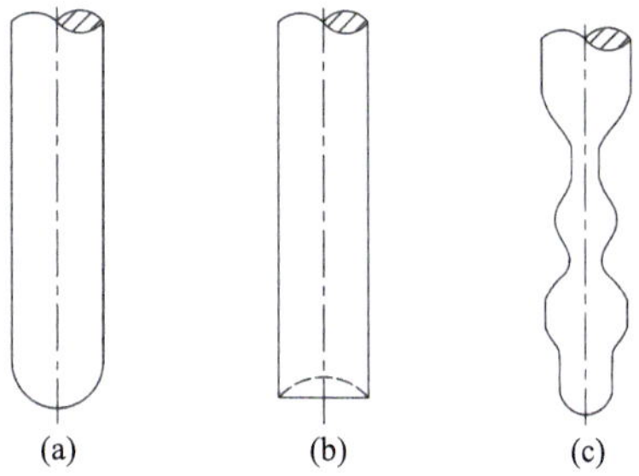

图 3-25　三种电极烧损形状示意图

1. 电极端面形状的分析

图 3-25（a）是多数电极拔出的形状，呈馒头状或半椭球形，这是电极在熔池正常做功后形成的形状。图 3-25（b）电极端部呈内凹形，又称“倒锅底状”，内凹处的中心有的较深，有的较浅，根据电极直径和受损大小不同，在 50～300 mm 不等，这是电极在熔池内做功不正常的形状。图 3-25（c）是一个生产实例，乍看像“棒槌”，又像“酒瓶”。该电极形成的原因是电炉刚大修结束在烘炉期间事故不断，恢复开炉极不顺利，投入生产不到一个月就将炉壁烧穿，扒炉后发现电极烧损成此形状，非常少见，主要是内部工艺管理混乱，炉内出现局部短路，电极做功位置颠倒所致，教训极其深刻。

除了以上的电极形状，其实还有各种奇形怪状的不正常烧损，如电极端头掉一块、有缺瓣、有大的裂纹等。对于正常烧损的石墨电极表面都是相对光滑的，若出现大的纵向、横向裂纹，或是质地疏松，多半是电极自身的质量问题。若是大直径的自焙电极端部不光滑，有 10～20 mm 星星点点的凹坑，并且电极周边还有多条 2 mm 左右的纵缝，这是电极壳内的筋板烧熔后形成的，属于正常形状，并不影响电极使用。有人建议将电极壳内筋板厚度增加，提高电极的机械强度是不可取的。如果自焙电极的横向裂纹增加，质地疏松，缺少光泽，多半是电极糊的原料质量出现了问题。

2. 炉内电极端面三种状态的形成分析

图 3-26 是根据扒炉时观察到的情况整理绘制的炉内电极端面在电流作用下形成的三种状态示意图。图中显示有“1 状态”“2 状态”“3 状态”。

正常炉况下，电极下端插入熔池内。由于交流电具有的集肤效应，电极侧表面的电流密度远大于中心部位，导电任务（通过的电流）主要由侧表面来完成。所以，侧表面的烧损速率大于中心部位，致使插入熔池部分的电极逐步烧损形成一半椭球形（馒头状），

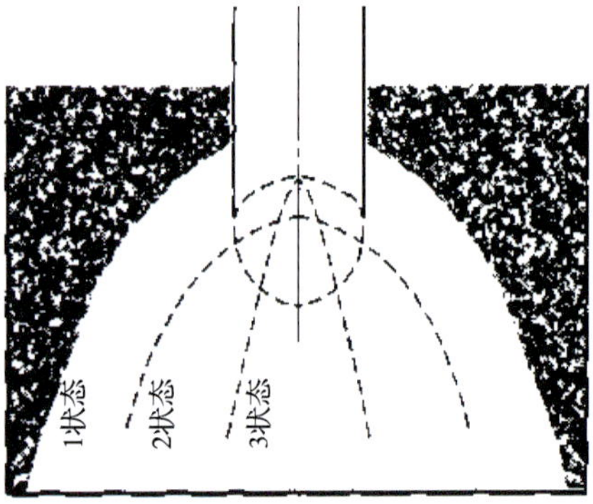

图 3-26　炉内电极端面三种状态示意图

这是正常、理想的电极端面形状，如图 3-26 中的“1 状态”所示。

如果长期在低负荷运行和经常将炉渣出得干干净净，随着炉渣的逐步排除干净和制磷电炉功率下降，电极的熔池厚度和半径将逐步缩减，致使电极浸入熔池的深度和范围越来越小，导电任务（电流）越来越集中在端面中心部位完成。并且随着电流密度向端面集中的趋势，端面电弧段将发生强烈的电弧（此时稍压电极，电流即飞涨，稍提电极，电流又下降很快，电流波动很大，极难操作控制），由于打弧，电极消耗上升并使端部逐渐烧损成内凹状，如图 3-26 中的“2 状态”所示。此时内凹的深度不是很大（轻微的“倒锅底”），随着内凹状的形成，倘若此时工艺条件还没有根本性的改变，电极端中心部位处在“空洞”中，电弧的产生将更趋激烈，端面烧损的内凹状更深，其形成过程如图 3-26 中的“3 状态”所示。

从图 3-26 演示的三种电极形状分析，它的形成过程需要一定的时间，并非短时间完成。电弧的过量产生，将导致电损、电极消耗和过热区域的增加，损伤、腐蚀炉衬。长期在低负荷运行及不正确的生产操作、管理理念是加剧事态恶化的条件。为什么负荷低，消耗反而上升？有时本想通过减量、降负荷达到降成本的目的，到最后却事与愿违。因此，制磷电炉在 50%负荷以下运行不应超过 72 h（即便是非常特殊的情况），不管是错峰、让峰还是其他原因需要减负荷，建议在 60%以上负荷运行更经济、更合理、更科学。这里需要说明一点的是：制磷电炉的设计，以及实际生产运行经验和经济技术指标的综合分析评价显示，保持稳定的额定负荷运行和最优良的工艺条件是黄磷生产最佳的选择和最大的节能降耗。

制磷装置的生产管理，说简单也简单，说复杂也复杂，因为涉及的学科很多，需要的专业知识面很广，很难分清它是化工还是轻工或是冶金，仅一个行业、一种专业技术有时是很难分析解释清楚问题。不管是基本原理、经验、体会还是新工艺、新方法和优化创新技术，都需要在实践中加以验证、补充、提高和完善。不可能一项管理，一种新方法、新工艺就能解决生产中的所有疑难杂症，达到优质低耗和高产的效果。就像世上没有治百病的灵丹妙药一样，要改变一个装置的生产管理状况，达到优质高产、节能降耗、可持续发展，必须注重人才的开发和对员工的专业技术知识的教育培训。从基础工作开始，从一点一滴入手，努力开发企业的自主知识产权，在市场经济中提高自身的竞争优势方能达到目标。

综上所述，制磷电炉虽然生产工艺特殊，操作管理复杂，出现的事故千奇百怪，但生产中出现的异常现象都是有先兆和原因的，都是有科学规律可循的，只是我们的认识水平、知识层次暂时尚未到位而已。很多事故在未找到症结时的确很麻烦，问题找准了，分析问题的思路正确了，其实仅是一层窗户纸，捅破就能看清楚。很简单，这些简单正是寓于对复杂的透辟认识之中。从这个意义上讲，继续努力学习，转变思维定式，不断开拓创新，提高专业技术素质才是少走弯路、搞好生产、节能降耗、提高经济效益、使磷化工可持续发展的永恒主题。

第 4 章
黄磷生产的关键设备

4.1 制磷电炉的结构及原理

制磷电炉是黄磷生产中的核心设备，规模的大小由黄磷的生产能力来决定，通常用变压器的容量来表示。

现代黄磷生产多采用三相电炉，这种电炉比单相电炉更为完善。按照电极的分配不同又分为矩形电炉和三角形电炉。两者相比较，三角形电炉的功率因数较高，没有“死相”和“暴相”的现象，变压器到电炉的短网最短。从短网配置的角度出发，三角形电炉比矩形电炉的对称性更好。所以，如果没有特殊的要求，都倾向于电极按三角形配置的圆形炉。

制磷电炉也可以采用炉盖子固定、圆形炉体能旋转或来回转动的转电炉。如图 4-1 所示，一个完整的电炉本体，包括炉体、炉盖、电极密封装置、电极把持器、电极升降器及附属设备等。

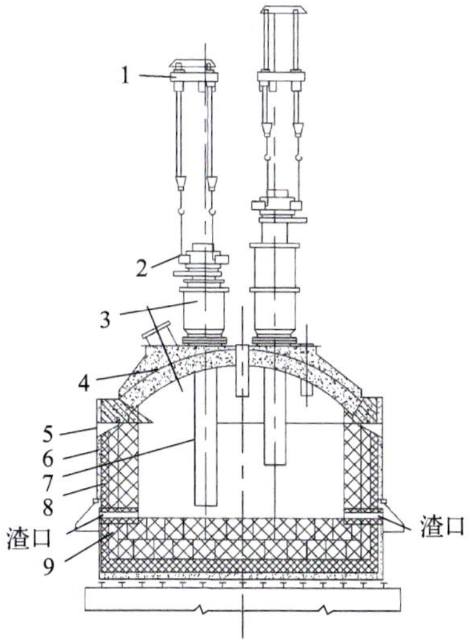

图 4-1　制磷电炉简图

1. 电极升降器；2. 电极把持器；3. 电极水封；4. 炉盖；5. 炉体；6. 绝热缓冲层；7. 电极；8. 耐火砖；9. 炭砖

4.1.1 炉体

制磷电炉是个电气、热工和化工设备，它承受着极为苛刻的操作条件。炉体是炉料进行加热、熔融并进行还原反应的地方。反应物料在 1300～1500℃，呈熔融体。这种熔融物料具有很强的腐蚀性，反应进行所需要的高温和生成熔渣的腐蚀性，对炉衬的选择提出了特殊要求。因为底层炭砖起导电作用，又承受电弧高温的腐蚀，所以是炉体的最薄弱环节。

由于电炉操作效率在很大程度上受到热损失的影响，因此要求维持最小的热损失。为了延长电炉的使用寿命，要求炉体外壁有一定的散热和冷却。为了保证炉底钢板不致引起热变形，整个炉体应固定在易于散热的基础上。炉体与该平面基础之间，砌有工字钢和条形混凝土基础等结构，以达到自然通风冷却，并增加炉底钢板的刚性。

电炉外壳要有一定的强度，承受炉衬和炉内物料的重量以及电炉温度升高后产生的热应力。外壳用钢板卷焊，其厚度可按炉子的生产能力来选用。中小容量的电炉，炉壁用 14 mm 厚的普通钢板。

为了不使炉气从炉内逸出而造成磷的损失和恶化操作环境以及避免空气漏入，要求钢壳的焊缝质量良好，以确保电炉外壳的气密性。

影响电炉寿命的因素，除了合理的工艺电气参数外，还有炉衬材料的选择以及良好的施工方法。制磷电炉对炉衬的要求，主要可概括为在高温条件下对熔融炉料的耐热、耐腐蚀以及良好的导电性和导热性。

制磷电炉上最适宜的炉衬材料是炭砖。虽然炭砖在熔融炉渣和磷铁的不断冲刷下也会被腐蚀，但是在目前的制磷工业上还没有其他更好的材料能够替代。

1. 炉衬结构

与高温熔融炉料相接触的炉衬为耐热层。为了保证安全，炉壁和炉底炭砖的衬里厚度一般是 800 mm 或者 600 mm，不宜再减薄。曾经遇到在停炉大修时，600 mm 厚的炉壁已腐蚀掉 500 mm，尚余 100 mm 了，如不及时修理，有可能烧穿炉壁。

炉衬不与熔融炉料相接触的、温度较低的部分为绝热层。所用砌筑材料一般是绝热性能较好的黏土质耐火砖。为了降低成本和减少再加工的工作量，可以选用标准的直形砖和异型砖。

绝热缓冲层的材料尽量采用绝热性能良好，在受压时能适当缩小体积，以吸收炉衬受热膨胀产生的热应力的材料。同时还应考虑到有一定的透气性，使烘炉时水汽得以逸出。因此，常用材料大多数为体积密度小的松散状材料，如矿渣棉、膨胀蛭石和硅藻土、石棉粉等。

炉底绝热缓冲层用粒度 3～8 mm 的碎耐火砖材料铺平在 10 mm 厚的石棉板上，为炉底砌筑时找平和起隔热作用。有时直接在石棉板上砌筑耐火砖。

上述各层的厚度，随着炉子大小及负荷高低的不同也有变化，表 4-1 是 2000 kV · A 电炉各层的厚度。

表 4-1　炉衬各层厚度

层次	炉壁厚度/mm	炉底厚度/mm
炭砖	600	600
耐火砖	115	346
绝热缓冲层	50	50

为了检测炉衬受热及腐蚀情况，在炉底和炉壁相应电极的部位安置温度控制点。制磷电炉的温度测量是用热电偶来完成的，所以应在砌筑衬里时同时进行安装。一般是设置六根热电偶。由于电炉内的温度比较高，应采用镍铬-镍铝电偶作测温元件。其中三根水平安装在炉底钢板以上约 60 mm 的位置，热电偶的感温部分要对准每相电极的中心线，另外三根在炉壁对应电极的方位，按圆周 120°分布，水平安装在离炉底钢板 1300 mm 的位置上，插入深度约 200 mm。

通常新炉子生产时测出的温度较低，当运行一段时间以后，由于炉衬逐渐被腐蚀变薄，测出的温度也就逐渐有所升高。另外，如炉子的负荷增大，温度也会有所上升。所以在生产中，应不断摸索温度变化的规律，及时发现情况，采取相应措施。

排渣口的砌筑是和炉子的砌筑同时进行的，用石墨电极钻孔制成。由于高温炉渣从这里流出，加上电炉操作有时不正常，出渣时经常要用氧气烧通炉眼，若操作不当，则更容易造成炉口的损坏。所以，对于排渣口的设计与砌筑要有足够的重视。对于中小型电炉，排渣口和铁口的区分往往是不严格的，排渣口和铁口在炉子的同一平面上，既排炉渣，又排磷铁。为了防止电极对中，受热炉渣冲刷腐蚀炉壁，排渣口与铁口的方位应设计在与电极中心线成 30°夹角处，这样易于出渣。排渣口的中心线与炉底距离为 100 mm，铁口的中心线与炉底距离为 50 mm（当单独设置铁口时），孔径为 60 mm。

2. *砌筑炉衬用材料*

（1）炭砖

炭砖是由无烟煤、冶金焦和煤沥青制成。先将无烟煤经过 1300℃左右温度的煅烧，冶金焦则在 600℃以下烘干除水分，然后掺加煤沥青作黏结料，按一定的配比混合，再经 2500 t 水压机挤压成型，焙烧而成。用作炉底和炉壁衬里的砌筑，它具有下列特点：

1）耐火度高，实际上不熔化，而在 3500℃时升华。缺点是在氧化气氛中燃烧，氧化开始的温度是 400℃左右。

2）高的导热性和导电性。

3）热膨胀系数小，热稳定性好。

4）高温时强度好。

这种炭砖的截面是 400 mm × 400 mm，长度一般有 200 mm、1200 mm、1600 mm 或 2000 mm 等几种。

炭砖的物理化学指标是：

含碳量：90%左右

灰分含量：10%左右

显气孔率：24%以下

抗压强度：优等品抗压强度不低于 250 kg/cm^2

一等品抗压强度不低于 200 kg/cm^2

二等品抗压强度不低于 180 kg/cm^2

它的外形要求有如下规定：

1）表面发丝裂纹：长度不足 50 mm、宽度小于 0.5 mm 的均不计。裂纹长度不大于碳块横截面周长的 15%时，每块不多于 3 条。跨棱时，每面分布的长度不大于横截面周长的 8%。

2）缺口和缺棱：长度不足 100 mm，深度小于 30 mm，每米长度（每面或每棱上）不得多于三处，并且端部掉块深度不大于 50 mm。

3）弯曲度：粗加工的各种制品不得大于长度的 1%。

制成品应储存于干燥而又清洁的仓库内，不允许露天堆放。

（2）电极糊

电极糊是由冶金焦、无烟煤和煤沥青作原料制成。先将无烟煤经过 1300℃左右煅烧，冶金焦在 600℃以下烘干水分，干料与煤沥青按配比混合成块。电极糊用作砌筑炭砖的黏结料。

使用良好的炉衬炭砖黏结料，对炉子的使用寿命有很大影响。如采用质量较差的电极糊，很可能造成烘炉时沥青气化，使气孔率增加。当炉子投入正常运行时，会引起磷铁渗入气孔，加速炉底的腐蚀，甚至造成炉底炭砖浮起，烧穿炉底，磷铁下渗等事故。因此，它的物理化学性能必须符合下列要求：

灰分含量：不大于 12%

挥发分含量：12%～16%

比电阻：70～85 Ω · mm^2/m

体积密度：1.4～1.55 g/cm^3

密度：1.8～1.9 g/cm^3

烧结强度：300～450 kg/cm^2

显气孔率：16%～22%

要求糊料混合均匀，成分一致，不应有脏物及外界杂物。

（3）黏土质耐火砖

黏土质耐火砖（NZ-35）的主要物理化学指标是：三氧化二铝的含量不小于 35%，耐火度不低于 1670℃，常温抗压强度不小于 150 kg/cm^2。

机械成型一级制品允许偏差是：尺寸允许偏差不大于(100 ± 1.5) mm；扭曲不大于 1.5 mm，缺角深度不大于 5 mm；缺棱深度不大于 5 mm；熔洞直径不大于 5 mm。

其导热系数可用下式表示：

$$\alpha = 0.6 + 0.55 \times \frac{t}{100} (\mathrm{m \cdot h \cdot ℃})$$

式中，t 为设计温度或使用温度。

（4）耐火泥

耐火泥（NF-38）由 80%～85%的熟料和 15%～25%的结合黏土配制而成，用作砌筑耐火砖时的黏合料。这种耐火泥的物理化学性质是：

容重：不大于 0.45 g/cm^3

耐热度：不小于 4750℃

导热系数：不大于 0.06 kcal/(m · h · ℃)

水分含量：不大于 7%

（5）硅藻土、石棉粉

硅藻土、石棉粉是炉体绝热缓冲层的常用材料。这种材料用硅藻土粉和石棉纤维配制而成，是粉状材料，其中硅藻土粉占 85%，纤维长度 2～5 mm 的石棉占 14%，5～20 mm 的石棉占 1%。其物理化学性能如下：

容重：不大于 0.45 g/cm^3

耐热度：不小于 4750℃

导热系数：不大于 0.06 kcal/(m · h · ℃)

水分含量：不大于 7%

（6）石棉板

石棉板是用石棉和黏结材料制成的板状材料，用于紧靠炉壁钢板的一层。石棉板的结构和厚度必须均匀，表面光滑，但允许有毛毯式的压痕或两面有网纹。石棉板的烧失量应不大于 18%，吸收率应不大于 30%，允许工作温度一般高达 500℃，其规格为 1000 mm × 1000 mm × (3～5) mm。

（7）水玻璃

水玻璃用作贴石棉板和拌耐火泥的黏结剂，其规格为

模数：2.6～2.8 mm

密度：1.37～1.38 g/cm^3

3. 炉衬砌筑施工方法

（1）贴石棉板

用水玻璃加少量的耐火泥，调成比较浓的浆液。用这种浆液先在炉壁及炉底钢板上刷一层，并在石棉板上也刷一层，将刷好水玻璃的石棉板贴到钢板上，再用木槌轻轻地敲打使之贴实。贴其他几层石棉板也同样如此，不同的是在已贴好的石棉板上刷一层水玻璃。一般贴 10 mm 厚石棉板就可以了。

（2）隔热层

砌筑时将现成的或配好的石棉硅藻土，在石棉板上铺到既定水平标高后，用木板在上面打实，其厚度约为 44 mm。炉壁的隔热层则是在炉壁耐火砖砌好后进行，即将隔热材料填进去捣实，其厚度约为 50 mm，并要求充填均匀，否则将失去缓冲作用。

（3）砌耐火砖

耐火砖的砌筑分湿砌和干砌两种。所谓湿砌，即用耐火泥掺加适量的水玻璃进行砌筑，砖缝为 2 mm，砌体较为紧密，但烘炉时水分逸出较慢。所谓干砌，即在炉底铺好一层耐火砖，在其上用耐火泥充填砖缝（耐火泥粒度小于 0.5 mm）。这种方法砌筑速度较快，但气密性较差。目前多数采用湿砌。

湿砌的胶结材料是水玻璃胶泥，胶泥填料是黏土耐火泥。耐火泥与水玻璃的配比为 1∶0.42 左右。

炉底耐火砖采用立砌 3～4 层，每层厚度 113 mm，均用标准的直形耐火砖（230 mm × 113 mm × 65 mm）。每层之间必须交叉砌筑，水平表面不得有同缝的现象。

炉壁耐火砖采用平砌（每层厚 65 mm）或立砌（每层厚 113 mm）都可以，砖缝为 2 mm。为了减少耐火砖的砍削工作，可采用楔形砖（立砌时，如 230 mm × 113 mm × 65 mm/55 mm）或辐射形砖（平砌时，如 230 mm × 113 mm/96 mm × 65 mm）配搭。

（4）砌炭砖

炭砖的砌筑通常用宽缝砌筑，其竖缝宽度是 40 mm，水平缝厚度是 20 mm。黏结剂有细缝糊、粗缝糊和电极糊三种，它们都是用不同粒度的碳素物质，加入一定量的煤沥青及少量的煤焦油混捏而成。

为了保证炭砖的砌筑质量，需要做好炭砖表面打毛、放大样等准备工作。为了增加炭砖和电极糊之间的黏结强度及便于浇灌电极糊，炭砖表面应用钢丝刷或压缩空气除掉浮灰等异物，并用火炉放于其下面进行加热，使保持一定的温度。为了控制好水平缝的厚度，可先在砌体的两边放两块厚 20 mm 的木板，以使炭砖不下沉，待电极糊凝固后，再把木板拿掉。在灌浇炉壁炭砖垂直缝时，可用一根宽 40 mm、长 400～800 mm 的钢板，把缝贴着顶起来，然后灌进电极糊，再用烤热的铁块将其捣实。

在炭砖砌筑过程中，电极糊的准备是个关键。通常是将破碎好的电极糊，在铁锅内逐步加热熔化，每锅约 20 kg，锅内最高温度在 180～190℃，熔化时间在 20 min 左右。当锅内无水蒸气逸出，并冒黄烟时为止。加热好的电极糊应具有较好的流动性，以便烧结。在电极糊的熔化过程中要注意火候，温度不宜太高，升温速度不宜太快，否则往往会使沥青油挥发，出现很多黄烟，给施工带来困难，而且质量也受到一定影响。

4.1.2　炉盖

制磷电炉是一种三相密闭电炉，在炉盖上开有 12 个孔：3 个电极孔（直径 460 mm）、7 个下料孔（直径 200 mm）、1 个排气孔（直径 400 mm）和 1 个事故处理孔（直径 300 mm）。由于开孔较多，要注意电炉炉盖的气密性，防止炉气泄出或空气漏入。

正常操作时，炉盖内表面温度为 200～300℃。在烘炉或生产不正常时，有可能达到 900℃以上，因此要求炉盖能经受暂时的高温作用。由于炉盖内表面与磷蒸气和一氧化碳等物质长期接触，并伴有少量的偏磷酸和偏磷酸盐，所以要求炉盖材料能耐化学腐蚀。

为了保证炉盖的气密性，可以在炉盖上增加一个钢壳。同时在钢壳和耐火砖炉盖之间充填石棉灰等绝热材料，以使炉气保持一定的温度。由于电极穿过炉盖钢板，增加了电极孔周围的磁涡流损失。因此，炉盖钢板上还需要相应采取隔磁措施。

1. 炉盖的结构

制磷电炉炉盖是一种拱形结构，由圈梁支撑，安置在炉体外壳上部的环形板上。圈梁和炉壳之间要留有 50 mm 厚的缓冲层，以减少炉体热膨胀的影响。

根据砌筑材料的不同，炉盖结构形式可分为白泡石拱顶、耐火砖拱顶和耐热混凝土拱顶三种。

（1）白泡石拱顶

白泡石又名砂泡石，是一种白色的天然石材，我国有些厂家利用它来砌筑炉盖。将白泡石按设计规定的尺寸加工，预先组合，并编上号。砌筑时完全干砌，要求缝宽 1～2 mm，每块不能有缺角或破裂。炉顶内外表面缝间用石棉绳或石棉绒填实，以防炉气泄漏。

为了搬运方便，每块白泡石大约 100 kg，毛坯比加工完成的各边大 3～5 cm，厚 400 mm，拱中心角 110°。

白泡石炉盖造价较低，使用寿命可达 1～3 年。这种白泡石的耐火性能是不错的。其最大的缺点如下：

1）在高温和振动的情况下，白泡石极易酥碎、剥落，尤其是下料管不下料而进行敲击和疏通时，料管周围白泡石极易脱落。

2）由于炉温较高，白泡石中二氧化硅析出，形成洁白细小的结晶，因此耐火度将降低。

3）由于白泡石炉盖缝大，气密性很差。

（2）耐火砖拱顶

这种拱顶结构，由于炉盖开孔较多，影响炉盖强度；砖的型号既多又复杂，需要设计成很多不同规格的异形耐火砖；砖型不容易代替，只要缺少一种型号的砖，就影响到设备维修的施工进度。加上订购耐火砖时与砌筑施工方面较复杂，费工费料，所以新建制磷电炉已多不采用耐火砖拱顶了。

（3）耐热混凝土拱顶

图 4-2 所示是制磷电炉上采用的耐热混凝土炉盖，这种结构不用钢筋，选用耐火度高的耐火水泥和集料捣制，浇筑方便；克服了耐火砖拱顶的缺点，节省了工时；既降低了造价，又保证了结构的稳定性，一般可用 10 年以上。国内制磷电炉相继采用这种结构。

有些电炉上，除使用一层耐火混凝土拱顶外，还加一层普通混凝土保护层，以保持电炉的气密性。取消了炉盖的钢壳，既消除了电极周围的涡流损失，又节省了钢材，也不影响操作。

对于 1000 kV · A 以上容量的电炉，必须注意炉盖与炉壁是否结合牢固，防止因炉壁的热膨胀而变形，造成炉盖塌落。因此，在炉壳的上端设有相应的支衬加强板，使炉盖水平放置其上，加强板的下方直接与炉壳相接，以保证球体的水平推力顺炉壁和压缩力向下传导。

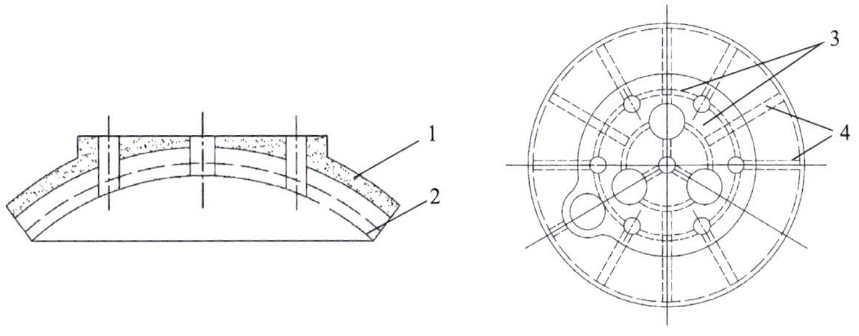

图 4-2　耐热混凝土炉盖

1. 面层；2. 拱板；3. 环向缝；4. 径向缝

2. 炉盖拱顶的材料

（1）耐火砖

与炉衬耐火砖的性能相同。

（2）白泡石

它的化学成分随着产地不同而有区别，主要成分是二氧化硅、三氧化二铝及少量的三氧化二铁、氧化钙、氧化镁等，其物理性能如下：

体积密度：2.51～2.62 g/cm^3

密度：2.61～2.64 g/cm^3

抗压强度：952～1160 kg/cm^2

显气孔率：3.2%～5.2%

耐火度波动：1560～1730℃

吸水率：1.2%～2.1%

残余膨胀：0.79%～1.27%

热稳定性：大于 25 次

白泡石的体积密度随着加热温度的提高而有所降低，残余膨胀也降低，但显气孔率和吸水率则增加。

（3）耐热混凝土

1）耐热混凝土的胶凝材料是铝质耐火水泥，表 4-2 是其化学组成，表 4-3 是其物理性能。

表 4-2　铝质耐火水泥的化学组成

组分名称	Al_2O_3	SiO_2	Fe_2O_3	CaO	TiO_2	$K_2O + Na_2O$	MgO	烧失量
含量/%	74.34	1.58	0.09	20.60	1.92	0.21	微量	0.16

表 4-3　铝质耐火水泥的一些物理性能

密度/(g/cm^3)	比表面积/(cm^2/g)	标准稠度用水量/%	凝结时间		安定性	1：3 硬链胶砂强度/(kg/cm^2)					
			初凝/h	终凝/h		抗拉强度			抗压强度		
						3 天	7 天	28 天	3 天	7 天	28 天
3.11	4100	25.0	1.03	5.17	蒸煮合格	27.98	32.7	37.7	275	458	664
	4080	24.9	1.50	2.05	蒸煮合格	27.3	35.0	35.9	245	415	632

在高温作用下的强度变化（在不同温度作用后冷却强度）可用表 4-4 说明。

表 4-4　在不同温度作用后的冷却强度

温度/℃	20	100	650	1000	1200
抗压强度/(kg/cm^2)	704	834	499	378	534

2）以铝质耐火水泥为胶凝材料的耐热混凝土，所用的集料是一级烧矾土熟料，其化学成分和一些物理性能见表 4-5。

表 4-5　集料的一些物化数据

指标	含量/%						吸水率/%	密度/(g/cm^3)
	Al_2O_3	SiO_2	Fe_2O_3	CaO	MgO	TiO_2		
数值	84.54	7.52	1.20	1.63	0.44	4.60	6～8	3.16～3.40

3）耐热混凝土的配比。

水灰比：0.45～0.50（要严格控制）

铝质耐火水泥用量：20%

集料各级比例：1^*为 5～12 mm 40%

2^*为 2.5～5 mm 20%

3^*为 0.3～2.5 mm 27%

4^*为< 0.3 mm 13%

其中，各种材料的质量允许公差是：水、胶结料为±1%；集料为 3%。

3. 炉盖拱顶的尺寸

无钢筋耐火混凝土拱顶的厚度，根据生产实践取 300 mm，拱矢高与拱跨度之比为 1/8～1/6。拱矢高越小，则炉盖越平坦，炉盖承载能力越低，圈梁承受水平推力也就越大。砌筑时需要注意。

圈梁的尺寸，可以按构造的要求决定，并根据拱盖对圈梁的水平推力选择钢筋断面。

如采用耐火砖拱顶，则拱顶的厚度可以取 400 mm，拱矢高与拱跨度之比为 1/4～1/6，拱顶的水平推力通过拱脚砖传至炉壳上的型钢环梁承受，与耐热混凝土拱顶有所不同。

4. 耐热混凝土炉盖的施工

1）模板采用 15～20 mm 厚木板制作。由于炉盖内表面要求平整光滑，因此木模板要求刨光表面。为防止拼缝漏浆，可用石灰油灰填缝，并要求均匀密实，也可以在木模板上钉一层油毡。模板要保证尺寸准确，木模板外形尺寸要求误差小于±10 mm，预留孔木模要求误差小于 5 mm，否则将影响电炉钢盖及电极水封等的安装。另外，支模要牢固、刚度好，以适应捣固和振动的要求。

2）炉盖分块的原则：为了使炉盖能承受温度的波动，炉盖的整体结构上需预留一定数量的温度膨胀和收缩缝。根据实际使用，可以在底面留有膨胀缝，预留缝宽度为 3～5 mm，高度为拱顶厚高的三分之一，预留缝填充材料用三合板或石棉板。炉盖最大分块以 1.5～2 m^2 为宜。

3）搅拌：耐热混凝土的搅拌和普通混凝土相似，由于它的水分含量比较低，最好采用机械搅拌。人工搅拌均匀性较差，劳动强度较大。若用人工搅拌以量少、勤拌为宜。

机械搅拌通常采用容量为 400 kg 的普通自由降落式搅拌机进行。搅拌时，先在搅拌筒内注入已知量的二分之一的水，再加入已知量的水泥，搅拌约 1 min，然后边搅拌、边倒入集料 3*、4*，再倒入集料 1*、2*和剩余的二分之一的水。总搅拌时间不得少于 5 min，搅拌到浇灌的间隔时间不应超过 30 min。

4）浇灌与捣固：浇灌耐火混凝土前，应详细检查模板、支架钢筋及各种埋设件的尺寸和位置是否符合设计规定，模板内的各种杂物是否清扫干净。浇灌时，必须将靠混凝土的木模板面用水润湿，然后按先圈梁后炉盖的顺序浇灌。由于采用分隔预留缝，故浇灌是分批分次进行的，以便于拆模和处理预留缝，炉盖共分六次浇灌完毕。

浇灌圈梁时，应分层进行。每层厚度为 250～300 mm，采用插入式振捣器振捣。使用振捣棒时，再加密插点，插入和拔出振捣棒时要慢要稳，以免留下孔洞，保证浇灌致密均匀。表面则用平板式振捣器振捣，直到表面致密泛浆为止。圈梁的浇灌和振捣要连续进行完毕。

浇灌炉盖时，则由拱脚至拱顶分隔块进行，并注意预留孔周围混凝土的浇灌。由于拱面坡度较大，在捣圈时，物料有下淌的现象。所以，施工中要采用同一弧度的 600 mm × 400 mm × 6 mm 钢板，覆盖在浇灌好的混凝土块上。

5）养护与拆模：耐热混凝土炉盖的养护分常温养护和蒸汽养护。常温养护时，外界温度要保持在 7℃以上，当混凝土初凝后，将新浇好的外露表面用草袋覆盖，并经常洒水保持润湿。这一工作应进行到混凝土强度达到最终强度的 70%。炉盖养护期一般是 7 天，28 天后即可使用。

蒸汽养护时，通常在混凝土外面通以蒸汽。这时，必须注意其允许的最高养护温度，包括升温及降温的速度等，一般是：

最高养护温度 70～80℃；

升温速度 10～15℃/h，恒温时间 12 h；

降温速度 10～15℃/h；

蒸汽养护时间 24 h。

当混凝土强度达到最终强度的 70%时，即可拆模，并清扫干净。最后，在炉壁及炉底炭砖上面铺一层 50 mm 厚的电极糊，以填平烘炉时电极糊的下沉量，在炉底相对每相电极的正下方，各铺设一块炭砖，便于导电。

4.1.3 电极

1. 电极设备

电极本体的设备一般由密封装置、电极把持器和电极升降器等部分组成。

（1）电极的密封装置

制磷电炉是微正压操作（压力在 5～20 mmH_2O），操作中，需要电极经常升降，以调节电炉的负荷。为了防止炉气从电极孔中泄出，就要相应设置密封装置。

图 4-3 是一种普遍采用的水封结构类型。这种密封装置是在炉盖上装设水封座，在电极上装设水封筒，借螺栓吊挂在电极把持器上，水封筒与电极之间用石棉绳密封压紧。为了便于水封冷却水的排出，在水封上面有溢流槽。水封高度按电极操作行程（一般是 700 mm）加上液封高度考虑，一般是 1100 mm。它的内径由电极的直径及安装偏差来决

定，如直径为 400 mm 的电极，内径可取 460 mm。水封座通过一层厚 5 mm 的云母板（云母板的上下各有两层厚 5 mm 的石棉板）和设置在炉盖上的相应法兰用螺栓或马蹄形卡子连接。这种结构的密封性能较好，又有利于炉顶操作环境的改善。但是，由于水封占有一定的高度，电极工作端长度增加，电能的损耗也相应增加。

由于磷酸及偏磷酸等腐蚀性介质的存在，外加强大的磁场，因此在材料的选用上要注意防腐性和防磁性。在水封座下部内侧加一层厚 6 mm 高 300 mm 的合金钢（1Cr18Ni9Ti），可以有效地减轻水封座的腐蚀，大大延长使用寿命。

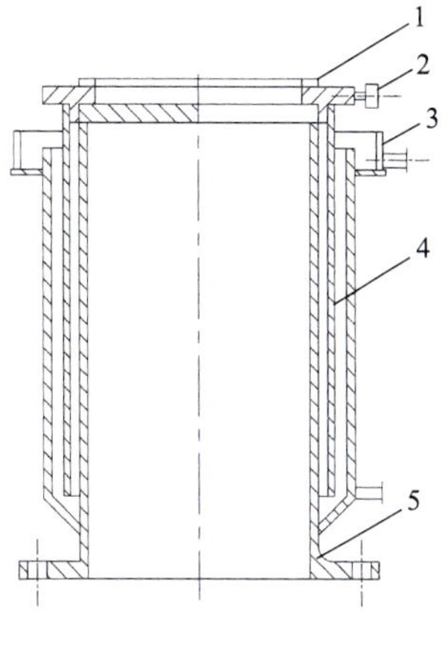

图 4-3　电极密封装置
1. 石棉密封物；2. 吊挂螺栓；3. 溢流槽；4. 水封筒；5. 水封座

（2）电极把持器

电极把持器俗称电极夹头，它的作用主要有两个方面：一方面是将电炉变压器输出电流经短网、母线和铜瓦传到电极上；另一方面是将电极夹持在一定的高度上。正常操作时，要通过电极把持器使电极上下移动来完成，所以要求把持器具有足够而可靠的夹持力，既不允许电极自由滑动，又要保证导电铜瓦与电极间的良好接触。

现在，各厂制磷电炉上使用的电极把持器差别不太大，图 4-4 是普遍采用的水冷把持器。这种把持器由两个半圆形钢件组成，两个钢件相互间是以碳钢质螺栓连接成一圆环体。为了进行水冷，以移去电流所产生的一部分热，并延长其使用寿命，半圆环通常制作成中空的。把持器上的两侧各有一个耳架，与夹紧螺栓成 120°角，通过环链与电极升降器三根丝杆配合成使电极能自由升降的装置。

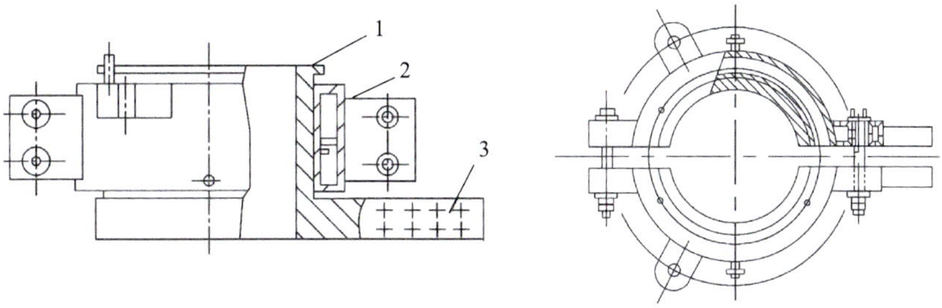

图 4-4　电极把持器
1. 导电铜瓦；2. 夹头；3. 接可挠电缆处

这种结构特别适用于直径为 400 mm 的电极，对于更大直径的电极，其夹持力就不容易适应了。

（3）电极升降器

在制磷电炉的操作中，由于炉内熔融物料的反应情况是极为复杂的，为了保持既定电炉功率的操作条件，电极插入炉内的深度要随时进行调节，通常是根据一次侧电流的大小。通过电极升降器将电极上升或下降，使一次电流保持在额定值。升降的速度，要满足平时操作和出渣时电极能及时随着下降的要求，一般以 3 mm/s 左右较为适合。

电极升降器的结构，在我国中小型电炉上普遍采用三丝杆方式。这种结构的电极把持器，通过环链和电瓷绝缘子与三根丝杆连接。它的传动系统是电动机经三角皮带轮传动和蜗轮蜗杆减速，然后通过链轮带动，使得三根丝杆同步传动，达到电极升降的目的。为了防止丝杆传动可能不同步的情况，在三根丝杆上端面以一三角形框架固定在这一平面上。三角形框架的不水平度不得超过 1 mm。从图 4-5 看出，这种结构方式比较紧凑，工作平稳可靠，具有自锁能力，并能保证电极升降时的垂直度。

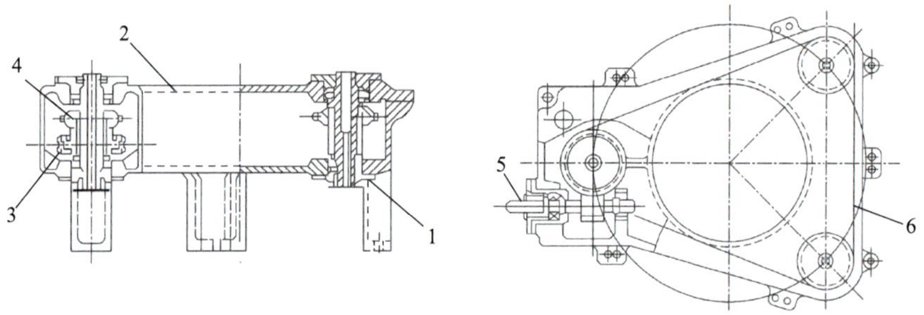

图 4-5 电极升降器

1. 丝母；2. 机架；3. 蜗轮；4. 链轮；5. 蜗杆；6. 链条

但是，这种电极升降器的零部件加工比较复杂，尤其是丝杆及时规链条，因此有的已改用齿轮传动式，如图 4-6 所示。这种传动方式具有下列优点：

1）不存在掉链情况，可以保持三脚架平衡；

2）维修工作量小；

3）不漏油，只需定期加黄油润滑；

4）磨损大大减轻，丝母轴可用一年半以上。

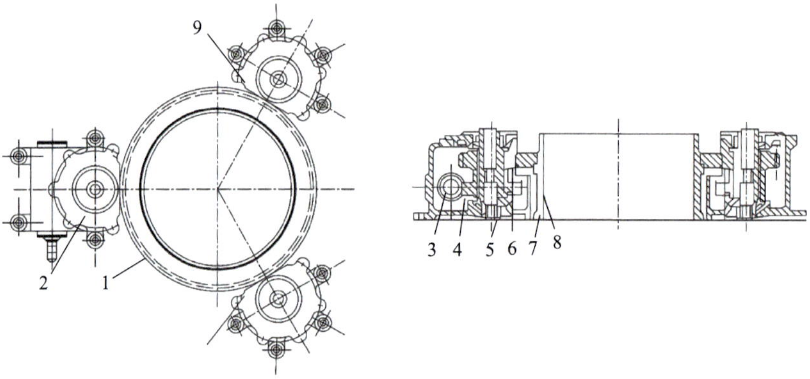

图 4-6 齿轮传动式升降器

1. 大齿轮；2. 变速箱；3. 蜗杆；4. 蜗轮；5. 螺丝轴；6. 水齿轮；7. 中心筒；8. 钢球；9. 齿轮箱

（4）导电铜瓦

导电铜瓦是二次短网的一部分，一般也是分为两半（图 4-4）。通过电极把持器的作用，紧触在电极上。所以铜瓦的内圆与该电极的直径应相等，不过在操作中经常要进行倒卡子等作业，铜瓦与电极间的接触也不是固定的。

为了防止可能产生的接触不良，造成铜瓦局部发红，影响铜瓦使用寿命，要求铜瓦的内表面，即与电极相接触的表面，达到要求的光洁度。铜瓦的下部带有接线板，以与可挠电缆接头相连接。二次侧电流从把持器的下部向上通往电极，这样可减少涡流损失。

导电铜瓦的尺寸是根据铜瓦与电极的接触电流密度的大小以及从铜瓦输到电极的电流大小来决定其接触面积。下式为求算导电铜瓦接触面积的关系式；

$$J = I/F$$

式中，I 为二次侧最大电流（随短网布置不同而异），A；F 为铜瓦的接触面积，cm^2；J 为许用的接触电流密度，A/cm^2。

对于直径小于 400 mm 的电极，其导电铜瓦的高度大约与电极直径相等。

对于制作铜瓦的材料，要求具有良好的导电性、导热性及足够的机械强度。黄铜则是制作铜瓦的合适材料。它的导电性与机械强度，随含锌量的大小而变化，一般可采用 H80、H68 制造，它们的性能见表 4-6。

表 4-6　黄铜的性能

牌号	熔点/℃	导热系数/[cal/(cm · h · ℃)]	电阻系数/(Ω · mm^2/m)
H80	1000	0.34	0.054
H68	988	0.28	0.068

2. 电极及电炉中电流的分布

中小型电炉均采用石墨化电极进行生产操作。这种电极的主要原料是白煤、石油焦、沥青焦及煤沥青等碳素物质。干物料经 1300℃高温煅烧后，按不同的粒级配比，加热混捏挤压成型。成型后的生制品，再经 1300℃左右焙烧，并在单相电阻炉内加热至 2300℃左右使其石墨化，最后经车削加工为一定长度的成品。为了便于电极接长，每根电极的端面加工成带有内螺纹的接头孔。出厂成品的物理化学指标见表 4-7。

表 4-7　石墨化电极的物理化学指标

直径 \ 品级	比电阻/(Ω · mm/m)				抗压强度/(kg/cm^2)
	< 100 mm	125～200 mm	225～400 mm	500 mm	
优级	9	9.5	10	11	160
一级	10	11	12	13	160
二级	11	13	14	15	160

各种电极接头的抗压强度不得小于 200 kg/cm^2，比电阻不低于一级品，使用的电流密度不大于表 4-8 所列数值。

表 4-8　不同直径电极接头的电流密度　(单位：A/cm^2)

品级	直径/mm									
	75	100	125	150	200	250	300	350	400	500
优级	28	28	26	24	20	18	17	16	15	13
一级	26	26	24	21	18	16	16	15	14	12
二级	24	24	22	18	17	15	15	14	13	10

由于电极截面积与电极直径呈平方关系，因此随着石墨电极直径的增大，其允许电流密度减小。但是，电极接头处的接触面积因受到螺纹接头的限制而不能按比例增大。因此，当增大电极直径时，保持相同的电流密度将会造成接头处过分发热，导致电极折断。

在制磷电炉上实际使用的电流密度，往往比电极允许的电流密度要小。这是因为过高的电流密度势必会增加电能和电极的损耗，甚至增加电极的折断事故。例如，同一台电炉，选用电极电流密度 6 A/cm^2 与 8 A/cm^2 相比，假定石墨化电极的电阻系数为 0.1 $\Omega \cdot cm^2/m$，则每米电极的电压损失分别为 0.6 V 与 0.8 V。电压的损失大，也就是电能的消耗大。所以，选用较小的电流密度可以降低电耗，但是相应的电极直径要增大，电炉的投资也要增大。所以，要进行技术经济比较来决定最优的电流密度值。

电极直径的大小，是由允许的电流密度而定的，其关系式为

$$d = \sqrt{\frac{4I}{\pi J}} \times 10$$

式中，d 为电极直径，mm；I 为电极电流，A；J 为电极电流密度，A/cm^2。

直径为 100～500 mm 的石墨化电极，比较适宜的电流密度是 5～6 A/cm^2。应该指出，以电极为中心的电流分布，对于电炉的电热效率有一定影响。制磷电炉基本上是以电阻为主的电阻电弧炉。在正常操作时，由于炉料组成基本上是稳定的，其比电阻也是基本上稳定的，因此操作时电流比较稳定，比较容易控制。它和属于电弧炉的电石炉及炼钢炉不一样。不过当制磷电炉的操作电压超过了一定的范围，随着电压的提高，电弧部分的比例增大，电流的波动加大，也会给操作造成一定的困难。另外，在炉内焦炭与焦炭之间的接触，电极与炉料之间的滑动与接触，都存在电弧，这些电弧在整个过程中所占的比例只不过比较小而已。关于制磷电炉中电流分布的讨论，将在第 6 章节能的有关部分详细分析。

4.1.4　电炉尺寸的计算

电炉的几何尺寸主要包括电炉内径（D_i）、电极中心圆直径（D_p）、电极直径（d）、电极与炉壁的间距（a）及电极与电极的间距（b）等。一般是通过电气参数和电极直径的计算，确定炉子操作的二次电压和电极直径，再根据电极间的电位梯度，决定电极的间距。

电极之间的电位梯度，在制磷生产中一般不超过 2.9 V/cm，设计中一般取 2.5 V/cm。当电炉容量增大后，电极间的电位梯度还略有下降，式（4-1）为求算电极间距的经验公式。

$$b = \frac{E_p}{0.25} + 0.02S \tag{4-1}$$

式中，b 为电极与电极的间距，mm；E_p 为二次电压，V；S 为电炉的容量，kV · A。

由电极直径及电极间距，即可确定电极中心圆：

$$D_p = \frac{b+d}{0.866} \tag{4-2}$$

式中，D_p 为电极中心圆直径，mm；b 为电极与电极的间距，mm；d 为电极直径，mm。

电极与炉壁之间必须保持一定的距离，距离过远，会导致出渣困难；距离过近，则炉壁损坏加剧。为了使电炉内壁有一层挂料，以保护炉衬炭砖，且出渣又不受影响，必须选择一个合适的 a/b。生产上，a/b 一般是 1.1～1.3。同时，在提高操作电压后，a/b 有降低的趋势。

当按比值得到电极与炉壁之间距离后，电炉内径也就确定了。

电炉的内高决定了炉内的料层高度。通常确定内高时，要保证电炉内留有一层适宜的生料层，以使炉内反应区上升的炉气，与生料层换热并滤去炉气中悬浮着的粉尘，减少磷泥量，但不致使炉气温度低于磷蒸气的露点，而堵塞管道和设备。还要考虑不应多余地增加电极长度，造成电极部分的电耗增加。

另外，制磷电炉的表观容积强度采用(90 ± 10)kV · A/m^3（电炉的表观容积为炉底面积与炉子内高的乘积），从而得出电炉的内高 H。这样，根据合适的炉底强度，就能选择相应的电炉容量了。现在，举例如下：

某一电炉，配以 2000 kV · A 电炉变压器，则

二次电压 $E_p = 14.6 \times \sqrt[3]{S} = 14.6 \times \sqrt[3]{2000} = 184\ (V)$

二次电流 $I = 39.59 \times \sqrt[3]{S^2} = 39.59 \times \sqrt[3]{2000^2} = 6285\ (A)$

选用石墨化电极，电流密度 J 取 5 A/cm^2，则

电极直径 $d = \sqrt{\frac{4I}{\pi J}} \times 10 = \sqrt{\frac{4 \times 6285}{3.14 \times 5}} \times 10 = 400\ (mm)$

取用定型的ϕ400 mm 的石墨化电极，则

电极与电极之间距离 $b = \frac{E_p}{0.25} + 0.02S = \frac{184}{0.25} + 0.02 \times 2000 = 776\ (mm)$

电极中心圆直径 $D_p = \frac{b+d}{0.866} = 1358\ (mm)$

取电极中心圆直径 $D_p = 1350$ mm

则实际电极与电极间距 $b = 1350 \times 0.866 - 400 = 769\ (mm)$

电极与炉壁之间距离 $a=1.1\times769=846\ (\text{mm})$

电炉内径 $D_i=D_p+2a+d=1350+2\times846+400=3442\ (\text{mm})$

取电炉内径 $D_i=3500$ mm，则

炉底强度 $P_o=\dfrac{2000\times4}{3.14\times3.5^2}=208\ (\text{kV}\cdot\text{A/m}^2)$

取电炉表观容积强度为 80 kV · A/m^2, 则

电炉内高 $H=\dfrac{2000\times4}{80\times3.14\times3.5^2}=2.6\ (\text{m})$

实际生产中，电炉内高也可以根据电极升降范围、生料层和空间高度之和以及选用二次电压高低、有无除尘设备等进行估算。

4.1.5 隔磁

由于载有大电流的电极通过炉盖钢板，电流产生的交变磁通使钢板反复磁化（除非用无磁性钢板作炉盖顶板），并在其中产生感生涡流，因而，引起额外的能量损失，即涡流损耗和磁滞损耗。同时钢板具有很高的磁导系数（u），使周围空间磁路增加。因此，周围磁通量增加，使短网的感抗增加，损耗增大，其中涡流损耗和磁滞损耗尤其显著。这部分损失可由下列近似公式求得。

平行于磁力线方向的导磁体表面的单位面积的涡流损耗：

$$\Delta P_e=2\times10^{-4}\sqrt{P\cdot f\cdot B_m\cdot N^3} \tag{4-3}$$

式中，ΔP_e 为涡流损耗（指单位面积），W/cm^2；P 为电阻系数，Ω · cm^2/m；f 为频率，Hz；B_m 为磁感应强度振幅值，Gs（1 Gs = 10^{-4} T）；N 为单位长度安匝数，安匝/cm。

磁滞损耗：

$$\Delta P_n=\eta\cdot B_m^{1.6}\cdot f\cdot V\cdot10^{-10} \tag{4-4}$$

式中，ΔP_n 为磁滞损耗，kW；η 为磁滞系数；V 为磁力线穿入的体积，cm^3。

某 2000 kV · A 制磷电炉，其电极中心圆为ϕ1350 mm，电极孔为ϕ400 mm，炉盖钢板厚 30 mm，二次电流为 6800 A。经计算，三根电极在炉盖钢板中，总涡流损耗为 6.6 kW，总磁滞损耗为 3.066 kW，并考虑七根料管中的损耗，约与三根电极损耗相等，这样总损耗将占总功率的百分之一。这些损耗使每天多消耗 364 kW · h，并将产生热效应，使材料发热，在相当程度上影响炉子的热平衡。因此，为了减少这部分的损耗，以降低炉盖温度，延长水封绝缘寿命，必须采取有效措施。

采用普通钢进行隔磁措施，是在炉盖环形上切去一部分，并加焊不锈钢条。对炉盖有多种不同的隔磁法（图 4-7），现分述如下。

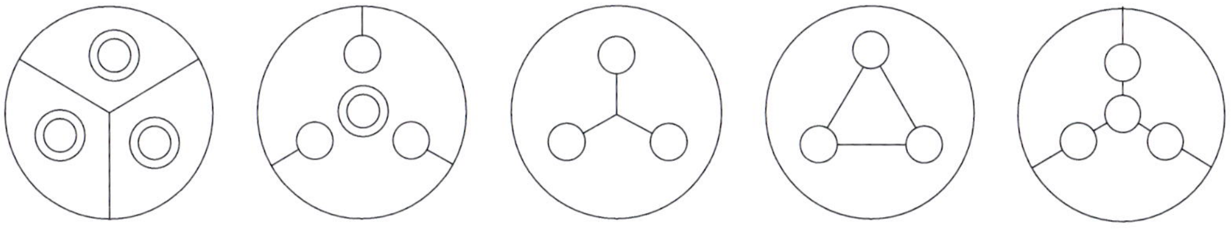

图 4-7　不同的隔磁法

图 4-7（a）为单路外隔磁，使涡流在各自的钢环上发热。这种方法一般不采用。

图 4-7（b）为单路半外隔磁。这种方法根本没有起到隔磁作用。

图 4-7（c）为单路半内隔磁。这种方法要求每条隔磁线的宽度大于该钢板的厚度，这样就有一定的隔磁作用。但是，当炉盖中心有加料管时，这种方法就不适用了。

图 4-7（d）为双路内隔磁。这种隔磁法的优点是基本上完全隔磁，中间与料管无关。但机械强度差，并要求每条隔磁线宽度不等于该钢板厚度。

图 4-7（e）为单路全隔磁。施工时，要求隔磁线宽度等于 50 mm，并当中心有加料管时，应加焊合金钢加料管法兰。这种方法基本上完全隔磁，与中心有无加料管无关。可以看出，单路全隔磁法的效果最好，施工也方便。

料管在靠近炉盖 1.5 m 长以内，采取割磁措施，对减少涡流损失也是有利的。

为了减少水封的涡流损失及磁滞损失，水封也应进行割磁。现举例说明如下。水封装置是由导磁体——钢体制成，由于电极电流的作用，水封装置损失大量的能量。对于 2700 kV · A 的电炉，环境温度为 32℃时，当电炉负荷 1 号电极电压 $V_1 = 5400$ V，2 号电极电压 $V_2 = 160\sim170$ V；1 号电极电流 $A_1 = 230\sim260$ A、2 号电极电流 $A_2 = 8140$ A、功率 $P = 2300$ kW 的情况下，对水封进行热损失的测定，其结果如下。

1 号电极冷却水进口温度 28.5℃，冷却水出口温度 80.75℃，2 min 流出水量 $\phi370$ mm × 90 mm，则热量损失

$$3.7^2 \times \pi/4 \times 0.93 \times 30 \times (80.75 - 28.5) = 15666\ (\text{kcal/h})$$

折合功率损失

$$15666/860 = 18.2\ (\text{kW})$$

2 号电极冷却水进口温度 28.5℃，冷却水出口温度 46℃，2 min 流出水量 $\phi370$ mm × 340 mm，则热量损失

$$3.7^2 \times \pi/4 \times 3.4 \times 30 \times (46-28.5) = 19183\ (\text{kcal/h})$$

折合功率损失

$$19183/860 = 22.3\ (\text{kW})$$

3 号电极冷却水进口温度 28.5℃，冷却水出口温度 49℃，2 min 流出水量 $\phi370$ mm × 260 mm，则热量损失

$$3.7^2 \times \pi/4 \times 2.6 \times 30 \times (49-28.5) = 17184\ (\text{kcal/h})$$

折合功率损失

$$17184/860 = 20\ (\text{kW})$$

则三台水封的总热量损失为

$$18.2 + 22.3 + 20 = 60.5\ (\mathrm{kW})$$

水封水温热能来源有以下几个方面。

1）电极把持器由于与电极接触，其接触电阻所产生的热。当接触电压降为 1 V 时，产生的热量为

$$1 \times 8140 \times 0.96 \times 10^{-3} = 7.81\ (\mathrm{kV \cdot A})$$

$$7.81 \times 0.96 = 7.5\ (\mathrm{kV \cdot A})$$

2）电极水封电磁感应产生的热量。

3）电极电阻发热传给水封。如电流密度为 6.4 A/cm^2，电极电阻系数为 12 Ω · mm^2/m，处于水封中长度为 1 m，则其热量为

$$0.064 \times 12 \times 1 \times 8140 \times 0.96 \times 10^{-3} = 6\ (\mathrm{kV \cdot A})$$

$$6 \times 0.96 = 5.76\ (\mathrm{kV \cdot A})$$

4）电炉炉气所传给的热量。

5）水封座及水封座法兰的自然散热量未计入内，粗略认为与炉气传给的热量相抵消。所以，电极水封由于电磁感应产生的涡流损失和磁滞损失 ΔP：

$$\Delta P = 60.5 - 3 \times (7.5 + 5.76) = 20.72\ (\mathrm{kW})$$

占总功率的百分数为

$$20.72 \times 100\%/2400 = 0.86\%$$

因此，可以在电极水封座和水封法兰短节以及水封罩的周围切去一小条，再用不锈钢焊条加焊。水封座内外套均应隔磁，并应注意磷对水封座底部的腐蚀问题，以延长使用寿命。

4.1.6　水冷夹套排渣口及堵渣泥炮

近年来，不少制磷电炉的排渣口采用水冷夹套的结构形式，如图 4-8 是 2000 kV · A 电炉上使用的水冷排渣口。它由大套、小套、导向板和堵头组成，材料及规格见表 4-9。

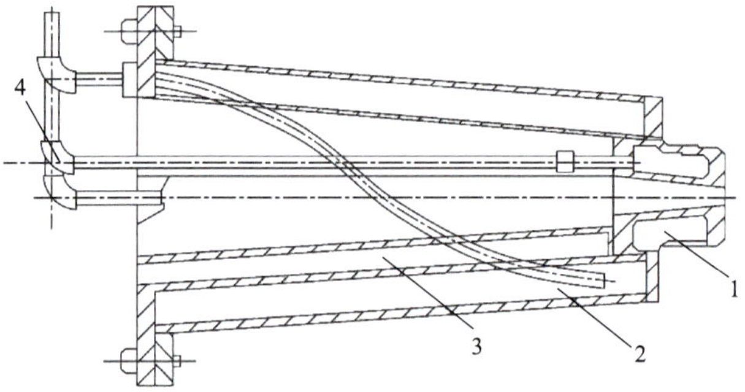

图 4-8　水冷排渣口结构示意图

1. 小套；2. 大套；3. 导向板；4. 堵头

表 4-9　水冷夹套排渣口的材料及规格

分类	大套	小套	导向板	堵头
材料	钢板，16 mm	旧高压钢管	钢板，16 mm	钢质
规格	ϕ375 mm/300 mm， L = 800 mm	ϕ195 mm/170 mm， L = 170 mm 渣孔ϕ60 mm	ϕ260 mm/150 mm， L = 698 mm ϕ190 mm/80 mm	外径与小套对应 ϕ80 mm/55 mm， L = 170 mm
要求	钢板卷焊锥度 1：10	烧焊锥度 1：10	钢板卷焊锥度 1：10	车床加工件锥度 1：10

为了防止熔融的磷铁与水冷夹套接触，烧穿水冷夹套而爆炸，要求小套中心距离炉底一定的高度。具体可以根据电炉内径、磷矿铁含量、磷铁磷含量以及生产操作中的不利条件来确定。一般，这种排渣口的小套中心位置距离炉底 210 mm，放铁口的下沿则与炉底平。随着电炉负荷的逐渐增大，碳素铁口极易损坏。为了延长铁口的使用寿命，排渣口和铁口的夹角由原来使用过的 60°改为 45°，效果良好。在操作中，将小套长 170 mm 改为 100 mm 也不影响排渣口性能，而对方便出渣是有利的。这种排渣口与原碳素排渣口比较，由于磷铁能定时集中放出，改善了操作条件，减轻了劳动强度，增加了磷铁的回收量；由于排渣口较短，既方便出渣，又延长了排渣口的使用寿命。但是，这种水冷夹套排渣口的小套在用无缝钢管氧吹时，经常会被烧坏而漏水。尤其当炉内反应不正常时，由于氧烧排渣口次数的增加，烧坏情况更为严重。因此，要有足够的备件和及时修复被烧坏的小套，增加了检修的工作量。另外，还存在水冷夹套排渣口漏水、与熔融磷铁发生爆炸的可能。所以，在一些制磷电炉的排渣口上已开始采用电动泥炮堵渣。

图 4-9 所示的是一种比较成熟的电动泥炮，它主要由炮身、堵头和压泥装置组成。这种泥炮的工作原理是借电的作用，通过电动机及减速箱，并经由推泥活塞的作用，将堵口泥压入排渣口，直到堵好为止。

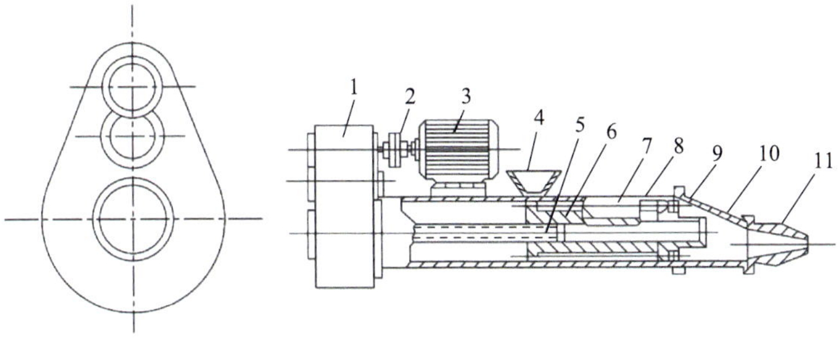

图 4-9　电动泥炮筒图

1. 减速箱；2. 联轴器；3. 电动机；4. 加泥口；5. 丝杆；6. 丝母；7. 标尺；8. 外壳；9. 活塞；10. 大小口；11. 堵头

炮筒是一个用生铁铸成的前端成锥形的圆筒，直径为 300 mm。其前上侧开有一个加泥口 4，堵口泥由这个口加入炮筒内。推泥活塞 9 可在炮筒内前后移动，在它的上面附有行程标尺 7 指示，行程范围是 0～600 mm。炮口的吐泥速度是 200 mm/s 左右。整个炮身的倾角为 15°。堵口泥的组分如下：

耐火泥：40%

焦炭粉：50%

无水沥青：10%

以上三种组分混合，再用适量的水掺和而成。

使用中，泥量的控制不允许负量，以堵到渣道内口为宜。不用时，要用湿麻袋覆盖在炮嘴部分。每次用完后，要将炮嘴部分的堵口泥清除干净，以防造成下次吐泥的困难。

这种泥炮操作方便，维修量小，为出渣操作机械化提供了新的途径。除了节约木材和钢管外，避免了操作人员与高温有毒气体接触，减少了烧伤事故，而且大大延长了炉眼的使用寿命。以 3200 kV · A 电炉为例，采用泥炮堵渣前，炉眼使用 6～7 个月就要更换，无法继续使用；而采用泥炮堵渣后，同样是这个炉眼，使用 10 个月后还很正常。

4.2　制磷电炉的进步与创新

4.2.1　早期工业化时代的制磷电炉

1830 年，用硫酸处理从骨灰中提取的磷酸钙制得磷酸，再将磷酸蒸气与炭混合放入曲颈瓶内高温制得成品磷，以后又用熔矿炉法进行了工业化的尝试，这是制磷电炉工业化的开端。

1888 年，英国的雷德曼试用电炉法生产黄磷获得成功，可称为第一代黄磷电炉。

1891 年，世界上第一台工业化制磷电炉在法国的 Coigent 投入运行，这是真正意义的第一代工业黄磷电炉。

1899 年，法国 Billandot 获得采用带无水凝聚设备和气体洗涤收磷设备的新型电炉装置专利权，同年，德国建成了一台 3000 kV · A 制磷电炉，这是制磷电炉技术又进一步的标志。

1902 年，法国建成第一座制磷电炉底部构成电流回路的电炉，标志着制磷电炉技术创新持续不断。

1914 年，美国南方电气公司在北卡罗来纳州建成当时世界上容量最大的 4000 kV · A 黄磷电炉，可以认为制磷电炉技术在向大型化发展。

4.2.2　制磷电炉的大型化升级

1927 年，德国为 I. G. Farben（法本）公司建成世界上第一台容量为 10000 kV · A 的黄磷电炉，采用了自焙电极、电极干封、静电除尘器、卧式冷凝器等设备。

1940 年以后，为了进一步降低黄磷生产成本，满足热法磷酸、水处理、洗涤剂用磷酸盐以及战争的需要，各国竞相建设大容量电炉。1942 年，美国田纳西河流域管理局（TVA）建设了容量为 15000 kV · A 的制磷电炉。20 世纪 60～70 年代，苏联、美国、德国、荷兰、加拿大等国相继建成了 30000～90000 kV · A 大型制磷电炉 60 多台。

20 世纪 80 年代，一些西方国家先后关闭了一些黄磷厂，世界主要黄磷生产转移到了苏联。当时苏联黄磷生产的 90%集中在中亚的哈萨克斯坦，那里有苏联第二大磷矿基地——卡拉塔乌磷矿。在矿区附近江布尔、奇姆肯特等地建设有 50000 kV · A 制磷电炉 22 台，80000 kV · A 制磷电炉 13 台，黄磷年生产能力约 80 万 t。苏联解体后，哈萨克斯坦经济结构调整，仅有新江布尔有制磷电炉生产。

20 世纪 90 年代以后，中国黄磷产业在引进与消化吸收的进程中不断发展，到 2011 年底，全国共有黄磷生产企业 148 家，有各种类型的制磷电炉 300 多台，最大功率为 80000 kV · A。变压器总装机容量约 4×10^6 kV · A，设计产能 210 万 t。2018 年中国黄磷实际产量约 90 万 t，占世界总消费量的 75%。

4.2.3 制磷电炉电极技术的发展

20 世纪 40～50 年代，英国阿尔德布里黄磷厂将原来的小磷炉改造为 6 根ϕ600 mm 的石墨电极呈六角形布置的 5000 kV · A 容量的三相六电极黄磷电炉，利用闲置报废的 2 台各 3000 kV · A 容量的变压器同时给炉内的 6 根电极输入电流。从纯电工和热工学技术观点看，5000 kV · A 容量的黄磷电炉设计采用 6 根ϕ600 mm 的电极不是必需的，类似于大马拉小车，从设计的科学性及经济性分析，当时设计的初衷是想废物利用，后续也没有资料介绍改造建设、投产是否顺利成功，更没有相关的工艺技术和实际生产的综合经济技术指标等情况的报道。

1981 年，波兰格利维采用 Porsynchem 公司技术设计了一台 60MW 的六电极的电石炉。电极由 6 根实心的自焙电极或空心的石墨电极组成，1 排 3 根，呈 2 排平行排列布置在长方形的炉内。通过这 2 排反向的三相电流可大大降低电极的电抗，并且形成有利于它们烧结的状态，由于选择了适当的变压器，当电路靠近时产生非常大的电感耦合。这种整体的改革能减少同等生产能力的投资费用，降低电石炉电耗和辅助材料的消耗，减少动力消耗费用约 30%。

波兰格利维的六电极电石炉，在电极（自焙电极、空心石墨电极）的布置、类型以及炉型工艺等方面与我国的多电极黄磷电炉都没有借鉴和可比性。但三相六电极电石炉的接线方式，为多电极黄磷电炉的接线方式提供了理论依据，对我国多电极黄磷电炉的开发和设计是很好的启发。

因此，20 世纪 90 年代后期和 21 世纪初我国自主研发独创的三相六电极、三相七电极黄磷电炉技术，从工业设计、优化改造等方面都提出了正确、科学合理的设计方案，通过近些年的生产实践及经济技术指标的考核、评价，装置已从专业化到工业化大规模生产；多电极黄磷电炉容量也从 15000 kV · A、16500 kV · A、17500 kV · A、19500 kV · A、20000 kV · A、23000 kV · A、25000 kV · A、28000 kV · A 不断扩大，单台黄磷电炉的产量已超过 10000 t/a，每吨黄磷电耗最好指标已降到 11791 kW · h，其节能减排效果和经济效益已被越来越多的国内外同行关注。

现在，东南亚一带新建的黄磷厂均是采用中国的多电极黄磷电炉技术设计建成，投产的产能总计在 10 万 t/a 以上，世界上有磷矿资源的部分国家，也有采用这一技术的愿望。中国多电极黄磷电炉技术对推动国内乃至世界的电热法黄磷技术的发展、创新起到了积极深远的促进作用，可以说是中国电热法黄磷工业发展史上一次重大的技术革命和一个崭新的里程碑。

4.3　影响制磷电炉的关键技术要素

工艺装备是企业生产的物质技术基础和必要条件，在企业生产中，主要的生产活动是由人操作设备，设备把原料变为人们所需要的产品。设备反映企业的现代化程度和科学技术水平，设备的技术性能决定了企业的生产效率和产品质量。

4.3.1　制磷电炉技术水平

1. 炉型的划分

从不同的角度可以将制磷电炉分为以下几种类型：

1）根据功率大小不同，可以将制磷电炉分为小型、中型、大型，一般认为 5000 kV · A 以下的制磷电炉为小型，5000～10000 kV · A 为中型，10000 kV · A 以上为大型。

2）根据电极个数的不同，可以将制磷电炉分为单电极和多电极，多电极的数量从 2 到 7 不等，电极又分为预制电极和自焙电极，大型电炉多用自焙电极。

3）根据能耗指标的不同，可以将制磷电炉分为低能耗和高能耗，实际上这是一个代表电炉水平的核心指标，既代表电炉的设计和施工水平，又代表电炉的操作和控制水平。总体上讲，我国的制磷电炉综合能耗高于国外的同类电炉。

4）从结构上分为固定式电炉和转动式电炉。从设计和施工多方面评价，转动式电炉的技术水平要求更高一些，设计、施工和操作都复杂一些。

2. 技术水平指标

衡量制磷电炉技术水平的高低通常由下列几个指标来体现：

1）对制磷工艺路线需要宽广的适应性。

2）磷炉产品质量要有持续的稳定性。

3）工艺技术先进性，即磷矿石转化率高，磷收率高，副反应少，生产效率高，物料和能源消耗低，运行安全稳定、环保可靠。

4）自动化操作程度满足工艺、生产管理需要。

因此，正确选择、使用、维护好设备是降低检修费用、减少停机损失、降低成本、确保生产安全稳定运行的基础。

4.3.2　炉内料层结构、作用及其影响

1. 炉内料层结构

炉内料层自上而下分为生料层、半熔融层、熔融层、熔渣层和磷铁层，除此以外，还应该包括气室空间（气相区域）和炉壁挂料（挂料层区域）。炉内料层结构如图 4-10 所示。

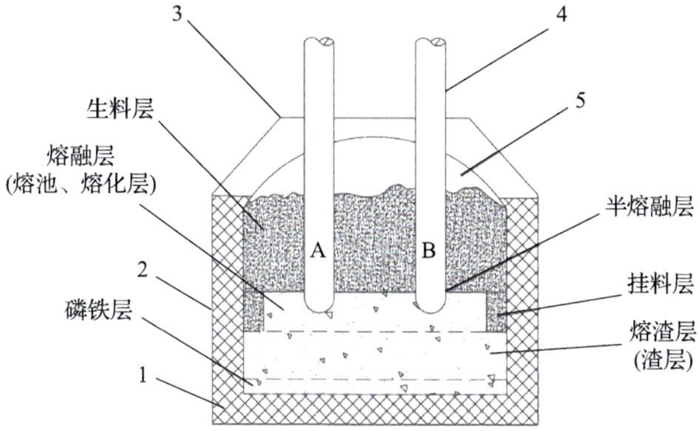

图 4-10　炉内料层示意图

1. 炉底；2. 炉壁；3. 炉盖；4. 电极；5. 气室空间

（1）生料层

生料层是指炉内经加热但尚未改变其物体外形特征的固体物料（磷矿石、焦炭、硅石）区域。炉料在进入半熔融层前，由于炉气和炉料存在温差而进行热交换，热量主要来源于从熔池反应逸出的高温炉气。这部分热量并不直接消耗电极输入的电能，而是充分利用了炉内高温炉气的余热，提高了制磷电炉的热效率，降低了黄磷产品的单位电耗。生料层的下限温度小于 200℃，低于导气管温度，上限温度为 1150℃，这个温度是磷矿石的软化温度（熔点为 1350℃）。

炉内的生料层是一个重要的控制区域，现在的多电极制磷电炉中该层厚度可达 3 m 以上（原来小制磷电炉在 2 m 以上）。它必须具有良好的透气性，整个生料层的料面出气均匀，可起过滤除尘的作用，有利于高温炉气和生料的热交换。如果水分含量上升，粉料增多，炉料粒级搭配不合理，灼失超标，都会降低和堵塞生料层的气孔，使透气性下降，除尘效率降低，影响热交换，造成炉内结拱、塌料；如果电极上抬，熔池上移，生料层减薄，高温炉气与生料的热交换也将受到影响，大量的热量将被炉气带走白白浪费，还导致了磷泥量的增加。因此，导气管温度（炉气温度）是黄磷生产中重要的工艺控制指标，它可以真实反映炉内熔池的化学反应和生料层的运行情况（炉内负压、空气入炉引起的导气管温度升高除外），称它是判断炉况好坏的“晴雨表”。

（2）半熔融层

顾名思义，半熔融层是处在一种即熔不融的物理状态，高温使炉料软化黏结在一起，冷却凝固后轻轻一敲就能分离开。由于它与生料层之间无明显分界面，有的资料在叙述炉内温度分布时作为同一层考虑。其实这一区域是一个过渡缓冲层，是连接生料层和熔融层的纽带，具有一定的特殊性。

炉料半熔融层的下限温度为 1150℃（并不明显，随磷矿石组成的变化而变化），上限温度为 1350℃。热量的来源都是从熔池反应上升的高温炉气热交换而得的，熔池的好坏及提供热量的多少，决定半熔融层的厚度和温度。有关资料介绍，1400℃是磷酸盐的化学还原反应温度，该反应是在熔池内进行的，由上而下首先经过这一区域。其实，有资料和试验表明，磷矿石熔化前存在着固相反应。

20 世纪 50 年代末，苏联制磷方面的学者尼·尼·波斯特里科夫为当时成都工学院教师和研究生编写的讲义《化学工艺学》介绍：磷酸盐与碳的化学还原反应在1050℃就已经开始，1190℃时已有一定的还原率，1200～1300℃时还原率提高较快。虽然在磷矿石熔化前存在着固相的还原反应，但就整个磷酸盐的还原反应来说，其所占比例是很小的。这里介绍的还原反应仅是针对在半熔融层区域而言的，不要误解为它就是主要的反应区域，磷酸盐与碳的化学还原反应主要还是在熔池内进行，因此半熔融层具有一定的特殊性。

在实际生产中，有一种说法：导气管温度高，电极歪斜，是因为"半熔融层太厚"，需要高挡位、大功率来将半熔融层熔化减薄，使炉况恢复正常。在前面的分析中已经讲过，给生料层、半熔融层提供的热量主要来源于熔池反应上升的高温炉气热交换，半熔融层的好坏取决于熔池正常与否，如果调高挡位，增加功率，只会促使熔池上移，过滤、热交换的效果更差，对调整半熔融层的厚薄、电极歪斜、降低炉气温度没有一点实质性的意义，反而会破坏良好熔池的形成，加剧炉况的恶化。

（3）熔融层

熔融层又称熔化层、熔池，确切地讲应该是物料熔融液与焦炭的混合层。它是主要的能量转换发热区和主反应区，熔池热量的大小取决于从电极输入炉内电能的多少。制磷电炉属电阻（电弧）炉，电能的转化热主要是电流通过熔料产生的电阻欧姆热和少量电极端弧光放电产生的热量。熔池的转化热能使炉料熔化并持续不断供给磷酸盐化学还原反应需要的热量，电炉生产才能不间断地正常运行。炉内其他料层（区域）的热量均发源于此。

熔融层的熔料流动性很差，排渣时熔料一般不会被排出炉内，停炉扒渣时可以清楚地观察到熔融层的外貌形状和特征，冷却凝固后它是一种坚硬并带有韧性的固体物质，没有半熔融渣的疏松性和熔渣的脆性，因此用风镐都很难破碎清除。可以看到焦炭颗粒四周包裹着一层熔融炉料，或者说在熔融炉料中镶嵌着焦炭颗粒，就像一大块芝麻糖，焦炭颗粒非常明显。

由于熔融料的电阻远大于焦炭，从而避免了电流在熔池内发生短路。有的资料这样介绍：在熔化层上面漂浮着一个富焦层……。其实这是不可能的，如果情况真的如此，必然造成电极间电流的短路，导致电极无法调节。在不断加入炉料的重压下，焦炭在熔化层上面是无法漂浮的，只能被浸泡在熔融的熔料中，从扒渣清炉时可以证实这一点，和上面的情况完全吻合，没有发现熔化层上有一层焦炭。

那炉内有没有富焦层？富焦层又在哪里呢？经过多年的实践摸索和研究分析，得出的结论是：炉内要有富焦层，只可能是在熔化层的下面，游动在渣层中，但这是黄磷生产中我们不希望存在和出现的。

在生产中出渣的时候可能都会碰到这样的情况：排渣的前后期总会有一些焦炭随渣流出，特别是焦炭粒度、焦比过高或渣中残磷含量偏低时，堵排渣口前5 min左右，也就是渣就要排完之前有大量焦炭随渣流出，几乎铺满渣道，若不及时用通棒疏通，焦炭很容易将排渣口堵塞。还有现在通行的排渣停炉法，就是接到停炉指令后，马上将排渣口打开排尽炉内熔渣，使渣中剩余焦丁落入炉底，合闸时便于引出电流。

可以想象，熔化层中焦炭数量是随时保持着一种动态平衡。一方面炉料不断熔化，焦丁随炉料进入熔化层，另一方面焦丁和熔化的磷矿石、硅石发生化学还原反应而不断被消耗。当磷矿石、焦炭的化学组分、配比不变时两者相抵，使熔化层中焦炭的数量随时保持相对的平衡状态。

理想的状况是物料在经过熔融层，进入渣层时化学还原反应已接近尾声，尚有少量焦炭控制渣中的残磷含量在工艺指标范围内，到排渣时焦丁全部消耗完，不出现焦炭随渣流出的现象。所以黄磷生产不希望炉内出现富焦层和剩余焦炭聚积的状况，只有在炉料质量改变，配比失调等非正常情况下才会出现。正常的炉况、优良的工艺条件下，炉内是不可能出现富焦层的。

熔融层的起始温度为 1350～1400℃，总热量的 80%左右在这里被消耗掉，是消耗热量的主要区域，磷酸盐的化学还原反应在熔池 20 min 还原率即能达到 90%，这个过程是激烈而迅速完成的。

对于一定的炉料化学组分，生产每吨黄磷消耗在炉料熔化、磷酸盐还原反应的热量是一定的，但副反应消耗的热量是可变的。因此，在熔池内不希望出现超过 1400℃的“过热区”或低于 1400℃的“过冷区”。出现“过热区”，副反应增加，电耗上升；出现“过冷区”，电极熔池不能连成整体，反应速率下降，化料量减少，同样增加电耗。

（4）熔渣层

熔渣层又称炉渣层和渣层，它是磷酸盐化学还原反应结束后的残渣积存区域。随着熔池内化学反应的继续、渣层液位的升高，磷铁下沉时带入的热量和流向炉底电流通过渣层和磷铁层时形成欧姆热，这些热量随炉渣、磷铁的定期排放而损失。

炉渣带走的热量占总能耗的 29.37%，是各项热量损失中最大的一项。影响热量损失多少的决定因素是炉渣量和炉渣温度。每一个出渣周期形成的渣量是不定的，它随负荷的高低、化料量的多少随时变化，应提倡采用累积电耗比按时间出渣更科学些，可以将热量损失减少到最小。炉渣温度一般在 1400℃，如果炉料配比失调或二次电压选择过低，电极位置下移或是酸度指标过高过低，都会促使炉渣温度升高，造成炉渣带走的热量增加。

（5）磷铁层

磷铁层是集存炉内副反应产物磷铁的区域。大型制磷电炉渣口、铁口位置与炉体外壳相差 180°，各有两个铜质水冷渣口套和两个炭砖铁口，还设有专门的铁床，出铁和出渣是严格分开的。小型制磷电炉设有两个并排的渣（铁）口，其中渣眼与炉底炭砖平齐的可作为铁口，排渣口比铁口高 50 mm。现在 20000 kV · A 以上的中型制磷电炉设置有并排两个排渣口、一个铁口或三个排渣口、一个铁口，但出渣和出铁没有大型制磷电炉严格。

磷铁层实质上是炉底炭砖的保护层，磷铁的磷含量在 21.7%时，熔点为 1365℃。由于磷铁层的存在，避免了高温炉渣与炉底炭砖直接接触，从而有效避免炉底炭砖的腐蚀和冲刷。云南马龙产业集团股份有限公司安宁分公司 80MW 制磷电炉在遭受多次焦炭粒度超标，炉壁底层炭砖多次严重腐蚀的考验后，炉底炭砖仍然未受损伤，至今已有十几个年头了，炉底炭砖还从未大修过，这不能不说磷铁层的存在功不可没。

（6）炉壁挂料层

炉壁挂料层主要指电炉熔池外缘至炉壁炭砖间的这一区域。其热量主要来源于熔融料传导热及电流至炉壁经挂料层生成的电阻欧姆热。如果挂料层厚度相对稳定，只是在形成挂料时才消耗热量，一旦形成后热量消耗较少。炉壁挂料层的厚度随炉况变化和正常工艺操作调整的变化而增减。挂料太厚，影响炉内正常的电流分布，缩小熔池有效容积，形成过热区为副反应创造条件，化料量减少，干扰正常炉况；挂料太薄，热损失大，对炭砖的化学侵蚀加快。

大型制磷电炉为了有效防止炉壁炭砖遭受化学侵蚀，在炉体外壳采用喷水强制冷却。电炉熔池外缘的温度在1350℃左右，远高于磷酸盐的固相还原反应温度1200℃，如果熔料直接接触炉壁炭砖，就会使其遭受化学侵蚀而导致炉衬使用寿命缩短。对于中小型制磷电炉，为了降低炉壁热损失，减少基建投资，电炉的内径设计远大于实际的电炉熔池直径，使制磷电炉炉壁炭砖表面形成厚度适中的挂料层，从而避免、隔离高温熔料直接接触炉壁炭砖而发生的化学侵蚀。这样的设计可使炉壁炭砖内表面温度低于1200℃，既不影响出渣，制磷电炉外壳又不必强制喷水冷却，自然通风冷却即可，起到事半功倍的效果。

（7）气室空间

气室空间指炉内生料层表面至耐热混凝土炉拱（有的是平顶）内侧的空间，又称炉内气相区域。它的作用相当于一个缓冲罐，当炉内气体压力骤增时，如塌料、气体受阻等情况发生时，受压气体有一定的缓冲空间（因为气体可压缩），可有效防止压力升高将炉料带入受磷槽、喷火等严重事故的发生。这个气室空间高度根据炉型大小不一，一般在700 mm左右，受伸入炉内的下料管长度限制。

2. 制磷电炉内电热消耗

制磷电炉内的能量靠电能提供，以热量的形式表现出来，产生的电热消耗在以下几个方面：

1）原料的预热和炉料熔融所需热量。

2）反应热焓主要包括炉内各种主副反应发生时所需要和放出的热量。

3）磷蒸发所需热量指磷被还原出来后，蒸发为磷蒸气所需要的热量。

4）黄磷尾气带走的热量，在导气管温度不大于200℃时黄磷尾气热焓约为232 kJ/kg。

5）出渣、出铁时，随炉渣、磷铁带走的热量。

6）变压器、短网、炉盖、炉壳等电导损失的热量。

3. 影响制磷电炉内电流的因素

（1）设计参数的影响

电炉的几何尺寸是设计的主要技术参数之一，包括电炉的内径、内高、炉壁炉底炭砖厚度、电极布置、电极同心圆等。电炉几何尺寸的变化同样会影响炉内电流分布。若电极圆心圆选择过小，电极间距太近，其间的熔料电阻变小，从而使电极间通过的电流增大。操作中任何情况引起这一区域的熔料温度升高，都会促使其电阻率下降，引起电极间短路打弧或电极电流飞升，提电极根本来不及（碳质还原剂发生改变，焦丁中掺杂煤丁最容易出现类似情况），最后导致炉压升高或电极窜火；另外，还可使渣层、炉壁、炉底温度下降，出渣困难。

若电极圆心圆选择过大，电极间距离增加，则电极间出现“冷区”，电极熔池互不相连，最佳电炉熔池不容易形成，下料不均匀，化料量减少，消耗增加，还会导致电极折断。因此，只有电极间的距离选择适当，设计合理，可避免在电极间、电炉中部出现“冷区”，使整个炉内电流分布均匀、合理，形成良好的电炉熔池。

同理，若电极距炉壁选择太近，则炉壁温度升得过高，热损失大，使熔料对炉壁炭砖的腐蚀加剧，最终影响炉衬使用寿命；反之，若电极距炉壁选择太远，则炉壁温度过低，导致炉壁“挂料”层过厚，炉膛直径缩小，化料量减少，副反应的发生增加，生产负荷难以提升，升挡（提高电炉的二次电压）后难以达到提升负荷的目的。

（2）物料的影响

炉料配比、焦炭用量、磷矿石化学组分，除了影响磷酸盐的还原率和副反应外，更关键的是能改变、调节炉料的电阻率，这是制磷电炉得以正常运行的必备条件和基础。

在炉料配比中，焦炭用量依据其化学反应方程式计算而来，但仅考虑磷酸盐反应的还原率和其他组分需要的焦炭量是不够全面的。炉料的电阻是由还原剂焦炭的数量和粒度、炉料温度及它本身的电阻率决定的，电阻率又影响着电流的大小和分布。如有时生产中会出现这样的情况，渣中残磷含量偏高（一般正常指标为1%～2.5%），但电极又上抬，降不到位。这时按指标控制应该增加焦炭用量，但如果焦炭用量增加，电极更上抬，这很可能使还原剂的粒度、质量发生波动。一边炉内剩余焦炭富集，使炉内导电性增加，电阻发生变化；一边参加还原反应的焦炭量不够，引起渣中残磷含量上升。因此，在配料和特殊情况下一定要将这些影响因素考虑在内，更有利于工艺调整和控制，绝不能顾此失彼。

因此，在配料时必须确定一个合适的焦炭过量系数，根据操作经验，使用品位稍低的磷矿石时，选择焦炭过量3%～5%；使用高品位磷矿石、固定碳含量80%以上的冶金焦丁时，不需要考虑过量系数，还可根据炉况在理论计算值上减少1到2个百分点以便更好地操作控制，特别是制磷电炉在100%负荷以上更是如此。关于更为详细的分析，可参阅第3章中的有关内容，这里不再进行重复讨论。

（3）工艺操作的影响

在生产中由于工艺条件的变化，炉内电流流向发生改变，电炉熔池直径也随之变化。在正常的炉料焦比下低负荷运行，3组电极所形成的熔池不可能很好地连成整体，电极圆心圆中心会出现“冷区”，反映在工艺上是电极升降对电流的影响、变化很大。随着制磷电炉运行负荷增至100%时，直至电极圆中心的“冷区”消失，电极电流和整个炉况就显得相对稳定，可以认为此时电流分布最为合理。因此，制磷电炉不提倡在50%负荷下长时间维持生产。

在制磷电炉生产工艺操作中，由于入炉物料的化学组分在波动，为了控制渣中的残磷含量及其他工艺指标，炉料焦比也随之在不断调整变化。随着炉料焦比、炉料温度、熔池电阻的变化，炉内电极间功率的互相转移随时存在。在一定的功率负荷和二次电压下，有时电极位置会出现高低不平的现象，特别是刚出完渣后更是显而易见。这种现象使熔池电阻率偏离了正常控制范围，电极间电流出现了互相转移，需要通过升降电极操作调整电阻，使制磷电炉恢复正常运行。

4. 制磷电炉内热量分布

根据炉内的化学反应及电流分布分析，可以得出炉内热量分布的结论。

1）炉内热量最大的地方是电极端部下方的区域，电极的对地电压大部分以电阻、电弧形式在这一区域将电能转化成热能。在这个区域内，炽热的焦炭分散浸泡于熔融的炉料熔液中，充足的热量在反应熔池内促使熔融的磷矿石、硅石与焦炭充分接触，并渗透到焦炭的毛细孔（孔隙）中，使化学还原反应得以激烈进行，产生的磷蒸气逸出，加剧了熔池内熔融物料的激烈翻滚，促使熔池内物料及其温度趋于一致，更有利于物料缓慢均衡下移，加快了物料熔化速度，这就是我们通常所说的化料量增加。

根据上面的分析，在电炉熔池内温度分布基本是均匀平衡的。只是在离炉壁最近的部分，温度略有下降；电炉熔池以外，则是随着距电炉中心的半径增大，温度逐渐降低；整个炉内的纵向温度则以反应熔池温度最高，熔池上下两个方向温度逐渐降低。熔池下方渣层和磷铁层、炉底炭砖的电阻热，使得其温度的降低比熔池上方的固体料层缓慢，渣层、磷铁层温度可达 1400℃。

熔池上面的固体料层则不同，由于炉料不断加入进行热交换，固体物料由上而下温度上升较快，温度达 10～15℃/cm，而上升的炉气在经热交换后至导气管的温度降至小于 200℃，有的炉型导气管温度还更低，小于 100℃（如三相 7 根电极导气管温度正常时在 80℃左右），而采用电除尘的大型制磷电炉则小于 600℃。

2）炉内电极圆心圆所包围的圆柱体部分由于电极熔池的相互连接和电极辐射热的作用，形成中部过热区。它的出现将导致炉内横向温度集中，热量分布不均匀。这样，在靠近炉壁的物料到达熔融和反应所需温度的同时，倘若出现中部过热区，大部分热量将白白浪费掉（主要使炉气温度升高），若焦比过高，还会促使副反应发生。例如，三相 6 根电极呈内外三角布置的制磷电炉都存在这一缺陷，中心区热量过剩，而电炉熔池周边热量不足，炉壁挂料层厚度高达 800～1500 mm。为减少这部分热量损失，在设计时应依据电极熔池相切理论原则，使电极间距确保电极产生的熔池不致大量重叠。同时，在制磷电炉中部的下料管布置时，要考虑这里需要多加料，以充分满足过热区消耗较快的需要，使炉料得到迅速补充。正常生产时，中部过热区化料量占总化料量的 30%左右，甚至还要多些。

5. 制磷电炉内热量对副反应产生的影响

炉内热量分配情况取决于炉内电流的分布状况，炉内过热区或高温区的扩大促使副反应的发生。主要的副反应有：SiO_2 的逸出、磷化钙的生成、碳化钙的生成等，在第 6 章节能有关内容中将进行详细分析。

有关资料介绍，生产每吨磷因副反应的发生而增加的电耗为 881～2729 kW · h，这包括原料化学组分变化引起的副反应（如原料中 Fe_2O_3、CO_2 等含量过高）、低于磷酸盐化学还原反应温度发生的副反应、高于磷酸盐化学还原反应温度发生的副反应三种情况。前两种情况基本很难避免，属于自然消耗。炉内熔池的温度高低对能耗的影响极为关键，任何可能引起电极熔池重叠过多的因素都需要避免，需要提醒和引起管理者、操作者的重视。

4.3.3 熔池

良好熔池的形成是判断炉况优劣的标准和依据。综合分析考虑炉底、炉壁、导气管温度，渣中残磷含量、酸度等工艺控制指标，重点调控各相电极位置的相对平衡，适时监控功率因数的变化，确保炉内良好熔池的形成是前馈调节、主动操作、减少波动、稳定炉况、优质高产的积极生产控制手段和工艺管理方法。

1. 熔池标准

对于传统的三相 3 根制磷电炉，3 根电极在炉膛截面的布置都设计成等边三角形。每根电极有对应的一个熔池，称电极熔池；3 根电极形成的电极熔池相互连成一个整体，成为一个直径更大的熔池，称电炉熔池。理想的电炉熔池标准是指炉内 3 根电极熔池的外圆相切于电极布置圆中心轴线，如图 4-11（c）所示。此时相互间电极熔池重叠的面积最小，没有过热区、过冷区，这就是判断熔池好坏的标准，也是我们常说的“熔池相切理论”原则。

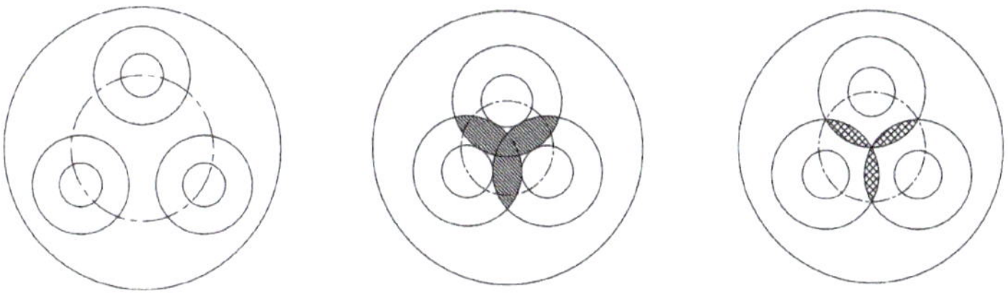
(a) (b) (c)

图 4-11　三个不同的电炉电极熔池示意图

2. 三相 3 根电极的几种布置

图 4-11（a）中 3 根电极的熔池外缘互不相连，电极间和电极中心出现冷区，这是由于电极布置圆直径选择过大所致。在电炉内径和输入功率不变的情况下，电极到炉壁的间距缩小，其间的电阻减小，电流流向炉壁的份额相对增加，炉壁的挂料层减薄甚至消失，炉壁温度升高，导致随炉壁散失的热量增加，严重时还会使炉壁发红。

图 4-11（b）中 3 根电极的熔池相交过多，重叠部分过大，并且电极熔池在中心部位多次形成重叠过热区，这是由于电极布置圆直径选择过小所致。在制磷电炉内径和输入功率不变的情况下，势必造成电极至炉壁间距增大，电流流向炉壁的份额相对减小，促使炉壁挂料层加厚，炉壁温度下降。虽然随壁温下降损失的这部分热量减少，但由于电极间距缩小，电流通过电极间的份额相应增加，致使电极上抬，出渣周期缩短，生料层厚度减薄，炉气温度骤升，随炉气带走的热量、粉尘量增大，最终导致磷泥量增加，给磷的精制带来困难。

此外，由于 3 根电极熔池间相交部分的面积太大，且中间出现多次重叠的过热区，中心区热量过于集中，不利于热量的有效利用。熔融层（熔池）温度升高促使发生副反应的概率增多，增加电耗，同时还会造成电极主电流至炉底炭砖的份额相应减少、渣层温度降低、流动性差、出渣困难等。

图 4-11（c）中 3 根电极的熔池外缘相交于电极布置圆中心，此时 3 根电极的熔池既

相连，并且电极熔池重叠部分最小，又无冷区或过热区，这就是制磷电炉电极布置时必须遵循的“熔池相切理论”原则。根据这一原则设计的制磷电炉，在实际生产中熔池电阻合适，各部分的电流及炉内各区域的热量分配合理，炉内形成的良好熔池使热量既能保证磷酸盐还原反应温度需要（1400℃），又能有效杜绝出现高温区，避免和减少副反应的发生。同时使炉壁内侧炭砖温度在 1200℃以下，减少了炭砖的化学侵蚀。另外在保证炉渣正常流动性的情况下，炉渣温度最低，随其流失的热损失最少（炉渣带走的热量损失一般占总热量的 30%左右）。

3. 三相 6 根电极的几种布置

图 4-12（a）是贵州省制磷企业首先采用的将 6 根电极均匀布置在同一圆周的设计方式，称为电极呈圆周均匀布局制磷电炉。这样各电极和炉壁的距离完全一致，炉壁挂料非常均匀，炉壁温差很小（炉况正常时），但相邻电极间的间距稍小，每根电极熔池边缘重叠的部分过多。

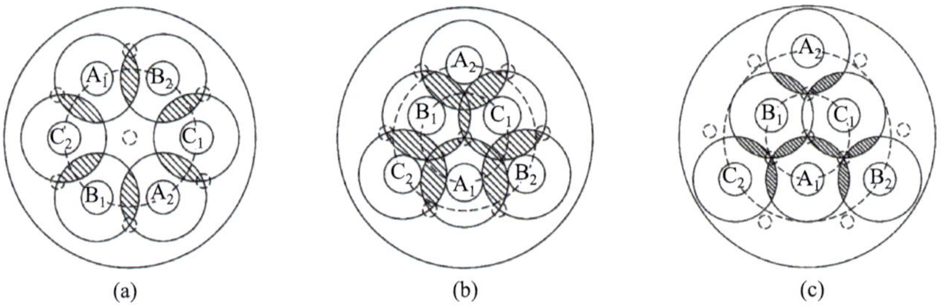

图 4-12　三相 6 根电极的几种布置形式示意图

由图 4-12（a）可以看出，若要减少每根电极熔池边缘过多的重叠部分，电极布置圆的直径必须扩大，那么，电炉熔池中心的冷区面积还将会比原来的增大。

图 4-12（b）是云南制磷企业在圆周布局基础上改进的电极布置形式，称为电极内三角外三角布局制磷电炉。其内三角的电极布置呈等边三角形，3 根电极的熔池外缘相交于炉体的中心轴线，但外三角的电极布置在各电极熔池外缘靠近炉体的中心轴线。因此，各电极熔池间重叠部分较多，局部过热区面积较大，内三角电极正对炉壁的距离稍大，炉壁挂料层厚度不均衡。

图 4-12（c）是双等边三角形的电极布置，称为电极大三角小三角布局制磷电炉。6 根电极分别均匀分布在两个同心圆的圆周上，构成了完全相等的 4 个等边三角形，此时 6 根电极熔池的重叠面积是最小的。但从图中也可以看出，大三角顶部的电极熔池外缘已和炉壁靠在一起，这里炉壁温度肯定相对较高；而小三角顶部的电极熔池外缘与炉壁距离太大，这部分明显是炉内的冷区。为解决这个矛盾，昆明三聚磷酸钠厂引进德国赫斯特技术的电炉截面，把这部分冷区削去，形成修边圆三角炉膛截面，使电极与炉壁的距离相等，减少炉壁挂料，满足生产工艺的要求，可称得上精确的设计。不过该种炉体制作和筑炉施工均比圆形炉体难得多，目前在多电极制磷电炉上还尚未有此类炉型布置的设计。

4. 三相7根电极的布置

图 4-13 是三相 7 根电极的平面布置示意图，称为 7 根电极呈梅花状布局制磷电炉。图中显示，炉内各电极布置遵循“电极熔池相切理论”原则，电极熔池连成的电炉熔池重叠部分最小，没有过热区和过冷区，炉内电极间距、电极与炉壁的距离相等。因此，炉内电流、热量分布均匀合理，磷酸盐的化学还原反应能最大限度地利用热能，快速提升负荷，可减少不必要的副反应发生，电损小，功率因数高，是扩大制磷电炉容量的一种优化选择，但操作控制和生产管理相对其他类型的多电极制磷电炉较难。目前，国内仅云南有该类型的制磷电炉 6 台，单台制磷电炉产量已超过 10000 t/a。

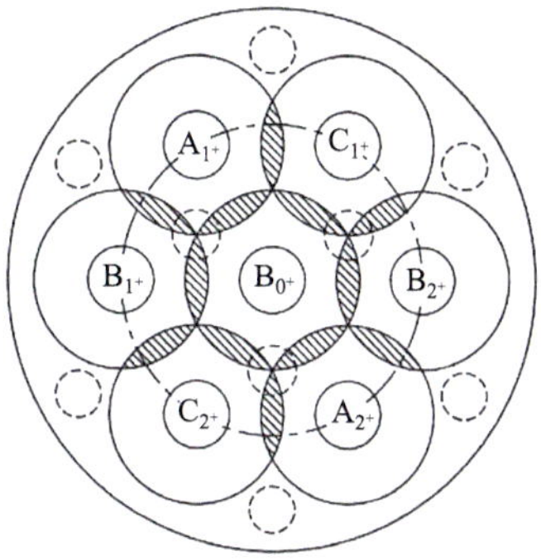

图 4-13 三相 7 根电极的平面布置示意图

综上所述，在制磷电炉设计中，电极熔池的配置对炉内的热量分配起到至关重要的作用。它不但直接影响电炉的热效率和各项经济技术指标，而且还影响到制磷电炉的使用寿命。因此，无论设计建设什么类型的制磷电炉，都必须遵循和考虑“电极熔池相切理论”原则对日后生产的影响，否则将不能建造优质、高产、低耗的节能型制磷电炉。

5. 影响熔池形成、大小的因素

熔池的形成、大小受设计技术参数的影响，但不等于说只要电炉的几何尺寸、设计技术参数选择合适了，日后的生产装置就能顺利试车运行，万事大吉了。相同的设计，同样的炉型，在不同的地方或由不同的人操作和管理，生产运行效果和经济技术指标相差却是很大的。

（1）电极位置对熔池的影响

前面已经讲过，炉内每根电极下有一个电极熔池，所有的电极熔池连成一片，形成一个更大直径的区域称为电炉熔池。熔池从上到下，半径逐渐扩大，到电极尖（端头）半径达到最大值，称为最大熔池半径。电极尖以下，熔池又有所收缩，从电极周围的熔融炉料开始到渣层上部为止的距离，称为熔池深度。整个熔池近似于橄榄椭球形，电极在熔池中的长度（深度）相当于椭球的短半轴，熔池的最大半径为椭球的长半轴。熔池的短半轴和长半轴在制磷电炉内径和输入功率不变的情况下处于动态平衡。

要使炉内形成上面所讲的良好的熔池状态，先决条件是炉内的电极端头（无论 3 根、6 根还是 7 根电极）必须相对保持在一个水平线上。如何调整操作控制电极位置的平衡，又不至于其他工艺技术指标超出正常范围，是检测生产操作控制、管理水平的一个重要标准。

在工艺条件优良时，由于炉料组成基本上是稳定的，其电阻率也比较稳定，电极位置容易控制调整平衡，电极熔池相互间能很好连成一个整体。在 6300 kV · A 三相 3 根电极的小型制磷电炉上更是显而易见，所以大家都说小型制磷电炉好操作、易管理。目前，中型制磷电炉单台的变压器容量已提高到 20000 kV · A 以上（最大的已到 28000 kV · A）；炉内电极布置设计也从三相 3 根发展到三相 6 根、三相 7 根，随着电极组数的增加，炉内电极熔池也随之增加，要使各根电极熔池相互连成一个整体，单从电极数量上讲操作难度是原来的 2 倍以上，影响的因素还更多。

倘若炉内操作电阻发生了变化，炉料配比变化超过了正常范围、熔池温度瞬间下降（塌料）、焦丁离析、炉壁挂料层增厚等，电极电流都要发生波动和变化，倘若此时只注意炉况的单一现象，根据电流表的波动将各根电极电流调平，势必就会人为将炉内的电极位置搞得高高低低，不在一个相对平衡的水平面上，优化工艺条件下形成的良好熔池就要遭到破坏，炉内操作电阻、良好熔池的自我修复和调整功能也将悄悄消失殆尽，会给后续的电炉操作和管理带来隐患和困难。

在操作中可能会碰到类似的情况，相邻的两根电极，一根电流很高，而另一根电流很低，按传统的电流平衡法，电流高的只有提升电极，低的降低电极，其结果是两根电极的水平位置相差越来越大，有时这个差值在 500～700 mm，甚至更多。这种炉况可从炉底及导气管温度观察，从炉内熔池、电阻变化入手分析处理（实际生产中也是如此）。

电流高的一根电极是由于下面有局部结拱（或挂料层增厚），因此电阻减小，导电性能好，所以电极电流高，熔池上移；邻近的一根电极电流低是因为自己的熔池此时不能和其连通，温度下降（从炉底温度降低可以说明），电阻增大，导电性能差，所以电极电流低，故不能提电极。这种情况是个别电极下面局部结拱，还没有影响到全局，因为导气管温度不高，处理的方法是多活动电流高的电极（其他电极可配合活动，但电流低的电极慎动），适当将其电流值控制稍高一点，促成“人工主动操作塌料”，使炉内的熔池、操作电阻、各条电流回路、电极位置的操作平衡恢复正常，变被动的传统操作为主动操作。把准炉况运行的“脉搏”，是在工艺操作和管理中善于“牵牛鼻子”，积极、主动、科学的工作方法。

（2）影响熔池大小的因素

每根电极下形成的电极熔池大小与低压侧二次电流、电压（电极到炉底的电压降）及熔料电阻率有关。表 4-10 是某厂制磷电炉历次停炉清理时记录的各根电极形成的熔池直径与电极电流整理后的统计数据。由表 4-10 可以看出，由于炉内电极间存在着功率转移，每根电极所形成的熔池直径各不相同。在输入功率和电极电流相同的情况下，电极熔池直径最小 800 mm，最大 1500 mm。另一个趋势是随着电极电流的增加，熔池平均直径也随之扩大。

表 4-10　某厂制磷电炉电极电流与熔池平均直径

电炉输入功率/kW	电极电流/kA	电极熔池直径/mm			
		1 号	2 号	3 号	平均
1200	4949	1200	1000	1150	1117
1650	5954	1400	800	1500	1233
1950	6623	1500	1400	1100	1333
2600	7900	1625	1250	1500	1458
3200	9238	1800	1300	1700	1600

注：摘自 2003 年第 2 期《硫磷设计与粉体工程》。

表 4-11 是根据钙镁磷肥电炉试验得出的二次电压与熔池大小的统计。从表可以看出，随着二次电压的提高，电极形成的熔池直径也随之变小。在制磷电炉的日常操作中，实际情况也与此相同。随着电极电流的增加，电炉负荷得到相应提高，熔池直径随之逐渐扩大，可以从炉壁温度的上升观察到。随着二次电压的提高，熔池直径变小，炉壁温度下降（与电流增加时相反）。在增加负荷的同时提高二次电压，熔池直径扩大并不明显，炉壁温度变化也较小。这就是为什么要坚持挡位与负荷相匹配的理论依据，高挡位（提高二次电压）低负荷，熔池要缩小；低挡位（降低二次电压）高负荷，熔池要扩大，对炉衬的腐蚀也加大。利用这一原理，当炉壁挂料层增厚，熔池上移，炉底温度下降，排渣口难烧时，适当降低挡位运行一段时间，对良好熔池的恢复很有实际意义。但是，制磷电炉不提倡在 50%以下负荷长期运行，在错峰、让峰、充分利用峰谷平电价的同时，要认真组织、安排生产并及时协调工艺，不然不但达不到节能降耗的目的，反而破坏了良好熔池的稳定，缩短制磷电炉的使用寿命。

表 4-11　钙镁磷肥电炉二次电压与熔池大小统计

二次电压/V	熔池深度/mm	熔池直径/mm
70～120	60	>800
140	60	<800
173	60	700
244	60	600

注：摘自 1956 年第 1 期《浙江化工技术导报》。

（3）炉料焦比对熔池的影响因素

炉料焦比和熔池直径的关系往往不易引起注意，在制磷电炉负荷基本稳定的情况下，炉料焦比的变化与炉壁、炉底温度有直接关系。从表 4-12 可以看出，随着炉料焦比的降低，炉壁、炉底温度相应升高，说明电极的熔池直径在扩大，电极插入熔池的深度也增加了。由于熔融层的炉料电阻率与炉料焦比呈反比关系，炉料焦比降低说明其电阻率增加；炉料焦比上升，其电阻率下降，熔池直径缩小，炉壁、炉底温度降低。

表 4-12　炉料焦比与炉壁、炉底温度的关系

炉料焦比（质量分数）/%	炉壁温度/℃			炉底温度/℃		
	1 号	2 号	3 号	1 号	2 号	3 号
17.26	525	600	412	692	697	600
15.40	600	—	460	735	740	620
13.02	590	680	—	720	730	610
5.30	—	740	500	750	750	660
5.16	740	745	480	780	770	660

注：摘自 2003 年第 2 期《硫磷设计与粉体工程》。

分析了解影响电极熔池直径大小变化的因素，为探讨和制定制磷电炉的最佳操作方案和方法提供了理论依据。然而炉料焦比的增加或是降低，还要与其他工艺控制指标联系起来综合考虑。这是因为炉料焦比的降低意味着渣中残磷含量的上升，否则就要顾此失彼。

（4）工艺操作控制对熔池的影响因素

从图 4-12（c）可以看出，电炉熔池的直径是电极熔池直径的两倍。但是每次扒炉后测量的数据并不一定如此，3 根电极正对炉壁的腐蚀并不相似，有的严重，有的轻微，3 根电极所形成的电极熔池直径大小不等，从表 4-10 的数据也可以说明这一点。电极熔池外缘的相交点不一定通过电极布置圆中心轴线，这说明电极间的功率的确存在着相互转移的现象。

实际生产中，制磷电炉的工艺控制指标有所波动和变化，需要通过操作加以调整，电极熔池的直径也随之发生变化。因此，电炉熔池的直径可能大于或小于电极熔池直径的两倍。只有在优良工艺条件下满负荷运行，电炉熔池的直径才是电极熔池直径的两倍，此时的工艺技术和经济技术指标才是最好的，称为最佳经济运行负荷。

操作的优良工艺条件影响电炉熔池的直径。据资料介绍，电极熔池的直径与炉料电阻率、电极电流成正比，与电极对地电压成反比，其值如下式：

$$D = C\frac{\rho I}{E}$$

式中，D 为电极熔池直径，mm；C 为无因次常数，$C = 1.26$；ρ 为炉料电阻率，$\Omega \cdot cm$；I 为电极电流（二次电流），A；E 为电极对地电压（二次电压），V。

由上式可知，电极熔池直径 D 的大小取决于熔融层的炉料电阻率 ρ、电极电流 I 与对地电压 E 的比值。倘若电炉处于最佳期的 I/E 值时，电炉熔池的直径主要取决于炉料电阻率 ρ，而影响电阻率 ρ 的主要因素是焦炭的粒度与炉料焦比，这两个因素是制磷电炉正常运行的必备条件。

当炉料电阻率 ρ 基本稳定并处于最佳值时，电极熔池直径的大小则取决于 I/E 值，倘若此时 I/E 值太小，电极熔池直径会因过小而形成“死相”，同时造成电极间的功率转移，对于 10000 t/a 以下的制磷电炉，I/E 值（电流电压比）最好不要小于 70。

4.3.4 离心泵

泵是黄磷生产过程中的重要设备。泵把输入的能量转变为流体的势能和动能，根据工作原理和结构的不同，可分为叶轮泵（离心泵、轴流泵等）及容积泵（往复泵、回转泵等）。黄磷工艺过程中使用的泵大多数属于离心泵，下面着重介绍离心泵。

1. 离心泵的工作原理

如图 4-14 所示，泵壳 3 内装有一个工作叶轮 1，叶轮安装在传动轴上，叶片 2 之间形成液体通道。吸入管 4 装在泵壳中心，出口管 5 则同泵壳周边相切。为防止液体倒灌，必须要在开启前确保泵壳内充满液体（现在大多数泵的入口管安装都比液位低，打开入口阀，液体就充满叶轮间）。叶轮旋转时，充满于叶片之间的液体在离心力作用下从叶轮的周边甩出叶轮，然后沿着泵壳的水道向出口管流去。当一部分液体甩出时，在叶轮的入口片产生一定的真空，在大气压力作用下液体进入泵内，这样液体不断地吸入和压出。

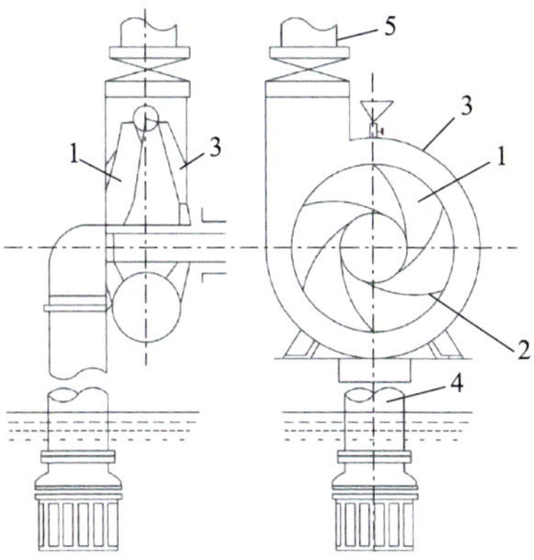

图 4-14 离心泵工作原理示意图
1. 叶轮；2. 叶片；3. 泵壳；4. 吸入管；5. 出口管

2. 叶轮形式

与风机叶轮的结构形式相近，同样分为前向、径向和后向式三种，前向式叶轮能产生较高的压力，但效率较低，离心泵后向式叶片较普遍。离心泵叶轮的材质可用铸件，根据液体性质的不同选用不同的材料，如耐磨、耐腐蚀等。在输送泥浆或污水时，为避免堵塞减少叶片数或制作成开式叶轮，但开式叶轮和叶片数少的叶轮的效率较低。

3. 离心泵使用应注意的问题

当离心泵工作时，吸入的液体向着压强逐渐降低的方向流动，当液体进入叶轮时，压强降低到最小值，如果在压强最低的地方，液体的压强等于或低于在该温度下液体的饱和蒸气压，就会有蒸气及溶解在液体中的气体从液体中大量逸出，形成许多蒸气与气体混合的小气泡。这些小气泡随液体流到高压区时，气泡马上凝结，在凝结的一瞬间，从四周向气泡中心高速运动的液体质点骤然停下，产生很高的局部压力。如果这种凝结发生在金属表面附近，则局部压力便作用在金属表面上。在这种局部压力的频繁作用下，金属表面逐渐因疲劳而破坏，通常把这种破坏称为剥蚀。在所产生的气泡中如果还夹杂着活泼气体，在气泡凝结时放出热量的影响下，对金属起化学腐蚀作用。在化学腐蚀和机械剥蚀的共同作用下，加快了金属的损坏速度，这种现象就称为汽蚀破坏现象。离心泵在严重的汽蚀状态下运转，发生汽蚀的部位很快就被破坏成蜂窝状或海绵状。当汽蚀发展到一定程度时，气泡大量产生，影响液体的正常流动，甚至造成液体输送中断，产生振动和噪声。同时泵的流量、压力和效率明显下降，使泵不能正常工作。当离心泵的安装位置高于液面时，更容易产生汽蚀现象。

离心泵的吸程受到大气压、饱和蒸气压、吸入管中液体的流速和阻力等因素的影响，液体温度越高，饱和蒸气压也越高，叶轮转速越高，吸入管径越小，流速和阻力越大。海拔越高，大气压就越低，这样都会使吸程降低。

在泵的使用中要注意以下事项：

1）泵的进口位置应尽量安装比液位低，在启动前使泵腔内充满液体，若泵腔内液体不满，有空气，泵不但容易产生汽蚀现象，而且会抽不上液体。若泵的位置高于液面，要确保底阀不泄漏，同样要充满水才能启动。

2）不能开空泵，若开空泵，就形同离心风机，因离心泵的制作和材质未按风机考虑，因此开空泵容易发生损坏事故。

3）虽然离心泵和离心风机结构和原理相似，但离心风机可以关闭进口和出口阀门来启动，而离心泵不能关闭进口阀，因为进液不足容易使泵产生汽蚀。

4）在启动时打开进口阀，关闭出口阀，但启动正常后要尽快打开出口阀，长期关闭出口阀运行会使水温升高，水汽化，造成汽蚀损坏泵。

5）泵停止使用时要把泵内的液体排净，进口阀要关闭。若输送介质的扬程较高，在泵的出口要装止回阀，以免在停泵时因水锤作用把泵损坏。

4. 离心泵常见故障及处理方法

离心泵常见的故障及处理方法见表 4-13。

表 4-13 离心泵常见故障及处理方法

故障现象	故障原因	处理方法
泵在运行中电流大，过负荷跳闸	泵装配不好，动静部分摩擦或卡住	对泵进行重新装配，使之转动灵活
	泵启动时出口阀门全开，启动负荷大	将出口阀门关闭，启动后慢慢开启
	填料压得太紧，或填料压盖卡住，若是机械密封，机封调得过紧	松开填料压盖，将压盖调正，对称拧紧螺母，不要太紧，让盘车正常
	检修后的泵轴向间隙小，开始不紧，运行一段时间卡死	慢慢松动压盖检查，若是，重新加垫子
	轴承座螺栓过紧使轴承卡死	适当松动轴承座螺栓
流量不足	吸入管或泵进口堵塞	检查是否有异物，若有取出堵塞物
	出口阀没有打开或开度不够	打开出口阀
	叶轮吸入口口环磨损，间隙过大	检查并更新口环，保证间隙在规定范围内
	泵的旋转方向不对（或叶轮装反）	检查，若是，重新装叶轮
	驱动电机转速不够	检查是否达到泵的额定转速
振动	转子不平衡	将转子重新找平衡
	机组同心度差	按规范找正
	轴承磨损，间隙过大	修理或更新轴承
	地脚螺栓松动	将地脚螺栓紧固
	轴弯曲	矫直轴或更换轴
	支架不牢引起管道振动	加固管道支架
	叶轮中有异物	消除异物
	转子零件松动或磨损	检查并紧固转子，并采取防松动措施。更换磨损零件
	泵内部摩擦	将泵拆开检查，消除内部摩擦
	泵内有气体	排气
	转子轴向窜动量大	重新按规范安装
	轴承磨损间隙过大或松动	更换轴承
轴承温度高	轴向或径向间隙小	重新按规范安装
	润滑油加得过多或不足，油质不好，润滑不良	加适量合格的润滑油或彻底换油
	负荷大	调整负荷

5. 其他离心泵简介

（1）水环式真空泵

水环式真空泵是一种粗真空泵，简称水环泵。水环泵也可用作压缩机，但所能获得的压力有限，因此属于低压压缩机。由于水环泵压缩气体的过程是等温的，故可抽除易燃、易爆的气体，此外还可抽除含尘、含水的气体。因此，黄磷尾气的输送广泛使用水环泵就是基于此种特性。

1）工作原理。

图 4-15 为水环泵的工作原理示意图。水环泵是由叶轮、泵体、吸排气盘、水在泵体内壁形成的水环、吸气口、排气口、辅助排气阀等组成的。

叶轮安装在偏心的泵体中，泵体内保持一定的水位高度，当叶轮按顺时针方向旋转时，泵内的水被叶轮抛向四周。当叶轮继续旋转时，由于离心力的作用，水形成了一个与泵腔形状相似的等厚度的封闭水环。水环的上部内环面恰好与叶轮轮毂相切，水环的下部内环面刚好与叶片顶端相接触。此时，叶轮轮毂与水环之间形成了一个月牙形空腔，而这一空腔又被叶轮叶片分成与叶片数目相等的若干个小腔。如果以叶轮的上部为起点，那么叶轮在旋转 180°到达底部时，小腔的容积逐渐由小变大，压力会逐渐降低，且与吸排气盘上的吸气口相通。当小腔空间内的压力低于被抽容器内的压力时，根据气体压强平衡的原理，被抽的气体不断地被抽进小腔，此时正处于吸气过程。当吸气完成时与吸气口隔绝，小腔的容积正逐渐减小，压力不断增大，此时正处于压缩过程，当压缩的气体提前达到排气压力时，从辅助排气阀排气。而与排气口相通的小腔的容积进一步减小，压强进一步升高，当气体的压强大于排气压强时，被压缩的气体从排气口排出。在泵的连续运转过程中，不断进行着吸气、压缩、排气过程，从而达到连续抽气的目的。水环式真空泵则是靠泵腔容积的变化来实现吸气、压缩和排气的，因此属于变容式真空泵。

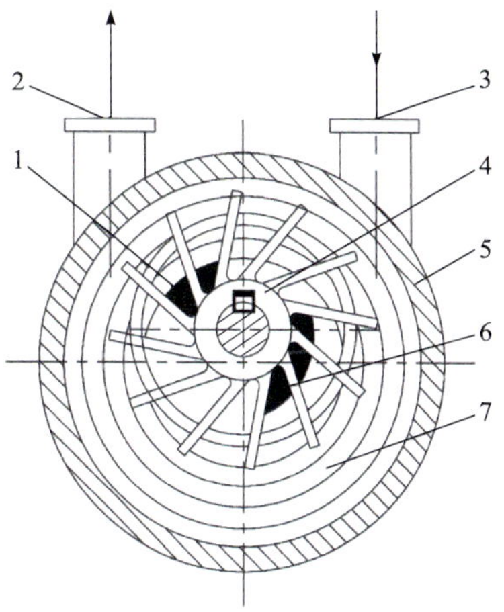

图 4-15　水环泵工作原理示意图
1. 排气孔；2. 排气口；3. 吸气口；4. 叶轮；5. 泵体；6. 吸气孔；7. 水环

2）水环式真空泵的特点。

i）结构简单，制造精度要求不算太高，结构紧凑，一般无须减速装置。

ii）压缩气体过程中温度变化很小，基本上是等温压缩。由于泵腔内没有金属摩擦表面，无须对泵内进行润滑，而且磨损很小。转动件和固定件之间的密封可直接由水封来完成。

iii）吸气均匀，工作平稳可靠，操作简单，维修方便。

iv）效率低，一般在 30%左右，较好的可达 50%；真空度低，这不仅是因为受到结构上的限制，更重要的是受工作液饱和蒸气压的限制。

3）使用过程中的注意事项。

i）长期停运的泵在启动前必须盘车转动数周，保证泵内没有卡住或其他损坏现象。

ii）向泵内供水至符合规定要求。

iii）当泵在极限压力下工作时，泵内由于物理作用可能发生爆炸声时，若此时功率消耗并不增大，要检查进气管路上的阀门是否打开，若打开还有爆炸声，且功率消耗增大，则表明泵已发生故障，应停车检查。

iv）停车后关闭进气管上的阀门和供水阀门，停止向泵内供水，如果停车时间超过一天，必须将泵及汽水分离器内的水排空，以防锈蚀。在冬季停车时必须排空工作液，以防止设备冻裂。

v）经常检查轴承的工作和润滑状况，轴承正常工作状态下比周围温度高 15～20℃，最高不允许超过 60℃，要定期加油，半年至少清洗一次，更换润滑油。如采用填料密封，应定期压紧填料，填料因磨损而不能保证密封性能时，应更换填料。填料不能压得过紧，正常状态下允许水成滴滴出，从而保证冷却和密封效果。如果采用机械密封，出现泄漏时，应检查机械密封的动、静环是否损坏，或是密封圈老化，根据情况决定是否需要更换机械密封。

vi）如果出现振动、轴承损坏就会使水环不等厚，影响月牙形的空腔空间，使进排气量发生变化。水位高和低也同样会出现月牙形空腔的变化，使气量不足。另外，两端间隙过大、进出管堵塞都会造成送气量下降。

（2）轴流泵

轴流泵也是一种叶轮泵，但叶轮不像离心泵那样是扁平的圆盘，而是一个圆柱体，如图 4-16 所示。叶轮旋转时，液体受到叶轮的推力作用，从吸入管 3 吸入，并送到压出管 2。泵内的固定桨叶 1 与锥形渐扩管构成导流器，将液体的动能转换成压力势能。

（3）齿轮油泵

齿轮油泵如图 4-17 所示，在泵体中装有一对回转齿轮，一个主动，一个被动，依靠两齿轮的相互啮合，把泵内的整个工作腔分成两个独立的部分，A 为吸入腔，B 为排出腔。齿轮油泵在运转时主动齿轮带动被动齿轮旋转，当齿轮从啮合到脱开时在吸入侧就形成局部真空，液体被吸入。被吸入的液体充满齿轮的各个齿谷而带到排出侧，齿轮进入啮合时液体被挤出，形成高压液体并经泵排出口排出泵外。

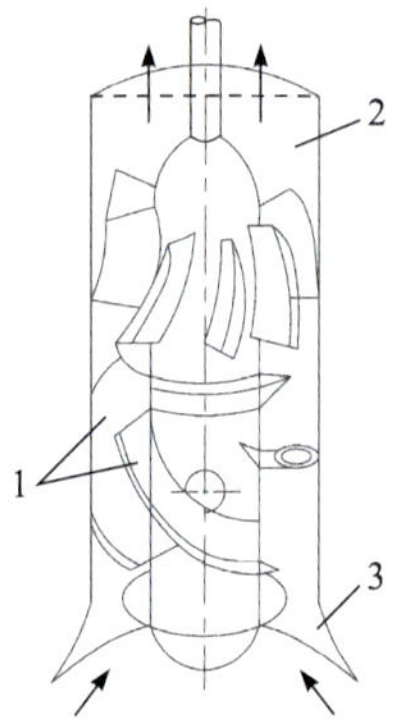

图 4-16　轴流泵原理示意图

1. 桨叶；2. 压出管；3. 吸入管

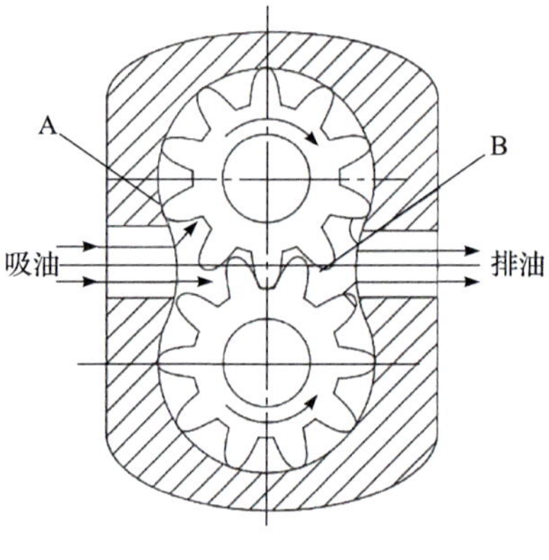

图 4-17　齿轮油泵原理示意图

齿轮油泵特点：结构紧凑，使用和保养方便；具有良好的自吸性，故每次开泵前无须灌入液体；润滑是靠输送的液体而自动达到的，故日常工作时无须另加润滑油。

第 5 章 粗黄磷的精制

5.1 黄磷气体除尘除杂

在黄磷生产中，制磷电炉中的粉尘来自两个部分：一部分是原料中夹带粉尘和炉料在电炉内受热炸裂产生；另一部分是炉料中易挥发组分遇高温挥发逸出和化学反应生成挥发性化合物，温度降低后又冷凝下来。因此，炉气如不经过除尘而直接进入冷凝系统，势必影响冷凝及精制操作。前一部分产生的粉尘颗粒较大，超过 10 μm，后者则分散度很高，一般小于 10 μm。

不同气体中不同粒度粉尘的分离应采用相应的除尘设备，才能达到最佳的效果。当粉尘粒度大于 100 μm 时，采用重力沉降室除尘；5～100 μm 时，采用离心分离除尘；小于 10 μm 时，采用静电除尘器除尘。无论采用哪种方法除尘，都必须因地制宜，既要简单实用，又要经济实惠，满足生产工艺要求。

5.1.1 除尘基本理论

这里先简单介绍一下炉气中磷的露点问题。在制磷电炉中，根据化学反应，每生成一分子的磷（P_4）同时产生 10 分子的一氧化碳。两种气体体积比是 1∶10。磷蒸气占总体积的 1/11。磷蒸气的分压为 69.09 mmHg（1 mmHg = 1.33322×10^5 Pa，760 mmHg 乘以 1/11）。由表 5-1 查得相应的露点约为 180.7℃。也就是说，这种组分的混合气体在 180.7℃以上时，磷以气态存在。一旦温度低于 180.7℃时，就有磷蒸气开始冷凝。这一温度称为该混合气体磷的露点。不过实际上炉气中一氧化碳的含量比上述理论含量要高。因为有部分一氧化碳来自原料中的三氧化二铁、二氧化碳的还原，再加上有过量焦炭存在，还有其他气体，尤其是体积很大的水蒸气的存在，故上述气体中磷蒸气分压肯定低于 69.09 mmHg。因此实际上磷蒸气的露点也就低于 180.7℃。

表 5-1 饱和升华压力和饱和磷蒸气浓度

温度/℃	压力/mmHg	浓度（磷）/(g/m³)	温度/℃	压力/mmHg	浓度（磷）/(g/m³)
20	0.025	0.170	30	0.072	0.472
25	0.043	0.287	35	0.089	0.574

续表

温度/℃	压力/mmHg	浓度（磷）/(g/m³)	温度/℃	压力/mmHg	浓度（磷）/(g/m³)
40	0.122	0.775	140	18.1	
44.1	0.173	1.084	150	25.8	
45	0.19	1.187	160	30.2	
50	0.26	1.600	170	49.9	
55	0.35	2.120	180	67.7	
60	0.46	2.745	190	90.7	
65	0.82	3.645	200	120	
70	0.81	4.69	210	157	
75	1.06	6.05	220	202	
80	1.36	7.66	230	258	
85	1.76	9.77	240	327	
90	2.24	12.26	250	409	
95	2.84	15.34	260	508	
100	3.56	18.97	270	626	
110	5.54		280	764	
120	8.4		290	926	
130	12.5		300		

由此可见，为保持炉气中磷以气态存在，在除尘设备中炉气温度必须保持在该气体中磷的露点以上。

目前工业上使用的除尘设备有重力除尘和静电除尘两种类型。

5.1.2 除尘设备

1. 箱式除尘器

重力除尘设备在很多工业生产中均有应用，它的除尘原理是：当炉气进入除尘器后，由于体积突然扩大，流速急剧下降，炉气中夹带的粉尘由于自身的重力作用而落下得到分离。除尘效率的高低受气体阻力和气体浮力的影响。如果保温不善，一旦在低于露点温度下操作，除尘器内壁就会有黄磷凝结而影响除尘效果。

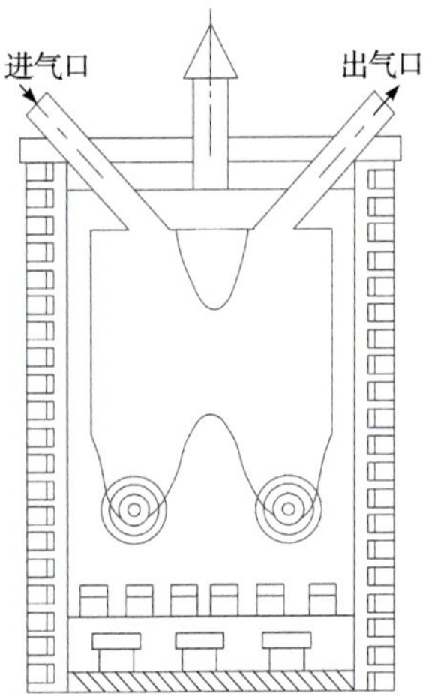

图 5-1 W 形箱式除尘器

箱式除尘器属于重力除尘设备。图 5-1 是 W 形箱式除尘器简图。该除尘器虽然工艺简单，但设备庞大，除尘效率偏低，当停留时间为 20～60 s 时，设计最高除尘效率为 50%（甚至在西南某厂 15000 kV · A 制磷电炉曾设计采用箱式除尘器，经多年的生产运行测定，除尘效率仅 20% 左右）。凝结的黄磷又称黏粉尘，不断重复会逐渐使除尘器内空间减小而影响除尘效果。如果操作时空气漏入系统内还会生成磷酸，磷酸混杂在粉尘中使粉尘发黏，造成收尘和排灰困难。排灰操作时，工作环境及劳动条件很差。

炉气虽经除尘处理，仍有不少磷泥产生。

由于箱式除尘器没有保温夹套，为了保持磷蒸气不在室内冷凝，除箱体进行必要的保温外，一般利用尾气燃烧直接加热除尘器。因此容易出现除尘器受热不均匀，温度波动较大。如果碰到紧急停炉和短期停炉等，都会造成燃料气的短缺或不足，当温度低于磷的露点时，就会出现黄磷凝结影响除尘效果的情况。箱式除尘器若不进行技术改进和升级，很难在黄磷行业中推广使用。我国制磷电炉通过适当增加电炉内高，以增加生料层高度，相对地降低了炉气中的含尘量。在生产中箱式除尘器已陆续被淘汰，改用比较先进的静电除尘器（又称电除尘器）。

2. 静电除尘器

（1）除尘原理

静电除尘器的除尘原理是基于在强电场（直流60～80 kV）作用下，局部区域内的气体发生电离，使气体中悬浮着的尘粒或雾滴粒子带电，进而在极间电场作用下进行静电分离并收尘。当含尘气体通过高压静电场时，气体发生电离，粉尘将带有正离子和负离子，被电场吸引而到达负极和正极产生电中和，因而粉尘被除去。必须指出，电除尘过程的理论到目前为止还在继续完善过程中。因为这种除尘过程是相当复杂的，影响因素也很多。当高压静电加在两电极之间后，势必产生强大的不均匀电场，由图5-2可知，在电晕极附近的电场为最强。当电场足够强时，气体中的一部分原子将失去电子成为正离子。释放出来的电子附着到另一些原子上成为负离子。气体中的这种过程连续进行，使离子数量迅速增加。这种碰撞的能源来自高压静电场。静电除尘器运行时，在电晕极表面附近会出现一层紫蓝色区域，有时还伴有轻微的炸裂声，这个区域习惯称为电晕套。在电晕套外围区域，由于电场强度急剧减弱，不会发生碰撞。在电晕套中充满移动的正负离子及电子。在强电场作用下，负离子、电子移向沉淀极，正离子移向电晕极。当含尘气体通过静电除尘器时，正负离子和电子就附着在悬浮尘粒或雾粒子上，到达电极与异性电荷中和，成为不带电尘粒或雾粒而被清除。清除方式一般采用机械振打（干式）和人工敲击。由于电子和负离子是从电晕套移向沉淀极，因此电子和负离子几乎占满了空间，使电场绝大部分悬浮微粒都带负电荷，并移向沉淀极。相反，正离子移向的区域仅局限在电晕套内狭窄区域。至此几乎全部微尘都被沉淀极所捕获，只有少数带正电荷尘粒沉淀在电晕极线周围。

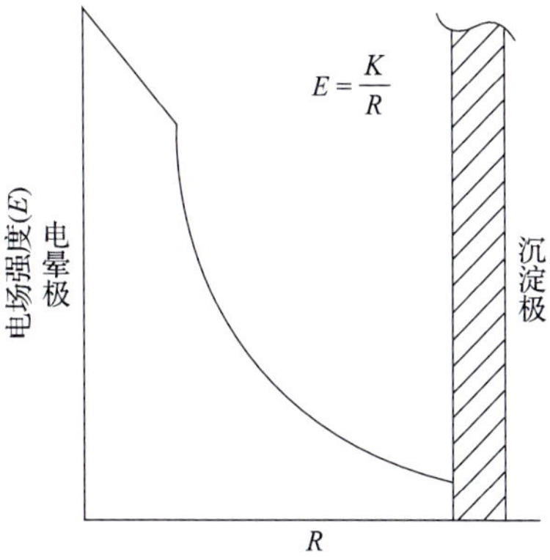

图5-2　两电极间电场强度的变化

实践证明，在高压静电场中，当电晕极为负极性时，除尘效率可达95%以上；而电晕极为正极性时，除尘效率只能达到70%左右。这是由于在同一电场中，负离子运动速度比正离子快，而且负电晕的击穿电压也比正电晕高得多。例如某一试验中，当电极距离为60 mm时，负电晕极击穿电压为120 kV，正电晕极击穿电压为45 kV。在极间电压升高同时，负极电晕比正极稳定，使电晕套变大，离子数增多，离子运动速度加快，除尘效率大大提高。静电除尘器的充电和除尘过程可用图 5-3 表示。

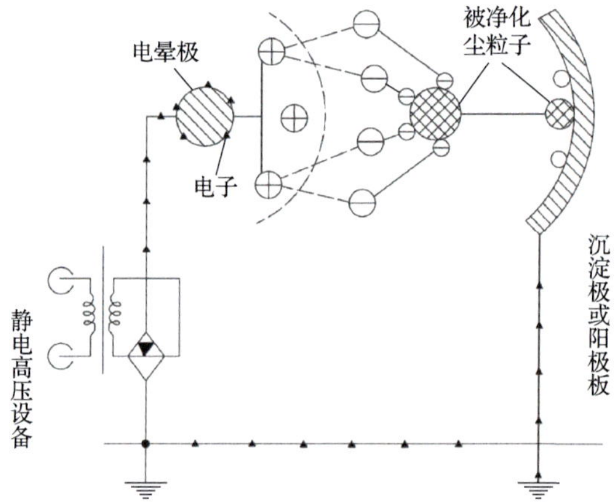

图 5-3　静电除尘示意图

（2）静电除尘器的工作过程

将高压直流电输入静电除尘器收尘室的两极后，当达到临界电压时，其相应的电场强度也达到临界电场强度，在电晕极附近就产生了电晕放电。这时在电晕区里有大量的自由电子和负离子逸出并飞向阳极。负离子在运动中也常常几个粘在一起成为重离子，继续向阳极运动。空气离子向阳极运动的速度可达 60～100 m/s，如图 5-4 所示。

在图 5-4 中，将两端绝缘的细金属丝悬挂在接地金属圆筒的轴心上，并在它的上面加负电压，当负电压达到某一值（电晕起始电压 V_c）以上时，在金属丝表面附近的区域内产生电晕放电，并有负离子电荷从金属丝向圆筒方向移动。当从下边向圆筒内通入含有粉尘或雾滴的气体时，粉尘及雾滴粒子与负离子碰撞而带负电，在电场力的作用下，它们向圆筒运动被吸附在圆筒的内壁上并堆积起来，而清洁气体从圆筒上部逸出。

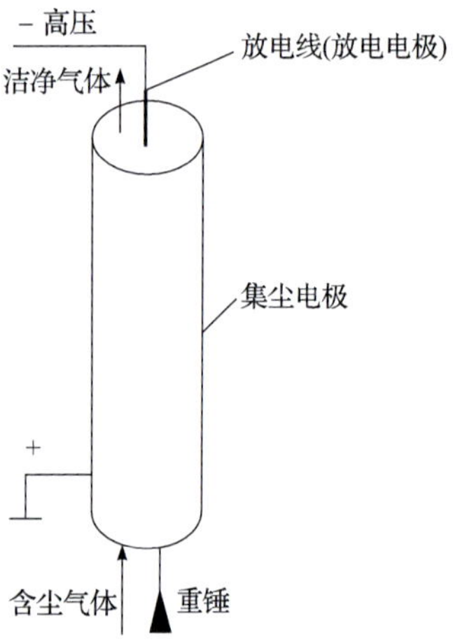

图 5-4　圆筒形静电除尘器除尘示意图

详细的描述如下：当带有粉尘的气体通过收尘室时，这些带负电的离子就会在运动中不断地碰到和吸附到灰尘颗粒上，从而使粉尘带负电，荷电后的粉尘在电场力的作用下，在几秒之内就先后到达阳极放出电荷，粉尘本身沉积在阳极板上。除集尘极外，在电晕区这个小范围内，所有的正离子则以与电子相反的方向朝着电晕极运动。运动过程中有的与电子相遇复合成中性分子，有的则一直到达电晕极。在这些正离子的运动中，同样也会使电晕区里的粉尘带正电，并移向电晕极。所以在电晕极上也会不断集灰，只是灰尘的总量较集尘极的总量要少得多。静电除尘器的极板在收集到这些粉尘后，经过振打集尘极将积灰振落，经下灰管排出，含尘气体就得到了净化。静电除尘器设计除尘效率在99%以上。

（3）静电除尘器的应用

静电除尘器在工业上的应用已逾百年。1907年，科特雷尔（F. G. Cootrell）发明的静电除尘技术在控制酸雾排放获得成功后，迅速在其他工业烟气污染源中得到应用。1910年，美国首先应用在冶炼铜、铅、锌时回收烟气中的金属氧化物，数年后波特兰水泥厂、纸浆和造纸厂、发电厂等都安装了静电除尘器。随后世界各国在冶金、建材、化工等行业广泛推广使用。1930年，德国 Piestritz 首先在 10000 kV · A 制磷电炉装置上安装静电除尘器取得成功，随后美国等也在黄磷生产工艺流程中采用。1954年，吉林铁合金厂在其冶金电炉装置上安装了我国首台静电除尘器；1965年，包头钢铁公司烧结厂又安装了两台干法静电除尘器。随后，冶金工业部组织了静电除尘器的试验考核小组，对静电除尘器的结构生产操作等进行了进一步的研究、改进和完善，推动了静电除尘器在冶金系统中的广泛应用。到20世纪90年代末期，我国冶金行业的静电除尘技术水平已经达到了国际同期水平。1973年，由中国石化集团南京设计院完成设计的 0.64 m^2 静电除尘器在南京化学工业公司磷肥厂一号制磷电炉上安装，经试生产获得成功，并取得了良好的效果，为我国黄磷行业研究开发使用静电除尘器取得了许多重要的技术数据和宝贵的生产操作经验。目前，世界上黄磷装置采用的静电除尘器多为立式、管型、双室、双电场分别供电。除尘室的核心部分由沉淀极和电晕极构成，沉淀极一般为圆管式、扁长圆管式，也有用一排金属棒构成极排成为棒帏式，在管中和极排之间悬挂电晕极线，接入高压直流负极电形成电晕区等形式。

（4）大型制磷电炉除尘器

20世纪80～90年代我国分别从德国、苏联引进的三台30000 t/a 大型制磷电炉都采用了静电除尘器除尘。从苏联引进的为干法、立式双室静电除尘器，型号为3BLIT2-5.5-24K。每台静电除尘器长15.4 m，宽8.06 m，高14 m，质量为262 t，有效收尘面积为24 m^2，同极间距离 350 mm，设有两个电场。两个电场的内壳为圆筒形，它们之间相连的倾斜气体导管安装在外壳内，外壳即为加热夹套。由电加热器、热风机等组成的热氮循环系统为保温夹套提供循环热氮气，氮气温度控制在 300～350℃。入室的黄磷尾气温度最高可达600℃，因此，内壳材质选用 6Cr18Ni11Ti 以保证在高温下具有一定的热稳定性和防腐性能。每台制磷电炉配备有两台静电除尘器并联操作，根据操作电压情况每 15 天为一个操作周期（停止使用进行清扫，现在最长的运行时间可达30天左右）。每台静电除尘器从结构上可分为以下几个主要部分：内外壳体组成的夹套加热系统、集尘系统和电晕极、绝缘和供电装置、高压电进线装置、气体分布系统、氮气密封系统、排灰、电尘浆搅拌输送系统等。

（5）静电除尘器的保温

静电除尘器的加热保温方式有两种：一种是煤气或尾气燃烧后的烟气在夹套内循环保温；另一种是电加热氮气保温。前者温度波动较大，还曾出现过烟气漏入室内引起静电除尘器爆炸的重大事故。为了安全起见，现在国内外的大型制磷电炉采用的都是后者，控制安全稳定，但耗电多。静电除尘器夹套保温运行成本高，主要原因是黄磷尾气中磷的露点问题，操作不能在低于露点温度以下进行。

为了保证黄磷尾气中磷以气态存在，确保人身、设备安全，在静电除尘器室内，现在设计时都考虑尾气温度必须保持在 180.7℃以上，实际上夹套保温的热氮气温度为 300～350℃，远远高于露点。因此，在静电除尘器的正常清扫中，至今还没有发现除尘器室内有磷冷凝的现象。

3. 静电除尘器的实用性和问题

（1）制磷电炉除尘的可行性

用于制磷装置的静电除尘器的基本结构与冶金、化工、水泥等行业使用的静电除尘器大致相同，但其特殊性表现为：一是炉气中粉尘的物理性质对静电除尘器的效率有很大影响。前面已经说明粉尘的产生，一部分是原料中夹带粉末和炉料在电炉内受热炸裂，另一部分是炉料中挥发分遇高温挥发逸出和化学反应生成挥发性化合物，降低温度后又冷凝下来。前者产生的粉尘颗粒较大，超过 10 μm，后者则分散度很高。对一般气体中不同粒度粉尘的分离方法，应采用相应的除尘设备（表 5-2）。

表 5-2 不同粒度粉尘的分离方法

分离方法	沉降室	离心分离	静电除尘器
粒径/μm	>100	5～1000	<100

二是从黄磷尾气中所含粉尘的化学成分看，大部分为 P_2O_5（即磷酸盐），其次是 SiO_2、碱金属及焦粉（以炭黑形式存在）等。凡是粉尘颗粒都具有不同的电阻系数，大致可分为三类：

第一类电阻系数：$<10^3 \sim 10^4\ \Omega \cdot cm$；

第二类电阻系数：$10^4 \sim 10^{10}\ \Omega \cdot cm$；

第三类电阻系数：$>10^{10}\ \Omega \cdot cm$。

根据粉尘的物质特性，具有第一类电阻系数的颗粒是不可能在干式静电除尘器中除去的；具有第二类电阻系数的颗粒，在一般技术条件下可以沉降除去；具有第三类电阻系数的颗粒就需加入“凝结剂”，如水汽或某些化学物质以降低颗粒电阻后才能除去。经测定，磷矿石、硅石的电阻系数在 $10^7 \sim 10^{10}\ \Omega \cdot cm$ 之间，属第二类电阻系数，故容易除去；焦炭的电阻系数仅为 $44.7\ \Omega \cdot cm$，一般不易除去。由于黄磷尾气中存在一定数量的水蒸气，故在一定程度上可改善除尘效果。因此，从理论和技术操作上讲，静电除尘器用于制磷电炉尾气除尘是可行的。

（2）存在问题

静电除尘器在制磷电炉上尚未广泛推广，使用存在实际问题。以从苏联引进的大型制磷电炉设计配置的静电除尘器为例：

第一是每台静电除尘器的建设费用在 2000 万元左右，除此之外还有一套庞大的配套设施。技术要求高，维修费用大，对原料制备的质量要求和工艺指标近乎苛刻，如入炉焦炭的水分、粒度、炉气的温度等。

第二是氮气用量大，需要配套相应的空分装置。整台静电除尘器用于密封、夹套保温的氮气每小时消耗 3603.88 m^3，吨磷耗氮气量为 864.05 m^3（2008 年厂内统计数据）。仅氮气加热器、风机这套循环加热系统，按额定负荷计算，耗电为 400 kW · h/tP_4，电尘耗电 50 kW · h/tP_4。正常情况下，氮气加热器可少开几组电阻丝（保证夹套温度就行），最经济的测算：静电除尘器、氮气加热器、风机的耗电总量最少也要达到 280 kW · h/tP_4。这还不算其他机泵等设备的电能消耗。

第三是除尘效率很难达到设计指标。设计指标除尘效率应达到 99%以上，但从目前实际运行的情况看，最好的是在 90%左右，一般情况下是 70%～80%。除尘效率偏低的原因是多方面的，电尘室电压升不起来、清扫运行周期缩短这些都是日常生产操作中表现出来的问题和现象，深层次影响的因素很多。

加拿大的魁北克瓦斯伦黄磷厂认为，只要炉料符合质量要求，以不采用静电除尘器为好。该厂有两台 23MW 的中型制磷电炉，磷收率在 89%左右，若包括磷泥回收在内，总回收率可达 94%。美国孟山都公司旗下的三个黄磷厂，很多情况是用最简单、最经济的技术装备，得到最低的成本、最高的质量和最佳的效益。注意新老技术有机结合，不追求高、大、全，但需适用、简单、维护操作成本低、稳定性好。在选用设备技术方面，侧重因地制宜，以可靠适用、经济为原则。

鉴于以上原因，现在中小型制磷电炉上的尾气除尘在设计中都没有采用静电除尘器。影响的因素主要是：设备投资大、单位成本高、技术要求严、除尘效率不稳定、受炉料质量的制约太大、不易长期达到设计要求等。

5.1.3 黄磷尾气净化

1. 黄磷尾气的产生

从天然磷酸盐中提炼磷元素过程中产生的尾气称为黄磷尾气。电炉法制磷工艺是将磷矿石[$Ca_3(PO_4)_2$]、硅石（SiO_2）和焦炭（C）按照一定比例混合，加热熔融，在 1300～1500℃的温度范围内，使磷元素升华释放出来，其反应方程式如下：

$$Ca_3(PO_4)_2 + 3SiO_2 + 5C \longrightarrow 3CaSiO_3 + P_2 + 5CO \qquad -1359.45\ kJ（324.7\ kcal）$$

黄磷电炉采用的是“一炉、三槽”工艺流程，如图 5-5 所示。

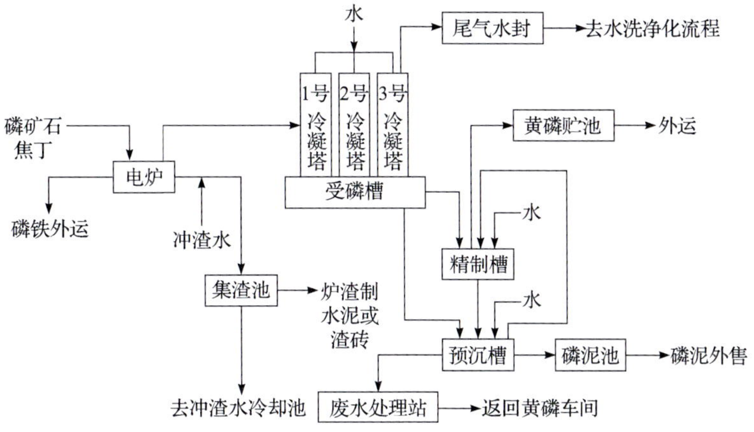

图 5-5　黄磷生产工艺流程示意图

反应生成的磷蒸气随炉气进入三个串联的冷凝塔，用水进行气液接触，将炉气中的磷冷凝下来，进入受磷槽，同时也将炉气中的氟冷凝下来，剩余的炉气称为黄磷尾气，主要成分是 CO。黄磷尾气除富含 CO 外，主要含有磷、硫、砷、氟等杂质。磷主要以 PH_3 形式存在，硫主要以 H_2S 形式存在。黄磷尾气是一种十分宝贵的二次资源，其成分见表 5-3。黄磷尾气中 CO 浓度高达 85%以上，完全可作为优质燃料和碳一化工产品的原料气使用。但黄磷尾气含有磷、硫、氟等有害杂质，会引起各种工业催化剂，特别是钯、铑、钌等贵金属催化剂中毒失活。而且，黄磷尾气中存在 PH_3、H_2S、HF 等杂质，去除十分困难，一般的净化工艺只能达到 100～300 mg/m^3（标态）的净化水平。因此黄磷尾气的深度净化成为长期以来黄磷尾气回收与综合利用的瓶颈问题。由于现有技术对 PH_3、H_2S、HF 的净化效率低，大量黄磷尾气既不能用作锅炉燃料，更不能达到碳一化工产品合成气的要求，只能部分（约 20%）作为原料，烘干使用，大部分气体点火放空。燃烧后的气体直接排入大气，造成极大的资源浪费和环境污染。因此，黄磷尾气中 PH_3、H_2S 的深度净化是关系到我国磷化工行业可持续发展的重大科技难题。

表 5-3　黄磷尾气的典型组成

成分	含量	成分	含量
CO	85%～95%	H_2O	约 5%
CO_2	1%～4%	H_2S	800～1100mg/m^3
O_2	约 1%	PH_3	500～1100 mg/m^3
H_2	1%～8%	HF	约 1000 mg/m^3
CH_4	约 0.3%	AsH_3	70～80 mg/m^3
N_2	2%～5%		

2. 黄磷尾气净化方法

本节仅重点关注黄磷尾气净化方法，关于净化后有用物质的回收利用将在后续章节分别讨论。根据净化方法的特点，目前国内主要有 4 种黄磷尾气净化方法：吸收法、次氯酸钠氧化法、吸附法、催化氧化法等。

（1）吸收法

吸收法又可细分为水洗工艺、水洗碱洗串联法。

1）水洗工艺。

水洗工艺是直接用水洗涤黄磷尾气，具有操作简单、控制方便等特点。黄磷尾气先在冷凝塔内冷凝，然后经尾气水封、引气水封后进入洗涤塔用水洗涤，尾气中的粉尘等机械杂质和 SiF_4 被脱除，还可除去部分 H_2S 和 HF。除去大部分粉尘后的尾气进入水环真空泵，在水环真空泵的抽送下，经气水分离器分离水分后送入文氏管进一步洗涤、除尘、降温，然后在旋液分离器内分离夹带的水分，最后经管道送入气柜储存。气柜中的净化尾气一部分作为燃料用气，其余作为后工序化工产品生产的原料气。

2）水洗碱洗串联法。

电炉法生产黄磷的原理是在高温下进行还原反应，尾气中的杂质主要以还原态存在，其中磷主要是 PH_3，硫主要是 H_2S，氟主要是 HF、SiF_4，砷主要是 AsH_3。黄磷尾气经水洗后进入碱洗填料塔，用质量分数 8%～15%的 NaOH 溶液进行洗涤，以除去尾气中的酸性物质。碱洗的脱硫效率在 95%～99%，脱氟效率高达 99%，脱 CO_2 的效率在 50%左右。主要化学反应如下所示：

$$SiF_4 + H_2O \longrightarrow H_2SiF_6 + SiO_2 \cdot H_2O$$

$$H_2S + NaOH \longrightarrow Na_2S + H_2O$$

$$CO_2 + NaOH \longrightarrow Na_2CO_3 + H_2O$$

$$P_4 + NaOH + H_2O \longrightarrow NaH_2PO_4 + PH_3$$

$$HF + NaOH \longrightarrow NaF + H_2O$$

$$H_2SiF_6 + NaOH \longrightarrow Na_2SiF_6 + H_2O$$

目前，黄磷厂通常采用的净化工艺原则流程如图 5-6 所示。

图 5-6　水洗、碱洗净化黄磷尾气工艺流程

目前采用的较典型的尾气净化工艺流程如图 5-7 所示。

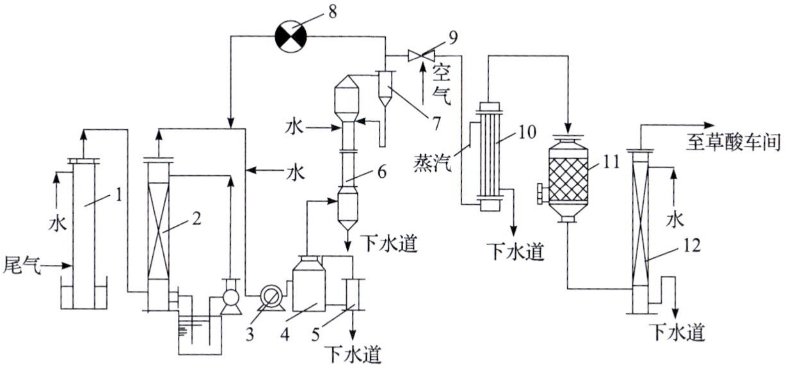

图 5-7　尾气净化工艺流程图

1. 水洗塔；2. 碱洗塔；3. 纳氏泵；4. 气液分离器；5. 液位自控器；6. 泡沫除尘器；7. 旋风分离器；8. 回路自控器；9. 引射式比例调节器；10. 预热器；11. 净化器；12. 冷却塔

图 5-7 中引射式比例调节器的结构如图 5-8 所示。

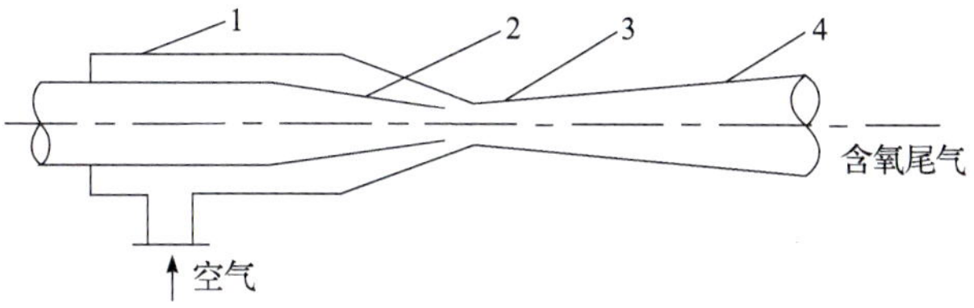

图 5-8　引射式比例调节器

1. 壳体；2. 喷嘴；3. 喉管；4. 扩张管

电炉制磷是常压操作，电炉尾气的压力一般只有 5～15 mmH_2O，因此为了克服输送过程中管道和净化设备的阻力，必须外加动力才能把尾气引过来、送出去。为了保证制磷电炉的正压操作，可以采用气体压力自动调节系统。根据这种情况，目前常用的加压设备是水环式真空泵或纳氏泵并按照电炉内压力的变化自动调节泵的回路。采用蝶阀以确保制磷系统正压。也可采用联锁装置，当信号显示压力≤ 0.5 mmH_2O 时，即行自动停泵，停止引气。

水洗的作用是降温、除尘，同时可除去部分 HF 及 H_2S；碱洗是用 5%～15%的 NaOH 溶液吸收除去 CO_2、H_2S、HF 等酸性气体。但碱洗效果波动较大，加入新鲜碱液后，NaOH 溶液质量分数为 8%～15%，此时的杂质脱除效果非常好；运行一段时间后，NaOH 溶液质量分数降至 1%～3%，杂质脱除效率急剧下降。含 Na_2CO_3 的洗涤液经苛化处理回收 NaOH 溶液返回系统重新使用。

碱洗后 H_2S 的质量浓度低于 80 mg/m^3，HF 的质量浓度低于 1 mg/m^3，但碱洗对 PH_3 的脱除基本没有效果，因此，长期以来黄磷尾气中 PH_3 的高效脱除成为其净化及综合利用的难点。水洗 + 碱洗法净化后的黄磷尾气可用作烧结磷矿石和磷泥制酸的燃料，这部分尾气占黄磷厂尾气量的 20%～25%，但燃料气燃烧后易造成二次污染，尾气中的磷、硫等杂质氧化生成的毒气污染环境，而且黄磷尾气中的 CO 被点燃放空，造成资源的极大浪费。

（2）次氯酸钠氧化法

次氯酸钠氧化工艺净化黄磷尾气是以氯酸钠溶液作为吸收剂，利用其氧化性能脱除黄磷尾气中的磷和硫。来自气柜、经稳压后的尾气，先用浓烧碱液（质量分数 30%）预处理后，气体通过两级串联的次氯酸钠溶液吸收净化。实验室结果表明，该法在次氯酸钠溶液中有效氯的质量分数为 0.65%、pH 为 9、反应温度为 285 K、气体流速为 0.6～0.8 L/min 条件下，对尾气中 H_2S 、PH_3 的脱除效率分别达到 99.9%和 99.8%，出口气体中 H_2S 和 PH_3 的含量分别小于 0.2 mg/m^3 和 7 mg/m^3。

（3）吸附法

西南化工研究设计院开发的变温变压吸附法净化回收黄磷尾气，可以获得较好的净化效果，并能降低能耗。图 5-9 是吸附法净化黄磷尾气工艺流程图，图中水洗工序与传统工艺完全相同，除尘降温的同时可以脱除 30%左右的 H_2S 以及部分磷、氟和砷等杂质。

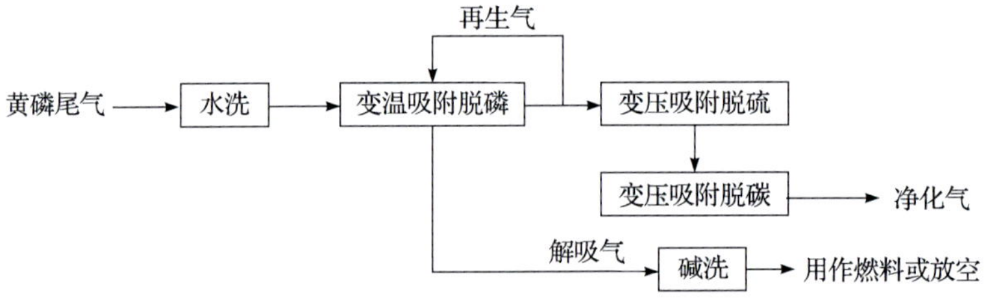

图 5-9 变温和变压吸附法净化黄磷尾气工艺流程

该工艺主要包括预处理、变温吸附（TSA）和变压吸附（PSA）三个工序，净化后一氧化碳纯度在 99%以上。

黄磷尾气预处理采用水洗和脱硫，主要去除粉尘、SiF_4、部分 H_2S、HF、残磷、焦油等杂质，并有冷却作用。黄磷尾气中硫的形态很复杂，既有 H_2S，又有 CS_2、COS 和硫醇、硫醚等有机硫，并且杂质的组成随着所用原料磷矿石、焦炭（白煤）质量的变化而变化，且硫的含量相对较高，因此应首先脱除硫。该工艺在预处理中通过 PDS（酞菁钴磺酸铵）脱硫和干法脱硫，脱除绝大部分的无机硫和一部分有机硫。PDS 脱硫技术是利用 PDS 对硫化物的催化、氧化作用，在碱性溶液作吸收剂的条件下将硫化物氧化为单质硫，同时副产硫磺。作为液相催化氧化法的 PDS 脱硫技术，与其他脱硫技术相比具有工艺简单、成本低、脱硫效率较高、适用范围宽等特点。20 世纪 90 年代初 PDS 脱硫技术在连云港市锦屏化工厂黄磷尾气净化系统应用，取得了较好的脱硫效果和经济效益，并积累了操作经验。

经过预处理的黄磷尾气进入变温吸附工序，该工序可进一步去除剩余的 H_2S、有机硫、PH_5、HF 和 AsH_3。由于在预处理工序已将绝大部分 H_2S 和部分有机硫除去，而变温吸附工序的专用吸附剂对有机硫有很好的脱除效果。因此，经过变温吸附工序基本可以完全脱除硫。同时专用吸附剂对磷、砷、氟有着较强的吸附能力，经过变温吸附工序，磷、砷、氟的含量均可以控制在 ppm（$1\ ppm = 1\times10^{-6}$）级，满足化工产品生产对原料气的要求。

经过变温吸附后气体的主要成分是 CO、CO_2、H_2、N_2，采用 PSA 法提纯 CO 是成熟的工业化技术。PSA 是利用固体吸附剂在加压条件下对某组分进行选择性吸附，利用减压时解吸的循环过程来实现连续分离提纯。采用二段法 PSA 工艺提纯 CO。二段法使用已工业化的常规吸附剂，采用两套 PSA 装置串联，在第一套装置中将吸附性能较强的杂质气体如 CO_2 等除去，再在第二套装置中选择性吸附 CO，其他组分作为非吸附相排除，由第二套装置吸附剂解吸得到 CO 产品。该项技术已在贵州开阳得到工业应用，装置试车结果表明，黄磷尾气经净化提纯后，CO 纯度可达到 99%以上，并且硫、磷、砷、氟有害杂质的含量均降到 ppm 级以下，完全可以满足下游化工生产的技术要求。

采用变温吸附和变压吸附工艺可以去除黄磷尾气中磷、硫及 CO_2 等杂质，达到净化回收黄磷尾气的目的。该工艺的关键是吸附剂的选择，并根据尾气中杂质含量来选择合适的流程。由于黄磷尾气中硫含量与黄磷生产过程中所用磷矿石的硫含量有关，而黄磷生产过程中所用磷矿石的组分并不是一成不变的，根据吸附剂选择理论，吸附剂选择性越高，其价格也越昂贵。

变温吸附脱磷工艺是在常温下直接吸附杂质磷，不将磷催化氧化，省去了原料气加热和配氧过程。变温吸附再生是加热再生，再生气加热后进入吸附塔将吸附剂加热再生，杂质随解吸气流出吸附塔，解吸气可用作燃料或直接放空。当解吸气中杂质含量较高无法达到环保要求时，再生后的解吸气需增加碱洗工序脱除其中的硫、磷、氟等。

如果对净化气要求很高，需进一步脱除尾气中的 CO_2 和微量硫，可采用变压吸附工艺。该工序可同时脱除尾气中的 CO_2 和少量从上段带过来的硫，从变压吸附出来的净化气，总硫含量可以控制在 ppm 级。经过变温变压吸附后，黄磷尾气中的 CO 含量可达 96%～99%，净化气可满足化工生产的需要。该工艺的缺陷是再生效率低，解吸下来的磷、硫、氟等杂质不能有效地回收利用，造成二次污染。

（4）催化氧化法

传统方法净化黄磷尾气虽然简便有效，但净化后的黄磷尾气仍不能达到制取化工产品对原料气的要求（杂质含量低于 10 mg/m³）。为了进一步除去磷和硫化物等杂质，在碱洗法的基础上，昆明理工大学开发了黄磷尾气催化氧化净化技术。黄磷尾气中磷、硫均属还原态，该法利用黄磷尾气中所含的 0.5%～1%的微量氧气，使 P_4、PH_3 和 H_2S 在催化剂的催化作用下氧化为 P_2O_3、P_2O_5 和 S。由于催化剂对 P_2O_3、P_2O_5 和 S 的吸附量远比 P_4、PH_3 和 H_2S 大，氧化生成的 P_2O_3、P_2O_5 和 S 被催化剂表面所吸附，实现对杂质气体 P_4、PH_3 和 H_2S 的深度净化。如果采用活性炭作催化剂，反应原理如下：

$$P_4 + 3O_2 \xrightarrow[110℃]{活性炭} 2P_2O_3$$

$$P_4 + 5O_2 \xrightarrow[110℃]{活性炭} 2P_2O_5$$

$$2PH_3 + 3O_2 \xrightarrow[110℃]{活性炭} P_2O_3 + 3H_2O$$

$$PH_3 + 2O_2 \xrightarrow[110℃]{活性炭} H_3PO_4$$

$$2H_2S + O_2 \xrightarrow[110℃]{活性炭} 2S + 2H_2O$$

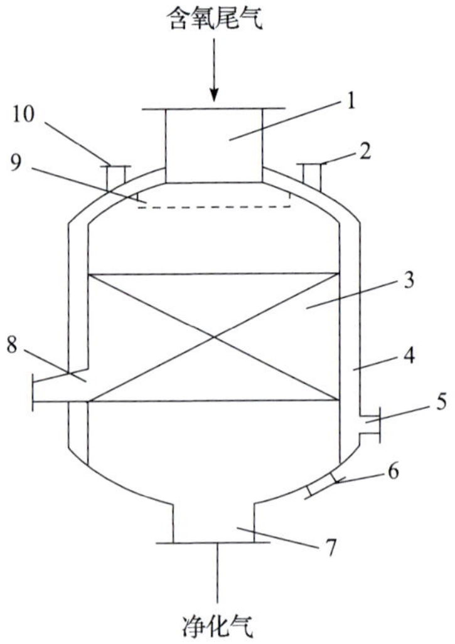

图 5-10　固定床净化器

1. 尾气进口；2. 测温孔；3. 活性炭固定床；4. 蒸汽夹套；5. 冷凝液出口；6. 防爆膜；7. 尾气出口；8. 卸料孔；9. 气体分布板；10. 蒸汽进口

当采用活性炭固定床催化氧化法，在尾气中通入少量的氧（空气），以规定的空间速度和温度通过活性炭固定床，如图 5-10 所示，尾气即被净化，可有效地脱除磷、硫，并且催化剂中毒后易于再生。

常见的工艺流程如图 5-7 所示。

3. 黄磷脱砷

我国的黄磷产能巨大，多为电炉法生产的工业级黄磷，其纯度一般为 99.5%～99.9%，同时还含有硫、铁、砷、铅以及少量有机物等杂质，特别是砷的含量一般超过 10 mg/kg，使其应用及销售市场受到很大影响。为了满足电子、医药卫生等行业对高纯磷酸、磷酸盐及其衍生物的要求，需要对工业黄磷进行精制处理。

（1）脱砷原理

由磷和砷元素的化学性质可知，无论在酸性还是碱性溶液中，磷的氧化能力高于砷，砷的还原能力高于磷。水相氧化法脱砷工艺则充分地利用磷、砷元素的这一性质差异，在液态黄磷中加入氧化剂，在催化剂作用下，使黄磷中的砷在较温和反应条件下先行被氧化，以保证操作过程的安全性，最终使砷被氧化水合成亚砷酸、砷酸进入水相中，从而与磷分离，达到黄磷净化脱砷的目的。其反应过程可表示如下：

$$2As + 3[O] + 3H_2O \xrightarrow{催化剂} 2H_3AsO_3$$

$$2As + 2[O] + H_2O \xrightarrow{\text{催化剂}} As_2O_3 + 2H^+$$

$$As_2O_3 + 2[O] + 3H_2O \xrightarrow{\text{催化剂}} 2H_3AsO_4$$

（2）水相氧化法黄磷脱砷

水相氧化法处理工业黄磷可使其中砷含量降至 10 ppm 以下。由元素周期表可知，砷和磷为同一主族元素，性质极为相似，因此要获得高纯度的精制黄磷，脱砷是关键，也是难点。由于电炉法生产黄磷是在高温、还原性条件下进行，在还原磷的同时，由原料中带入的杂质如砷、硫等也被还原，并一起随炉气逸出而进入黄磷产品中，由此可认为黄磷中的砷是以单质形态，或以包裹或与磷形成二元合金的形式存在于工业黄磷产品中。

（3）工艺流程及简要说明

精制黄磷脱砷工艺流程如图 5-11 所示。

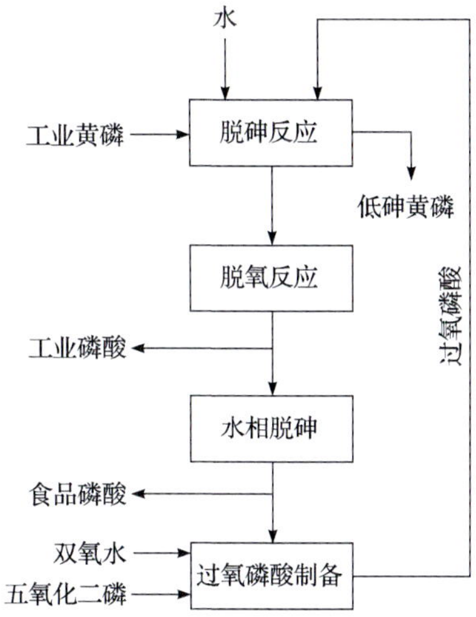

图 5-11　精制黄磷脱砷工艺流程示意图

流程简述如下：黄磷水相氧化脱砷及水相氧化剂循环利用方法。采用浓度为 10%～50%的过氧磷酸作为水相氧化剂，将黄磷放入水相氧化剂中充分搅拌混合，其中，水相氧化剂与黄磷的质量比控制在(1∶1)～(10∶1)之间，水相氧化剂中的反应温度控制在 50～85℃之间，反应时间控制在 2～4 h 之间；将含砷水相的温度控制在 100～125℃之间进行沸腾脱氧，时间控制在 10～30 min 之间。在脱氧后的含砷水相中加入五硫化二磷或硫化氢进行脱砷处理，经过滤、滤液曝气后，加入五氧化二磷和双氧水进行反应，脱砷水相即被制成过氧磷酸，过氧磷酸经浓度调节后在新一批次的含砷黄磷脱砷中循环使用。

脱砷反应器在放完黄磷后将含砷废液放至废液储槽，然后经输送泵送到普钙车间供配酸用。洗涤黄磷后的洗涤液送到反应液配制槽用于配制脱砷反应液。

系统中产生的含磷废水经中和槽处理沉淀过滤后汇至黄磷循环水系统循环使用。反应器、洗涤器产生的废气进入吸收器吸收处理，再进入除沫器除去夹带的水分，最后经风机由烟囱排放。吸收液经一定时间循环后放至洗涤液配制槽配制洗涤液。

5.2　黄磷尾气冷凝

冷凝是指气态物质转化成液态物质的过程。与冷凝相反的过程是由液态转变成气态，称为气化或蒸发过程。前者是放热过程，后者是吸热过程。纯物质的冷凝，压力和温度是不改变的。例如，在 1 atm 条件下，100℃的水蒸气进行冷凝，那么冷凝的全过程都将维持在 100℃，直到获得 100℃的液态水。全部水蒸气都冷凝成液态水后，水才由 100℃开始降温。

黄磷尾气由导气管进入洗涤收磷塔后，就经历了冷凝和冷却的过程。然而，它的冷凝和纯物质的冷凝不一样，因为黄磷尾气是含有多种组分的混合物。这一混合物在冷凝时，各种组分冷凝过程的温度也在变化，形成每个塔对应的气相组成也是变化的。

5.2.1　收磷原理

收磷的原理是依靠在冷凝塔中喷淋水对黄磷尾气的冷却使其中的磷蒸气冷凝下来。磷蒸气中磷含量一般为 300～350 g/m^3，其相应的露点温度为 160～170℃，也就是气相到液相的冷凝起始温度。在该过程中，传热和传质同时发生。一方面，黄磷尾气通过对流与喷淋水进行热交换，黄磷尾气温度降低而喷淋水温度升高。另一方面，磷蒸气由于放热而温度降低发生相变，由气相变成液相并随同喷淋水一起进入受磷槽。同时，喷淋水由于受热将有部分被蒸发随冷却后的尾气带走，致使尾气中的水蒸气含量增大。因此，该过程实质上是黄磷尾气的冷却冷凝过程。

另外，从液态黄磷的饱和蒸气压(表 5-1)可以看到：液态磷在高温区（120～300℃）的饱和蒸气压随着温度降低，其下降的幅度比低温区（20～110℃）要大得多。这说明磷蒸气在冷凝时随着温度的逐渐降低，将出现快速冷凝（热冷凝阶段）→匀速冷凝→缓慢冷凝（冷冷凝阶段）的过程。在热冷凝阶段，由于黄磷尾气有极大的温差，“晶核”——灰分粒子成为冷凝中心，这就不可避免地形成不同的液滴分布：温差越大，雾滴越细。如果黄磷尾气骤冷将形成极细微的雾滴，其有阻止雾滴分离和结构破坏的特性。因此，黄磷尾气在第一个收磷洗涤塔中的冷凝必须避免骤冷，以保证磷蒸气形成大颗粒的雾滴。为此，假如在热冷凝阶段温度偏低时可通入蒸汽加温。蒸汽对黄磷尾气的预处理会使粗磷的沉降能力有所提高。

5.2.2　黄磷尾气冷凝的工艺操作参数

黄磷尾气的冷凝过程应尽可能做到以最短的冷凝时间取得最大的冷凝效率。冷凝时间短可以缩小冷凝设备的容积，提高单位容积设备强度，冷凝效率高可以提高磷收率。

1. 温度与冷凝的关系

图 5-12 显示了温度对尾气中磷蒸气含量与气压的影响。图中右边的曲线为磷的

蒸气压，左边的曲线表示在不同温度下尾气中的含磷量，以尾气出口中总磷的质量分数表示。

图 5-13 则显示了尾气冷凝后磷含量与温度的对应关系。图中斜线 1 为每立方米（标态）尾气所含的磷量，斜线 2 则为每千克黄磷尾气所含的磷量。

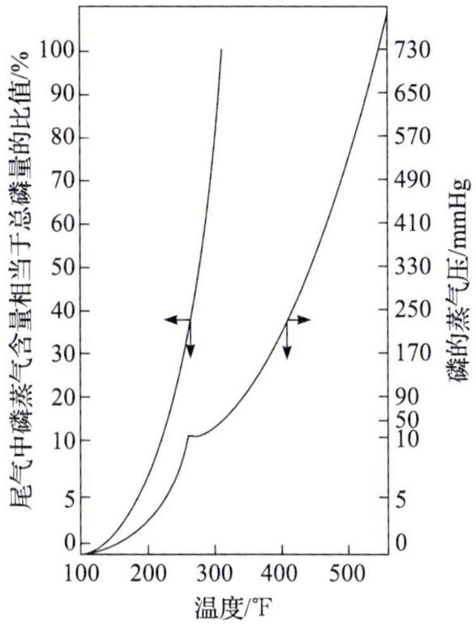

图 5-12 温度对尾气中磷蒸气含量与气压的影响

1℃ = 1.8℉

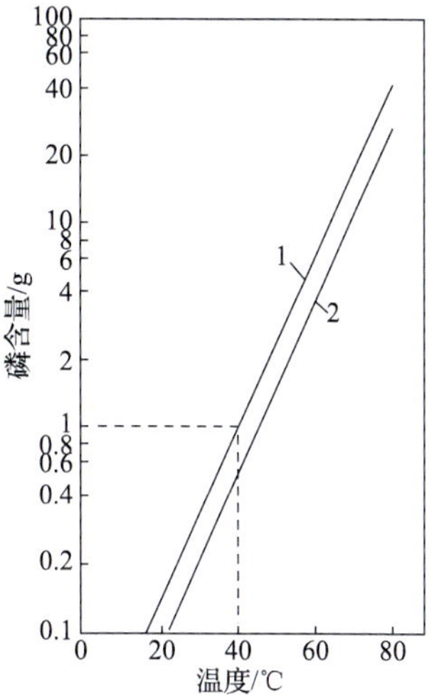

图 5-13 尾气冷凝后磷含量与温度的对应关系

1. 1 立方米（标态）黄磷尾气的 P_4 含量；2. 1 kg 黄磷尾气的 P_4 含量

尾气的冷凝是将磷蒸气冷却到露点以下，使磷冷凝为微小的液滴，并逐渐增大，直至沉降下来。微细的液滴增大有两种途径：一种是气相中磷蒸气的继续凝聚，即新的磷蒸气在原有晶体上冷凝；另一种是液滴之间的相互碰撞，合并成更大的液滴。

当尾气冷却到磷的露点以下时，由于过饱和度的提高，晶核的生成速度迅速增加，从而生成微小的液滴（雾核）。这种液滴不易沉降下来，容易被气流带走，造成雾核损失。生产中为避免这种情况的出现，总要设计安装 1～3 个冷凝洗涤塔，并以不同温度的水喷淋冷凝，使过饱和度适当超过临界数值，以便磷冷凝成较大的液滴，减少磷损失。现在的制磷电炉装置一般都设计有三个冷凝塔（也称吸收塔、洗涤塔和收磷塔）。大型制磷电炉分三段冷凝：下气管蒸汽冷凝、热冷凝塔冷凝、冷冷凝塔冷凝。随着《国家黄磷行业准入条件》要求把尾气的综合利用率提高到 90%以后，冷凝塔的设计、形式还会有不断的改进。例如，有的制磷厂在放空管下部又增加一个塔喷淋洗涤尾气，有的厂在尾气放空（回收）前先进入两个填料塔洗涤等。

三塔流程中 1 号冷凝塔用温度为 60～70℃的渣池热水喷淋；2 号冷凝塔用大循环与小循环的水兑配喷淋，温度为 50℃左右；3 号冷凝塔全部采用废水处理站来的大循环水，温度低于 40℃（越低越好）。1 号冷凝塔采用热水喷淋的好处在于可以加快冷凝洗涤速度，防止大量的磷在塔壁上凝固（磷的熔点为 44.1℃，低于该温度就有磷的凝固发生），保证冷凝塔的有效容积充分发挥作用。正常情况下 95%以上的磷将在 1 号冷凝塔被洗涤收集下来，如果热量不够，水量不足，将会加重后面冷凝器的负荷。1 号冷凝塔在整个收磷系统中是工艺控制的重点。3 号冷凝塔严格讲应称低温冷凝塔，冷却冷凝过程与其他两个塔相似，为使黄磷尾气与喷淋水能充分接触换热，需要增加气相的分散度，而喷淋水密度需要更大，停留时间较长。为此，大型制磷电炉的低温冷凝塔都比热冷凝塔设计的截面积大，且塔高更高一些。低温冷凝塔内磷蒸气的含量较前两塔低，冷凝的速度将越来越慢，为保证磷的充分回收，控制最终尾气中的磷含量不超过国家 1 g/m^3（标态）的排放指标，在操作控制时应尽可能采用低温水进行 3 号冷凝塔的喷淋洗涤。从图 5-13 可以看出，在保证黄磷尾气出塔温度不超过 40℃时，即可达到 1 g/m^3（标态）的排放指标；若控制在 30℃时，尾气中磷含量可降到 0.4 g/m^3（标态）以下，这就是 3 号冷凝塔喷淋水温度控制越低越好的理论依据。

2. 停留时间与冷凝的关系

试验证明，水蒸气的存在对磷的冷凝影响不大，只要停留时间在 60 s 以上，冷凝效率就可达到 95%左右。磷蒸气在塔内的停留时间一般设计为 100～120 s，气流速度为 2～4 m/s（小型电炉的气流速度为 0.1～0.2 m/s），尾气温度在 35℃以下，就能保证磷的冷凝效率达到 99%以上，尾气中磷含量不超过 1 g/m^3（标态）的标准。

现在的收磷系统都采用封闭式的循环水喷淋洗涤，这样节约用水，便于含磷污水的统一处理和综合利用。系统排出的含磷污水 pH 指标控制在 4 以上，经处理后的循环喷淋水 pH 指标控制在 4～6 之间，保持封闭处理和循环的喷淋水有稳定的水质和整个装置中的水平衡。一般气流速度在合适的范围内，黄磷尾气在塔内的停留时间都能满足要求。下面以 20000 kV · A 制磷电炉为例计算气流速度和停留时间。

变压器容量	20000 kV · A
平均负荷系数	0.95
操作间断系数	0.98
电炉功率因数	≥ 0.95
导气管温度	≤ 200℃
冷冷凝塔出口温度	< 40℃
3 个冷凝塔尺寸	ϕ2000 mm × 15000 mm
吨磷产生尾气量	2500 m^3

每小时的产磷量 G：

$$G = \frac{20000 \times 0.95 \times 0.98 \times 0.95 \times 1}{14000} = 1.264\ (\text{t/h})$$

则尾气流量为

$$2500 \times 1.264 = 3160\ (\text{m}^3/\text{h})$$

$$T_{平均} = \frac{200 + 40}{2} = 120\ (℃)$$

所以该温度下的实际流量 Q：

$$Q = 3160 \times \frac{273+120}{273} = 4549\ (\mathrm{m^3/h})$$

则平均气流速度 v：

$$v = \frac{4549}{3600} \times \frac{\pi}{4} \times 2^2 = 3.97\ (\mathrm{m/s})$$

平均停留时间 Z：

$$Z = 3 \times \frac{\pi}{4} \times 2^2 \times \frac{15/4549}{3600}$$

整理上式得

$$Z = \frac{3 \times \frac{\pi}{4} \times 2^2 \times 15 \times 3600}{4549} = 111.8\ (\mathrm{s})$$

通过以上计算可知，20000 kV · A 制磷电炉在塔内的平均气流速度为 3.97 m/s，平均停留时间为 111.8 s，现在的冷凝塔高度设计为 15～18 m，完全可以满足磷蒸气在塔内的停留时间及喷淋洗涤的工艺要求。

5.2.3 黄磷尾气冷凝影响因素分析

黄磷尾气的冷凝过程是尾气与喷淋水之间的传热、传质过程，对气液两相传热、传质有直接或间接的影响。下面分别对影响因素予以分析讨论。

1. 冷凝过程中两相物化特性的影响

对于液相（喷淋水），由于磷在水中的溶解度非常小，故喷淋水可以近似看作同温度下的水，其物化数据用同温度下水的物化数据代替。

对于大型制磷电炉的黄磷尾气，影响其物化性质的主要因素为静电除尘器出口黄磷尾气的温度和静电除尘器的除尘效率。温度越低，黄磷尾气黏度越大，气体质点的分散度和扩散度都将减小，对冷凝是不利的。黄磷尾气经除尘器进入下气管的进口温度一般控制在 250～350℃。含尘量降低，则气体的质量热容下降，黏度下降，热导率下降。由于大型制磷电炉设计有静电除尘设备，因此，黄磷尾气中的含尘量变化范围很小，对黄磷尾气的影响甚微。

现在国内 10000 t/a 中型制磷电炉和小型制磷电炉几乎都没有设置黄磷尾气静电除尘设备，黄磷尾气中带入冷凝系统的含尘量一般达 50～150 g/m³，这给磷蒸气的冷凝带来一定困难。

在冷凝过程中，冷凝液滴的产生和生长都需要有“晶核”粒子，黄磷尾气中的粉尘可以充当这些“晶核”离子。故从理论上讲，粉尘在黄磷尾气的冷凝过程中可以充当促进剂的作用，但在实际生产中是不可取的。原因是粉尘在冷凝过程中将被冷凝的磷液滴所包容，形成结构紧密的磷泥杂质，不仅增加磷泥量，而且在精制磷的沉降过程中形成极难分层的过渡区域，使磷的精制净化分离困难。

2. 气-液两相流动状况的影响

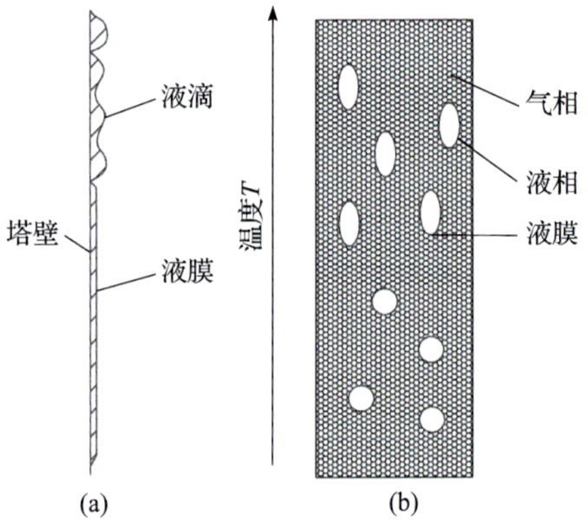

图 5-14　气相冷凝过程机理
（a）塔壁面；（b）塔中部

前面已经说明，磷蒸气的冷凝属于对流传热过程，尾气将热量传给液膜，然后再传到整个分散的液滴内部。同时，尾气中磷蒸气因温度降低而混合，使传热效果更好。整个传热过程主要靠气液两相质点的移动及混合完成。因此，两相的流动状况，即两相的分散程度，对冷凝效果起着至关重要的影响作用。冷凝时两相的流型变化可设想为如图 5-14 所示。显然，两相的分散度越大，其接触的表面积就越大，传热效果就越好，这就要求塔顶喷淋水喷嘴的布置形成理想的伞面喷淋，减少喷淋水伞面的过度重叠，使之均匀和具有良好的雾化效果。

3. 喷淋水量和温度的影响

冷凝收磷过程中必须有足够的喷淋水量和充足的热量来满足喷淋洗涤效果。第一个塔采用逆流，喷淋水量 80 m^3/h 左右，温度控制在 60～70℃之间，以使尾气温度下降缓慢，减少气液两相温差，降低“晶核”的生成量；最后一个塔也采用逆流，喷淋水量在 100 m^3/h 左右，温度控制在 40℃以下，使用来自污水处理站的循环水喷淋，温度相对较低，要求尽可能降低气体温度以获得最高的磷收率，达到控制尾气中磷含量最低的目的。

需要强调的是，黄磷尾气在冷凝过程中应该避免出现骤冷现象。温差大，在冷凝过程中会形成晶核（雾滴），温差越大，晶核越细。黄磷尾气骤冷时形成的极细雾滴（晶核）有阻止雾滴分离和破坏结构的特性，最终形成数量多而体积小的磷晶核，不利于收集精制。尤其是第一个塔，除了要保证有充足的喷淋水量外，还必须有足够的热量，才能使95%以上的磷蒸气快速在该塔中冷凝下来，又可防止大量的磷在塔内壁上凝固。

4. 水质的影响

磷蒸气在冷凝的同时，从尾气中升华出来的杂质也将被冷凝下来，其中的酸性和碱性氧化物发生水合反应，灰分也从黄磷尾气中分离出来。在受磷槽中将可能发生下列反应：

$$3SiF_4 + 2H_2O \longrightarrow 2H_2SiF_6 + SiO_2$$

$$SiF_4 + 4MeOH + nH_2O \longrightarrow 4MeF + SiO_2 \cdot (n+2)H_2O$$

以上两个反应的发生，SiO_2 将沉积下来形成磷泥。因此，必须保证喷淋洗涤水 pH 指标控制在 4～6，维持水质良好，使粗磷和循环水之间的杂质形成稳定的分布，同时减少水质的恶化、设备的腐蚀堵塞。为了解决这一问题，根据众多资料介绍：为了避免生成的氟硅酸或者氟的碱和盐类，必须随时添加一定量的新鲜水和放出相应量的系统循环水。

然而，现在收磷系统用的喷淋水和整个装置中的含磷废水都是封闭处理循环使用的，渣池水蒸发量大，系统中水不平衡时添加新鲜水是没有问题的，但要放出相应量的系统循环水是不可行的，首先环保排放要求不允许，其次是对水资源的浪费。

经长期的生产实践总结认为：改变现行的收磷喷淋水系统工艺流程就可以很好地解决这一问题，用渣池水作为 1 号塔的喷淋水，喷淋后的水直接返回污水处理站。这样就形成了一种新的喷淋水循环使用工艺流程：渣池水淬→喷淋冷凝→污水处理站→渣池水淬。水淬渣粒内部有很多孔隙空间，可以起到吸附过滤的作用，这样既能保证达到良好的喷淋水质，又能在喷淋水系统形成一个自我净化循环使用的工艺流程，为磷蒸气的冷凝提供优良的工艺条件。

5.3　粗黄磷精制工艺过程

中小型制磷电炉尾气中所含的粉尘，由于分散度很高，表面积非常大，在磷蒸气冷凝时自然成为冷凝晶核。磷就会冷凝在这些粉尘上，而且会形成比较稳定的胶状黏结物，这种含有相当杂质的混合物称为粗磷。对于采用静电除尘器的大型制磷电炉装置，冷凝得到的液态磷纯度已达到 90%以上，只需在精制槽内经简单搅拌沉降就能得到合格的黄磷产品。在此种特定工况下，有的国家如苏联，磷的精制采用自然沉降法。德国赫斯特技术采用磷过滤器精制黄磷。磷过滤器其实就是一台压滤器，内有 14 个覆有滤网的水平扁平滤盘，一个叠一个地装在一根垂直开孔空心轴上，放在密封压力容器中。过滤能力为 6 m^3/h，最佳过滤温度为 70℃。通过 1%～2%硅藻土悬浮液循环，在带滤网的滤盘上形成预滤层，然后泵入粗磷，杂质留在滤层上，穿过滤层的合格磷进入空心轴内，再经滤液管线从过滤器中排出。滤渣由高速转动的离心力甩出滤盘，排出磷过滤器。该法自动化程度高，产能大，操作环境较好，但设备结构复杂，操作维护费用高。

5.3.1　粗磷精制原理

粗磷精制分离原理是利用物质间的密度差进行的分离过程，但是磷和杂质之间是结合紧密的胶状结构，要实现分离，前提是在一定条件下破坏磷和杂质间的胶状结构，并利用液态磷（连续相）的密度大于杂质（分散相）的物化原理，使杂质上浮而与液磷分离。密度较小的磷泥杂质则悬浮于磷液面上，密度较大的磷因沉降速度大而沉积于槽底，从而实现粗磷的精制。

5.3.2　影响精制的主要因素

粗磷精制的条件主要是控制温度。利用间接、直接蒸汽加热，将粗磷温度逐步提高，有利于破坏杂质和磷形成的胶体结构，使粗磷中的杂质慢慢漂浮出来。在通入蒸汽加热的同时，通入 60～70℃的热水对粗磷进行搅拌和漂洗，也能达到同样的效果。流动热水的存在，可及时将分离出的杂质带走，促使杂质和液磷的分离净化。适当添加蒸汽用量，使粗磷不断地被加热又不至于沸腾（避免有微黄色烟雾冒出为标准）。由于粗磷中的这种胶状结构比较稳定，加热漂洗时间一般需要 3～8 h，静置沉降时间在 24 h 以上。

为了使粗磷精制在沉降时能够沉降完全，应保持液磷具有良好的流动性，因此，精制槽都设有夹套保温或蒸汽加热保温，以保证精制槽内温度稳定在 70℃左右，使液磷达到较小的黏度。液磷黏度与温度的影响关系如下：

$$\lg\eta = -1.3879 + 5144/T$$

式中，η 为磷的黏度；T 为磷的温度。随着温度上升，液磷的黏度下降。例如，50℃时，液磷的黏度为 1.694×10^{-3} Pa · s；65℃时为 1.359×10^{-3} Pa · s；80℃时为 1.171×10^{-3} Pa · s。由此可见，适当合理地控制温度，有利于杂质的分离，同时还可以缩短分离时间。

沉降分离的最终效果取决于两界面是否清晰。例如，65.6℃时，液态磷的密度为 1.72 g/cm^3，磷泥的密度为 1.498 g/cm^3，两者相差仅 15%。同时，由于磷泥中含有吸附能力较强的 $SiO_2 \cdot H_2O$、炭黑粒子及其他粉尘微粒，磷泥与液磷的界面成为一种介于两相之间的悬浮浑浊状态，界区连续过渡。

实际操作中，漂洗、静置自然沉降法净化一般不会出现清晰的界面，为避免成品磷中带有磷泥等杂质，通常在磷包装时都将界面取在液磷层以上。

5.3.3　精制与二次洗涤

磷的精制通常是间歇操作，利用位差及胶管将粗磷从受磷槽虹吸入精制锅（精制槽）中，然后通入蒸汽加温，并同时加入热水，使之起到均匀搅拌的作用。开始蒸汽加入量可适当大些，随着加温时间的延长，蒸汽量要慢慢减少，以使粗磷中的胶状杂质徐徐分离漂浮，然后置于 70℃左右的热水中静置保温，自然沉降 24 h 以上得到成品磷。

磷与杂质分离的好坏，除温度、蒸汽量控制外，与静置分离的时间有很大关系，一般时间长固然好，但无限期的延长也是不可取的。如果突然发现磷不合格，质量达不到标准，或是出现红磷、黑磷等不正常现象，往往与磷泥量及炉况发生波动有关系。生产中如果发现磷泥量增多、不好漂洗等异常情况，就要引起高度重视和注意，及时和生产工艺管理人员取得联系，反映精制过程中出现的反常现象，找出原因并及时加以调整。

前面已经讲过，由于自然沉降法精制净化黄磷不会出现清晰的界面，每次精制结束后都有一定数量的磷泥排入磷泥槽，受磷槽、精制槽溢流管也有浮磷、磷泥等流入磷泥槽，这些物质是磷、固体杂质和水的混合物，组成波动很大，磷含量在 10%～90%之间不等，固体杂质有 SiO_2、CaO、Fe_2O_3、Al_2O_3、Na_2O、K_2O 等，含量在 5%～40%之间，水分含量在 10%～80%之间。必须进行二次漂洗回收，称为二次粗磷的漂洗。

将磷泥槽的磷泥用泵打入精制槽，加入蒸汽升温到 70℃左右（可比一次粗磷漂洗温度稍高一点），从精制槽表面插入管子向槽底各个点加入浓度 20%的氨水，保温静置 1 h 左右，然后进行热水漂洗。加氨水的目的主要是破坏磷泥中比较稳定的胶状结构，在相同的温度下进一步降低液磷的黏度，有利于杂质的分离和磷的沉降。这种方法在实际操作中效果很好，可以增加磷收率3%～5%，但在加氨水时必须注意以下几点：

1）氨水浓度控制在20%左右（浓度低需要增加用量），加入量按每吨磷耗1～2 kg计，氨水通过位差用胶管插入精制槽底呈米字形各点加注。为了便于抽插，胶管端头接一根长2 m左右的钢管。

2）氨水加入不要过量，若一次漂洗不够可再次加氨水漂洗。如生产中磷泥量突然增加或有红磷出现，也可以采用该法漂洗，不过氨水加入量要根据实际情况合理增减，控制好。

3）具体的操作步骤为：先提温→加氨水→静置→漂洗→自然沉降。

通过二次粗磷的漂洗，可将磷泥量从每吨磷500 kg左右下降到200 kg以内，磷泥中磷含量从30%～60%下降到20%以下。

5.3.4 精制工艺操作方法的改进

从精制过程的原理来看，要达到精制黄磷速度快、质量高，最关键的有两步：一是粗磷的质量要尽可能比含尘（杂质）量低，即与杂质粉尘不形成或少形成稳定的胶状结构物；二是要严格控制好精制操作的温度，在确保安全的状况下适当提高温度有利于精制。

1. 保持正常的炉况反应是确保粗磷质量的前提

影响粗磷质量的因素较多，关键是要控制好工艺参数，以维持正常的炉况操作。主要有：①炉料（含混合料）质量尽量满足规定指标，尤其是粒度更应严格控制。要认真对入料进行筛分和烘干作业，从而保证磷矿石和硅石粒度为4～50 mm，焦炭粒度为3～45 mm，混合料的P_2O_5质量分数稳定在25%左右，水分含量应小于3.50%。②根据我国黄磷工业生产实际，原料库尚未正规，焦炭破碎利用临时场地，破碎粒度难以满足3～45 mm要求。故采取的办法是适当调整工艺参数指标来实现磷炉稳定操作，具体控制为：焦炭过量系数由3%调减为1%以下，磷转化率由95%降为91%，渣中磷含量由1.5%增为2%～2.5%，酸度从0.75～0.85提高为0.8～0.88。③控制合理的生料层厚度达到能获得正常炉气温度和含尘量，并保持导气管、炉壁及炉底温度满足规定要求，从而确保磷炉混合气的温度低于露点180.7℃。

2. 严格把握精制温度是确保产品质量的关键

由于粗磷的质量得到较大改善，据此可以对精制操作进行改进，即减少煮磷这道工序，并且不用加碳酸氢铵也能精制出优等品。具体操作方法：在压磷完毕后直接进行漂洗作业，但漂洗水应改污水（循环水）为渣池水，出渣周期为4 h，加之渣池容积偏大达640 m^3，在此期间水温可保持在65～85℃，达到漂洗工艺要求。若是在冬季作业时只需将漂洗时间和出渣周期适当交叉便可满足。实际操作较为简单，只需开启进入高位热水槽的渣池水阀注入适宜的水量即可，漂洗4 h后，再进行自由沉淀（静置）8 h，成品便可达到优等品标准（应以产品检验报告为准）。

3. 效果分析

改进后的操作方法具有以下优点。

（1）节约能源

由于充分利用了水碎渣的余热，相应减少了精制过程的蒸汽消耗，同时不再使用碳铵，均达到了节约能耗和物耗的目的。据初步统计，按 10 t/d 黄磷需蒸汽加热 5 h，消耗蒸汽约 12 t，折合标准煤 1.548 t。另外，按一般碳铵耗用量计算，即每吨黄磷可节约碳铵 2.5～5.0 kg。仅此两项每年就可节约生产成本 5.7 万元。

（2）减少磷泥损失

经实际生产多次测定，改进后操作排放的磷泥，无论是数量和含 P_4 量均比改进前要低 8%～10%。换言之，改进后的操作达到了减少损失、增加产量的目的，按实际生产能力计算，每年可增产 1.0%，全年可增产 30～35 t 黄磷，创造价值接近 30 万元。

（3）降低劳动强度，改善环境质量

对于磷泥的回收，原先都是用泵将磷泥槽（池）内的磷泥打入精制锅（槽），然后反复进行煮漂直至产品合格。改进后漂洗水带出的磷泥是直接进入专用精制锅（槽），不需要进行重复回收工序，同时也不必对磷泥槽（池）进行加热熔化，从而降低了工人的操作强度。另外，由于取消了煮磷操作，也就减少了磷与空气的接触，相应减少了浓磷烟的产生，从而降低了空气中磷蒸气的浓度，使工作环境质量得到改善，有利于作业人员的身体健康。

第 6 章
黄磷生产的能量消耗及节能

6.1 制磷过程能耗计算

黄磷是一种高能耗产品，按全国约 70 家制磷企业统计，每吨黄磷的平均综合能耗（以下简称综合能耗）为 9.177 t（标准煤），其综合能耗组成见表 6-1。

表 6-1 生产每吨黄磷（P_4）的综合能耗

名称	能耗					综合能耗
	电炉电	焦炭	动力电	水	蒸汽	
消耗定额	15584 kW · h	1.521 t	308 kW · h	167 t	7.8 t	
折标准煤	6.686 t	1.477 t	0.132 t	0.024 t	0.858 t	9.177 t
分配份额	72.86%		27.14%			

在各种工业产品的综合能耗中，黄磷名列榜首（表 6-2），因此制磷工业的发展受到能耗的制约，这也说明节能问题在制磷工业中的重要性和迫切性。

表 6-2 重点行业主要产品的综合能耗（折标准煤） （单位：t）

综合能耗	产品名称						
	炭黑	胶黏纤维长丝	钢	电解铝	冶炼铜	冶炼锌	合成氨
折标准煤	3.673	7.810	1.172	6.949	1.796	2.691	2.183

6.1.1 制磷电炉的能量消耗

1. 制磷电炉电耗

从表 6-1 看出，在黄磷生产过程中，电炉系统消耗的电能占黄磷综合能耗的 72.86%，故电炉系统的节能工作是其重点。影响制磷电炉系统能耗大小的因素很多，由于电炉电耗或综合能耗的计算均是按输入电炉变压器的电能（电度数）或输入制磷系统的能量（折标准煤）与黄磷产量（吨）之比，因此节能工作包括两方面：一是提高黄磷产量；另一方面是减少生产过程中各种能量损耗。本章主要讨论黄磷生产中能量（电能）传递过程的损耗和热平衡分析。

从图 6-1 可见，向变压器输入电能 P，经变压器把一次高压电变换成电炉制磷需要的二次电压，通过短网、炉盖产生损耗，输入电炉的电能只有 P_0，然后在炉内通过炉料将电能转换成热能 Q（$P_0=Q$）。由于炉壳热损耗、炉气带走热量、炉渣和磷铁带走热量、炉内副反应以及其他热损失（相应用ΔQ_4、ΔQ_5、ΔQ_6、ΔQ_7、ΔQ_9和ΔQ_8表示），真正用于磷酸盐还原反应的热量为 Q_0。某厂制磷电炉热平衡测试的数据见表 6-3。

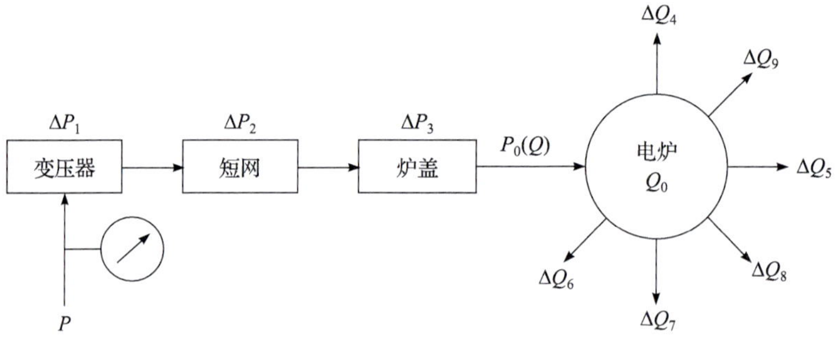

图 6-1　制磷电炉的能量传递过程示意

表 6-3　制磷电炉热平衡测试值　（单位：%）

数据来源	热量消耗								
	$\Delta P_1/P$（变压器）	$\Delta P_2/P$（短网）	$\Delta P_3/P$（炉盖）	$\Delta Q_4/P$（炉壳）	$\Delta Q_7/P$（磷铁）	$\Delta Q_6/P$（炉渣）	$\Delta Q_5/P$（炉气）	$\Delta Q_8/P$（其他）	$(\Delta Q_9+\Delta Q_0)/P$（化学反应）
国内磷肥厂	1.57	2.31	2.13	4.05	0.20	29.37	2.62	3.51	54.25
国外某厂	1.40	0.60	0.20	6.80	0.40	29.30	4.10	1.70	55.50

黄磷生产过程中能量传递效率（η）和各种损耗（$\Sigma\Delta P/P$、$\Sigma\Delta Q/P$）有关，即能量传递效率和变压器损耗（$\Delta P_1/P$）、短网损耗（$\Delta P_2/P$）、炉盖涡流损耗（$\Delta P_3/P$）、炉壳热损耗（$\Delta Q_4/P$）、炉气带走热损耗（$\Delta Q_5/P$）、炉渣带走热损耗（$\Delta Q_6/P$）、磷铁带走热损耗（$\Delta Q_7/P$）、炉内副反应消耗热量（$\Delta Q_9/P$）有关。而这些损耗又和电炉结构及其几何尺寸、电气参数、磷矿化学组成、优化工艺指标控制有关，因此 η 值大小代表制磷电炉的生产水平高低。下面就上述各种损耗及相关的节能措施进行讨论。

1）变压器损耗（$\Delta P_1/P$），包括铜损和铁损。变压器损耗大小取决于其设计和制造水平，但纵观我国较早投入运行的磷炉变压器，总损耗是额定变压器容量的 1.5%～2.0%。若在新建或扩建相同规模黄磷装置时，应对变压器的规格提出低损耗要求，即采用节能型磷炉变压器，其总损耗只有原来的一半，全年的节电量十分可观。

2）短网损耗（$\Delta P_2/P$），包括铜（铝）排、软母线、电极把持器的损耗。从变压器二次侧出线端头到电极的二次母线总称短网。

虽然电炉短网长度不大，但流经短网的电流很大，故其损耗大小决定了取自电网的能量最有效地输入电炉和制磷装置的效率。从表6-3看出，该厂短网损耗为2.31%，远大于国外的大型电炉0.60%，其原因可从短网形式、结构、材质等方面进行分析（表6-4）。

表6-4　短网形式、结构、材质比较

名称	小型电炉装置	大型电炉装置
变压器形式	1台三相变压器	3台单相变压器
母撑形式	矩形截面母排（铜或铝）	通水冷却铜管
软母线	软铜线	软铜片
颚板形式	2块半圆形颚板，人工压紧	10块颚板，液压压紧
短网形式	短网采用炉旁三角形，母排上流过的是相电流，软母线流过的是线电流	短网通过电极接成三角形，短网上流过的是相电流，电极上流过的是线电流
评价	三相布置不对称，炉内电极功率分配不均匀	三相布置对称、短网长度短，炉内电极间功率分配均匀

为了找出小型电炉短网损耗大的原因，对电炉短网进行测试，结果见表6-5。

表6-5　小型电炉短网各部分损耗（$\Delta P_2/P$）　（单位：%）

项目	变压器二次侧引线与铝母排接触损耗	铝母排损耗	铝母排和铜母线接触损耗	软铜母线损耗	电极把持器与电极接触损耗	累计
数值	0.06	1.10	0.23	0.04	0.88	2.31

从表6-5看出，短网损耗主要集中在铝母排损耗和电极把持器与电极接触损耗这两项，其原因分析如下：

由于该厂采用两台三相磷炉变压器并联供电，变压器标高偏低，造成铝排长度增加。另外，铝排比铜管的电阻大，且比铜管的邻近效应和集肤效应较强，通过同样电流时铝母排损耗大就不足为奇了。

石墨电极公称直径为400 mm，由于加工误差（实测为395～408 mm），而钳式铜瓦（2片）内直径为400 mm，因此铜瓦内侧和电极接触不完全吻合。根据长期对铜瓦清理中发现，它们的接触面积还不到铜瓦内侧表面积的1/3，严重时可明显观察到两者间的间隙，故实际接触电流密度远大于2 A/cm^2。另外，铜瓦和电极的接触电阻与接点上压力的$\sqrt{F}$成正比，钳式铜瓦的电极把持器用人工操作不易压紧，造成接触电阻增加，这些均导致两者接触损耗增加。根据以上分析，大型电炉短网配置较合理，但对于小型电炉而言，不能照搬大型电炉短网配置，而应考虑电炉负荷大小、投资多少、设备制造等综合因素做出合理选择。也可在现有基础上做一些改进：①首先避免采用两台三相变压器并联供电，尽可能靠近电炉安装，适当提高变压器标高，减少短网长度；②采用铜排代替铝排，这样虽增加了投资，但由此节约电能，取得的经济效益远大于投资增加；③可将钳式铜瓦由2片改为4片，用液压装置代替人工操作，这样可降低铜瓦与电极的接触损耗。

3）炉盖涡流损耗（$\Delta P_3/P$），包括炉盖和电极水封的涡流损耗。为防止炉气漏出，耐热混凝土炉盖外层采用钢炉盖并和钢外壳连接，当载有大电流的电极穿过钢炉盖时便感应产生涡流，使部分电能转化成热能散发而损失。从表 6-3 看出，大型电炉炉盖涡流损耗为 0.20%，而该厂为 2.13%，是前者 10 倍。为便于分析，须从炉盖结构和材质两方面进行比较。大型电炉电极通过炉盖时为避免炉气逸出，一般采用“干封”结构（即填料函密封），炉盖钢板采用抗磁不锈钢，钢炉盖分割成 4 块，彼此间绝缘，与钢壳体也采取绝缘处理，因此钢炉盖部分涡流损耗很小。我国中小型电炉的电极通过炉盖时，为避免炉气逸出一般采用“水封”结构，水封和钢炉盖均采用碳钢，其损耗实际上包括炉盖和水封两部分损耗（表 6-6）。

表 6-6　钢炉盖各部分损耗（$\Delta P_3/P$）　（单位：%）

项目	炉盖总损耗	钢炉盖损耗	水封损耗
数值	2.13	0.55	1.58

为了降低中小型电炉炉盖部分涡流损耗，照搬大型电炉炉盖结构也不切实际（因为需要向炉盖填料函内通入氮气），国内一般采用以下三种方法。

i）取消钢炉盖。此法虽消除了钢炉盖涡流损耗，但由于耐热混凝土炉盖密封性能差，炉气容易泄漏，而且在高温下（电炉生产不正常和电炉开、停炉时）和受力时（电极倾斜或电极折断事故的处理）炉盖易损坏，加上仍要求采用水封，故实际节能效果不显著而不易推广。

ii）钢炉盖仍采用碳钢，有水冷夹套，但将钢炉盖分割成三块，用不锈钢焊条进行焊接并形成 10 mm 宽、20 mm 厚焊缝进行隔磁，但效果不佳，测定结果如下：

	碳钢焊条	不锈钢焊条
二次电流	6200 A	6200 A
室内温度	35℃	约 35℃
炉气温度	200～230℃	230℃
钢盖中心点温度	280～300℃	280～300℃

iii）用抗磁不锈钢板（1Cr18Ni9Ti）制作钢炉盖并取消炉盖水冷却夹套，经测定炉盖中心点表面温度见表 6-7。

表 6-7　抗磁不锈钢炉盖的节能效果

项目	抗磁不锈钢炉盖			碳钢炉盖
	Ⅰ	Ⅱ	Ⅲ	
电炉功率/kW	2.078	2.494	3.013	2000
室内温度/℃	15	4	25	35
炉气温度/℃	200	200	210	200～230
炉盖中心点表面温度/℃	110	128	161	280～300

从表 6-7 看出，炉盖材质改用抗磁不锈钢后，炉盖中心点表面温度从碳钢炉盖的 280～300℃下降至 110℃，涡流损耗从 0.55%下降至 0.40%，效果尚可。从表 6-6 看出小型电炉炉盖涡流损耗主要为水封涡流损耗，故电极水封材质也需用抗磁不锈钢，经测定节能效果明显，见表 6-8。

表 6-8　水封材质对涡流损耗的影响

材质	电炉功率/kW		二次电流/A		涡流损失 *I*/%	
	1#	2#	1#	2#	1#	2#
碳钢	2300	3000	8800	8600	1.75	1.62
抗磁不锈钢	1500	4100	6600	11800	0.50	1.07

为了降低能耗，在电炉强磁场周围的设备和部件的材质也应尽可能采用抗磁不锈钢，例如，靠近软母线的下料管，其涡流损耗也不容忽视。经测定，靠近软母线的下料管在不同高度处的温度在 40～70℃，高出的温度即为涡流损耗造成。

4）电炉炉壳热损耗（$\Delta Q_4/P$）。从前面计算讨论得知，小型电炉设计时因电炉内径远大于电炉熔池直径，故其内壁产生“挂料”，因炉衬结构采用保温材料，且炉壳采用自然冷却方式，故其热损耗低，在总能耗中仅占 4.05%。而大型电炉炉衬结构中没有采用保温材料，炉壳采用喷水强制冷却使其内壁产生“挂料”，在总能耗中占 6.80%（表 6-3），远大于小型电炉炉壳热损耗。故对于小型电炉而言，炉壳采用喷水强制冷却是不合适的。

上述结论是在电炉处于正常状态下得出，如果对电炉设计不合理或操作不当，炉壳热损耗就会大幅度增加。例如，在电炉输入功率和内径不变的情况下，电极布置圆直径选择过大，造成流向炉壁电流增加，炉壁“挂料”减薄甚至消失。同样，如果炉料“焦比”选择过小或 *I*/*E* 值选择过大，均会造成电炉熔池直径变大，炉壁“挂料”减薄甚至消失。以上情况均会使炉壁外壳温度升高而导致炉壳热损耗增加。另外，电极位置下移促使炉渣过热，炉底温度升高而使热损耗增加。因此，以上情况应尽量避免，做到合理设计，严格控制电炉生产时的优化工艺指标。

5）炉气带走热损耗（$\Delta Q_5/P$）。从炉内进行热交换角度考虑，要求炉内的炉气排出量均匀，尽可能把高温炉气热量加以回收，提高电炉热效率。小型电炉由于流程中没有设置电除尘器，炉气温度一般在 250～300℃。受炉气中磷蒸气露点限制，炉气温度不可能再降低。而大型电炉因炉底功率强度大，炉气温度下降梯度小，炉气温度高达 500℃，故炉气带走的热量大于小型电炉。但这也并非绝对，如果炉料中细粉过多、水分含量过高，造成炉内料层结拱，实际料层厚度变薄，炉气与炉料进行热交换不充分。如果炉料“焦比”或二次电压选择过高，使反应区上移、料层相对变薄，炉气与炉料进行热交换不充分。以上情况造成炉气出口温度升高，甚至达到 500～900℃，这样既影响电炉操作，又造成随炉气带出的热损失增加。为此，必须加强对磷矿等原料预处理，严格控制电炉操作，避免上述情况发生。

6）炉渣带走热损耗（$\Delta Q_6/P$）。在大型电炉和小型电炉中它们所占的比例较接近。影响炉渣热损耗大小的因素是炉渣量和炉渣温度，因此应选择合适的磷矿（P_2O_5 含量不能太低，CaO 含量不宜过高，SiO_2 含量适宜）以减少炉渣量。同时，避免炉渣酸度指标控制过低或过高，以免造成炉渣熔点升高，还应避免炉料“焦比”和二次电压选择过低，造成电极位置偏低，使炉渣温度过高，随炉渣带走热损耗增加。

7）磷铁带走热损耗（$\Delta Q_7/P$）。从表 6-3 看出，随熔融磷铁带走热损耗为 0.2%～0.4%，往往易被人们所忽视。但是这样的认识是不全面的，因为由磷铁造成能量损失包括两部分：一部分为熔融磷铁带走热损耗（即表 6-3 中 0.2%～0.4%），影响其损耗大小的因素是磷铁生成量和熔融磷铁温度；另一部分为因化学反应生成磷铁而消耗能量（包含在表 6-3 中化学反应能耗 54.25%内）以及造成的磷损失。计算得出每生成 1 t 元素磷，因生成磷铁而消耗能量折电耗 108 kW · h，占电耗 0.78%，再加上表 6-3 中 0.2%，则因生成磷铁而造成的能耗约占电耗的 1%，再考虑损失磷 37.13 kg，换算成电耗，两者相加占电耗比例为 4.49%，因此其损耗绝不能忽视。如果再加上选择磷矿不当或电炉工艺指标控制不当，则造成能耗损失更大，必须重视因磷铁而造成的能量损失。

磷铁的生成量取决于下述因素。

i）磷矿品位（以 P_2O_5 计）。磷的回收率随磷矿品位降低而降低，因此磷矿品位越低，生产每吨磷所需磷矿量越多。为便于计算，假设磷的回收率和磷矿中 Fe_2O_3 含量（1.5%）不变，由磷矿带入电炉的 Fe_2O_3 总量随磷矿品位降低而增加（表 6-9），如果考虑磷的回收率影响，则由磷矿带入的 Fe_2O_3 量远大于表 6-9 中的数值，带入 Fe_2O_3 量越多自然生成磷铁量就越多。因此，在生产时选用的磷矿品位不宜过低。

表 6-9　随磷矿带入电炉的 Fe_2O_3 量（t，以 P_4 计）

名称	磷矿中 P_2O_5 含量				
	37%	35%	30%	25%	20%
磷矿量/t	6.74	7.13	8.31	9.98	12.47
带入的 Fe_2O_3 量/kg	101	107	124.7	149.7	187.65

ii）磷矿中 Fe_2O_3 的含量。磷矿中 Fe_2O_3 的含量和矿种及矿点有关，Fe_2O_3 含量越高则随磷矿带入的 Fe_2O_3 就越多，自然生成磷铁量就增加。

iii）炉渣酸度指标 $n(SiO_2/CaO)$。磷铁生成实际上是分两步进行，首先是磷矿中 Fe_2O_3 被焦炭还原成铁，然后铁和元素磷蒸气接触生成磷铁。因此在其他条件不变的情况下，磷铁生成量取决于 Fe_2O_3 还原率高低，Fe_2O_3 还原率高则生成的磷铁量就多，反之则少。资料介绍 Fe_2O_3 还原率和炉渣酸度指标有关，炉渣酸度指标低，Fe_2O_3 还原率就高：

$n(SiO_2/CaO)$	Fe_2O_3 还原率
1.05	66%
0.80	91%

根据某厂对制磷电炉的物料衡算可知，当炉渣酸度指标为 0.83 时 Fe_2O_3 还原率为 85.49%，而根据上述数据用插入法求得的还原率为 88%，两者相近。为了降低 Fe_2O_3 还原率，减少磷铁生成量，炉渣酸度指标要求大于 0.8 较为有利。

iv）磷铁中磷含量。对该厂磷铁组成进行分析整理，结果见图 6-2。从图可见，磷铁中 w(Fe+P)随其中磷含量的降低而降低，在带入 Fe_2O_3 的量相同情况下，磷铁生成量随磷铁中磷含量降低而增加，反之则减少。当然磷铁中磷含量也不宜过高，否则随磷铁带走的磷损失太大。

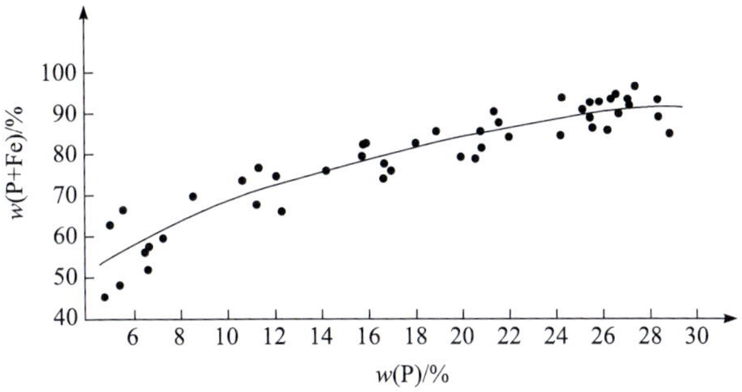

图 6-2　磷铁中的磷与铁含量之和与磷含量的关系

熔融磷铁的温度高低取决于电极端在电炉内位置，即电极端插入熔池中深度 h 值大小，h 值越大，电流流向炉底比例就大，熔融炉渣和磷铁的温度越高，带走的热损失就越大，反之随磷铁带走的热损失就减少。电极端插入熔池深度 h 值大小和电炉工艺指标有关，主要是炉料焦比和 I/E 值。一般而言，I/E 值越大，焦比值越低，电极端插入熔池深度 h 值越大，反之则越小。

从上面讨论可知，为了减少因生成磷铁而造成能量损耗，必须选择合适的原料[磷矿品位不宜过低，Fe_2O_3 含量应小于 2.5%，硅石中 Fe_2O_3 含量小于 1.5%，焦炭中 Fe_2O_3 含量小于 3%]，炉渣酸度指标 $n(SiO_2/CaO)>0.8$，电炉工艺指标 I/E 值和焦比适宜，磷铁中磷含量约 20%。

8）炉内副反应消耗热量（$\Delta Q_9/P$）。根据该厂对制磷电炉热平衡测试后计算，副反应消耗热量占总能耗的 7.73%，仅次于炉渣带走热损耗。如何减少这部分能耗成为制磷工作者所关心的问题。根据资料介绍，对低于磷酸盐还原温度的副反应在电炉内发生是不可避免的，但通过一定措施（原料预处理、控制好电炉优化工艺条件）可以使其影响降低至最小。对于高于磷酸盐还原温度的副反应，只要控制好电炉生产时的优化工艺条件（炉渣酸度指标为 0.8～0.85、焦炭过量系数为 1.06、I/E 值大于 80），尽量避免任何可能导致熔融层温度升高的因素（焦炭过量系数过高、I/E 值选择过小、电极布置圆直径选择过小），那么这些副反应在电炉内是可以避免发生的。

2. 其他能耗

当人们说起黄磷是高能耗产品时，往往就联想到是电炉的高能耗，但仅仅强调电炉的高能耗是不够全面的。这是因为组成黄磷综合能耗的其他能耗占综合能耗的 24.17%，达到 2.491 t（标准煤），超过炭黑、合成氨、冶炼钢、钢的综合能耗（表 6-2）。因此对这部分能耗（动力电、水、汽、焦炭、压缩空气、氮气）也不应忽视，下面就降低这部分能耗进行讨论。

1）蒸汽。在黄磷生产过程中广泛采用饱和蒸汽直接加热或间接保温，因而耗用较多蒸汽。国外资料为1～2 t/t P_4，而我国蒸汽消耗量平均为 7.8 t/t P_4，占综合能耗 9.35%。那么蒸汽消耗高的原因何在呢？下面对某厂收磷系统热平衡数据（表 6-10）进行分析，并探讨降低蒸汽消耗途径。经对收磷系统蒸汽消耗量计算，每吨黄磷的直接蒸汽消耗量为 3.7 kg，受磷槽夹套蒸汽消耗量为 6504 kg，喷淋热水消耗蒸汽量（喷淋水不循环）为 1709 kg，收磷系统共消耗蒸汽量为 8217 kg。

表 6-10　收磷系统热平衡（三个冷凝塔和受磷槽）

项目	热量收入/kJ	项目	热量支出/kJ
Q_1 炉气带入	1110108	Q_2 尾气带走	92704
Q_3 喷淋热水带入	6829196	Q_7 污水带走	7628237
Q_4 喷淋冷水带入	334400	Q_6 粗磷带走	60434
Q_5 直接蒸汽	975579	Q 外壁热损失	1478119
Q 受磷槽夹套蒸汽传入	Q_5		
共计	Q_5 + 9249283	共计	9259494

从上述计算和热平衡表数据看出：①由于受磷槽外壳没有保温，其外壳温度经测定在 100℃左右，外壳热损失消耗蒸汽量约占收磷系统消耗蒸汽总量的 30.18%，加上受磷槽夹套蒸汽出口没有安装疏水器，排出的是蒸汽而不是冷凝水，蒸汽汽化潜热没有得到利用，蒸汽消耗量势必增加，最终使受磷槽夹套蒸汽消耗量占总量的 79.15%；②冷凝塔喷淋的热水没有循环利用，造成大量热能流失，其消耗蒸汽占总量 20.85%。

另外，大型电炉在流程中采用电除尘器，炉气中粉尘大部分已除去，故其收集的磷仅在保温下静置一段时间且可达到产品质量要求。而小型电炉在流程中没有除尘装置，所收集的磷必须经热水漂洗方能达到产品质量要求，这势必增加蒸汽消耗量。

以上分析可以说明我国制磷企业在生产中蒸汽消耗量高的原因。为了降低蒸汽消耗量，应做到以下几点：

i）合理使用蒸汽，严格执行“按质供能”和“按质用能”的原则，在满足工艺要求的温度下，应尽可能选用低压蒸汽。例如，受磷槽、精制锅等设备只需在 50～65℃保温，用 0.3 MPa 以下的低压蒸汽即可。这样热利用率高，又可减少设备散热和泄漏损失，蒸汽的显热损失也将减少。

ii）加强蒸汽计量管理工作，消除“跑、冒、滴、漏”，一般花钱不多就能取得很好效果。长期以来我国早期制磷企业大部分靠分摊决定蒸汽用量，既不能真实反映实际蒸汽消耗量，又严重影响不同工段节约用汽的积极性。应尽快安装蒸汽计量装置并加强管理，对供汽和用汽单位在计量上的差额可用提高蒸汽价格解决。

iii）用热水保温（图 6-3）代替蒸汽保温可以取得很好的效果。从图 6-3 看出，蒸汽进入蒸汽喷射泵后产生动力使夹套内水循环流动，并将水加热进行保温，排出的是将近 100℃的冷凝水，蒸汽汽化潜热得到充分利用。根据前面计算，改用热水保温后受磷槽夹套蒸汽用量从原来 6504 kg 降为 424 kg。

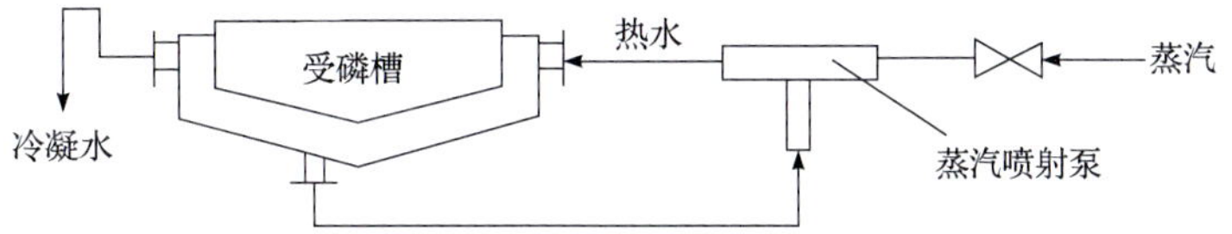

图 6-3 热水保温流程示意

iv）为了降低用汽设备散热损失，受磷槽和精制锅外壳捆扎保温砖，再用石棉水泥抹面。虽然精制锅散热面积略有增加，但其外壳温度从 100℃降低到 40℃，粗略计算保温后精制锅外壳散热损失仅为原来的 24.4%，可见其节能效果。

v）收磷系统喷淋水改为循环用水，其蒸汽消耗量从原来 1709 kg 降至 79 kg。

由上述可知，节能既是技术问题，同时也是管理问题。采取上述措施后，收磷系统蒸汽消耗总量降至 503 kg。

2）水。由于黄磷生产特点，在生产过程中需要大量用水，生产每吨黄磷需要消耗水 l67 t（表 6-1），折标准煤为 0.024 t。由于水的价格较低，因此在黄磷生产成本中所占比例微乎其微，在讨论节能时往往忽略了节水问题。但从收磷系统热平衡看，人们忽略了由水带走而造成的热损失，如果喷淋水不循环使用而直接排放，消耗水量为 30 t/t P_4，折算标准煤为 0.004 t/t P_4，但其带走热量为 7628237 kJ（表 6-10），相当于消耗蒸汽 l709 kg/t P_4，折算成标准煤为 0.188 t/t P_4，是 0.004 t/t P_4 的 47 倍，因此节约用水对降低黄磷综合能耗还是有一定影响。为此在黄磷生产过程中，尽可能采取循环用水（收磷系统喷淋水循环和冲渣水循环），一方面节约大量用水，节约水资源消耗，也有利于污水处理，另一方面为冲渣水热能回收利用创造条件。

3）焦炭。它是二次能源，但在黄磷生产中焦炭作为还原剂和导电体，其用量多少对黄磷生产起着十分重要的作用。一方面它影响着炉内磷酸盐还原反应的还原率和炉内副反应发生程度，另一方面还影响炉料（熔融）电阻率，从而影响制磷电炉的运行和操作控制。因此，焦炭用量是作为控制和调节手段，使电炉在优化工艺条件下运行，达到稳定操作、提高产量、提高磷的回收率，使单位产品的焦耗自然降下来（各制磷企业焦耗相差不大）。但从另一角度考虑，大块焦炭在破碎、筛分、干燥预处理过程中会产生大量细粒，小于 4 mm 的一般可达 30%～50%。这部分细粒焦炭不能用于制磷电炉，所以对制磷企业而言，关键是如何提高焦炭的有效利用率，最合理的方法是使用小粒的焦炭。冶金工业在高炉炼铁生产中使用较大粒度的焦炭，因此将冶金工业筛选下来的小粒焦炭（4～15 mm）用于黄磷生产，这样降低了焦炭预处理时的能耗，又提高了焦炭的有效利用率。

6.1.2 能量平衡计算及测试

1. 工艺过程介绍

电炉生产黄磷的主要反应方程式：

$$4Ca_5F(PO_4)_3 + 21SiO_2 + 30C \xlongequal{} 3P_4 + 30CO + SiF_4 + 20CaSiO_3$$

黄　磷

某厂制磷工艺流程如图 6-4 所示，磷矿石、硅石和焦炭经分别破碎以后，按一定比例进行配料，混合均匀，通过皮带传送机送入提升斗中，运到两边的进料斗槽里，接着进入电炉进行反应。料斗密封盖紧，以免空气漏入而使磷燃烧。三相电炉的操作电压为 220～350 V。在电炉内各电极间产生电弧，使炉内温度维持在 1350～1450℃。在此条件下磷矿石被硅石和焦炭还原，生成含磷蒸气的炉气和熔融的炉渣。炉气（约含质量分数为 25%的磷，其余主要为 CO 和少量的 H_2S、CO_2、N_2、PH_3、SiF_4）由导气管引出，反应产生的炉渣（SiO_2、CaO、As_2O_3 等氧化物）和磷铁（Fe_2O_3 被 C 还原后和 P 化合后的生成物）由排渣口排出进行相应的冷却。而炉气进入冷凝塔（三个串联的空塔），依次用热水和冷水喷淋，热水塔使磷蒸气冷凝下来，形成粗磷；冷水塔则用于洗涤尾气（主要含 CO），然后随管道排出作为甲酸钠的生产原料。粗磷进入精制锅，用热水槽提供的热水进行保温（60～80℃），使其静置分离。热水槽由锅炉通过加热水产生蒸汽进行加热。合格的黄磷作为最终产品进行包装或用于生产红磷，而剩余物磷泥被排出作为生产磷酸的原料。

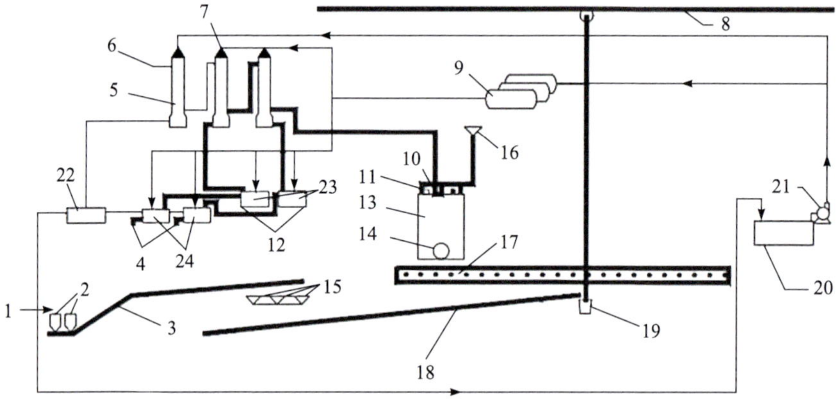

图 6-4　电炉生产黄磷的流程简图

1. 磷矿石、硅石，焦炭；2. 破碎机；3. 皮带；4. 产品黄磷；5. 洗气塔；6. 尾气；7. 喷水管；8. 轨道；9. 热水槽；10. 混合气体出口；11. 石墨电极；12. 磷泥；13. 电炉；14. 排渣口；15. 配料斗槽；16. 进料斗槽；17. 废渣冷却槽；18. 皮带；19. 提升斗；20. 循环水槽；21. 循环水泵；22. 污水处理槽；23. 分离槽；24. 精馏槽

基础数据见表 6-11、表 6-12，物料平衡图如图 6-5 所示。

表 6-11　煤电消耗

能源品种	燃料煤	电
黄磷	57.3 t/a	5685.5 × 10^4 kW · h/a

表 6-12　煤电能耗的折标

能源介质	实物量	当量值（折标准煤）/t
燃料煤	57.3 t	52
电	5685.5 × 10^4 kW · h/a	6987.66
企业自耗能总量		7039.66

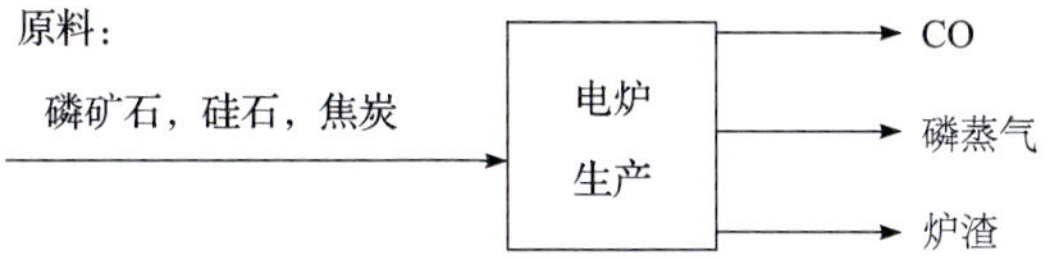

图 6-5　物料平衡图

2. 系统物料、能量分析计算

根据图 6-5 及表 6-11、表 6-12 中的相关析标数据，进行物料衡算。

（1）物料衡算

输入物料：$w_{磷矿石} + w_{硅石} + w_{焦炭} = 10 + 2.5 + 2 = 14.5\,(t)$

输出物料：$w_{CO} + w_{磷蒸气} + w_{炉渣} = 2.37 + 1.055 + 11 = 14.425\,(t)$

故有 $w_{磷矿石} + w_{硅石} + w_{焦炭} \approx w_{CO} + w_{磷蒸气} + w_{炉渣}$

（2）能量衡算基础

原始数据：生产 1 t 黄磷需要磷矿石 $m_1 = 10$ t，焦炭 $m_2 = 2$ t，硅石 $m_3 = 2.5$ t；产生磷泥 150 kg，电炉耗 14×10^4 kW · h/d，电炉温度 $t = 1350$℃；炉渣温度 1350℃；炉气冷凝后温度 60℃；8～9 t 黄磷/8h，生产时间 8 h/d，6 t 热水/d；热水温度 $t_1 = 60$℃；年产黄磷 3452 t。

为了方便计算将各个物质的比热容和熔化焓分别用字母表示如下：

比热容：磷矿石 C_{p1}，硅石 C_{p2}，焦炭 C_{p3}，磷蒸气 C_{p4}，磷固体 C_{p5}，一氧化碳 C_{p6}，水 C_{p7}。

熔化焓：磷矿石 r_1，硅石 r_2。

化学反应方程式：

$$4Ca_5F(PO_4)_3 + 30C + 21SiO_2 = 3P_4 + 30CO + 20CaSiO_3 + SiF_4$$

（3）热量衡算（以生产 1 t 黄磷计算）

电量的衡算选取电炉为控制对象。

根据以上原始数据、表 6-13 及图 6-6，进行如下计算。

表 6-13　黄磷工艺计算参数表　[单位：kJ/(kg · ℃)]

名称	比热容	熔化焓
磷矿石	1.27	483.6
硅石	0.79	236.75
焦炭	0.81	
磷蒸气	0.542	
磷固体	0.192	
一氧化碳	1.14	
水	4.2	

注：黄磷的摩尔蒸发焓 $r = 475$ kJ/(kg · K)。

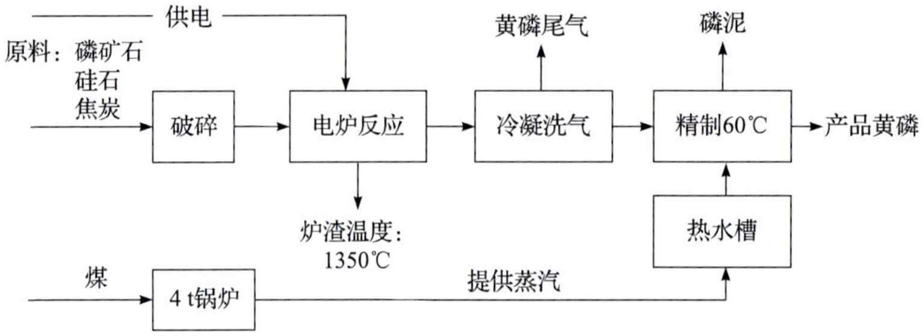

图 6-6　黄磷生产能量流程图

1）电炉实际耗能（电能）Q'：

$$Q' = 14\times10^4 \times 3600/8.5 = 5.929 \times 10^7\ (\text{kJ})$$

2）用于加热物料所需能量 Q_1：

$$Q_1 = (m_1 \times C_{p1} + m_2 \times C_{p2} + m_3 \times C_{p3}) \times (t - t_{常})$$
$$= (10\times10^3 \times 1.27 + 2.5 \times 10^3 \times 0.79 + 2 \times10^3 \times 0.81) \times (1350 - 25)$$
$$= 2.16 \times10^7\ (\text{kJ})$$

3）用于熔化物料所需热量 Q_2：

$$Q_2 = r_1 \times m_1 + r_2 \times m_2 = 483.6 \times 10 \times 10^3 + 236.75 \times 2.5 \times 10^3 = 5.43 \times 10^6\ (\text{kJ})$$

总能量：

$$Q = Q_1 + Q_2 = 2.16 \times 10^7 + 5.43 \times 10^6 = 2.70 \times 10^7\ (\text{kJ})$$

耗能比例：

$$w = Q/Q' = 2.70 \times 10^7 \times 100\%/(5.929 \times 10^7) = 45.5\%$$

4）主反应放出能量 Q_R 约占总能耗的 12%，其他副吸热反应消耗能量占总能耗的 8%，可以相互抵消一部分，剩余 4%的热量可以为物料升温和熔化提供能量。

5）电炉能量的有效利用率：

$$x = w - 4\% = 45.5\% - 4\% = 41.5\%$$

一年电炉耗能总量：

$$(14 \times 10^4/8.5) \times 3452 = 5685.6 \times 10^4\ (\text{kW}\cdot\text{h}) = 6987.66\ (\text{t})$$

一年需要的有效能量：

$$6987.66 \times 41.5 = 2899.88\ (\text{t})$$
$$Q_{损失} = Q' \times (1 - 41.5\%) = 4087.78\ (\text{t})$$

能耗的衡算：

热水槽内加热热水至 60℃需要消耗能量 Q_3：

$$Q_3 = C_{p7} \times m \times (t_1 - t_{常}) = 4.2 \times 6 \times 10^3 \times (60 - 25)/8.5 = 1.04 \times 10^5\ (\text{kJ})$$

一年消耗能量：

$$1.04 \times 10^5 \times 3452 = 3590.08 \times 10^5\ (\text{kJ}) = 13\ (\text{t})$$
$$Q_{损失} = 52 - 13 = 39\ (\text{t})$$

（4）黄磷的损失衡算

根据该厂实际情况：600 kg 磷泥生产 1 t 含 70%的磷酸。

因此磷泥中磷含量

$$w = 70\% \times 10^3 \times 31 \times 100\%/(98 \times 600) = 36.9\%$$

生产 1 t 黄磷有 150 kg 磷泥，则磷泥中磷含量

$$m = 150 \times 36.9\% = 55.35\ \text{(kg)}$$

则一年磷泥中磷含量为

$$3452 \times 55.35\ \text{kg} = 191\ \text{(t)}$$

（5）黄磷能耗计算

黄磷综合能耗

$$(52 + 6987.66) \times 10^3/3452 = 2039\ \text{(kg)}$$

电单耗

$$14 \times 10^4/8.5 = 1.65 \times 10^4\ (\text{kW} \cdot \text{h})$$

煤单耗

$$51.9 \times 10^3/(0.8 \times 3452) = 18.8\ \text{(kg)}$$

6.2 关键能耗指标及能耗控制方法

6.2.1 制磷电炉电流分布

制磷电炉内电流分布决定熔池反应区的范围，为使熔池内温度达到磷酸盐的化学还原反应温度并维持渣层有较好的流动状态，充分了解炉内电流分布的原理是极为重要的。

1. 炉内 7 条电流回路的分布

从炉内电流分布流向可以看出，电流在熔池内形成以电极端为中心的电流分布。由于制磷电炉操作时二次侧电压相对很低，电热将以电阻热的形式释放出来，电弧在局部释放仅占 5%～7%。一般情况下，只要有稳定的炉料组分，操作电流不会发生大的波动。这样，炉内的电流分布可以设想如图 6-7 所示。

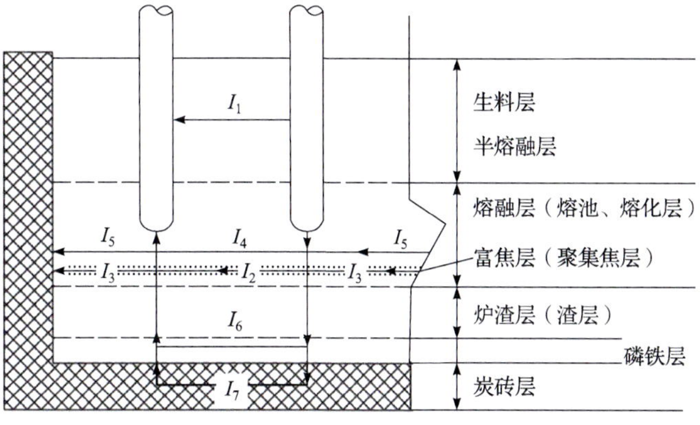

图 6-7 制磷电炉内 7 条电流回路分布示意图

从图 6-7 可以看出，电流从一相电极到另一相电极可以有以下几条路线连通。

1）I_1：I_1 是在电极间通过生料层的电流。这是不希望产生的电流，它会使电炉的操作电流不易控制。但是，在电炉中 I_1 值与电炉操作电流相比是微不足道的。炉料的比电阻，在 800℃时是 $2.25\times10^5\ \Omega\cdot\text{cm}$，在 1200℃时是 $3.9\times10^3\ \Omega\cdot\text{cm}$，当电位梯度是 2.5 V/cm 时，相应的 I_1 值为

$$800℃时：I_1 = E/R = 2.5/225000 = 0.00001\ (\text{A/cm}^2)$$

$$1200℃时：I_1 = E/R = 2.5/3900 = 0.00064\ (\text{A/cm}^2)$$

式中，I_1 为通过生料层或半熔融层的电流，A/cm^2；E 为电位梯度，V/cm；R 为炉料比电阻，$\Omega\cdot\text{cm}$。

从上式计算可知，生料层与半熔融层的电阻是相当大的，与通过电极的电流相比，两者相差 1 万～2.5 万倍（石墨电极电流一般为 5～8 A/cm^2）。故炉内生料层、半熔融层基本上不导电，这就是现在多电极制磷电炉生料层厚度可达 3 m 以上，炉膛内高可达 6 m 左右的理论依据。因此，电极间通过固体生料层的电流 I_1 是不存在的，故炉内实际仅有 6 条电流回路。

2）I_2：电极端通过富焦层（剩余焦丁聚积）流向另一电极端的电流。

3）I_3：电极端通过富焦层（剩余焦丁聚积）流向炉壁又返回另一电极端电流。

这两条电流回路的出现，改变了炉内电流的分配比例，造成炉底温度降低，影响了炉子的正常运行。尤其是 I_3 的作用促使炉壁温度升高，加剧了对炉壁炭砖的腐蚀，降低了炉子的使用寿命，这是应该设法尽量控制消除的。因此，I_2、I_3 不属于正常的电流回路。

4）I_4：电极端经过熔融层流向另一电极端的电流。

5）I_5：电极端经过熔融层流向炉壁炭砖又返回另一电极端的电流。

6）I_6：电极端经过熔融层、渣层、磷铁层，返回另一电极端的电流。

7）I_7：电极端经过熔融层、渣层、磷铁层、炉底炭砖层又返回另一电极端的电流。

实际上 I_4、I_6 和 I_7 三条电流回路所产生的热量是保证炉内磷酸盐化学还原反应连续不断进行、维持反应最终完成的主要热源。其中 I_4 是全部在熔融层中流过发热。由于炉底炭砖和磷铁层的电流比熔融层小得多，电能的损耗很小，故 I_6、I_7 的主要电阻热也是产生在熔融层。所以 I_6、I_7 的存在，虽然在磷铁层、炭砖层发热量不大，但对保持炉底温度是不可缺少的电流回路，是炉内的主电流回路。

I_5 的存在产生的副作用与 I_3 基本相似，所以这条电流回路希望尽量减小，在设计时电极与炉壁的距离大于电极间距离，操作时让炉壁形成厚度合适的挂料，可使 I_5 大大减小。通常，熔融层相对应的炉壁炭砖是腐蚀最严重的部位，这是因为 I_5 的存在使其温度升高，致使熔融层本身的热腐蚀和冲刷加剧。

通过以上所述可以看出，准确分析和掌握电炉内电流的分配，对提高电的利用率，实现电炉的优化操作具有一定的意义。

2. 简化后的炉内 3 条电流回路

前面介绍了炉内的 7 条电流回路，有的是希望存在的，有的是不希望存在的，还有

的是根本不可能存在的，非常复杂，也难以分析理解清楚。为了分析方便，将炉内7条电流回路简化为3条，如图6-8所示。

1）电极电流由一根电极流过熔化层、炉渣层、磷铁层、炉底炭砖层，再流回另一根电极的I_1，它是炉内的主电流。

2）电极电流由一根电极通过熔化层直接流向另一根电极的I_2。

3）电极电流由一根电极通过熔化层到达炉壁再流向另一个电极的I_3。

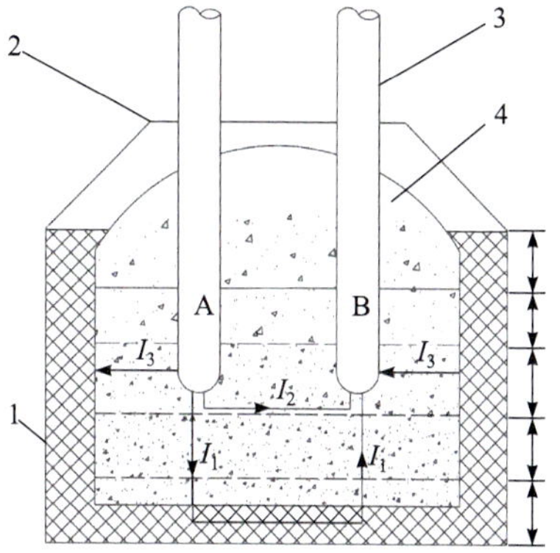

图6-8　炉内简化的3条电流回路示意图
1. 炉壁；2. 炉盖；3. 电极；4. 气密空间

三条电流回路的存在都可以从实际生产和操作中出现的状况得以证实。现在制磷电炉长短期停车时（不含 10 h 以内的临时停车）都采用“排渣降电极停炉法”。就是接到停炉通知后，不管到不到出渣时间，马上打开排渣口尽量将炉内残渣排尽，然后将电极降到炉底，再根据停炉时间长短将电极上提 50～100 mm。待再次开炉时（最长停炉时间达20个月以上），炉内物料均降至常温，可视为绝缘体。电炉合闸送电，电极来电后电流逐渐增加，再根据升温升负荷恢复生产。此时的电极电流是由一根电极通过炉底再流向另一根电极的I_1。

有时焦炭粒度过大、焦比过高或是焦炭中混有煤炭，炉内熔池电阻减小，电流上升很快，电极位置很难调整控制平衡，移动电极动作稍大，很可能超过电流跳闸，不得已只好提前出渣或减负荷。这说明从一根电极通过熔化层直接流向另一根电极的电流I_2起主导作用。

生产过程中有时在炉壁外壳局部会出现热点并产生发红现象，拉闸喷水降温后恢复生产，热点慢慢消除，若发现不及时会发生炉壁烧穿流渣事故。此时可以认为电流从一根电极通过熔化层流向炉壁的电流I_3所占份额增大，使炉壁温度上升、炉壳发红、炉衬腐蚀速度加快，可能导致炉壁被烧穿。

上述三种现象是在特殊情况下出现的，在实际生产中这三条电流回路同时存在、互相影响，并处于动态平衡。某厂输入功率为3200 kW 制磷电炉的内径4200 mm，电极布置圆直径 1540 mm，则电极表面到炉壁炭砖的间距为 113.00 cm，两电极表面间距离为 93.36 cm，电炉出渣后电极端到炉底炭砖距离经测定，正常情况下为 20 cm 左右，远小于 113.00 cm 和 93.36 cm，故I_1是主要的。其次是I_2，这时提升电极对电流影响极为敏感，如遇炉内塌料，电极电流表上指针波动较大。随着时间推移，生成炉渣量增多，一方面使电极端离炉底炭砖距离增大；另一方面炉渣层较熔化层的电阻率大得多，这样流向炉底的电流I_1逐渐减小，电流I_2增大，到出渣前I_2所占比例增至最大。这时提升电极对电流影响不大，如遇炉内塌料，电流表指针波动很小，如此反复循环变化。I_3始终处于稳定状态无多大变化，所以说这三股电流随着出渣周期而发生周期性变化。

除此之外，炉内电流分布还随操作者的影响而变化，即改变制磷电炉工艺条件也会改变电炉内电流流向。在正常的炉料焦比情况下，用低负荷生产三根电极所形成的熔池不能连成整体，电极布置圆中心区会出现“冷区”，电流几乎都从电极端流向炉底即 I_1，其特点是电极升降对电流变化影响很大。随着电炉负荷增大至额定值时，虽然 I_1 仍占主导地位，但 I_2、I_3 所占比例增加，电极布置圆中心区的“冷区”消失，电炉电流就显得相对稳定。在电炉负荷一定时，当二次电压选择过高，电极间比电压过大，如超过 2.9 V/cm（与炉料焦比有关），电极间电流 I_2 猛增，使流向炉底的电流（I_1）过小，造成炉渣温度降低且发黏。若二次电压选择过低，则电流主要流向炉底（I_1），造成炉渣过热，随炉渣带走的热损失增加。在制磷电炉中如炉料焦比过高，使熔化层电阻率迅速下降，电极间电流 I_2 变为主导因素，用升降电极来调节电流将不起作用。反之若炉料焦比过低，使熔化层电阻率迅速增大，电流主要流向炉底（I_1），这时电极位置的微小变化都会使电流产生很大的波动。

当制磷电炉设计合理、炉内电流分布均衡、工艺操作条件优良、入炉物料组成一定时，炉内三条电流回路处于动态平衡，同时存在并相互影响。只有这样，磷酸盐的化学还原反应才能在炉内最佳环境和条件下持续不断进行。

6.2.2 制磷电炉热量分布分析

假设输入制磷电炉的电能仅在熔化层中转化为热能，使炉料熔化并发生化学反应。若把反应生成的高温（1350℃）炉气直接引出，势必造成热量损失，而且给电炉后面的电除尘器和冷凝系统操作带来极大困难。所以在实际生产中采用埋弧形式，即在熔化层以上充满炉料。这样，从反应区上升的高温炉气和炉料进行热交换而形成半熔融层和生料层，使电炉出口炉气的温度降低，又减少了炉气中的含尘量。

制磷电炉内的热量分布可以分为六个区域，如图 6-9 所示。

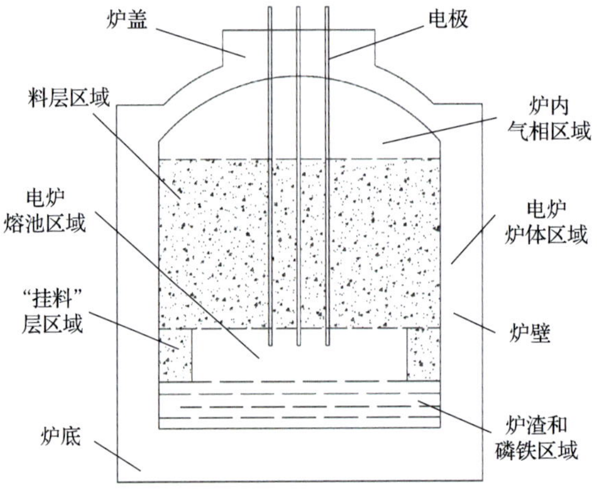

图 6-9 电炉热量分布区域示意图

1. 电炉熔池区域

它是主要的发热区，发热量大小取决于从电极输入炉内的电能。制磷电炉属于电阻电弧炉，将电能转化成热能分为两部分，即电极端弧光放电产生的热量和电流通过熔料产生的欧姆热（主要）。提高电炉二次电压，可以提高其功率和电效率。这样在输入变压器功率不变的情况下，电炉的输入功率增加，电炉熔池得到的热量也就相应增加。这部分热量使炉料熔化并供给化学反应需要的热量，电炉生产才能正常进行。制磷电炉其他区域的热量均来源于此。

电炉熔池也是消耗热量的主要区域,包括炉料熔化和化学反应热(约占总热量80%),而化学反应热又包含磷酸盐还原反应和副反应所消耗的热量。对于一定的炉料化学组成而言，生产每吨磷消耗在炉料熔化和磷酸盐还原反应的热量是一定的，但副反应消耗的热量是可变的。因此，在输入电炉的电能不变的情况下，减少副反应消耗的热量必然会提高炉料熔化和还原反应的热量。

2. 料层区域

料层是指炉内的半熔融层和生料层。它们在进入熔化层前必须先进行预热，其热量主要是从反应区上升的高温炉气和炉料热交换时获得的。这部分热量并不直接消耗电极输入的电能，而是利用炉内高温炉气的余热，提高了制磷电炉的热效率，降低了黄磷产品的电耗。

3. 炉渣和磷铁区域

炉渣和磷铁在反应区形成，下沉时带入热量并和流向炉底电流通过炉渣层和磷铁层时形成的欧姆热。这部分热量随炉渣和磷铁的定期排放而损失了。

4. “挂料”层区域

这是指电炉熔池外缘至炉壁炭砖间的这部分空间。其热量主要来源于熔融料向外传导的热以及电极至炉壁炭砖的电流经“挂料”生成的欧姆热。由于“挂料”层相对稳定，故只有在形成“挂料”层时才消耗热量，一旦形成就很少消耗热量。

5. 炉内气相区域

这是指炉内生料层顶面至耐热混凝土炉盖内侧的空间。它的热量主要来源于与生料层换热后的炉气，并随排出炉盖而损失。

6. 电炉炉体区域

它包括制磷电炉炉盖、炉壁和炉底，其中炉壁下部和炉底部分的热量是从炉内的熔料热传导获得，而炉盖部分则来源于炉气的热传导和电流的涡流作用产生的热量。这一区域热量还包括电炉炉体升温时获得的热量，但这仅在刚开炉时消耗热量，以后在生产中基本上不再消耗热量。炉体区域向外散热而损失热量，并不断从熔融料、炉气以及涡流产生的热量中得到补充。

6.2.3 热量分布对副反应的影响

炉内热量分配情况取决于炉内电流的分布状况，炉内过热区或高温区的扩大促使副反应的发生。有关资料介绍，生产每吨磷因副反应的发生而增加的电耗为 881～2729 kW · h，这包括原料化学组分变化引起的副反应（如原料中 Fe_2O_3、CO_2 等含量过高）、低于磷酸盐化学还原反应温度发生的副反应、高于磷酸盐化学还原反应温度发生的副反应三种情况。

1. 碳酸盐分解的影响

将破碎、筛分、干燥后的合格磷矿分两组放入马弗炉中进行煅烧试验，磷矿的粒度分布（质量计），粒度 4～10 mm 占 60%，11～20 mm 占 40%。当温度升到 700℃时有轻微的爆裂声，至 800℃时爆裂声加重，950℃时爆裂声激烈，1000℃时爆裂声渐停。由表 6-14 可见，此时碳酸盐的分解率为 82.2%。但磷矿在电炉内的反应温度高达 1400℃，故碳酸盐的分解率可视为 100%。在生产过程中即使磷矿经过球团、烧结处理，仍有 5%～20%的碳酸盐在制磷电炉内分解，仍需耗电 17～67.8 kW · h。

表 6-14 磷矿中碳酸盐的分解率和细粉量

磷矿中 CO_2 质量分数/%	加热温度/℃	分解率/%	产生 4 mm 以下细粉的质量分数/%
5.70	1000	82.2	13
9.15	950	77.5	20

2. 二氧化硅逸出的影响

二氧化硅逸出往往不被人们所注意。长期的生产实践中人们注意到，配料时控制的炉料酸度指标和生产中炉渣的酸度指标两者不一致，甚至相差较大，如图 6-10 所示。

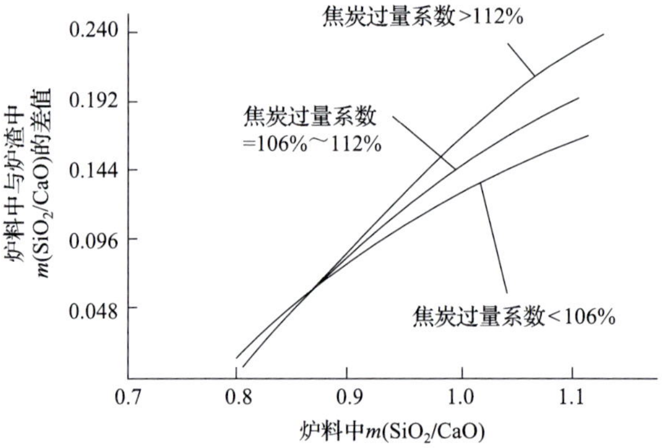

图 6-10 炉料中和炉渣中 $m(SiO_2/CaO)$ 的差值与炉料酸度指标的关系

由图 6-10 可见，该差值随炉料酸度指标的提高而增大，随焦炭过量系数提高，差值也增大。差值的存在说明生产过程中有 SiO_2 逸出。由于 SiO_2 沸点为 2330℃（熔点为 1425℃），制磷电炉内不可能出现如此高的温度，从而排除了 SiO_2 直接升华的可能。从显微镜中观察到电除尘器内的灰（含大量 SiO_2），其粒径小于 200 μm，且灰的组分与磷矿石的化学组分不一致。这就排除了炉气夹带炉料中的细粉的推测，因此该差值只能用制磷电炉内的副反应来解释。

SiO_2 在制磷过程中作为助熔剂，可以降低炉料的还原温度。炉内非正常形成的高温区，导致 SiO_2 容易被碳还原成 Si，其反应如下：

$$SiO_2 + 2C \xrightarrow{1500^\circ C} Si + 2CO - Q$$

元素硅在高温下具有很高的蒸气压，一部分升华随同炉气逸出进入洗涤收磷系统，一部分进入磷铁。首先 SiO_2 还原成元素硅的数量是不恒定的，它必须在 1500℃以上的高温时才会发生，其次还取决于硅石、焦炭过量的多少。SiO_2 的逸出往往不被重视和注意。据资料介绍，在高温下，由于上述副反应的发生，还原成元素硅要多耗电（每吨 P_4 消耗）204～248 kW · h。

在生产过程中，排渣有时会出现“磷花闪烁”，渣道上繁星点点，很像礼花。有人认为是磷升华分离不好，随渣流出后遇空气燃烧。其实磷是无法从排渣口排出燃烧的，这是一种误解。磷的沸点是 280℃，一般熔渣温度在 1400℃左右，在这样的高温下渣中不可能含残留的磷。其实是 SiO_2 还原成的 Si 在排渣时逸出燃烧，生成 SiO_2 粉末而呈现白色“烟雾”。所以凡有“磷花闪烁”时，渣道上的烟雾都比较大，并且熔渣入池后在整个渣池水面漂浮满像饺子煮熟一样的白色物体，我们习惯称之为“漂渣”。此时渣中的酸度指标一般都比较高。

3. 磷化钙生成的影响

生成磷化钙的化学反应方程式如下：

$$Ca_3(PO_4)_2 + 8C \xrightarrow{1600\sim1700^\circ C} Ca_3P_2 + 8CO - Q$$

生成磷化钙的条件有三个：①反应区温度在 1600～1700℃；②炉渣酸度指标小于 0.85；③焦炭过量系数大或过剩焦富集炉内。在生产中可能会碰到这样的现象：排渣过程中流入渣池的熔融渣和水接触时，偶尔会发生断断续续的爆炸声，一般都误认为是有少量磷铁下水，但又没有淡黄色烟雾和发现渣池水变色（磷铁下水，渣池水会变成猪肝色）。其实是上述反应物中的生成物 Ca_3P_2 遇水发生下列反应：

$$Ca_3P_2 + 6H_2O \xrightarrow{水解} 3Ca(OH)_2 + 2PH_3$$

高温下该反应水解速度极快，生成 PH_3 的同时还伴生 P_2H_2 自燃，引起 PH_3 和空气混合物爆炸。由于上述副反应的发生，要多耗电（每吨 P_4 消耗）1000 kW · h 以上，每吨会损失成品磷 80.2 kg。这个副反应发生的迹象不是很明显，但对制磷电耗及经济技术指标影响相当大，因此，必须杜绝炉内产生 1600℃以上的过热区。

4. 碳化钙生成的影响

生成碳化钙的化学反应方程式如下：

$$CaO + 3C \xrightarrow{1800\sim2000^\circ C} CaC_2 + CO - Q$$

碳化钙的生成温度在 1800～2000℃，其他条件与生成磷化钙的条件基本相似，特点是随温度的升高生成量增加，其生成量是磷化钙的 2～3 倍，增加电耗（每吨 P_4 消耗）952.6 kW · h。

5. 硫酸盐还原的影响

制磷过程中随炉料带入的硫酸盐，其还原反应的最终产物众说不一。苏联研究机构在技术交流中介绍，磷矿石烧结过程的烟气中有 SO_2，说明硫酸盐还原过程中生成 SO_2。也有资料介绍硫酸盐还原生成 CaS。磷矿石和焦炭中都含有硫（以 S^{6+}、S^{2-}形式存在），炉料中的含硫物质在电炉内反应，还原为单质硫随炉气逸出进入冷凝塔。炉渣中带入了炉料硫含量的 2/3（或 72.5%），这里所说的炉渣中的硫应为 $CaSO_4$（若是 CaS 则在炉渣水淬过程中有 H_2S 逸出，并带有明显的臭味）；至于电炉尾气中的硫，有 1/3（或 27.5%）的 $CaSO_4$ 被碳还原成 CaS，并被带入炉气中与水蒸气接触，或进入冷凝系统后和水接触生成 H_2S，方程式如下：

$$CaSO_4 + 4C \xrightarrow{700^\circ C} CaS + 4CO - 508.5\ kJ$$

$$CaS + 2H_2O \longrightarrow Ca(OH)_2 + H_2S$$

其中一部分进入喷淋水中，另一部分进入电炉尾气中。每吨 P_4 生产过程生成的 CaS 耗电为 45.88 kW · h。

从以上的分析说明，炉内熔池的温度高低对能耗的影响极为关键，任何可能引起电极熔池重叠过多的因素都需要避免。

6.2.4 制磷电炉的自动控制

1. 电极把持器及升降装置

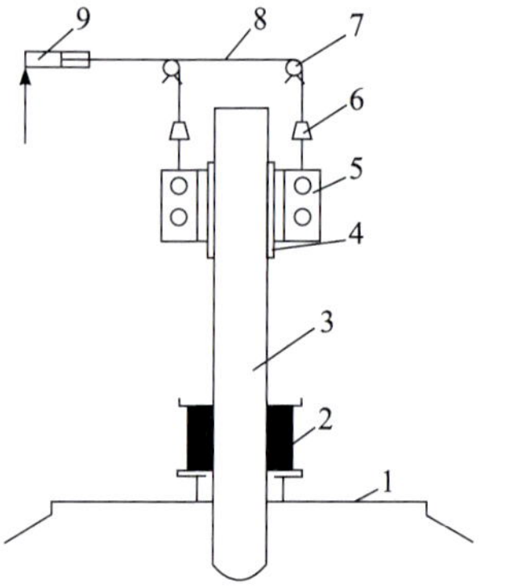

图 6-11 石墨电极把持器及升降装置

1. 炉盖；2. 电极密封装置；3. 石墨电极；4. 导电铜瓦；5. 电极把持器；6. 绝缘子；7. 导向滑轮；8. 提升钢绳（或链条）；9. 电极提升油缸

石墨电极把持器及升降装置如图 6-11 所示，主要由把持器、导电铜瓦、提升钢绳（或链条）、绝缘子、电极、液压缸及液压系统、电器控制系统等组成。

工作原理：变压器输出的电流经短网、软母线或水冷电缆输送到导电铜瓦 4 上，铜瓦外面是把持器（也称压力环），其作用是压紧铜瓦并夹持住电极，使电流均匀地通过铜瓦，再由铜瓦经电极传给炉内的物料做功。把持器是由两个半环组成的，内通冷却水，冷却水先进入下腔，然后沿着外圈水冷腔由下而上循环冷却。把持器要求有足够的夹持力来确保导电铜瓦与电极接触良好并保证电极提升力的要求。夹持力可根据需要调整紧固螺母来实现。提升钢绳 8 固定在把持器上，通过油缸的升降从而实现电极 3 的升降。

悬挂绝缘子 6 的作用是确保钢绳与电极之间的绝缘，需定期检查绝缘电阻是否满足规范要求。

此种电极把持器的电极升降现在大多数是通过控制液压系统的油缸来实现的，也有部分是通过涡轮或蜗杆传动机构来实现的。该种升降机构的优点是结构简单、维修方便、使用成本低。缺点是电极及把持器由钢索悬挂着，电极的定位是靠砂封或水封部位和炉料来约束。电极的垂直度难以有效控制，容易发生电极歪斜，歪斜过多就会造成电极折断。另外，补充电极（提夹头）需手动松开把持器的紧固螺母来完成。

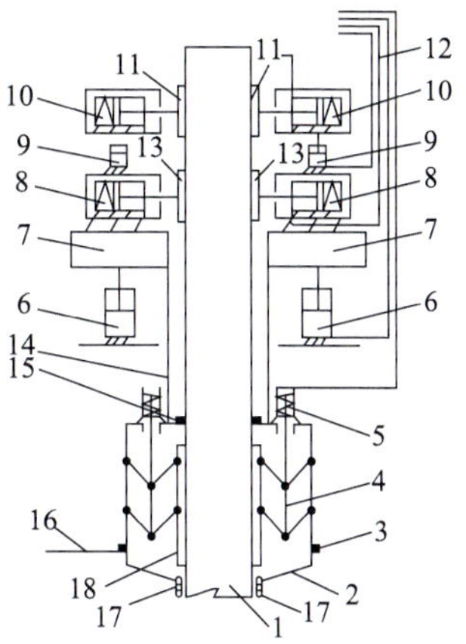

图 6-12　自焙电极结构及升降示意图

1. 自焙电极；2. 保护套；3、15. 密封盘根；4. 连杆机构；5. 导电颚板松紧油缸；6. 电极升降油缸；7. 电极升降横担；8、10. 电极夹持油缸；9. 油缸；11、13. 电极夹持颚板；12. 液压油管；14. 横担与保护套之间的连接杆；16. 炉盖；17. 水冷环管；18. 导电颚板

自焙电极（大型制磷电炉）升降装置主要由电极把持器、电极升降油缸、电极压放油缸、电极夹持油缸、绝缘子、导电颚板、保护套、液压缸控制系统、电气控制系统等组成，如图 6-12 所示。

自焙电极（国内使用自焙电极的有云南马龙产业集团股份有限公司安宁分公司两台制磷电炉，电极 ϕ1700 mm；云南马龙产业集团股份有限公司昆明分公司一台制磷电炉，电极 ϕ1350 mm；柳州两台制磷电炉，电极 ϕ950 mm）、把持器及电极升降机构的作用除确保电极的升降外，还需保护电极的焙烧，相当于在把持器内形成了一个碳电极焙烧装置，因而自焙电极把持器及电极升降机构比石墨电极把持器的结构复杂得多。

各部件的原理和作用：

自焙电极 1：外壳由冷轧钢板卷制而成，内壁焊接锚板，电极糊装入壳内，通过电阻热和辐射热焙烧而成。

保护套 2：夹套内通有循环冷却水。导电颚板装在保护套，强度需支撑导电极板及颚板夹紧机构。电极的焙烧过程在保护套内完成，保护套还要随电极升降，其外壳与炉盖之间是盘根密封，因此保护套外表面需进行精加工。

密封盘根 3、15：用于保护套与炉盖之间、电极与保护套之间的炉气密封。

连杆机构 4 和导电颚板松紧油缸 5：用于夹紧和松开导电颚板，油缸内装有碟形弹簧，在弹簧力的作用下拉紧连杆机构使导电颚板抱紧在电极上。

电极升降油缸 6：是制磷电炉操作过程中电极升降的主油缸，通过电磁阀来达到控制电极的升降。

电极升降横担 7：整个把持器和电极的质量全部支撑在上面，由主油缸来实现整个把持器的升降。

电极夹持油缸 8、10，电极夹持颚板 11、13：用于夹持电极，夹持油缸通过弹簧夹紧、液压松开来实现电极的补充，在检修时弹簧力调得过紧会使电极壳夹扁变形，夹持力不够，电极会下滑，应严格按规范调整。

油缸 9：用于补充电极时的压放。

横担与保护套之间的连接杆 14：固定保护套。

水冷环管 17：焊接在保护套下端，内通有冷却水，保护保护套和导电颚板。

导电颚板 18：内通有冷却水，与电极紧密接触，变压器输出的断网与之连接。导电颚板的主要作用除了确保把电输送到电极外，还要固定好电极壳，既要保证接触良好，又不能把电极壳挤压变形。若导电颚板夹持过松，会使导电颚板与电极接触不良或接触面积不够，造成电极壳发热过度从而使电极壳强度降低、软化，甚至烧穿等，最终造成电极折断事故；若导电颚板夹持过紧，会使电极壳变形，电极压放困难。

自焙电极在焙烧过程中要求高，因此在安装、检修时对导电颚板的夹紧力、同心度、接触面积要严格按规范修理。自焙电极制磷电炉和石墨电极制磷电炉最大的不同点是：后者使用的石墨电极是已经焙烧好的成品，在操作中不用考虑电极的焙烧，而前者还要重点考虑电极糊的焙烧，过程控制不好，轻者电极强度不够，电极端面在炉内掉块或硬断，重者出现电极流糊软断。

液压传动系统由于具有远程控制方便的优点，现在大小型制磷电炉都用其作为电极升降的动力（电动丝杆和卷扬机升降，因控制精度不高，已逐步被液压传动所取代）。液压传动系统由油泵、方向控制阀（单向阀、换向阀等）、压力控制阀（溢流阀、减压阀、顺序阀等）、流量控制阀（节流阀、调速阀）、蓄能器（在短时间内供应大量的压力油，保持系统的压力，当油泵发生故障时继续供油，吸收冲击压力和油泵的脉冲压力）和执行机构油缸组成。

液压传动系统的油泵主要有齿轮泵、叶片泵、柱塞泵等，在磷炉电极提升的液压传动系统中通常采用齿轮泵和柱塞泵。

液压传动之所以用于电极的升降控制，主要是依据以下优点：

1）由于液压传动是油管连接，因此可以方便灵活地布置传动机构，这是比机械传动优越的地方。

2）液压传动装置的质量轻、结构紧凑、惯性小。

3）可在大范围内实现无级调速。

4）传递运动均匀平稳，负载变化时速度较稳定。

5）液压装置易于实现过载保护——借助于设置溢流阀等，同时液压件能自行润滑，使用寿命长。

6）液压传动容易实现远程自动控制。

液压传动系统维护的重点是液压油必须清洁、干净，如果润滑油不清洁，会使阀芯卡住或阀内的小孔堵塞，造成阀芯不动作，卸压小孔不卸压，从而出现液压系统故障。

2. 磷炉变压器的特点

1）较大的二次电流，较低的二次电压，并且有多级调压分接开关。为了保证工艺操作的平稳和生产安全，要求较低的二次电压，并视磷炉变压器的容量和输出功率的大小，选择满足生产工艺控制要求的调压方式，电压输出值范围一般为 60～500 V。目前 110 kV 电压等级的磷炉变压器（大于 20000 kV · A）一般选用 15～35 级有载调压，调压范围为 110～480 V，调压级差为 10 V 左右，并设置专门调整线圈，以满足生产工艺控制的电压、电流比调整要求。

2）较大的机械强度和抗过载能力。为使制磷电炉在满负荷条件下长期工作，并能承受合闸送电出现的瞬时过电流、塌料等引起的冲击性过负荷及瞬间短路应力，变压器在结构上应具有较大的机械强度和抗过载能力（30%左右）。

3）加强的绝缘强度。磷炉变压器的操作频繁，为防止操作过电压（合闸、拉闸时所产生的过电压）和遭受雷击时大气过电压等原因造成变压器损坏及人身安全事故，磷炉变压器在具有加强的电气绝缘强度的同时，还应设置分合闸。

4）低压绕组三相分为两组线圈，头尾按顺序分别引出，使短网与不同相、不同电流方向的母线尽量靠近排列，降低电抗和提高功率因数，充分利用变压器容量。

5）良好的冷却措施。运行中变压器的损耗都以热量的方式散出。当发热量与散热量达到平衡时，变压器的铁芯和线圈的最热点温度达到稳定。为使该值不超过设计指标（如A级绝缘为最高105℃），延长变压器的使用年限，增加带负荷能力，采用强制油循环水冷却方式是保证条件。

6.3 过程能量的平衡及利用

6.3.1 尾气热量回收利用

黄磷尾气的热值为10.5～11.0 MJ/m^3（标态），是一种重要的资源和优质能源。但在黄磷尾气燃烧的同时会伴生许多酸性物质，包含H_3P、SO_2、偏磷酸、硫酸、HF以及酸性盐类等高腐蚀物质。在黄磷尾气燃烧综合利用的先前示例中，采用燃煤锅炉掺烧黄磷尾气的方法，曾经发生过仅一个月就将锅炉腐蚀报废的先例。

1. 黄磷尾气发电

能否长期发电使用的关键在于如何解决锅炉腐蚀的问题。多次考察调研后决定选用DZS10-2.5-Q型黄磷尾气专用锅炉。锅炉的设计者对造成锅炉腐蚀的尾气成分以及腐蚀机理进行分析，并从锅炉结构和材质选用等多个方面对酸性腐蚀采取规避、转移、减轻等预防措施，从而使得尾气锅炉能够长周期稳定运行，满足工业需求。

某企业生产需要蒸汽负荷约为7.7 t/h，现有供热热源为1台热法磷酸余热锅炉和2台4 t/h燃煤快装锅炉。磷酸余热锅炉额定蒸发量5.7 t/h，再加上燃煤锅炉的产汽量，可以满足生产的蒸汽需求。

根据企业现有的供热状况和黄磷尾气专用锅炉的产汽量进行全厂热平衡计算，遵循“以热定电”的原则确定余热发电方案如下：

1）尾气锅炉产出的中压蒸汽全部送入汽轮机组发电。

2）尾气锅炉产出的低压蒸汽满足锅炉给水的除氧用汽和部分生产用汽。

3）设置低压分汽缸和减温减压器合理连接中压和低压蒸汽系统，提高系统的调节能力和适应性。

最终，余热发电蒸汽系统简图如图6-13所示。正常生产期间可以采用凝汽方式最大程度地发电，并且保证全厂的供热需求。该项目建成后，黄磷尾气专用锅炉与热法磷酸余热锅炉形成了生产供热双汽源，燃煤锅炉可以停用；同时，消除了黄磷尾气直排和燃煤锅炉烟气排放，节省了燃煤。

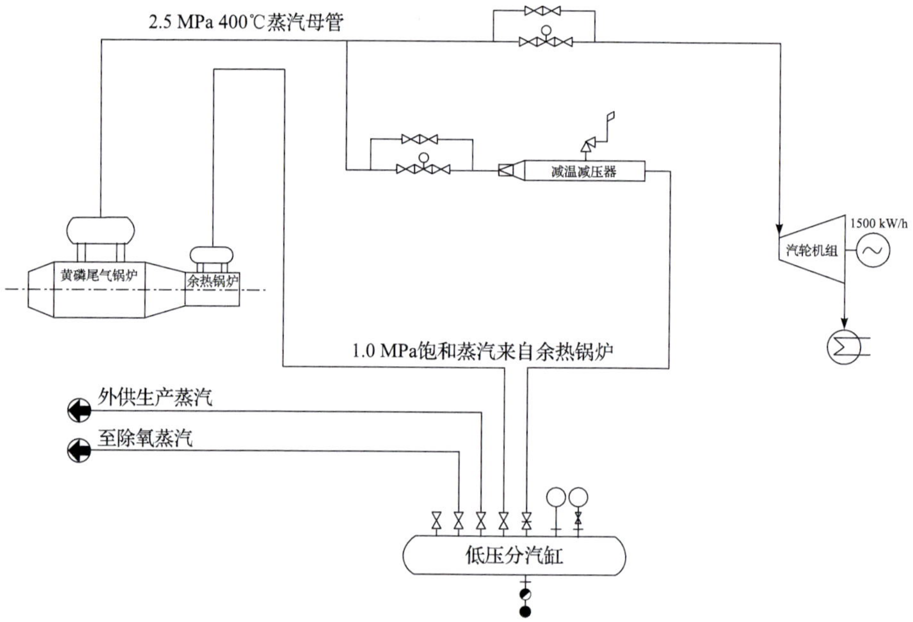

图 6-13　余热发电蒸汽系统简图

2. 尾气余热回收装置

目前部分黄磷企业将尾气直接燃烧处理，进行热交换回收一部分。这种做法由于黄磷尾气中含有磷、硫、砷等其他高腐蚀性杂质，会产生低温和高温腐蚀，导致锅炉等设备部件材料腐蚀失效，设备寿命大大缩短。为此有公司发明了一些黄磷尾气余热回收的装置来解决这个问题。以北京佰能电气技术有限公司申请的实用新型专利一种黄磷尾气资源回收系统为例做介绍。

该黄磷尾气余热资源回收系统的特征包括：黄磷尾气燃烧前处理系统和黄磷尾气燃烧后处理系统。

该技术方案具有以下优点：

1）通过回收电炉法黄磷尾气余热资源产生了高品质的过热蒸汽，由于过热蒸汽品质高，拓展了蒸汽的利用途径，提高了余热回收的经济价值。

2）黄磷尾气在燃烧前与燃烧后都进行了净化处理。燃烧前通过碱洗，除掉大部分的 CO_2、H_2S、SO_2、HF 等酸性气体以及单质 P，燃烧后通过铁丝网进一步除掉未完全转化的 H_2S、SO_2 等气体，这样可以有效避免对锅炉的各种腐蚀。

具体方案：如图 6-14 所示，黄磷尾气燃烧前处理系统包括去除黄磷尾气粉尘的沉降室 2 和旋风除尘器 3，旋风除尘器使粉尘中单质磷分离后进入淋水冷却塔 4，该淋水冷却塔通过碱洗塔 5 和脱水器 6 与余热锅炉 7 连接；黄磷尾气燃烧后处理系统包括：将净化后尾气与水进行热交换产生过热蒸汽的过热器 9、余热锅炉蒸发器 11 和余热锅炉省煤器

12。该系统还包括膜分离装置（MFP）净化装置 8，其设置在余热锅炉炉膛的中部。

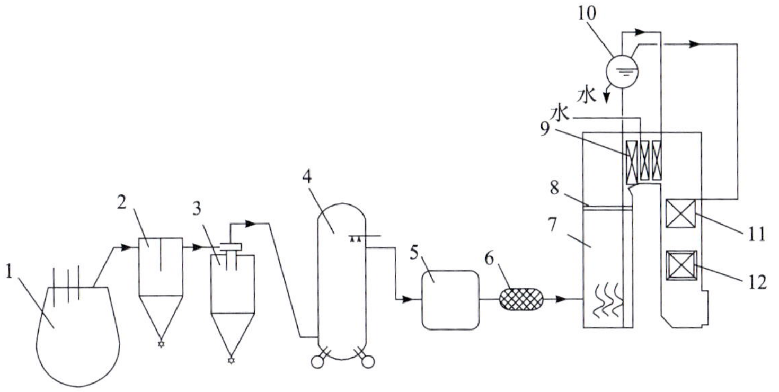

图 6-14　黄磷尾气余热资源回收系统示意图

1. 黄磷电炉；2. 沉降室；3. 旋风除尘器；4. 淋水冷却塔；5. 碱洗塔；6. 脱水器；7. 余热锅炉；8. MFP 净化装置；9. 过热器；10. 余热锅炉汽包；11. 余热锅炉蒸发器；12. 余热锅炉省煤器

黄磷尾气燃烧前处理系统：通过黄磷电炉 1 生产的黄磷尾气含有灰分、水蒸气、单质磷、CO 等杂质，经过沉降室和旋风除尘器除掉尾气中的灰分，降低尾气的含尘量，然后经过淋水冷却塔使得单质磷分离出来，单质磷变为液态黄磷，进入预沉槽和沉磷池，其余尾气进入碱洗塔进一步去除尾气中的单质磷、硫及其他化合物，以及酸性气体。用 5%～15%的 NaOH 溶液通过化学反应除去大量的 CO_2、H_2S、SO_2、HF 等酸性气体以及单质磷，其主要反应式如下：

$$3SiF_4 + 4H_2O \longrightarrow 2H_2SiF_6 + SiO_2 \cdot 2H_2O$$

$$H_2S + 2NaOH \longrightarrow Na_2S + 2H_2O$$

$$CO_2 + 2NaOH \longrightarrow Na_2CO_3 + H_2O$$

$$P_4 + 3NaOH + 3H_2O + 6O_2 \longrightarrow 3NaH_2PO_6 + PH_3$$

$$HF + NaOH \longrightarrow NaF + H_2O$$

$$3SiF_4 + 4H_2O \longrightarrow 2H_2SiF_6 + SiO_2 \cdot 2H_2O$$

$$H_2S + 2NaOH \longrightarrow Na_2S + 2H_2O$$

$$CO_2 + 2NaOH \longrightarrow Na_2CO_3 + H_2O$$

$$2P_4 + 9H_2O + 3NaOH \longrightarrow 3NaH_2PO_4 + 5PH_3$$

$$HF + NaOH \longrightarrow NaF + H_2O$$

经过碱洗塔后的尾气经过脱水器脱水后送入余热锅炉燃烧，并产生余热。

黄磷尾气燃烧后处理系统：在余热锅炉燃烧室燃烧的黄磷尾气中的 H_2S 和 SO_2 在高温区还原会生成单质硫，其反应方程为 $2H_2S + SO_2 \longrightarrow 2H_2O + 3S$。燃烧后的黄磷尾气通过燃烧锅炉炉膛中部设置的 MFP 净化装置进一步除掉未完全转化的 H_2S 和 SO_2 等气体，单质硫在 350℃与金属铁反应，$Fe + S =\!=\!= FeS$。同时，铁丝网可以吸收未反应完全

的 H_2S，从而减少硫化物的高温腐蚀。

净化后的尾气分别在过热器、蒸发器、省煤器与水进行热交换，最后产生过热蒸汽，对黄磷尾气进行有效的余热回收。热交换完的黄磷尾气直接排向大气。

6.3.2 炉渣余热利用

炉渣带走的热量约占总能耗的30%，如何利用炉渣显热为科技人员所重视。下面介绍一下炉渣余热利用情况。

1. 冲渣热水回收利用

1）熔融炉渣不用高压水淬粒化，而将熔融炉渣直接流入渣池中，然后用热水泵将渣池中的热水送至后部系统用于收磷喷淋或供精制槽漂磷使用。马龙产业华宁厂采用此种方法，配合尾气热水装置，黄磷生产基本不需要锅炉供汽，节能减排效果明显。

2）中国石化集团南京化学工业有限公司磷肥厂将冲渣水改为循环使用后，循环水温提高到98℃（实测），为充分利用炉渣余热创造了条件。在现有水淬冲渣流程中增加一台水泵和热交换器利用炉渣余热，如图6-15所示。

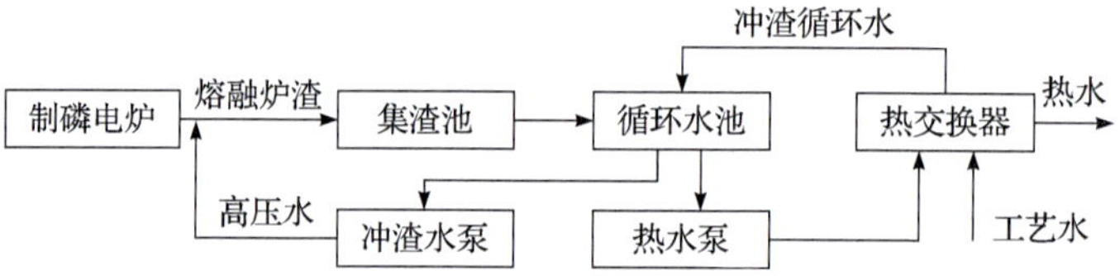

图6-15 炉渣热量回收装置工艺流程示意图

通常工艺水经过热交换器后流出的热水温度可达60℃左右。将热水用于精制槽漂磷可节约蒸汽，用来作为1号喷淋洗涤塔的热喷淋水可提高磷收率，所收的热量约占炉渣显热的7.34%（扣除热水泵电机用电量）。若扩大利用范围，其热量回收比例还可提高。

冲渣水的热量回收利用效能是黄磷尾气中的余热效率重要组成部分，是很多公司关注的重点。许多公司为此发明了特定的回收装置，例如，云南马龙云华磷化工有限公司（现曲靖云华磷化工有限责任公司）发明的一种黄磷炉渣余热回收利用装置；湖北尧治河化工股份有限公司发明的一种黄磷炉渣水淬余热回收装置；四川马边龙泰磷电有限责任公司发明的一种黄磷炉渣余热利用装置等。

以湖北尧治河化工股份有限公司的发明为例，该发明采用喷淋式换热器和蒸汽换热器组合回收炉渣水淬蒸汽余热，具有热能回收效率高、热损失小的效果。在喷淋式换热器内，在回收水淬蒸汽余热的同时可将蒸汽中夹带的 P_2O_5 去除，达到环境保护的目的。炉渣从黄磷电炉中排出，在破碎辊的作用下破碎成较小的颗粒后经溜槽落入水淬池的水中，将水淬池的水加热，回流泵将水淬池内的热水泵入喷淋式换热器内回收水淬池内热水的热量；炉渣中夹带的黄磷蒸气在通过集气罩进入燃烧塔后遇到大量空气后自燃生成含有 P_2O_5 的白烟，引风机将白烟引入喷淋式换热器内，P_2O_5 与喷淋水相遇生成磷酸将 P_2O_5 去除。该发明是在一个密封的装置中进行，可以有效避免热量流失。喷淋水从喷淋式换热器出水口流出，排放到溜槽内，喷淋水与溜槽内被破碎成小颗粒的炉渣接触后产生大量的水蒸气，水蒸气被密封罩收集后在引风机的作用下送至蒸汽换热器内，水蒸气在蒸汽换热器内进行热交换，将水蒸气的热量回收；蒸汽换热器内部分未冷凝的水蒸气从蒸汽出口进入喷淋式换热器内，水蒸气在喷淋水的作用下被去除。

对该技术有以下几点说明：①炉渣从排渣口排出后，首先在破碎辊的作用下被破碎成小颗粒，使炉渣中残留的黄磷蒸气充分释放，然后黄磷蒸气被引入燃烧塔内进行充分燃烧，燃烧生成的P_2O_5烟气排至喷淋式换热器内被吸收。一方面，通过此方法黄磷蒸气在进入喷淋式换热器前可充分燃烧，如果直接将含黄磷蒸气的废气送入喷淋塔内进行处理，由于喷淋塔内水蒸气含量高，氧气含量较低，不利于黄磷的燃烧，无法对废气进行有效处理；另一方面，喷淋式换热器利用水淬池的热水处理废气的同时可对水淬池热量进行回收，喷淋水接触到黄磷燃烧生成的烟气后被进一步加热，喷淋式换热器将黄磷燃烧生成的热量也进行了回收。②喷淋式换热器喷淋水出水口的水排放至溜槽处与被破碎后的小颗粒炉渣接触，相对于炉渣直接进入水淬池，可大大提高水蒸气产生效率。将水蒸气通过蒸汽换热器进行热量回收，在喷淋式换热器和蒸汽换热器对炉渣水淬余热进行两级回收，余热回收效率高。③在溜槽和水淬池上方设置有密封罩，可将水淬过程中产生的水蒸气完全收集，提高了余热回收效率，另一方面避免了水蒸气的无组织排放，改善了工厂环境卫生，保证工厂设备及电气的安全运行。该技术的工艺流程如图6-16所示。

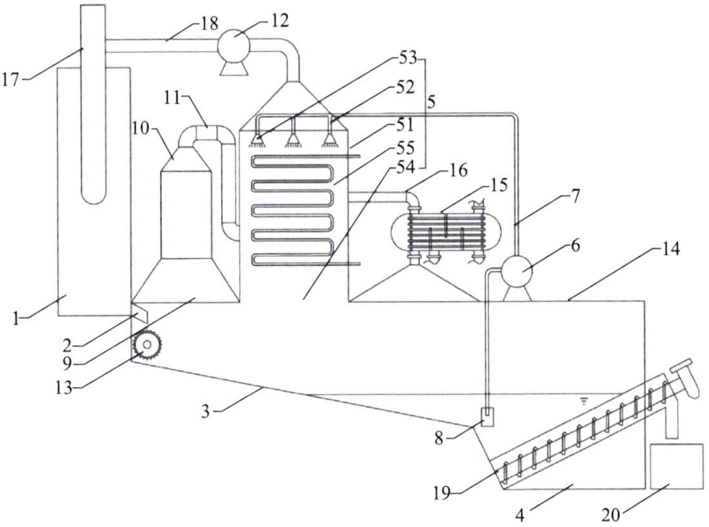

图6-16　炉渣余热利用工艺流程图

1. 黄磷电炉；2. 排渣口；3. 溜槽；4. 水淬池；5. 喷淋式换热器；51. 壳体；52. 进水口；53. 喷淋头；54. 出水口；55. 换热管；6. 回流泵；7. 回流管；8. 过滤装置；9. 集气罩；10. 燃烧塔；11. 出气管；12. 引风机；13. 破碎辊；14. 密封罩；15. 蒸汽式换热器；16. 蒸汽出口；17. 排烟管；18. 集气管；19. 螺旋输送机；20. 集渣斗

2. 风淬冷却工艺干法排渣

传统水淬冷却工艺排渣，热量进入冲渣水中，产生大量水蒸气，带走大量热量的同时带来环境问题。贵州省瓮安县瓮福黄磷有限公司选择风淬冷却工艺干法排渣，炉渣热量通过空气载体进行换热，热空气用于干燥、加热物料等，节约了水资源，降低了能耗和黄磷生产成本，而且环保效益好。

磷炉排出的高温炉渣先经过一次冷却，冷却风采用二次冷却的二段冷却风，出口风温控制在 600～900℃，然后炉渣进入二次冷却。进入二次冷却时物料为半熔融态，物料温度为 800～1100℃，二次冷却分两段进行，一段冷却风出口温度控制在 600～900℃，同一次冷却热风一起送去锅炉生产蒸汽，二段冷却风出口温度控制在 200～400℃，二次冷却出口物料温度为 65～100℃，经冷却后的炉渣去下游。风淬冷却工艺排渣，节约了水资源，能耗和人工成本相对降低，大大降低了黄磷生产成本，对于下游生产工艺的影响也比较小；环保方面，能有效控制烟气排放。炉渣风淬冷却工艺在黄磷生产中有很好的应用前景。风淬冷却排渣工艺流程如图 6-17 所示。

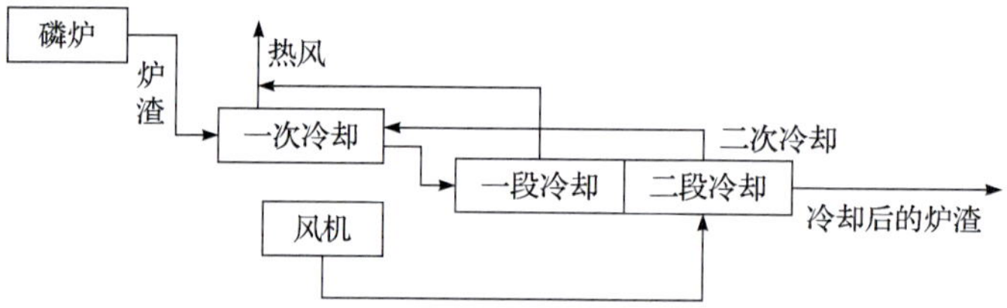

图 6-17　风淬冷却排渣工艺流程

第 7 章 黄磷生产的“三废”问题及解决方案

7.1 黄磷生产“三废”问题概述

众所周知，黄磷是一种重要的基础工业原料。但是，黄磷生产加工行业是高污染、高耗能行业，“烟雾缭绕、火光冲天”已成为我国大多数黄磷厂的特征标志。在当前能源紧张、环境污染严重、节能减排形势严峻的情况下，黄磷行业实现清洁生产、节能减排对产业的可持续发展具有重要意义。

如何解决黄磷生产中的环境问题，科研人员和实际生产工程技术人员一直以来都在千方百计提出既能解决环境污染问题，又能“变废为宝”的解决方案。本章拟就黄磷生产中的环境污染问题进行仔细分析，并尽力提出科学、合理、切实可行的解决方案。

7.1.1 黄磷生产过程中的“三废”构成

目前，黄磷生产大多数采用电炉法制磷，即把经过筛选的磷矿石加入黄磷电炉中，经熔融、除尘、冷凝等生产出黄磷。生产中产生的废弃物如下：

废水：即用于冷凝器的冷却水（含有溶解磷和磷颗粒），炉渣淬火用水，磷泥制酸中排出的水，每生产 1 t 黄磷排出超过 6 t 的废水。

废固：①废渣：每生产 1 t 黄磷产生 8～10 t 炉渣，主要成分为：CaO 46.0%，SiO_2 38%，Al_2O_3 9.2%，P_2O_5 1.2%，F 1.2%，Na_2O 0.3%，Fe_2O_3 0.3%，MgO 0.3%，S 0.2%，TiO_2 0.1%，还有其他稀有元素如 Zn、B、Pb、Sr、Li、V 等占 0.2%～1%。②磷泥：一般认为，磷泥的产生是随黄磷电炉气一起出来的灰尘经除尘器后，还有少部分未除掉，而随炉气进入冷凝器，炉气中的磷蒸气在冷凝的同时与夹带的灰尘形成磷泥而沉积下来。每生产 1 t 黄磷产生 1 t 多磷泥，主要含 50%左右的水，30%左右的黄磷，20%左右的残渣（包括炭黑、硅胶、矿粉尘）。③磷铁：每生产 1 t 黄磷约产生 150 kg 磷铁，其中含有 23%～25%的磷，不少于 2%的硅。在黄磷生产中，它沉积在炉渣底层，易于分离。④粉尘：在国外普遍采取电除尘的情况下，能除去电炉出口气中大多数的灰，而国内一般采用箱式除尘器，只能除去 30%左右。这样每生产 1 t 黄磷产生 100～150 kg 粉尘，其中含有 15%～35% P_2O_5（有效磷含量为 65%～90%），酸溶性钾为 10%～24%，其中 K_2O 含量不低于 0.5%，有时高达 15%。

废气：每生产 1 t 黄磷约产生 3 t 废气，黄磷尾气成分复杂，除含有 CO、H_2 外，还

含 N_2、CH_4，以及微量的 S、P、As、F、HCN、O_2、Cl 等，其中含有 88%的 CO，1%的 CO_2，1.3%的 H_2，0.9%的 H_2S，0.4%的 PH_3，以及少量磷蒸气和磷颗粒。由于缺乏成熟可靠的尾气净化分离技术，我国每年有约 60%的黄磷尾气被用作低附加值的工业燃气或直接放空烧掉，这样既增加 CO_2 的排放量，对环境造成污染，又浪费了宝贵的资源。黄磷尾气的综合利用既可以减少环境污染，又能使企业变废为宝，创造新的价值。

磷矿中所含的氟：国外磷矿入炉前均采用预处理，有 35%～40%的氟挥发掉，4%～5%在冷却器中冷凝为氟硅酸，1%～2%混于除尘器灰尘中。而国内无预处理，主要存在于黄磷冷却水中，以及灰尘炉渣和烟道气里。

这些废弃物如果不加处理，随意排放或者丢弃，将会造成严重的环境污染，破坏大自然的生态资源，危害人类的身体健康。自 20 世纪 70 年代初期以来，日本、美国及西欧大多数国家相继制定法律，限制水中磷含量或逐渐削减含磷物质的使用量。我国也于 1989 年颁布了《中华人民共和国环境保护法》并明确规定车间空气中黄磷含量小于 0.03 mg/m^3，水中的磷含量不超过 0.05 mg/L。

7.1.2 “三废”的利用价值

从上述分析可知，在黄磷生产过程中，不仅污染物种类繁多，而且数量巨大，如果能够加以利用，将是一笔十分宝贵的财富。

1）黄磷污水主要来自冷凝吸收、精制、磷泥处理、原料除尘等过程从受磷槽和精制槽排出的污水，一般为重污水，含有有毒杂质种类和数量多是污水处理的重点；其余的来自电极水封、磷包装、储存、冲渣水和冲洗地面的水。污水主要含有磷酸、硫酸、氢氟酸、单质磷、二氧化硅及其他有害物质。一般黄磷生产企业对污水的处理均是石灰处理并加絮凝剂沉降分离然后再返回系统循环使用，但从使用效果来看并不理想，沉淀→中和→凝聚→沉淀后返回系统循环使用会造成悬浮物在管壁上结垢，堵塞管路，使管路直径变小，喷淋水流量减小，从而导致黄磷收率下降。为了避免上述现象的发生，可将污水打入渣池置换高温碱性水，既能提高污水的 pH，又可以提高污水的温度，实现了黄磷污水自身封闭循环使用，节约石灰用量的同时还可以满足喷淋水的温度，达到质量控制的要求。

2）黄磷炉渣：炉渣灰白色呈疏松状，成分为 $CaSiO_3$ 和 Ca_3SiO_7，两者比例为 2∶1。在工艺控制中炉渣内的残磷含量控制为 1%～3%，酸度为 0.75%～0.85%，在出炉时的温度达到 1200～1300℃，经炉渣水淬后在水中显碱性，pH 在 8～10 之间，具有良好的过滤性，生产上将其用于生产水泥，作为硅酸盐水泥的掺和料，炉渣硅酸盐水泥的原料、低热矿渣硅酸盐水泥原料等水泥材料，还可以用于生产渣砖、硅肥、白炭黑，同时还可以将冲渣余热回收利用达到节能减排的目的。

3）黄磷尾气的热值为 8000 J/m^3（标态），是一种较好的能源，主要应用于两个方面：①用作燃料：一部分可做燃气锅炉的燃料生产蒸汽供电炉精制系统漂磷、烧热水及保温使用，一部分用于原料的烘干，一部分用于磷泥转锅回收使用，一部分放空燃烧作为安全生产的信号弹，在大规模生产黄磷的企业还可以将其尾气热值用于发电。②用作化工原料：生产甲酸钠、甲酸、草酸、甲醇、二甲醚、甲酸甲酯、碳酰氯、碳酸二甲酯（DMC）和草酸二乙酯等多种化工产品。

7.2 黄磷副产物的回收利用

7.2.1 副产物产量

黄磷是一种高能耗、高物耗、高污染的化工产品，在生产过程中会有数量大、种类多的有毒有害物质产生，如磷泥、黄磷尾气、炉渣及污水等，但是从循环经济的角度看，这些物质都是有用的副产品。据某厂测定，生产每吨黄磷产品的排出物量及成分见表 7-1。

表 7-1 生产每吨黄磷的排出物量及成分

排出物	排出量	主要成分	其他成分
炉渣	8010 kg（干基）	CaO、SiO_2、Al_2O_3、MgO、P_2O_5	Si、Ca_3P_2、CaC_2、CaS、$Ca(CN)_2$、SO_4^{2-}、Fe_2O_3、CaF_2
尾气	2575 m^3	CO、CO_2、O_2、CH_4、H_2	N_2、H_2S、PH_3、SiF_4、HF
磷铁	75.62 kg	Fe、P、Si、Mn、S、C	Ti、Cr、V、其他重金属
电除尘灰	约 100 kg	P_2O_5、SiO_2、K_2O、Na_2O、F^-、C	Fe_2O_3、As、CaO、Al_2O_3、P
污水	5.67 m^3	P_4、F^-、S^{2-}、CN^-、K_2O、悬浮物	As、Na_2O、酚、K_2SiF_6
磷酸废气	175.62 m^3	H_3PO_4、P_2O_5、F^-	水蒸气、N_2、O_2
放空废气	12264 m^3	CO_2、CO、H_2S、HF、NO_2、P_2O_5	水蒸气、N_2、O_2
稀磷酸	131 kg	H_3PO_4、H_3PO_3	P、Fe、Mg、Ca、Cr、Ni、Al、Ti、Pb、Si
磷泥渣	19.09 kg	P_2O_5、F^-、K_2O、CaO、SiO_2	H_2O、Mn、SO_4^{2-}、Al_2O_3

7.2.2 副产物经济价值链

在黄磷生产过程中产生的副产物可以形成完整的产业链，见图 7-1。

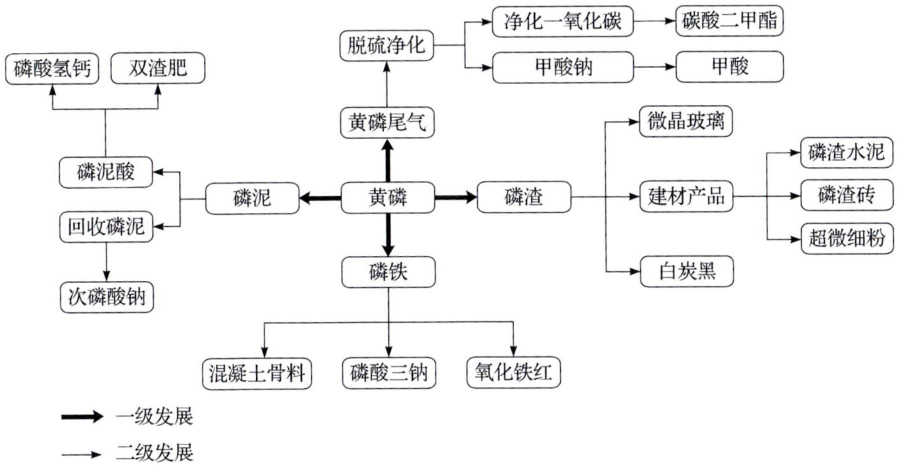

图 7-1 黄磷副产物经济价值链

黄磷尾气中含有大量一氧化碳，如果充分利用尾气中的一氧化碳，又可以形成一氧化碳衍生物产品链，如图 7-2 所示。

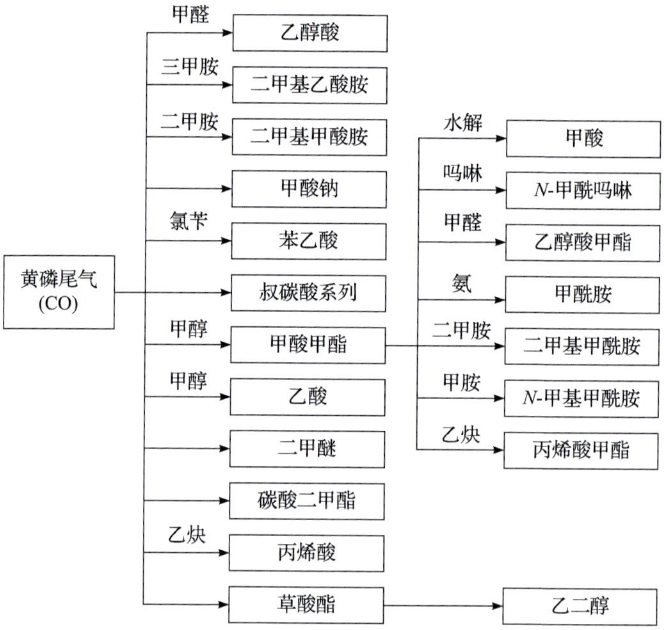

图 7-2　CO 衍生物产品链

7.2.3　副产物回收对循环经济的贡献

副产物的回收不仅使产业链得到健康发展，创造可观的经济效益；还可以在很大程度上减轻环境生态压力，对绿水青山的保护起到不可替代的作用；同时节约了大量资源，对建设环境友好、资源节约的社会有着巨大的贡献。因此，副产物回收对循环经济的发展具有重大意义。对其发展模式作如下建议：

1）按照循环经济理论布置产业组合的发展模式，使分属各行业的企业按照自然生态系统的生物链关系链接起来，形成产业集合系统，从源头上减少了资源的投入，提高了产业内部循环资源的综合利用率，减少最终废弃物的数量，从而促进产业经济增长方式转变，降低产品成本，增强企业的竞争力，在提高企业经济绩效的前提下保护生态环境。

2）在传统产业链扩展的基础上构建产业之间资源、技术、信息、服务共享的循环经济产业发展模式，充分互换利用各行业资源、能量和信息，获得比单个企业更多、更大的经济效益和社会效益。将以往传统粗放式资源型产业发展模式过渡到可持续循环资源型产业发展模式，逐步实现行业发展与资源消耗的协调。可以实现从开环的末端治理到闭环的全过程控制的变革；从数量性的物质增长到质量增长的变革；发展静脉产业，不但可以增加就业机会，还能解决经济、社会与资源环境之间长期存在的矛盾，达到三者的共赢。

3）解决单个企业投入有限、资源利用率不高、效益不明显等问题。例如，钢铁厂生产过程中产生大量硫煤气、富氢煤气、富 CO 煤气等，这些副产品完全可用于发电和用作化工原料；钢厂还可以为所在地区的居民提供热水和蒸汽，而这些在企业内部难以做到。

4）发展产业组合循环经济，搭建中小企业循环经济平台。产业组合系统内的中小企业在发展循环经济方面具有不可推卸的责任。由于中小企业资金和技术的限制，在发展循环经济过程中将不断面临各种难题。产业组合系统中的核心企业应发挥其有利条件，整合系统内中小企业的废弃物资源进行再生利用，在壮大自身实力的基础上，把优秀的科研成果推广到各中小企业，解决中小企业难以解决的循环经济难题，推动系统内行业的整体技术进步，营造支持循环经济发展的良好氛围。

5）制定所属行业发展规划、政策条例等措施，促进发展产业组合和循环经济的全面推进。

7.3 磷泥资源化回收利用

每生产 1 t 黄磷副产磷泥 200～500 kg，磷泥中含磷元素一般在 20%～40%，主要由硅胶、氟硅酸盐、矿尘和含磷化合物组成。

磷泥资源化利用技术包括：回收单质磷、燃烧法制磷泥酸、制磷酸氢钙等。采用磷泥制备次磷酸钠，技术关键在于提取过程中如何减少二次污染。

7.3.1 回收原理

目前，电炉法生产黄磷依然是中国黄磷生产的主流工艺，其反应如下：

$$Ca_5F(PO_4)_3 + SiO_2 \xrightarrow{1200\sim1400℃} P_4\uparrow + CO\uparrow + CaSiO_3 + SiF_4\uparrow$$

磷矿石、焦炭、硅石混合料在三相电炉中高温下进行熔融还原反应生成的磷蒸气被不同温度的洗涤水冷凝聚集于受磷槽内形成粗磷。粗磷经加热、漂洗、沉降后分离成磷泥和成品黄磷。

在黄磷生产过程中，磷泥一般有三个来源：①粗磷精制加温时，由精制锅溢流管流出的溢流水经冷却沉降时产生；②精制锅中浮于上层的磷泥；③当炉气进入水循环时，部分磷和磷泥随循环水流入热水槽，并在其中沉降，定期自热水槽放出，并冷却沉降。

处理时用泵将磷泥从磷泥池抽入旋转锅，以煤或黄磷尾气为热源加热，使磷泥中所含单质磷升华为气态磷，气态磷进入吸收塔，以水隔绝空气密封，洗涤冷却为液态磷。由于液态磷比水重，并在储磷槽继续冷却为固态，即为成品黄磷。成品黄磷进入成品池内储存。

在电热法黄磷生产中，黄磷尾气中含有 CO、P、SiF、H_2S、S 和细微的磷矿粉、焦炭粉等杂质，这些杂质和黄磷尾气一起进入冷凝系统，经水洗冷凝在受磷槽中形成了乳胶状的混合物磷泥。形成的磷泥一部分随粗磷放进精制槽内精制，另一部分则随受磷槽溢流水进入污水处理净化系统。磷泥中磷含量很高，尤其是精制槽内产生的磷泥，冷却后呈块状，磷含量最高可达 90%，而进入污水系统的磷泥的磷含量较低，一般为 35%～

60%，进入地沟等处的沙粒状磷泥的磷含量也有3%～35%。若使用“系统矿”磷泥量更多，有时生产1 t黄磷相应的磷泥量多达1 t，黄磷尾气中的磷有10%～15%进入磷泥。

因此，磷泥处理是黄磷生产的重要组成部分，不仅影响黄磷的收率和生产成本，更严重的是对周围环境造成污染。为了实现节能减排，保护环境，节约资源，必须对磷泥进行有效回收利用。从磷泥的化学组分看，磷含量在3%～90%之间时，固体杂质经分析主要是SiO_2、CaO、C、Fe_2O_3、Al_2O_3等，占磷泥含量的5%～40%，水的含量为10%～80%，无机杂质中SiO_2和C为最多。SiO_2主要是炉内反应产生的SiF，在冷凝塔和受磷槽中水解形成的，亲水性的SiO_2均为水合物，部分形成硅胶（$SiO_2 \cdot H_2O$），它吸附了黄磷而形成胶状体的磷泥。分散性很细的炭粉同样也具有很强的吸附能力，可吸附杂质和磷形成稳定的浆状磷泥结构。

7.3.2　回收工艺及设备

1. 蒸馏法回收磷

磷泥蒸馏，一般称为蒸磷，是将磷泥加热使磷气化蒸发逸出，再加以冷凝回收的过程。目前用得最多的分为固定式和转鼓式蒸馏锅，即在蒸馏锅中放置一定量的磷泥，用黄磷尾气或煤作为热源在锅外加热磷泥，称为间歇法。早在20世纪70年代，中国石化集团南京设计院和南通磷肥厂等共同开发了连续法蒸磷技术，并用于工业生产装置，取得了较好的效果。

磷泥混合物中的组分均具有不同程度的挥发性，因而可以利用同一温度下蒸气压各不相同的原理将其进行分离。升温初期，主要是磷熔化和水蒸发。此时升温速度不宜太快，否则锅中水蒸气剧烈逸出将磷泥带出，从而影响磷的质量、堵塞管道，甚至会致使蒸磷锅憋压而发生爆炸。加热至100℃时，需维持一定的时间让水分蒸发，此时磷的蒸气分压为0.00469 atm（$1\ atm = 1.01325 \times 10^5\ Pa$）。温度和黄磷蒸气压的关系见表7-2。

表7-2　液态磷的热力学性质

温度/℃	饱和蒸气压/Pa（atm）	P_4蒸发潜热/(J · mol)(cal · mol)	磷的热容/(J · mol)(cal · mol)
44.1	23.61（0.000233）	53381.7（12750）	100.40（23.98）
100	475.21（0.00469）	52335.0（12500）	96.88（23.14）
150	3439.98（0.03395）	51539.5（12310）	92.95（22.2）
200	16009.35（0.158）	50827.8（12140）	87.92（21.0）
250	54512.85（0.538）	50241.6（12000）	82.06（19.6）
280.5	101325（1.0）	49906.7（11920）	78.29（18.7）
300	148643.78（1.467）	49739.2（11880）	75.78（18.1）
350	342275.85（3.378）	49362.4（11790）	68.24（16.3）

进入磷蒸发阶段，需要控制温度平稳，使磷全部气化冷凝而不致转化成红磷。磷泥中的灰分因达不到沸点而残留在渣中。炉膛温度控制在700～800℃为宜，温度过高，将会大大缩短蒸磷锅的使用寿命。

2. 固定锅蒸磷法

将磷泥从蒸磷锅加料口加入锅内，盖好盖子，当锅内温度升至100℃时，随着水分的蒸发，锅内磷泥的温度继续上升，达到磷的沸点，即为磷的蒸发阶段，被蒸出的磷及其他气体沿导气管进入冷凝塔，收集于受磷槽，不凝性气体从放空管放空，残渣由排渣口排出。固定锅蒸磷法的工艺流程如图7-3所示。

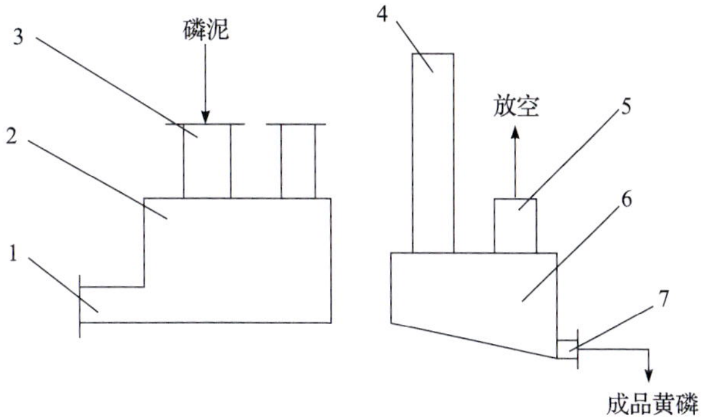

图7-3 固定锅蒸磷法的工艺流程示意图

1. 排渣口；2. 蒸磷锅；3. 加料口；4. 冷凝塔；5. 放空管；6. 受磷槽；7. 放磷口

3. 回转锅蒸磷法

在固定锅蒸磷法和螺旋连续蒸磷法的基础上改进成可以转动的回转锅，使磷泥在回转锅内受热平衡，让其中水、磷、粉尘等靠转动搅拌均匀，使残渣磷含量降至1%以下，回收率升至99%以上，每锅蒸磷作业周期一般为6～8 h。回转锅蒸磷法工艺流程如图7-4所示，磷泥加入回转锅内，外部加热，磷和水变为蒸气从回转锅中心轴（ϕ219 mm × 8 mm钢管）中逸出，经导气管进入冷凝收磷系统。用工艺水或净化含磷水向塔内喷淋，使磷蒸气和水蒸气冷凝后落入受磷槽得到回收磷；残渣排出，冷却水循环使用，尾气从放空管排出。

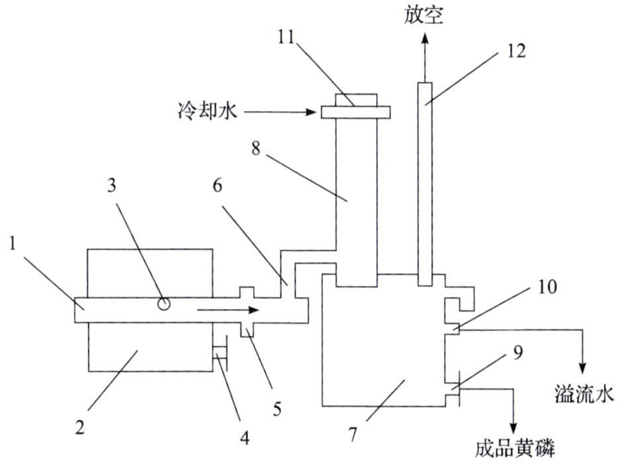

图7-4 回转锅蒸磷法工艺流程图

1. 转轴；2. 回转蒸磷锅；3. 磷蒸气出口；4. 加料口、排渣口；5. 密封环；6. 导气管；7. 受磷槽；8. 冷凝塔；9. 放磷管；10. 溢流口；11. 冷却水环；12. 放空管

加热升温是回转锅蒸磷法的关键，应保持燃煤或黄磷尾气燃烧过程处于最佳状态。开车前彻底清理炉灶，使煤燃烧面保持与炉条平行，即煤加入的厚度要相等、均匀，最厚处煤层不超过 120 mm，这样可使燃烧面积保持最大，转鼓表面受热均匀，在蒸出磷蒸气开始时再次清理炉条上下，保证旺火烧至蒸磷结束。若磷泥中水分含量过大，整个蒸磷时间就会延长，黄磷转化为红磷的机会也就增多。而红磷在温度不太高的情况下是难以蒸出来的。要将磷全部蒸出，包括红磷在内，必须升高温度，一般在 280～350℃转化而得的无定形红磷属工业型红磷，而商品红磷多属于这一种。

4. 连续蒸磷法

连续蒸磷法是一个螺旋筒，如图 7-5 所示，筒体ϕ400 mm×3000 mm，内有带式螺旋，筒体横放在加热炉内，出灰端比进料端高出 200 mm，磷泥经调速加料器均匀向螺旋筒低端喂入，热源用黄磷尾气，停炉时可用煤作燃料，螺旋筒体温度约为 600℃，磷泥在筒内受热蒸发，同时又受螺旋的翻动和向前推移，水蒸气和磷蒸气从筒体中部向上逸出，导入冷凝器内回收黄磷。物料在筒内停留 45～60 min 后，可将磷全部蒸干净，残渣被螺旋推落到带有锥形阀的出灰斗。该出灰斗用烟道气保温，干灰定期从灰斗放出，放出的干灰基本不冒烟。经生产实践，这一蒸磷装置可连续不停地运转，回收磷含量在 99.9%以上，磷收率高。灰渣还是上好肥料，可避免固体污染。不足的是，每套设备生产能力难以放大，螺旋筒体要用耐高温耐腐蚀的高级合金钢，工程造价相对较大，操作控制复杂，每小时磷泥处理量仅 50～60 kg，只适宜磷泥处理量不大的装置。

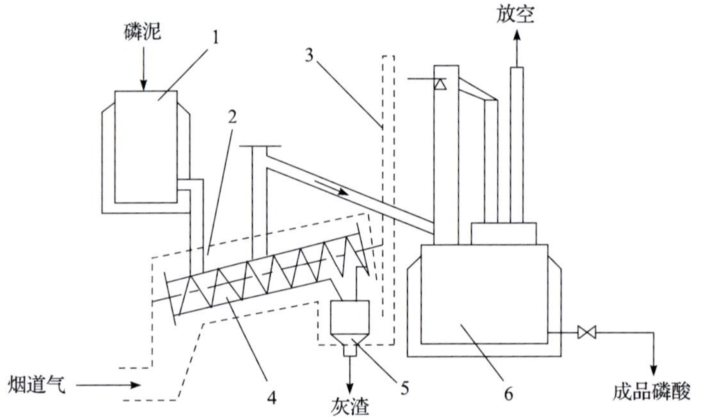

图 7-5　连续蒸磷法工艺流程图

1. 磷泥喂料器；2. 蒸磷炉；3. 烟囱；4. 蒸磷螺旋筒；5. 残渣贮斗；6. 磷冷凝塔及受磷槽

5. 磷泥过滤

压滤式过滤磷泥与抽滤式过滤磷泥原理相同，影响过滤效果的因素也相同，只是磷泥过滤的动力不同，抽滤式为真空泵从滤布之后抽真空，而压滤式为离心泵在滤布前加压。

基本流程为：磷泥送入压磷罐保温、密封，通过离心泵打热水进入压磷罐，将磷泥压入过滤器。过滤器中装有滤布，磷泥进入后，磷穿过滤布流入储磷槽，滤渣被挡在滤布上，在过滤操作一定时间后用热水反冲泄入磷泥槽。

除热水系统外，介质均具有腐蚀性，材质需选用不锈钢；系统操作压力达 0.5 MPa 以上，属压力容器；为避免磷冷凝堵塞管道，保证介质的流动性，整个系统均要保温。该装置为间歇操作，一般情况下每班过滤磷泥一罐（约 7 m^3 ）。

该法优点是磷泥处理量较大，不污染环境，自动化程度较高，操作劳动强度小；缺点是装置投资较大，磷泥过滤不完全，剩余少部分磷泥渣需采取别的办法，如用回转锅蒸磷法将其彻底处理。

7.3.3 磷泥的综合应用

1. 磷泥烧制磷酸

磷泥烧制磷酸是处理磷泥较为理想的方法，其化学反应方程式为

$$P_4 + 5O_2 \longrightarrow P_4O_{10} + Q$$

$$P_4O_{10} + 2H_2O \longrightarrow 4HPO_3$$

$$HPO_3 + H_2O \longrightarrow H_3PO_4$$

各厂根据具体条件，在工艺流程、设备选型及布置上均有所不同。

（1）固定炉烧制磷酸

固定炉烧制磷酸是国内黄磷生产企业采用较多的一种磷泥处理方法。图 7-6 为该法制酸的一种工艺流程图。

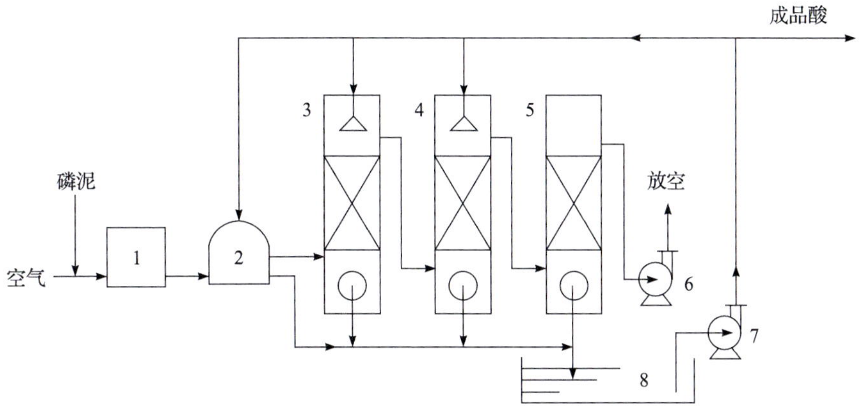

图 7-6　简易磷泥制酸流程示意图

1. 燃烧炉；2. 水化室；3，4，5. 吸收塔；6. 风机；7. 酸泵；8. 储酸槽

将磷泥投入燃烧炉 1，生成的磷酸酐（P_2O_5）气体进入水化室 2，与喷下的稀磷酸（50%～70% H_3PO_4）相遇进行水化反应，生成磷酸（其生成量约占总量的 70%）流至储酸槽 8，水化过程中生成的酸雾进入吸收塔 3～5，与塔顶喷下的稀酸相遇，尾气经风机 6 放空，塔中生成的磷酸从塔底流入储酸槽 8。所得的磷酸应进行冷却，通常在酸槽外加水夹套或设置冷却器进行冷却，输酸管用不锈钢管外加水冷夹套。待冷至 50℃以下后，

大部分的磷酸由酸泵 7 输送至水化室和吸收塔喷淋，小部分引至储酸槽或外运。

稀磷酸有较强的腐蚀性，制酸系统的所有设备、管道、阀门等均需注意防腐蚀。吸收塔和水化室可用石墨或 1Cr18Ni12Mo2Ti 钛钢材等制作，也可以采用内衬石墨板、耐酸砖（辉绿岩胶泥等砌筑），外加铁箍的钢塔。风机的叶轮材质采用钛钢等含锰不锈钢或涂以环氧树脂防腐，放空管用塑料制作，耐酸泵可用塑料或不锈钢等。

磷酸水化后的除雾，在磷泥制酸小型装置设备上采用填料塔是可取的。如欲制取浓磷酸，可采用蒸汽夹套的搪瓷设备。为了保证磷酸的质量，可在燃烧过程中加入适量的磷，经沉淀、过滤处理可提高磷酸质量。

（2）回转炉制磷酸

为了解决柳城磷肥厂 15000 kV · A 制磷电炉的磷泥处理问题，中国石化集团南京设计院和柳城磷肥厂共同开发的年产 2000 t（75% H_3PO_4）回转炉制磷酸装置，于 1979 年 7 月建成投产，回转炉规格为 1000 mm × 6000 mm，每天处理磷泥约 8 t，生产 75% H_3PO_4 约 10 t。

该装置适合处理含磷 25%～32%的磷泥，也可处理磷含量更高的磷泥。储槽中的贫磷泥由人工加入回转燃烧炉中，富磷泥从熔磷槽中用液下计量泵送至回转燃烧炉与贫磷泥混合燃烧，生成 P_2O_5 和一小部分磷蒸气一同进入燃烧塔继续燃烧氧化，经水化塔水化吸收成磷酸，尾气经冷却降温后由鼓风机引入空气喷射除雾器，经复挡式除沫器、气液分离器至烟囱放空，残渣入贮斗外运。磷酸储槽中的稀磷酸经冷却器泵送三个塔顶喷淋，工艺水喷淋冷却塔外壁后循环使用，流入磷酸储槽的一大部分酸返回塔顶循环喷淋，一部分酸送用户使用。若磷泥中磷含量较低时可用黄磷尾气助燃，以提高塔内温度使反应正常进行。

如果使用磷含量小于 25%、水分含量大于 50%的磷泥，往往燃烧不完全，产品磷酸中亚磷酸增多，需要黄磷尾气助燃，使回转炉尾部温度达到 500℃以上，则炉内燃烧时生成物为 P_2O_5。由于磷泥中水分含量超过其磷含量的两倍，所产磷酸浓度会有所下降，增加黄磷尾气助燃后可使回转炉末端炉气温度达到 500℃以上，则残渣中磷会被烧尽，排出的残渣不冒烟。

该回转炉制酸技术尚存在一些问题需要完善改进，如解决贫富磷泥的均化、加料和计量，回转炉的衬里结构和延长使用寿命等问题。

（3）大型磷泥制酸

大型磷泥制酸装置是云南磷肥工业有限公司 60 kt/a 黄磷项目的磷泥处理配套装置，工艺技术由苏联开发，生产工艺过程连续进行，采用常规仪表，生产控制全部自动化，对环境基本无污染，是磷泥制酸最先进的技术之一。

该装置的工作原理是磷泥槽中的磷泥通过热水产生的压力经保温管送入燃烧炉的磷泥喷嘴，在压缩空气的作用下使磷泥雾化进入燃烧炉，燃烧炉中上部设置有三个相切的黄磷尾气或煤气烧嘴，磷泥与过量空气及辅助燃料气燃烧，在 1200℃的高温环境下充分氧化，含磷酸高温炉气经水化塔水化吸收，尾气中的酸雾经静电除雾器进一步捕集后放空。该工艺的流程如图 7-7 所示。

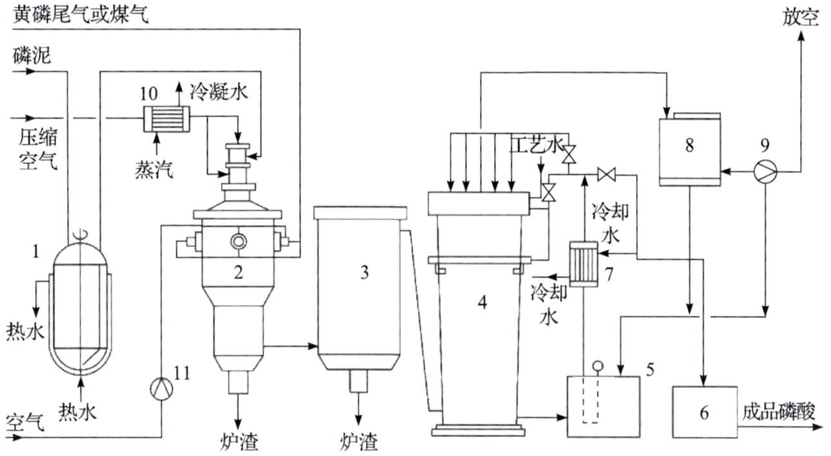

图 7-7 大型磷泥制酸工艺流程示意图

1. 磷泥槽；2. 双层燃烧炉；3. 再燃烧室；4. 水化塔；5. 磷酸槽；6. 成品磷酸槽；7. 换热器；8. 静电除雾器；9，11. 风机；10. 换热器

磷泥槽制酸装置的设计能力为磷酸（73% H_3PO_4 计）38.6 t/d，磷泥消耗量 0.9～1.3 t/h，残渣排放量 4～6 t/d，尾气中酸雾含量不高于 80 mg/m^3（标态，P_2O_5 计），磷泥中磷（P）的回收率极高，残渣中基本上不含磷。所用磷泥分别来自精制工序和污水处理站。

2. 磷泥碱处理法

（1）磷泥制次磷酸钠

碱法处理磷泥制备次磷酸钠是德国的专利。其基本原理是当温度在 95～110℃，$n(OH^-):n(P) = 1.5$ 时，

$$3NaOH + 4P + 3H_2O \longrightarrow 3NaH_2PO_2 + PH_3$$

$$2NaOH + 2P + 2H_2O \longrightarrow 2NaH_2PO_2 + H_2$$

同时也生成：

$$2NaOH + 2P + H_2O \longrightarrow Na_2HPO_3 + PH_3$$

在上述条件下，当 $n(OH^-):n(P) > 1.5$ 时，可使磷全部转化为亚磷酸氢二钠（Na_2HPO_3）溶液。

$$NaOH + NaH_2PO_2 \longrightarrow Na_2HPO_3 + H_2$$

因此，采用含有 $Ca(OH)_2$ 的 NaOH 混合溶液，减小 OH^-浓度，减少生成亚磷酸氢二钠的可能性。

$$Na_2HPO_3 + Ca(OH)_2 \longrightarrow CaHPO_3 + 2NaOH$$

将磷泥加入带有搅拌器的反应器，加热熔化，在通入氮气保护的情况下，加入石灰[$Ca(OH)_2$]溶液，产生的混合气体（N_2、H_2、PH_3）送至磷酸装置燃烧室，燃烧后生成 P_2O_5 制取磷酸。

反应器下部黑色溶液进入后反应器继续反应，完成后进入过滤机，滤饼用水洗涤后用作磷矿粉球团造粒的黏结剂，滤液经调整 pH 后经蒸发浓缩、过滤、结晶，再经分离、干燥后即得产品次磷酸钠。

（2）氧化-碱液吸收法处理贫磷泥。

据报道，广西磷酸盐化工厂在贫磷泥中加入锅炉烟囱灰（含固定碳约 10%），将贫磷泥燃烧后的气体用纯碱溶液吸收法生产磷酸氢二钠（$Na_2HPO_4 \cdot 12H_2O$），并副产磷钾化肥。生产装置规模为 200 t/a 磷酸氢二钠，设备全部采用普通碳钢制作。

氧化-碱液吸收法处理贫磷泥生产工艺流程为：用泵将贫磷泥送至中间槽，再流入高位槽，进而将贫磷泥加入混合器。烟囱灰经吊车送到螺旋给料机上的灰斗，经螺旋给料机送至混合器。贫磷泥与烟囱灰按一定比例进入混合器后，混合均匀的物料经下料管流入回转炉内，同时由反射炉供给热量，使其氧化燃烧生成 P_2O_5 气体，磷泥渣由回转炉尾部流出，定时移到堆渣场，经加工处理为磷钾肥出售。含 P_2O_5 炉气进入吸收塔，塔内喷淋纯碱溶液，直接吸收为磷酸氢二钠，出塔尾气经除雾器后放空，尾气中 P_2O_5 含量在 0.6 g/m^3 左右。严格控制循环槽内的 pH、温度及波美度，吸收液经板框压滤机过滤，滤液放入结晶槽，用离心机使磷酸氢二钠结晶与母液分离，母液返回循环槽循环使用。

7.4 尾气回收利用

7.4.1 尾气组成及数量

黄磷尾气是指用冷凝方法从炉气中分离出磷后的气体，主要成分包括 CO，其他杂质有无机硫（S、H_2S、SO_3）、有机硫（COS）、磷及磷化物（P_4、PH_3）、氟及氟化物（HF、SiF_4）、砷及砷化物（AsH_3、AsF_3、As）、CH_4、CO_2、O_2、N_2、氰化物和原料粉尘等，一般组成见表 7-3。随着原材料的组成变化及生产操作的不同，黄磷尾气也有所变化。每生产 1 t 黄磷副产尾气 2500～3000 m^3（标态）。

表 7-3 黄磷尾气的一般组成

φ（体积分数）/%				质量浓度/(mg/m^3)			
CO	O_2	CO_2	其他	总磷	磷	氟	总硫
85～95	0.1～0.5	2～4	3～5	0.5～1.6	0.07～0.8	0.4～0.5	0.6～13.0

尾气中的 CO 含量比半水煤气[φ(CO) = 30%]高得多，经净化处理是生产碳一化工产品的优质原料气。有关尾气净化、回收的工艺技术，参见第 5 章有关内容，本节不作重复介绍。

7.4.2 黄磷尾气的综合利用

从 20 世纪 80 年代以来，世界各国竞相开发新的碳一化工合成技术，该领域发展迅速，我国也有较大发展。碳一化工是由煤、天然气来制造合成气（CO、H_2）或由工业生产副产的甲醇和高纯度 CO 等为原料，在不同催化剂和工艺条件下进行羰基化反应（如羰基合成、罗兰反应、雷佩反应、费-托合成等），合成醇、酸、酯等各类重要有机化工产品。

1）CO 与氢气在催化剂作用下合成甲醇：

$$CO + 2H_2 \xrightarrow{483\,K,\ 5.06625\times10^6\,Pa} CH_3OH$$

2）CO 与烯烃或其他有机物在不同温度、压力条件和催化剂作用下发生羰基化反应，生成醛、醇、酸、酯等，例如：

$$2CH_3OH + \frac{1}{2}O_2 + CO \longrightarrow CH_3O—CO—OCH_3 + H_2O$$

$$CO + C_2H_6 \longrightarrow C_2H_5CHO$$

$$CO + C_2H_4 + H_2O \longrightarrow CH_3CH_2COOH$$

$$CO + CH_3OH \longrightarrow CH_3COOH$$

$$CO + C_2H_4 + ROH \longrightarrow CH_2=CHCOOR$$

由此可以看出：高纯度、高浓度 CO 是一种重要的化工原料。它是生产乙酸，多种碳酸盐的主要原料，也是现代工业中碳一化工的重要基础原料气之一，可生产多种化学品，如图 7-8 所示。

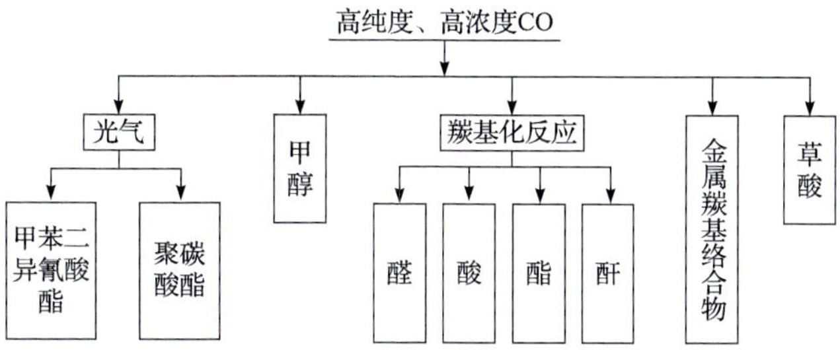

图 7-8　高纯度、高浓度 CO 的应用

碳一化工对原料纯度要求很高，而这些原料的纯度、产率及收率均与 CO 浓度的高低有密切关系，因此对基础原料气 CO 的浓度要求也很高。随着碳一化工技术的飞速发展，尤其是在一氧化碳羰基合成技术方面所获得的进展，利用 CO 制造甲酸甲酯、二甲醚、乙酸、甲醇、碳酸二甲酯等各种极有经济价值的有机物已成为可能，已开发出可替代传统工艺的绿色合成工艺。例如，能利用含 CO 将近 90%的黄磷尾气通过净化后合成碳一化工产品，既可以避免环境污染，又可以降低黄磷生产成本，改变目前黄磷生产因成本过高，在市场上竞争力缺乏的状况。

从 20 世纪 70 年代开始，我国就利用尾气经净化处理后生产甲酸钠、甲酸、草酸、甲醇、光气、苯乙酸和二甲基甲酰胺等化工产品。但是，由于我国黄磷企业生产规模较小，布点分散，资金紧缺，技术开发滞后，已取得的科研成果和生产经验推广应用缓慢，使得黄磷尾气作为碳一化工产品原料的利用率极低。

目前对 CO 尾气的治理主要有火炬燃烧、除尘后作燃料及除尘净化分离出高浓度 CO 三种方法。前两种方法都是将 CO 转化为 CO_2 排放大气，没有从根本上解决大气污染的问题，而且对 CO 资源是极大的浪费。

7.4.3　黄磷净化尾气生产代表产品介绍

1. 黄磷尾气制甲酸甲酯和甲酸

黄磷尾气富含 CO，经净化处理除去其中的磷、砷、氟、二硫化碳等杂质后，可用来合成羰基化合物及生产碳一化学品中多种产品，如甲醇、甲酸、碳酸二甲酯、乙酸等。

贵州开阳磷都化工股份有限公司黄磷厂 2 万 t/a 甲酸装置，于 2008 年 5 月建成投产试运行，得到合格的甲酸产品。生产甲酸所用一氧化碳的质量要求（质量分数）是：CO 含量 $\geqslant 96\%$，O_2 含量 $\leqslant 10\times10^{-6}$，$CO_2$ 含量 $\leqslant 10\times10^{-6}$，$H_2O$ 含量 $\leqslant 10\times10^{-6}$，总硫含量 $\leqslant 1\times10^{-6}$，磷及磷化物含量 $\leqslant 1\times10^{-6}$，砷及砷化物含量 $< 1\times10^{-6}$。$H_2+N_2+CH_4+Ar$ 为平衡组分。

尾气采用水洗串碱洗法脱硫预净化处理，再用变温吸附和变压吸附法彻底脱净尾气中存留的磷、砷、氟、硫及其化合物等。

甲酸法生产工艺有以下特点：一氧化碳、甲醇羰基合成甲酸甲酯工艺为中压中温工艺，甲酸甲酯水解制甲酸工艺为低压中温工艺，工艺条件温和。该工艺具有产品质量高，可根据市场需求生产 80%～99%浓度不等的高品质甲酸产品，能耗低、成本低、自动化程度高和连续生产等优点。甲酸甲酯水解后得到甲酸和甲醇，经过精馏提浓后，甲醇又返回到羰基合成系统作为原料，因此甲醇在系统中循环使用。该工艺的反应原理如下：

$$CO + CH_3OH \longrightarrow HCOOCH_3$$

$$H_2O + HCOOCH_3 \longrightarrow HCOOH + CH_3OH$$

工艺流程如图 7-9 所示。

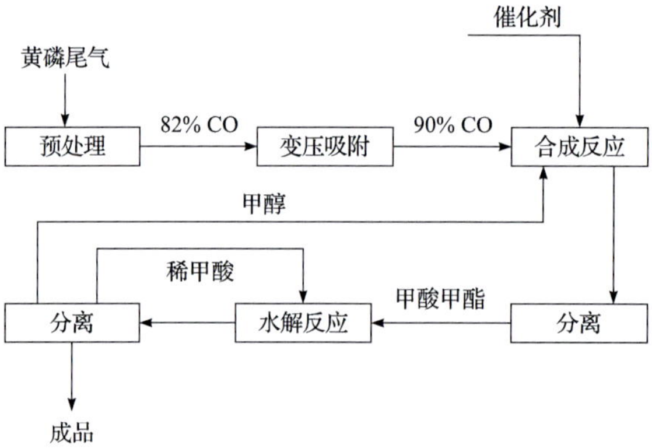

图 7-9　CO 制甲酸工艺流程图

2. 黄磷尾气制碳酸二甲酯

碳酸二甲酯的合成方法有光气甲醇法、光气醇钠法、酯交换法和甲醇氧化羰基化法。其中甲醇氧化羰基化法是 20 世纪 70 年代中期以来，国外竞相开发的生产工艺，具有广泛的工业应用前景，符合清洁生产工艺的要求，其分为气相法和液相法。液相法是意大利的 Ugo Romano 等于 1979 年开发成功的，并于 1983 年由意大利埃尼集团（ENI）首次实现工业化。中国科学院成都有机化学研究所（现中国科学院成都有机化学有限公司）开发的氮杂化物配位 CuMP 催化剂，腐蚀性小、选择性高、寿命长。在此催化剂的基础上，西南化工研究设计院采用大气流循环带出粗产品的工艺，进行了 50 t/a 规模的全流程中试，并于 2003 年通过中试工艺鉴定。另外，华中科技大学和湖北兴发化工集团股份有限公司共同承担的 4000 t/a 液相甲醇羰基化法生产碳酸二甲酯工程已于 2002 年通过验收。但液相法存在腐蚀性大，碳酸二甲酯产品分离复杂和催化剂循环利用等问题，所以国内外又开发出气相甲醇氧化羰基化法。

气相甲醇氧化羰基化法分为直接法和间接法，其中直接法反应方程式如下：

$$CO + 2CH_3OH + 1/2O_2 \longrightarrow CO(OCH_3)_2 + H_2O$$

间接法反应方程式如下：

$$CO + 2CH_3ONO \longrightarrow CO(OCH_3)_2 + 2NO$$

$$2CH_3OH + 2NO + 1/2O_2 \longrightarrow 2CH_3ONO + H_2O$$

1986 年，美国 Dow 化学公司开发了直接法气相甲醇氧化羰基化法。1992 年，日本 UBE 株式会社实现了亚硝酸酯间接法工业生产碳酸二甲酯。国内，天津大学进行了大量实验室研究工作，并与昆明理工大学、云南江磷集团股份有限公司合作，成功地开发出净化黄磷尾气气相催化合成碳酸二甲酯的中试工艺，其工艺流程如图 7-10 所示。

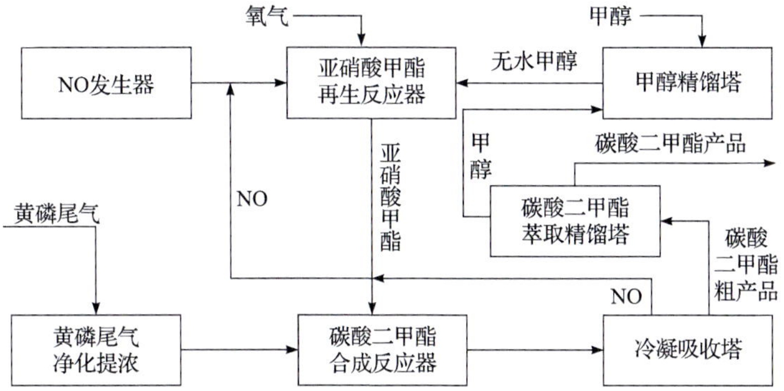

图 7-10 净化黄磷尾气制碳酸二甲酯工艺流程图

此工艺分为黄磷尾气净化阶段和碳酸二甲酯合成阶段。在碳酸二甲酯合成阶段，先由硫酸和亚硝酸钠反应生成 NO，然后用 NO、O_2 和经醇水分离的无水甲醇反应得到亚硝酸甲酯气体（载氧体）。亚硝酸甲酯和净化后的黄磷尾气经预热，在 Pd 系催化剂的作用下，在合成反应器中得到碳酸二甲酯和 NO，同时副产少量草酸二甲酯。碳酸二甲酯选择性达到 85%以上，CO 转化率接近 100%，催化剂使用寿命长。其产品在冷凝吸收塔进行冷凝，塔底冷凝产物为碳酸二甲酯、草酸二甲酯和甲醇，经分离阶段萃取精馏得到产品碳酸二甲酯和副产品草酸二甲酯。塔顶的 NO 回到循环气中可以循环使用。整个工艺是在自封闭循环条件下进行的，产品质量好，无三废排放，是清洁生产工艺。此外，反应过程中不需要加入氧，因此生成 CO_2 等副产物非常少，同时非氧气氛使得爆炸危险性小，操作安全、稳定。

3. 生产液氨和甲醇

将净化后的黄磷尾气送至合成氨公司煤气柜与半水煤气混合，通过调节氨醇比，用作生产液氨和甲醇的原料气。由于甲醇生产历史悠久，开发的催化剂品种较多，且性能各异，对原料气中杂质含量要求也不同。黄磷尾气用于生产甲醇时，目前常用的催化剂要求原料气即净化尾气中硫的质量浓度在 1 mg/m^3 以下，否则易使甲醇催化剂中毒。因此，黄磷尾气先经水洗和碱洗，然后用次氯酸钠溶液去除尾气中微量的磷和磷化氢，再用 NaOH 溶液脱除 H_2S 和 CO_2，净化后的尾气完全可以达到甲醇生产要求。该净化技术于 1971 年在广州农药厂 35 m^3/h 小装置进行的中试获得成功，净化后的尾气已达到甲醇生产要求的纯度，其反应方程式如下：

$$P_4 + 10NaClO + 12NaOH \longrightarrow 4Na_3PO_4 + 10NaCl + 6H_2O$$

$$PH_3 + 4NaClO + 3NaOH \longrightarrow Na_3PO_4 + 4NaCl + 3H_2O$$

次氯酸钠也可以脱除硫、硫化物及砷化氢等，其反应方程式如下：

$$H_2S + NaClO \longrightarrow NaCl + S + H_2O$$

$$H_2S + 2NaOH + 4NaClO \longrightarrow Na_2SO_4 + 4NaCl + 2H_2O$$

$$AsH_3 + 4NaClO + 3NaOH \longrightarrow Na_3AsO_4 + 4NaCl + 3H_2O$$

生产 1 t 黄磷的尾气可以副产 1 t 合成氨[吨氨理论耗氢气 1976 m^3（标态）]，节约合成氨原料煤 1.5 t 左右，具有很好的节能降耗效果和经济效益。

甲醇用途广，市场需求量大，开发黄磷尾气净化处理后，也可采用中温变换制合成气。甲醇合成现在有多种相对成熟技术的应用。

4. 黄磷尾气生产钙镁磷肥

目前我国钙镁磷肥均采用高炉法工艺生产，该工艺能耗高，污染严重，特别是为保证高炉的透气性，燃料、磷矿石、硅石、蛇纹石、白云石等需用块矿，因此造成资源大量浪费。在此条件下匡晓静提出了利用黄磷尾气窑炉法生产钙镁磷肥技术。该工艺流程如图 7-11 所示。

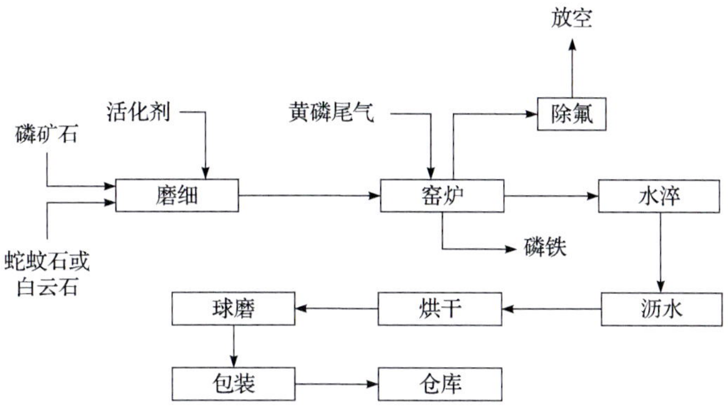

图 7-11　窑炉法生产钙镁磷肥工艺流程

使用该方法生产钙镁磷肥具有许多创新点，例如：可用中低品位磷矿、粉矿及黄磷生产下脚料为原料；用黄磷尾气代替焦炭，生产成本降低 1/3 以上，并且减少了粉尘、CO、SO_2 的排放，改善了操作环境及大气环境；黄磷尾气得到充分利用，解决了黄磷企业尾气排放污染大气的问题。因此，利用黄磷尾气窑炉法生产钙镁磷肥实用价值大，发展潜力无限。

5. 黄磷尾气合成甲酰胺

甲酰胺是由甲酸衍生出的酰胺类物质，具有很高的反应活性和特殊的溶解性能。因其优异的物化性质，甲酰胺被广泛应用在有机合成、处理剂、柔软剂、软化剂、测定分析试剂等诸多领域。曾庆德提出了利用黄磷尾气合成甲酰胺的一种新方法。首先对黄磷尾气分别进行填料塔降膜水洗、碱洗除去酸性气体；脱硫工序，主要除去含硫的气体，排除甲酰胺合成过程中对催化剂的影响；继续除去气体中的二氧化碳和极性杂质；提纯，最后压缩得到纯度大于 98.5%的一氧化碳气体。提纯后的一氧化碳进行甲酰胺合成。

采用浆态床反应器为甲酰胺合成反应釜，并设计了分布器使一氧化碳能够均匀地分布在反应器中，同时在循环进料口使用文丘里喷射器使反应物的混合率大大增加。中试试验后得出：以二甲酰胺钠盐作催化剂，温度控制在一定范围（80～100℃），操作压力为 1～4 MPa，无水甲醇为反应溶液，反应时间在 4～6 h 为最佳反应条件。合成出来的甲酰胺粗产品经过三塔蒸馏工艺提纯并回收氨甲醇进行循环套用生产，同时对反应器和蒸馏塔设计换热设备，利用余热对水进行加热，使热能得到有效回收利用。此外在试验过程中，进行水、电、饱和蒸汽等消耗的优化，使能耗降低的同时产出增加。

6. 黄磷尾气生产甲酸钠

甲酸钠主要用于生产甲酸、草酸及硫酸钠等，还可用于制备还原剂和消毒剂。以净化处理后的黄磷尾气替代发生炉煤气生产甲酸钠制草酸，主要化学反应式如下：

合成：$$CO + NaOH \longrightarrow NaCOOH$$

脱氢：$$2NaCOOH \longrightarrow Na_2C_2O_4 + H_2\uparrow$$

铅化：$$Na_2C_2O_4 + PbSO_4 \longrightarrow PbC_2O_4\downarrow + Na_2SO_4$$

酸化：$$PbC_2O_4 + H_2SO_4 \longrightarrow H_2C_2O_4 + PbSO_4\downarrow$$

在甲酸钠反应中用工业磷酸代替硫酸，生产甲酸的同时副产酸式磷酸盐。由于磷酸一钠、磷酸二钠等的价格远远高于使用硫酸时副产的芒硝，又减少了硫酸的储运，因此可显著降低磷酸盐的成本。该工艺技术于1993年6月完成工业试验，结果表明，磷酸一钠的结晶水在100℃时就可脱除，磷酸二钠稍高于100℃时也可脱水。这样，在反应中生成并包含在磷酸盐中的甲酸，在不太高的温度下就可全部释放出来，甲酸的回收率在90%以上。用联产出的磷酸盐调配、聚合得到工业级的磷酸一钠、磷酸二钠、磷酸五钠、三偏磷酸钠和六偏磷酸钠。硫酸生产的甲酸钠浓度在85%以上，而85%磷酸蒸出的甲酸不超过75%，要使甲酸钠浓度提高到85%以上有两个办法：一是把磷酸浓度提高到94%以上；二是向反应物料中加固体脱水剂。甲酸钠合成时由原料带进的杂质，如NaOH、Na_2CO_3、NaCl等全部或部分与磷酸反应，都可转化为酸式磷酸盐。用耐腐蚀的材料制作设备、管道及管件。甲酸与磷酸盐联产工艺，无论从设备投资、能耗和原材料消耗，还是简化工艺操作等方面看，都比原工艺好得多，产品成本可大幅度降低。因此，采用磷酸生产甲酸，尤其对于有热法磷酸、磷酸盐产品的黄磷生产企业是一个有价值的工艺技术路线。贵州省惠水磷酸盐厂利用黄磷尾气生产甲酸联产六偏磷酸钠装置建成投产，新工艺与原工艺的生产装置基本相同，但要选用工业磷酸。

为了保证产品质量，防止管道、设备腐蚀，采用水洗和碱洗（0.8%～10%的NaOH水溶液）相结合的方法对黄磷尾气进行净化处理。净化处理设备内适当添加瓷环或塑料小球，以除去尾气中磷、酸性气体和灰尘等，并有降温作用。含Na_2CO_3的洗涤液经苛化处理回收NaOH，返回系统循环使用。为了进一步除去磷、硫及其化合物等杂质，可采用活性炭固定床催化氧化法，在尾气中通入少量的氧（空气），以规定的空间速度和温度通过活性炭固定床，尾气即被净化，可有效地脱除磷、硫，并且催化剂中毒后易于再生，反应原理如下：

$$SiF_4 + H_2O \longrightarrow H_2SiF_6 + SiO_2 \cdot H_2O$$

$$H_2S + NaOH \longrightarrow Na_2S + H_2O$$

$$CO_2 + NaOH \longrightarrow Na_2CO_3 + H_2O$$

$$P_4 + NaOH + H_2O \longrightarrow NaH_2PO_4 + PH_3$$

$$HF + NaOH \longrightarrow NaF + H_2O$$

$$H_2SiF_6 + NaOH \longrightarrow Na_2SiF_6 + H_2O$$

贵州开阳青利天盟化工有限公司现有15000 kV · A制磷电炉两台，年产黄磷14000 t，配套建成年产7万t甲酸钠装置。其生产工艺技术特点如下：

采用大口径合成管道技术（单条生产线，最大合成管径达到1200 mm），适应甲酸钠生产装置产能大型化；采用远程集中控制系统（DCS）自控技术，保证了CO气体和烧碱溶液的最佳合成配比，提高原料利用率，保证产品质量；采用一拖四双效蒸发器技术，降低甲酸钠生产蒸发、干燥的能耗，变间歇生产为连续化生产；回收冷凝水用作配碱用水，降低产品水耗；生产成本比传统的焦炭发生炉煤气制甲酸钠工艺降低 30%以上。

天津市碳一有机合成工程设计有限公司为山东博汇集团设计的 2×25500 kV · A 密闭电石炉尾气年产 7 万 t 甲酸钠项目建成投产，为黄磷尾气生产甲酸钠的大型装置提供技术支撑。黄磷尾气制甲酸钠工艺流程如图 7-12 所示。

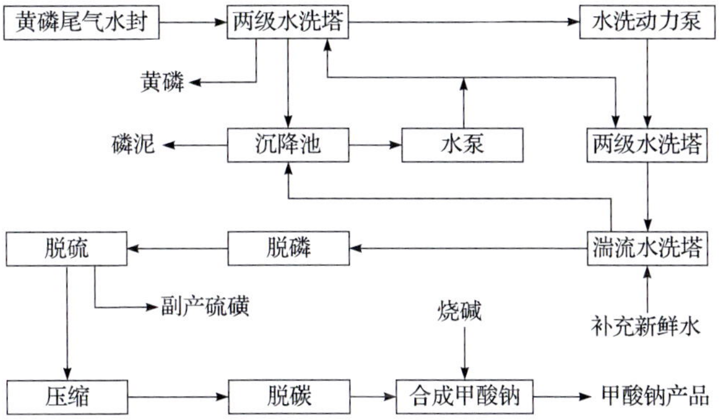

图 7-12 黄磷尾气制甲酸钠工艺流程示意图

黄磷尾气由总水封引气口（另一个口为放空燃烧用）引气，气体先进入湿法水洗的两级水洗塔，经水洗动力泵加压，再进入两级水洗塔及湍流水洗塔后进入脱磷、脱硫净化系统，经压缩、脱碳后加烧碱合成甲酸钠。

系统在湍流水洗塔补充新鲜水。湿法水洗酸性气体，水洗沉淀池中的循环水显酸性，可适当加一些中和剂、混凝剂沉淀悬浮物，上清液（水）循环洗涤气体，沉淀池中的沉淀物贫磷泥集中处理回收利用。

7. 黄磷尾气制草酸二乙酯

甲酸钠一步法生产草酸二乙酯工艺已做了大量试验，草酸二乙酯经水解可生产高纯度草酸，彻底解决甲酸钠变换铅化法生产草酸工艺中大量排放含铅污水污染环境的问题。草酸二乙酯经加氢可制备乙二醇，加氨可制备草酰胺，需加大力度进行技术开发，从实验室、中间试验稳步前进，市场前景看好。

8. 黄磷尾气燃烧供热

黄磷尾气中主要含有的是 CO，净化后燃烧能产生较多的热量。昆明理工大学对黄磷尾气燃烧方面做了许多研究，例如，丁蕾蕾提出净化后黄磷尾气燃烧分解中低品位磷矿石中的碳酸盐，高效利用了中低品位磷矿石；胡学琼提出黄磷尾气在石灰窑中的应用，代替传统的煤作燃料。这是因为黄磷尾气的燃烧温度通过调控可以达到 1000℃以上，满足一些工艺的燃料热值要求。但其中还存在一些问题，黄磷尾气除杂后还是存在一些腐蚀性气体，在实际生产过程中会腐蚀锅炉，所以防腐蚀也是很关键的一部分，还有待更多研究人员进行探索。

研究表明，黄磷尾气占产气量的 25%～30%，可用于烘干，还可用作三聚磷酸钠高温聚合、脱水的热源。在对黄磷进行深加工过程中，尾气燃烧的热量可以在黄磷→磷酸→三聚磷酸钠的反应过程中提供热源。这种利用方式具有以下优点：

1）黄磷尾气比发生炉煤气热值高一倍（煤气热值为 5.232 MJ/m^3），有利于三聚磷酸钠的高温聚合、脱水。

2）温度调节简单方便。

3）回收装置投资少。

4）有成熟的回收利用经验。

总之，黄磷尾气的回收利用有着较高的经济效益、社会效益和环境效益。

7.5　其他副产物的回收利用

7.5.1　磷铁的回收利用

每生产 1 t 黄磷副产磷铁约 100 kg，磷铁中含铁元素一般在 70%，含磷元素一般在 18%～26%，还含有少量的锰、钒、硅等元素。

磷铁资源化利用包括：在冶金行业中用作炼钢、炼铁过程的磷元素添加剂，或者合成磷酸三钠、纳米磷铁粉等。

磷铁废渣中的磷酸铁盐在加热和通空气条件下，可与烧碱反应生成相应的磷酸三钠和铁的水合氧化物沉淀，再从废渣中分离出磷酸三钠，利用磷铁生产磷酸三钠联产氧化铁红。目前湖北兴发化工集团股份有限公司黄磷生产能力（宜昌部分）4.5 万 t/a，加上神农架、保康等地的黄磷装置其产能已达 7 万 t/a，如选择一适合的厂区集中设置磷铁处理装置，并回收附近黄磷厂副产的磷铁，形成年处理磷铁 7000～10000 t 装置规模，可生产磷酸三钠 2.1 万 t/a，副产硫酸钾 0.8 万 t/a、氯化铵/氯化钾 0.5 万 t/a、氧化铁红 0.5 万 t/a，总投资 8000 万元，年销售收入 22000 万元，年利税 7500 万元。

1. 生产磷酸盐

利用磷铁作原料生产磷酸氢二钠和磷酸三钠等，与利用纯碱中和磷酸的生产方法相比，既节约硫资源（磷矿和硫酸反应制得磷酸）、磷资源和能源，又使磷铁得到充分利用。

（1）生产磷酸氢二钠

磷铁和纯碱作用的主要反应方程式如下：

$$4Fe_2P + 4Na_2CO_3 + 9O_2 \longrightarrow 2Na_4P_2O_7 + 4CO_2 + 8FeO$$

$$4FeP + 4Na_2CO_3 + 7O_2 \longrightarrow 2Na_4P_2O_7 + 4CO_2 + 4FeO$$

$$Na_4P_2O_7 + 13H_2O \longrightarrow 2Na_2HPO_4 \cdot 12H_2O$$

磷铁生产磷酸氢二钠的工艺流程如图 7-13 所示。将磷铁块上的炉渣及其他杂质除去后，破碎和球磨成细粉，并与纯碱以 1∶1（摩尔比）在铁槽内充分混匀（纯碱过量 1%），用黄磷尾气作热源在焙烧炉内燃烧，使物料熔融充分反应。然后在熔融状态（冷后结块就难以出料）取出放在铁槽内，加水浸取放置 12 h，用粉碎机进行粉碎。粉碎后的渣水混合物放入离心机中进行渣液分离，并用少量热水洗涤几次，将浸取溶液洗涤下来，磷铁渣再以母液浸取，浸取后再用离心机分离。分离所得的溶液与第一次分离溶液合并，加稀硫酸调整其 pH，再于带夹套的浓缩锅中进行浓缩。待溶液密度为 1.26～1.38 kg/L，放在结晶槽中冷却、结晶。最后将已结晶好的物料用离心机脱除水分（母液）即为成品进行包装。母液在二次浸取时使用，但要通蒸汽加热，以提高浸取效率，磷铁渣可进一步加工成氧化铁红。

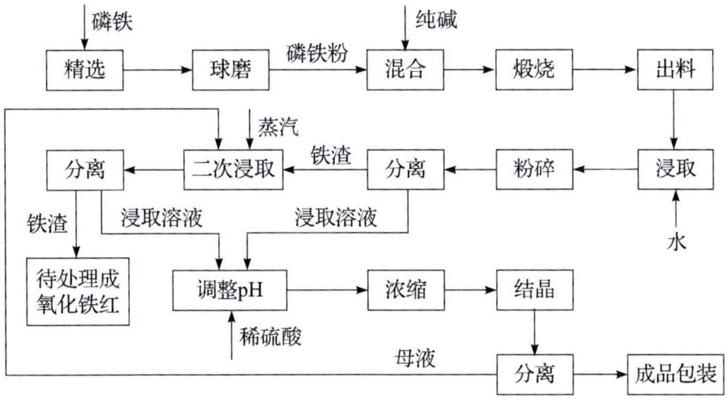

图 7-13　磷铁生产磷酸氢二钠工艺流程示意图

在上述工艺流程中，由于物料中有硅酸盐及二价盐所生成的胶体物，渣液分离比较困难，目前尚未找到一个比较理想的分离方法。同样物料浸取的工艺条件也有待进一步探索。在相同的条件下，浸取后残渣中磷含量不理想，不能完全按 $w(NaOH)/w(H_2SO_4)$ 比值上升而降低，原因是残渣中已生成的磷酸盐没有被浸取出来，从而磷的含量较高。

另外，向磷酸氢二钠中加入磷酸，生成磷酸二氢钠和磷酸氢二钠溶液，再经干燥聚合后可得成品三聚磷酸钠。其反应方程式为

$$5Na_2HPO_4 + H_3PO_4 \longrightarrow 2NaH_2PO_4 + 4Na_2HPO_4$$

$$2NaH_2PO_4 + 4Na_2HPO_4 \longrightarrow 2Na_5P_3O_{10} + 4H_2O$$

（2）生产磷酸三钠

将磷铁经过破碎磨粉至 0.147 mm（100 目），取 100 kg，再取纯碱 160～180 kg 混合均匀，放在反应炉中焙烧，炉气温度保持在 650～750℃，物料反应温度为 850～900℃，反应时间约 1 h。其化学反应方程式如下：

$$FeP + Na_2CO_3 + O_2 \longrightarrow Na_3PO_4 + Fe_2O_3 + CO_2$$

$$Fe_2P + Na_2CO_3 + O_2 \longrightarrow Na_3PO_4 + Fe_2O_3 + CO_2$$

再将焙烧物料用水浸取过滤，将滤液蒸浓，冷却结晶得 $Na_3PO_4 \cdot 12H_2O$ 产品。每吨磷铁可生产 2 t 多结晶体磷酸三钠。

利用磷铁生产磷酸三钠的工艺流程如图 7-14 所示。

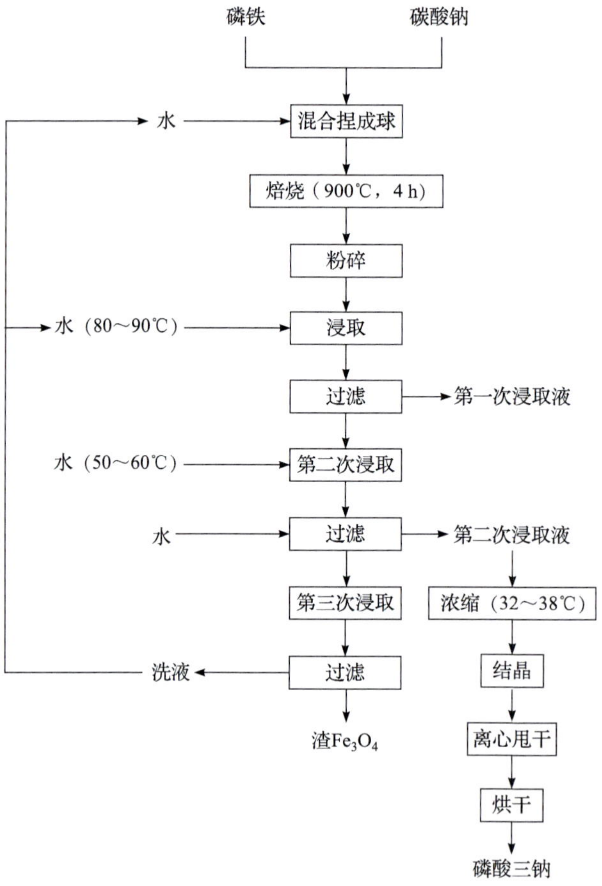

图 7-14　黄磷磷铁生产磷酸三钠工艺流程示意图

2. 磷铁回收及再加工方法

（1）直接破碎精整法

将磷铁除去表面夹带的杂质，破碎至所要求块度，即可出售。通常根据用户要求将磷铁加工成不同粒度的成品包装供货。磷铁的规格和用途见表 7-4。

表 7-4　磷铁的规格及用途

粒度/mm	用途
152.4	添加至鼓风炉炉料中；大量添加至大型化铁炉和电炉中
76.2 × 50.8	添加至较小的化铁炉、电弧炉中
9.525 × 3.175	添加至前炉、双联炉中
3.175	用作小型铁水包添加料
约 0.175（80 目）粉状	特殊用途

表 7-5 为有代表性的三个磷铁样品，一般都符合用户要求。为了保持批量磷铁的磷含量稳定在±1%，需按含磷品位高低分级管理。

表 7-5 磷铁样品成分

成分	质量分数/%		
	样品 1	样品 2	样品 3
磷	24.0	23.0	23.0
硅	1.00	2.0	3.0
硫	0.50	0.50	0.50
碳	1.00	1.00	1.00
锰	2.00	2.00	2.00

注：表中数据磷为最小含量，其他为最大含量。

（2）矿热炉重熔法

用封闭式矿热炉以磷矿石为原料冶炼磷铁时，将黄磷副产磷铁破碎至小于 60 mm 的块度，与冶炼炉料均匀混合入炉，互相熔化成含磷品位稳定的磷铁，定期从炉内放出浇铸冷却精整即得成品。表 7-6 为矿热炉重熔技术指标。

表 7-6 矿热炉重熔技术指标

副产磷铁添加量/%	每吨成品磷铁消耗					磷铁化学成分（质量分数）/%			
	磷矿石量/kg	铁屑量/kg	硅石量/kg	焦炭量/kg	电力/(kW · h)	P	Si	C	S
20	1550	820	310	220	2750	16.0～17.5	0.2～1.2	0.3～0.7	0.01～0.07
0	2150	950	350	275	3250				

从表 7-6 可以看出，加入副产磷铁 20%进行熔炼，可使成品消耗指标大大降低。加入比例可随副产磷铁货源情况调整，对磷含量高低也可按需求加以调整。该法的优点是可使含夹杂物高、磷品位波动大的副产磷铁熔炼成熔点较低、含磷 17%的优质磷铁。

（3）重熔法

将粉状或块度较小的副产磷铁放入坩埚内以电加热使其熔化，必要时加入铁屑、铁棒调整，获得符合标准的含磷品位产品。熔炼可在中频感应炉或其他电炉中进行。表 7-7 是用副产磷铁（磷含量 26%、锰含量 0.56%、硅含量 0.5%、炭含量 0.09%、硫含量 0.15%）坩埚熔炼测算的实例。由于炉料成分可以调整，产品成分稳定，表面清洁，质量得到保证。为了减少氧化烧损加入相应低熔点造渣材料。

表 7-7 重熔法测算实例

项目名称		原料	
		副产磷铁	副产磷铁 + 铁屑
消耗指标	副产磷铁/kg	1050～1125	800～1000
	铁屑/kg		300～400
	耗电/(kW · h)	1000～1500	1100～1500
磷收率/%		86～91	88～91.5

3. 磷铁在冶金工业中的应用

磷铁在冶金工业中主要用作合金剂。用磷铁制得的含有 3%～12%磷和 6%～20%硅的各种铁合金，均具有较好的浇铸性能，它们的物理性质，对磷酸、硫酸及盐酸的耐腐蚀能力与硅铁的性质差不多。不过，这类金属只局限于浇铸件上。

添加磷铁可简单而精确地调整金属中的磷含量至任何需要的标准。因此，磷铁主要用在冶金、铸造行业中。

1）在铁中，灰口铁的磷含量在 0.20%～0.90%范围内时，金属熔液的流动性增加。在洁具中，添加磷至 0.8%，可大大改善铸铁的可铸性，从而可以铸造大而薄的铸件。小而复杂的铸件，如活塞环、装饰铁件和铁器，添加磷后可改善质量。

根据欧洲的研究指出，用含磷铸铁制造火车闸瓦，可以明显减少刹车时发出的火花，从而减少或消除火车厢底盘引擎的火灾事故。

2）在钢中，通常把磷铁添加至鼓风炉中，生产高磷生铁，用于特殊铸造。这一过程实际上就是把磷添加至钢中的一个均化方法。用这种含磷生铁可炼制一种易切削钢。

4. 磷铁的其他用途

1）制备纳米磷铁粉。化学成分稳定的磷铁均可作为加工原料，制备纳米磷铁粉，用途广泛，附加值高。磷铁粉在国外早已开始用作高级防腐油漆材料，它能代替价格昂贵的富锌涂料中的超细锌粉。制备纳米磷铁粉的工艺简单，设备采用小型雷蒙磨机，即能加工成粒度很细的原料粉。其质量要求一般为：w（P）> 20%，w（Si）= 0.2%～3.5%，0.043 mm（325 目）筛余量小于 0.2%。

2）制备电极材料。据报道，四川大学获得一项专利，即磷铁制备电极材料的方法（专利公开日期 2008 年 7 月 16 日，专利号 CN101219783A），磷铁中含有磷和铁元素，为电极材料提供部分或全部磷源和铁源，可以是矿物或其冶炼产物，也可以是磷化工的副产物。

3）其他用途。

i）原子能设施：用于制作 4800 kg/m^3 的混凝土放射性防护层。

ii）建筑材料：用作高密度混凝土骨料，适用于水泥复合物中作为收缩裂缝的控制剂。

iii）炸药：粉体磷铁用作炸药的填充剂。

iv）石油：用作钻井泥浆填充剂，也可用作炸毁油井的爆破药筒。

v）隔声：用作隔声系统的隔板及门的添加剂，这些地方需要较高的密度。

vi）机械材料：制作无石棉摩擦材料，用于机动车辆的制动摩擦衬片和摩擦材料。

vii）用作绿色火柴药头中的配料。

7.5.2 炉渣资源化利用

每生产 1 t 黄磷副产炉渣约 10 t。炉渣的主要成分是 CaO、SiO_2，杂质成分主要有 Al_2O_3、MgO、P_2O_5、F，以及少量的 MnO、K_2O、Na_2O 等。

炉渣资源化利用途径：在水泥工业中的应用（矿化剂、磷渣水泥、白水泥、磷渣硅酸盐水泥等）、免烧砖、低温烧结陶瓷、硅钙肥、白炭黑、微晶玻璃、凝石材料等。

1. 熔融炉渣生产微晶玻璃颗粒料和微晶玻璃饰材

直接利用熔融炉渣生产微晶玻璃颗粒料和微晶玻璃饰材，是充分利用炉渣资源和余热能源，实现绿色生产、保护环境、节能减排与可持续发展的重要措施之一。

微晶玻璃（又称陶瓷玻璃）是将特定组成的基础玻璃加热，并通过加热温度和时间调节控制晶化，制得一种含有大量微晶相及玻璃相（非晶相）的多晶固体材料。

（1）微晶玻璃的性质

微晶玻璃既具有玻璃的某些基本性能，又具有陶瓷的多晶特征，但结构和有些性能又有别于玻璃和陶瓷。这些特性是其他材料不可替代的，集中了玻璃和陶瓷的优异性能和特点，成为一类独特的新材料。

微晶玻璃结构致密且不易透气，软化温度高、膨胀系数可调范围大、高温下有较高的机械强度、绝缘性能优良、硬度大耐磨性能好、化学和热稳定性良好等。

（2）微晶玻璃的用途

矿渣微晶玻璃是微晶玻璃中的一种。它是以炉渣、非金属的尾矿、粉煤灰等废渣为基础原料，并按设计的化学组成掺加不足部分的原料（如粉状的硅矿、石灰石、白云石等）和适量的晶核剂混合入炉熔化，保温澄清、均化、成型、热处理、打磨和抛光制得的产品。若掺加矿物质着色剂便可制得彩色微晶玻璃。矿渣微晶玻璃问世半个世纪以来，已广泛应用于化工、建材、军工、机械等部门，作为化学防腐、耐热、抗压耐磨、建筑物装饰材料等取得良好的效果，对工业废渣资源的利用、降低单位成本和保护生态环境起到了积极的作用。

（3）生产微晶玻璃颗粒料

炉渣中 SiO_2 和 Al_2O_3 的含量偏低，而 CaO 含量偏高，其化学成分与微晶玻璃基础材料有一定差距，按照设计的微晶玻璃化学组分添加不足的原料熔化、改性、加工便可制得合格的微晶玻璃颗粒料。

其生产方法有两种：其一是将制磷电炉生产中外排的高温熔融炉渣（1400℃左右）直接导入熔窑中，然后加入按照设计微晶玻璃颗粒料化学组分的原辅材料和矿物质着色剂，用黄磷尾气作热源对熔窑焙烧加温使物料熔化。其二是按照设计组分的数量要求，先向熔窑内加入不足部分的原辅材料和矿物质着色剂且混合均匀，用黄磷尾气加热熔化，然后导入高温熔融炉渣熔烧。

这两种方法的后续加工处理均是黄磷尾气作热源焙烧反应，保温澄清、均化，然后将玻璃熔料水淬再把水淬后的玻璃细粒烘干，筛分得到矿渣玻璃颗粒料。

该法不仅回收炉渣本身和高温熔融炉渣的热量（1427℃，$\Delta H_m = 450.9\ \text{kcal/kg} \times 4.1868\ \text{kJ/kcal} = 1887.83\ \text{kJ/kg}$），而且充分利用尾气节约燃料消耗，减少了渣池水蒸发量，降低了炉渣水淬产生的废气对环境的污染，可节约对废气处理的费用。

生产微晶玻璃颗粒料每吨可节约原材料 0.55～0.75 t、燃料煤 100～120 kg（以发热量 $5500\ \text{kcal/kg} \times 4.1868\ \text{kJ/kcal} = 23027.4\ \text{kJ/kg}$），黄磷尾气回收利用 180～200 m^3（标

态），吨磷成本可降低 160～200 元。

（4）生产微晶玻璃饰材

将微晶玻璃颗粒料装入模具内，置于隧道（或梭式）窑中，以黄磷尾气作燃料进行烧结、晶化、退火，然后冷却处理得微晶毛坯，再将毛坯进行切割、研磨、抛光等加工处理制得产品。100 m^2 微晶玻璃装饰材料消耗炉渣 3～4.2 t，尾气 1800～2100 m^3（标态），可得到较好的经济和环保效益，值得业内重视和开发。据有关报道，贵州息烽磷矿有限责任公司、贵州合力化工有限责任公司和贵州省开阳安达磷化工有限公司共同建设黄磷炉渣综合利用示范工程——120 kt/a 微晶熔块和 600 km^2 微晶玻璃饰板生产线，并利用黄磷尾气作为生产微晶玻璃饰板主要能源。

黄磷炉渣生产微晶玻璃工艺流程如图 7-15 所示。

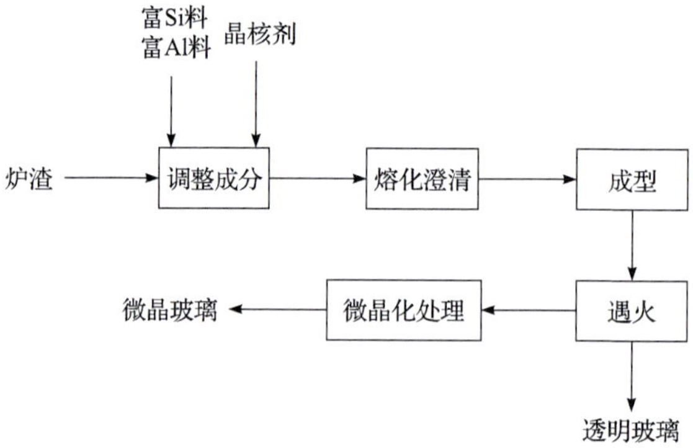

图 7-15　微晶玻璃生产工艺流程图

2. 生产白炭黑

白炭黑用途十分广泛，如作为橡胶制品的填充剂、补强剂等。国内有关单位用炉渣和副产盐酸反应制取白炭黑试验获得成功。产品白炭黑中 $w(SiO_2)$=89.88%～94.37%，$w(R_2O_3)$=0.465%～0.96%，$w(H_2O)$=0.17%～9.27%，灼失 4.7%。每生产 1 t 白炭黑消耗炉渣 3.4～3.5 t、烧碱（30% NaOH）2.56～2.60 t、食盐（含 NaCl 8.0%，用于副产盐酸中脱氟）0.5 t，副产盐酸（折合 31% HCl）2.6～2.8 t。

黄磷炉渣生产白炭黑工艺流程如图 7-16 所示。

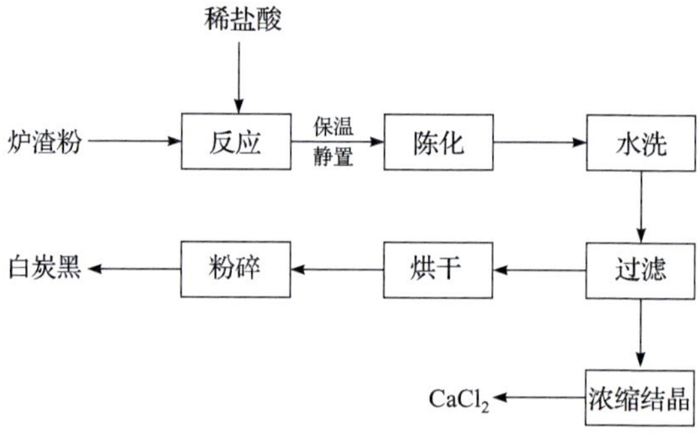

图 7-16　黄磷炉渣制白炭黑工艺流程图

3. 利用炉渣生产水泥

（1）作为硅酸盐水泥的掺和料

制磷炉渣和炼铁炉渣都是在炉内高温反应过程中形成的，主要成分是硅酸钙及其他金属氧化物的熔体，在物理性质方面与炼铁炉渣无本质区别。制磷炉渣的化学组分与炼铁炉渣相比，CaO 和 Si 含量偏高，Al_2O_3 含量偏低，且含有 0.8%～3.5%的 P_2O_5。前面已提到 P_2O_5 在水泥中是一种有害组分，会延缓水泥的凝结速度。当炉渣中 P_2O_5 含量为 1.0%～3.5%时，用作水泥掺和料不会产生严重的影响，只是初凝时间有所延迟，早期强度有些下降，而晚期强度仍能达到规定值。为了提高制磷电炉的磷收率，应尽量降低炉渣中的 P_2O_5 含量，通常控制在 1%～2.5%。不过，化学组分只是判断炉渣质量的一个方面，而水淬情况又是影响其质量的另一个方面。质量好的制磷炉渣，要求玻璃体含量高，晶体发育不完全，而水淬条件就决定了制磷炉渣中晶体和玻璃体的相对含量及晶体发育程度。

经试验对比，制磷炉渣和高炉炉渣作硅酸盐水泥掺和料，当掺和量小于等于 15%时，不影响硅酸盐水泥的品质及物理性能。

（2）作为磷渣硅酸盐水泥的原料

水淬炉渣有较高的潜在活性，添加适量的激发剂可以用于生产磷渣硅酸盐水泥。在水泥熟料与炉渣混合物中，炉渣掺入量 20%～40%称为磷渣硅酸盐水泥，其国家专业标准为 JCT 740—2006，炉渣质量必须符合 GB/T 6645—2008 的规定。磷渣硅酸盐水泥的使用范围与矿渣硅酸盐水泥相同，为了调节这种水泥的凝结时间和激发炉渣的活性，可加入适量的石膏。磷渣硅酸盐水泥的抗水性能和抗硫酸盐性能较好，适用于水工建筑物中。此外，磷渣硅酸盐水泥的放热量（水化热）低，适用于大型构筑物施工时配制胶凝料。

根据试验结果，掺入磷渣后，水泥的安定性都合格，稠度比基本稳定，掺入量增加，抗压强度相应下降，而 28 天的抗拉强度反而有所提高，符合磷渣硅酸盐水泥专业标准的规定。

磷渣硅酸盐水泥采用某种价廉高效的多功能矿物代替石膏，克服了原磷渣硅酸盐水泥普遍存在早期强度低、凝结硬化慢等缺点，同时又保留了磷渣硅酸盐水泥的优点。当炉渣掺入 30%～50%时，所产水泥（石膏磷渣水泥）标号可达到 425 号或 525 号，初凝时间不迟于 150 min，早期强度达到矿渣硅酸盐水泥的指标。新型磷渣硅酸盐水泥符合 JCT 740—2006 的技术要求，具有炉渣掺入量大、能耗小及生产成本低等明显特点，该技术已在国内工厂推广应用，经济效益十分显著。

此外，根据市场对水泥产品需求情况，可将炉渣掺入量逐步增加到 88%，加入 12%石膏，生产石膏磷渣水泥；利用炉渣作水泥原料，适当调整配料比，必要时增加一些外加剂、调凝剂等可生产其他水泥品种供农村建房、修路等使用。

（3）作为低热矿渣硅酸盐水泥原料

根据《低热矿渣硅酸盐水泥》（GB/T 42531—2023）中有关规定，在水泥中矿渣掺入量按质量分数计为 20%～60%，允许用不超过混合总量 50%的炉渣替代部分矿渣，并要求各龄期强度不得低于表 7-8 中的数值。表 7-8 为低热矿渣硅酸盐水泥各龄期强度值和水化热值。

表 7-8　低热矿渣硅酸盐水泥强度指标

强度等级	抗压强度/MPa		抗折强度/MPa		水化热/(kJ/kg)	
	7 天	28 天	7 天	28 天	3 天	7 天
32.5	⩾ 12.0	⩾ 32.5	⩾ 3.0	⩾ 5.5	⩽ 197	⩽ 230

注：表中数据摘自国家标准《低热矿渣硅酸盐水泥》（GB/T 42531—2023）。

（4）作为磷渣钢渣白水泥的原料

据《磷酸盐工业》介绍，某专利采用磷渣、钢渣及煅烧石膏三种物质作为无熟料磷渣钢渣白水泥的生产原料。其组成比例为磷渣 30%～41%（质量分数）、钢渣 40%～50%（质量分数）、煅烧石膏 19%～23%（质量分数）。三种物质中，钢渣属中高碱度渣，作为组成的一部分，不仅具有快凝快硬、提高早期强度的特点，还提高了水泥水化时的碱度，促进磷渣潜在活性的发挥，使得磷渣玻璃体物质中的活性氧化硅、活性氧化铝等成分生成水化硅酸钙凝胶、钙矾石及水化铝酸钙，从而组成硬化磷渣钢渣水泥石的主体；而磷渣水化缓慢的特点又使得水泥的后期强度不断增长。另外，磷渣中的活性氧化硅与钢渣中的游离氧化镁生成水化硅酸镁胶体，使得磷渣钢渣水泥石压蒸安定性合格。再者，煅烧石膏在无熟料磷渣钢渣白水泥的水化硬化过程中，不仅起到硫酸盐激发剂的作用，而且直接参与发挥强度、提高白度的作用。

所制备的磷渣钢渣白水泥的质量均能满足国家标准，使用性能不低于白色硅酸盐水泥，可广泛应用于工业、民用建筑工程的装饰上。在磷渣钢渣白水泥中加入适量的耐碱性颜料，可生产磷渣钢渣彩色水泥，还适用于各种薄型彩色装饰砖、外墙和地面装饰。

（5）铝矾土替代硅石制磷联产铝酸盐水泥

在不影响制磷电炉正常生产时，用煅烧铝矾土部分代替硅石，控制炉渣组分为 $w(CaO) \ll 51\%$，$w(SiO_2) = 31\%～33\%$、$w(Al_2O_3) = 9\%～11\%$，浙江、江苏、湖北等地的几个单位多次试验结果表明，对制磷生产工艺的影响不大。电炉在还原磷的同时，副产硅铝酸盐为主的熔融熟料炉渣。该熟料炉渣只需添加无水石膏和水泥熟料等激发剂，即可制得高标号水泥产品，抗压强度达 74 MPa，抗拉强度达 4.36 MPa。试验所用的炉料组分和炉渣组分分别见表 7-9 和表 7-10。

表 7-9　试验用炉料的主要化学成分

名称	主要化学成分含量（质量分数）/%									
	P_2O_5	CaO	SiO_2	Al_2O_3	Fe_2O_3	灼失	C	灰分	S	挥发分
磷矿石	34.17	49.09	6.30	1.75	1.79	2.98				
铝矾土		1.20	12.82	80.15	3.61					
硅石			94.26							
焦炭							80.25	17.36	0.9	2.39

表 7-10 试验用制磷炉渣的主要化学成分

编号	主要化学成分含量（质量分数）/%			
	P_2O_5	CaO	SiO_2	Al_2O_3
1	1.05	50.78	37.17	7.92
2	1.30	50.67	31.81	9.50
3	2.57	52.00	26.68	13.18

4. 炉渣制砖及生产其他产品

（1）生产炉渣砖

炉渣添加石灰制砖，其配比为 100 份炉渣添加 5～7 份石灰，加水拌和消化，经轮碾机碾成干糊状，用压力为 160 t 的压砖机压成砖坯。蒸汽保温，在 40～60℃下干燥 5～7 h，然后直接用蒸汽在 80～100℃下养护 16～20 h 即得成品。若适当增加石灰和少量石膏，砖的性能则更佳。所产炉渣砖的性能：抗压强度 102.31 MPa；抗折强度 2.95 MPa；吸水率（质量计）8.54%。

（2）生产釉面瓷砖

炉渣的主要成分属人造电熔硅石，适合低温快速烧结制造釉面瓷砖。经试验研究，生产釉面瓷砖使用慢冷干渣比水淬的吸釉性要好，主要原料有炉渣、叶蜡石，其配比（质量计）：炉渣为 65～75 份，叶蜡石为 5～15 份。将原料破碎后加入球磨机，并加水磨到一定的细度，脱水烘干后将粉团松散成粉，喷水 4%～14%（质量计）湿润均匀，筛掉大粒料后静置 1～6 天，然后用压砖机压成砖坯，干燥后入窑焙烧、涂釉、再焙烧即制得釉面瓷砖。

（3）生产硅肥

炉渣经干燥、磨粉、称量及包装制成硅肥成品。硅肥的生产工艺和设备与钙镁磷肥厂的干磨、包装工序基本相同，其物理化学性质近似于钙镁磷肥。利用炉渣制成的硅肥呈微碱性，pH=8，是一种共熔性、玻璃体的缓效肥料，其中的可溶性组分 $w(SiO_2) \ll 30\%$，$w(CaO) < 40\%$，还有少量有效 P_2O_5、Fe_2O_3 和 MgO，以及 Mn、Cu、Zn、Co 等微量元素，都是农作物所需的养分。广西磷酸盐化工厂（现广西三柳化工有限责任公司）于 1984 年试制成功硅肥，产品质量为：$w(SiO_{2有效})35\%$，$w(CaO_{有效})45\%$，$w(P_2O_{5有效})2\%\sim21\%$，$w(H_2O) < 1\%$；其粒度 0.147 mm 的占 90%以上。每生产 1 t 硅肥消耗炉渣 1.02～1.08 t、电 30～40 kW · h、钢球 2.0～2.2 kg。

硅肥在我国属新的化肥品种，新订标准如《硅肥合理施用技术规程》（DB34/T 2487—2017）和《茶果园硅肥使用技术规程》（DB45/T 2248—2020）。

炉渣综合利用的新途径，需继续加大技术开发力度，使更多的新发明、新工艺应用于工业生产中。

7.5.3 电尘灰的回收利用

每生产 1 t 黄磷副产静电除尘器灰约 100 kg，其中 $w(P_2O_5) = 16.9\%\sim38.4\%$，$w(K_2O) =$

11.3%～19.3%，经肥效试验证实该灰是很好的磷、钾复合肥料。广西磷酸盐化工厂收集了 15000 kV · A 制磷电炉箱式除尘器的电尘灰，出售给农民作为肥料，很受当地农民欢迎。国内仅少数磷企业引进的大型制磷电炉配备了电除尘器。

7.6　废水的处理及回用

黄磷废水来源于冷凝器的冷却水（含有溶解磷和磷颗粒），炉渣淬火用水，磷泥制酸中排出的水。每生产 1 t 黄磷约排出 6 t 废水。

7.6.1　酸性条件下混凝剂的选择及其处理方法

用硫酸铝、硫酸亚铁、硫酸铁、三氯化铁作混凝剂进行试验的结果表明，在酸性条件下不调节 pH 时，硫酸铝、硫酸亚铁几乎不起作用，而硫酸铁和三氯化铁都有很好的效果。在 pH = 3 时，三氯化铁加入量控制在 200～250 mg/L，并剧烈搅拌 1～2min（能放慢搅拌 5～10 min），则产生大片的絮凝体，1 h 后污水基本有害物质的去除率达 95%～98%。澄清液中残留的磷为 2.4～6.3 mg/L。当三氯化铁加入量低于 200 mg/L 时，形成的絮凝体细小，处理效率降低；当加入量大于 250 mg/L 时，产生的絮凝体增多，但处理效率提高不多。

三氯化铁之所以能起凝聚作用，主要是其水解产物能与硅胶及磷质点发生吸附凝聚。其水解反应如下：

$$FeCl_3 = Fe^{3+} + 3Cl^-$$

$$Fe^{3+} + H_2O = Fe(OH)^{2+} + H^+$$

$$Fe(OH)^{2+} + H_2O = Fe(OH)_2^+ + H^+$$

$$Fe(OH)_2^+ + H_2O = Fe(OH)_3 + H^+$$

而硫酸铝、硫酸亚铁与三氯化铁的主要差异是，在酸性介质中前两者水解不完全，不能生成难溶的 $Al(OH)_3$ 及 $Fe(OH)_3$。

用三氯化铁作混凝剂时，加入 0.25～0.5 mg/L 聚丙烯酰胺有助于沉降，可减少聚凝剂的加入量，并形成大块絮凝体迅速沉淀下来。但是只加聚丙烯酰胺不起助沉淀剂作用。

对污水中 pH 作适当调节后加入硫酸铝也能起凝聚作用。例如，云南昆阳磷肥厂有限公司和徐州合成洗涤剂总厂的污水用石灰中和后 pH 达 5.5～6.5 时，加入硫酸铝溶液也会产生大片絮状物沉淀下来。采用硫酸铝（18%）作混凝剂的主要优点是澄清水质好，沉降速度快，产生的浓渣液少，混凝剂在污水中不富集等。硫酸铝在水中进行电离和水解，生成氢氧化铝：

$$Al_2(SO_4)_3 = 2Al^{3+} + 3SO_4^{2-}$$

$$Al^{3+} + H_2O = Al(OH)^{2+} + H^+$$

$$Al(OH)^{2+} + H_2O = Al(OH)_2^+ + H^+$$

$$Al(OH)_2^+ + H_2O = Al(OH)_3 + H^+$$

氢氧化铝是溶解度很小的化合物，从水中析出时形成胶体，带正电荷，使水中所含各种细小的胶体颗粒失去稳定并聚成较大的绒体。这种绒体具有吸附能力，不但能吸附悬浮颗粒，还能吸附部分细菌和溶解性物质。绒体在絮凝过程中逐渐增大，然后在重力作用下沉降，使污水得到澄清。

7.6.2 碱性混凝剂的选择及处理方法

碱性混凝剂有石灰、碳酸钙（石灰石）、烧碱及纯碱等。试验中发现，对于 pH 为 2～3 的黄磷污水，不管加入哪种碱性混凝剂都能产生大片絮凝体沉淀。当 pH 为 6～7 时，污水能基本澄清；当 pH 为 8～9 时，污水呈天蓝色清澈见底。

石灰沉淀磷的机理是用石灰和污水中的磷酸、氟硅酸作用生成难溶的磷酸钙和氟化钙，在反应过程中新生的磷酸钙及氟化钙网罗与挟带硅、磷质点及其他杂质共同沉淀。其主要反应式如下：

$$P_4 + 5O_2 \longrightarrow 2P_2O_5$$

$$P_2O_5 + 3H_2O \longrightarrow 2H_3PO_4$$

$$CaO + H_2O \longrightarrow Ca(OH)_2$$

$$Ca(OH)_2 + H_3PO_4 \longrightarrow CaHPO_4 + 2H_2O$$

$$3Ca(OH)_2 + 2H_3PO_4 \longrightarrow Ca_3(PO_4)_2 + 6H_2O$$

$$Ca(OH)_2 + H_2SiF_6 \longrightarrow CaSiF_6 + 2H_2O$$

$$CaSiF_6 + 2Ca(OH)_2 \longrightarrow 3CaF_2 + SiO_2 + 2H_2O$$

当 pH 低于 5 时，石灰与磷酸反应主要生成可溶性的 $CaHPO_4$；当 pH 高于 8 时，主要生成难溶性的 $Ca_3(PO_4)_2$。据南京化肥厂试验，当 pH 控制在 6～7 时，石灰中和沉淀物中的可溶性磷酸钙含量平均为 50%。

特别需要指出的是，用石灰处理黄磷污水时必须严格控制 pH 在 8 以下。当 pH 大于 8 时石灰将和磷反应生成剧毒、易燃、易爆的磷化氢气体：

$$P_4 + Ca(OH)_2 + H_2O \longrightarrow Ca(H_2PO_4)_2 + PH_3$$

磷化氢还有一个特点，即能使已沉降的沉渣浮至水面，造成操作上的困难。

采用石灰石为中和剂时，在中和反应器内有一定数量的石灰石粉产生，可作为聚凝沉降后浓渣液过滤的助滤剂。在中和过程中加入少量的石灰石，对中和过程是一种有效的调节措施，可增大中和反应器的操作弹性。但不能以石灰代替石灰石，否则形成大量胶体，造成浓渣液在过滤机上过滤脱水困难。石灰石加入量一般为石灰石总加入量的 3%～4%。其主要化学反应式如下：

$$H_3PO_4 + CaCO_3 + H_2O \longrightarrow CaHPO_4 + 2H_2O + CO_2$$

$$H_2SiF_6 + 3CaCO_3 + H_2O \longrightarrow 3CaF_2 + SiO_2 \cdot 2H_2O + 3CO_2$$

7.6.3 药剂氧化

药剂氧化是进一步降低污水中磷的重要手段，国外极为盛行，国内也广泛进行了试验研究和生产应用。选用的药剂有次氯酸钙、次氯酸钠两种。次氯酸钙和次氯酸钠与磷的氧化反应式为

$$2CaCl(OCl) + 2H_2O \longrightarrow Ca(OH)_2 + 2HOCl + CaCl_2$$

$$2NaOCl + 2H_2O \longrightarrow 2NaOH + 2HOCl$$

$$10HOCl + P_4 \longrightarrow 10HCl + 2P_2O_5$$

按理论计算，每氧化 1 份磷需要 5.72 倍的有效氯。但在实践中，为了使污水中的磷含量降低至 0.02 mg/L 以下，氧化剂加入量往往超过理论量计算值 2～6 倍。

需要提醒的是，过量的氧化剂会产生含氯的毒害问题。曾在浙江省化工研究所进行了试验,加入 200 mg/L 漂白粉氧化后的污水中磷含量 0.009 mg/L,余氯含量达 18.2 mg/L，用其稀释 10 倍后用于养鱼，鱼苗在 5 h 内全部死亡，而用石灰中和的澄清水养鱼，有 30% 鱼苗存活 3 天以上，过量的余氯残留比残磷对鱼类更为有害。

药剂氧化有两个优点：其一，对磷的处理效果优于其他方法；其二，同时可除卤化物，使污水中氧化硅等胶体物质部分沉淀，改善了水的外观。根据浙江省化工研究所测定, 加入漂白粉氧化后, 污水中的磷化物(以质量浓度计)由 1.7～4.65 mg/L 降低至 0.04～0.88 mg/L，处理效率达 88%～99%。武汉、南京、徐州等地用电解食盐水自制次氯酸钠溶液处理黄磷污水，净化效果好，净化后的污水可达到国家排放标准。

7.6.4 空气氧化

据国外介绍，采用鼓风曝气法可以除去污水中的磷。当气水比为 100～368 时，可使磷含量由 1.5～2.4 mg/L 降低至 0.3～0.7 mg/L，处理效率为 63%～86%，延长曝气时间或增大气水比收效不大。云南昆阳磷肥厂有限公司采用三级泡沫塔串联处理，当气水比为 120 时，磷含量由 3～5 mg/L 降低至 1 mg/L 左右；浙江省化工研究所用喷水池进行空气氧化，磷含量可由 0.49～2.15 mg/L 降低至 0.11～0.98 mg/L，处理效率为 30.5%～77.5%；磷化物含量可由 5.95～14.9 mg/L 降低至 1.1～7.35 mg/L，处理效率为 40%～71.5%。武汉化工原料厂曾做过鼓风氧化试验，鼓风曝气 15～75 min，当气水比为 20～100 时，磷氧化效率可达 83.6%～96.1%。徐州、宝鸡、乐山等地含磷污水先进入曝气冷却塔经鼓风曝气氧化后进入中和反应器。从德国引进的云南马龙产业集团股份有限公司昆明分公司 3 万 t/a 黄磷装置污水经过滤、沉降后进入曝气氧化罐鼓风曝气，设计控制指标污水中磷含量由 10～30 mg/L 降低至 1～2 mg/L。空气氧化的优点是不产生有毒有害物质，处理费用低。

7.6.5 不排污封闭循环

由于世界各国能源供应紧张，环保要求不断提高，近十年来磷化工格局已发生变化，

其中心逐步向中国转移。我国西南地区磷矿和水电资源丰富，发展黄磷工业优势明显。利用国内“西部大开发”和国外磷化工格局与结构调整的机遇获得了快速发展。云南、贵州、四川、湖北四省的黄磷总产能、产量占全国的90%以上，国内现有黄磷生产企业100余家，含磷污水的处理流程都是沉淀→中和→凝聚→沉淀后返回系统循环使用。

有些工厂黄磷污水是在酸性条件下循环使用的，污水的酸度由氟硅酸和磷酸的浓度决定。一般情况下，在pH小于5时，对普通金属有一定的腐蚀作用。但经建德化肥厂等长期实践证明，尽管循环污水pH为4左右，但对铸铁、碳钢管道、清水泵等均未发生明显的腐蚀现象。这是因为黄磷污水存在三种抑制腐蚀作用的物质（SiO_2、磷酸、倍半氧化物），它们在金属表面形成了一层保护膜，阻隔了磷酸和氟硅酸对金属的腐蚀，但pH低于4情况就不一样了。按一般规律，污水长期封闭循环后水中溶解物质不断积累增加，最终达到饱和状态。但是，1973年和1975年在建德化肥厂进行了两次连续25天的生产查定结果表明，总磷、氟化物、氧化物的含量达到一定浓度后基本上处于平衡状态，不再积累增加，污水的pH也始终保持在4左右，因此可以做到不排污封闭循环。

黄磷污水中可溶性物质不积累增加的原因是：在复杂的水溶液体系中可溶物之间相互作用生成了溶解度较低的沉淀物，但应定期清理沉淀物。氟化物和磷酸与钙、钾等作用生成两种难溶的沉淀物，即

$$3HPO_4^{2-} + 5Ca^{2+} + F^- + 3OH^- \longrightarrow Ca_5F(PO_4)_3 + 3H_2O$$

$$3H_2PO_4^- + 5Ca^{2+} + F^- + 6OH^- \longrightarrow Ca_5F(PO_4)_3 + 6H_2O$$

$$H_2SiF_6 + K_2O \longrightarrow K_2SiF_6 + H_2O$$

K_2SiF_6在水中溶解度为1200 mg/L。生产中也发现以K_2SiF_6为主体的结晶附着在泵叶轮及管道上的现象。氟化物不累积增加的原因是在酸性介质中，氟化物以氟化氢分子形态排入大气。

黄磷污水经处理封闭循环是目前我国环保的硬指标，但有两大问题必须解决，即如何改善循环污水的水质和污水池中的沉淀物——贫磷泥的处理。

7.6.6 循环污水水质的改善措施

目前，国内黄磷生产企业污水处理方法相对比较简陋，循环污水中残留的磷和氟化物含量较高，污水池上空及周围氟化物和磷化氢等浓度也较高。某些厂还经常发生氟硅酸钾在泵叶轮和管道上结垢，循环污水中硅胶含量过高缩短冷凝塔喷头清洗周期的情况，改善污水水质势在必行。

厂内必须进行清污分流，分级处理，按需供水，封闭循环雨水和一般洗涤水必须引入下水道，绝对不能进入污水处理及封闭循环系统，否则会破坏系统水平衡，尤其是雨季要特别注意。含磷污水必须根据污水含有毒、有害杂质的情况分别单独进行处理。

1）受磷槽、精制槽、磷泥槽等含有较多的磷、氧化物、氟化物、硅胶及悬浮物等，为重污水，是污水处理的重点，处理后作为封闭循环利用的主要对象，可供渣池水补充、冷凝塔喷淋和精制槽漂洗之用。

2）黄磷包装、冷凝及冲洗地坪水含有少量磷，不含有氟化物、氧化物及硅胶等杂质，可自成系统单独沉淀、中和处理后返回系统使用。

3）冲渣水中含有微量的磷、氧化物、氟化物等杂质，呈微碱性，可作为热塔喷淋水和漂磷用。在冲渣过程中有一部分水被蒸发排入大气，需要将黄磷污水经净化处理后作为补充水。在生产过程中如需补充新鲜水，则先供冷冷凝塔作喷淋用水。电炉变压器油的冷却水可循环利用，不要随意排放。因此，分成数个分支系统，就有可能根据用水点不同要求改善循环水水质。

20 世纪 80 年代中国石化集团南京设计院总结了各黄磷厂污水处理的经验，在吸取了其先进之处，又消化吸收了国外引进装置的先进技术后，开发了污水处理封闭循环利用技术，其特点如下：

1）采用物理（沉淀、过滤）、化学（氧化、中和）相结合的处理方法，节约药剂费用，降低成本。

2）按生产工艺对水质的不同需求，对黄磷污水进行三级净化处理，一级斜板槽除去大部分颗粒状磷和悬浮物，水温较高，不堵塞喷头为一级净化水，其中一部分供热冷凝塔喷淋和精制槽使用；另一部分再经曝气、冷却、中和、混凝，送至二级斜板沉降槽沉降后为二级净化水，水温较低，pH 为 5.5～6.5，含有微量磷及悬浮物等，供冷凝塔喷淋及冲渣池中的补充水；少量事故污水经药剂氧化后，残留的磷和氟化物等达到国家排放标准，为三级净化水。

3）采用立式斜板沉降槽，占地小，沉降效率高，便于磷泥集中输送处理，减轻沉淀池内清理贫磷泥的工作量，改善操作环境。黄磷污水（重污水）封闭循环利用工艺流程如图 7-17 所示。

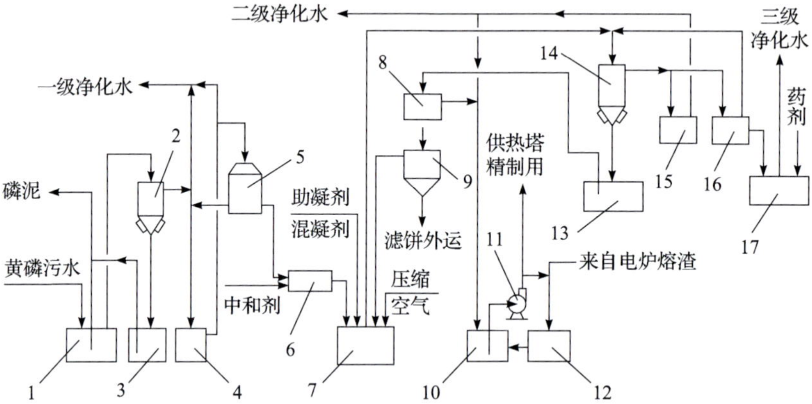

图 7-17　黄磷污水封闭循环利用工艺流程图

1. 污水汇集槽；2, 14. 斜板沉降槽；3. 磷泥池；4. 平流沉淀池；5. 曝气冷却塔；6. 中和反应器；7. 中和池；8. 沉渣高位槽；9. 圆盘真空过滤机；10. 冲渣水池；11. 泵；12. 渣池；13. 沉渣池；15. 储槽；16. 事故水池；17. 事故处理水池

由受磷槽、精制槽和磷泥处理装置等来的黄磷污水，首先送至污水汇集槽 1，用污水液下泵送至斜板沉降槽 2，进行预沉除去大部分颗粒状磷和悬浮物等，经由斜板沉降槽处理后溢流出来的称为一级净化水，然后分成两路。其中一路供热冷凝塔喷淋和精制槽漂磷用热水；另一路流至平流沉淀池 4，使磷和悬浮物等进一步沉淀、曝气氧化和

冷却降低水温，再经污水泵提升至曝气冷却塔 5。污水汇集槽 1 沉淀物磷泥及斜板沉降槽内的磷泥定期放入磷泥池 3，然后由磷泥液下泵送至磷泥处理装置。一级净化水在曝气冷却塔内与空气广泛接触，使微量磷和氟化物等进一步氧化净化后进入中和反应器 6，与石灰石及石灰接触进行中和反应，磷酸和石灰石反应生成磷酸氢钙，氟硅酸与石灰石反应生成氟化钙和硅胶。中和反应器出来的污水一般控制 pH 为 5.5～6.5，并加入混凝剂和助凝剂流至中和池 7 后用中和水泵提升至斜板沉降槽 14，进一步沉降除去中和反应产物，沉渣定期排放至沉渣池 13，用沉渣液下泵送至沉渣高位槽 8 备用。

从斜板沉降槽 14 溢流出来的称为二级净化水，pH 为 5.5～6.5，磷、氟化物及悬浮物等含量很低，但仍未达到国家排放标准，只能供冷冷凝塔喷淋和冲渣循环水池的补充水。沉渣高位槽 8 的浓渣进入圆盘真空过滤机 9，借水环式真空泵进行抽滤，液体通过水封排入中和池 7，过滤机上的滤饼卸入贮斗后外运储存。熔融炉渣由冲渣水泵用高压水水淬成细粒状流入渣池 12，池中的部分热水流至冲渣水池 10，根据需要可用热水泵将其送至热冷凝塔和精制槽漂磷。如果遇到某些事故有多余的二级净化水，则送至事故水池 16 储存，再送至斜板沉降槽 14 向封闭循环系统补充；若需要少量排放，则必须经事故处理水池 17 分别加入氧化剂和中和剂进行化学反应，除去残余的微量磷、氟化物等杂质的水为三级净化水，达到国家有关排放标准后方可外排。该技术获得 1987 年度南京市科技进步奖，并在湖北、四川、陕西等地推广应用。

斜板沉降槽锥体部分要用热水保温，防止磷泥凝固，需定时排放磷泥和沉渣，每班 1～2 次。中和池要通入压缩空气搅拌，经常将适量的石灰石和石灰加入中和池内。圆盘真空过滤机动力消耗较大，可采用板框压滤机等设备代替。污水处理系统的工艺设备和构筑物应采取相应的防腐蚀处理措施。

7.7 黄磷废物利用与可持续发展

根据《中国资源综合利用技术政策大纲》《2012 年工业节能与综合利用工作要点》（工信厅节〔2012〕56 号），结合磷资源产业发展现状、环境承载力等制约因素，分析磷资源产业主要副产物是：黄磷生产过程中的黄磷尾气、炉渣、磷泥、磷铁，以及磷肥生产过程中的磷石膏和氟化氢，若不进行有效治理，对环境将产生极大污染。

目前，黄磷生产副产物综合利用率仍较低，大部分企业的黄磷尾气利用还处于被动状态，多数尾气回收利用还仅处于作热源阶段，深度净化生产高技术、高附加值碳一化学品还需进行工业化的检验；炉渣中大量高位能的热能未得到充分利用，仅利用了渣生产低值的热能；磷泥利用过程中对环境的影响存在问题；黄磷生产能量消耗仍然较高，整体能量综合利用率尚待提高；湿法磷酸含氟废气的现有回收装置在多数企业中还没有充分发挥作用，已回收副产品还处于低技术、低附加值状态；多数企业仍未找到磷石膏的合适利用途径，大量堆存，直接危害生态环境。

为实现磷化工产业可持续发展，必须利用磷资源产业整合之机，倡导技术革新，鼓励磷化工企业建设废气、废渣治理和再利用装置，减少环境污染。在企业内部实施清洁生产审核制度，严格市场准入。加强循环经济技术研发和推广应用，组织实施一批共性和关键技术攻关，积极发展黄磷尾气净化提纯生产碳一化学品，开发利用炉渣生产有较高附加值的建材产品，推广磷泥无二次污染的综合利用，有选择地将磷铁集中进行深加工，实现含磷污水零排放。实现单位产品黄磷生产能耗降低30%左右，水耗降低20%，副产品附加值大幅度提高。

为推进磷化工生产技术进步与强化污染防控工作并举，在相关企业推行清洁生产，建立循环经济生产经营试点模式，提高废弃物、共伴生物资源利用效率，将磷泥、尾气、磷铁和炉渣、氟、镁等的综合利用有机整合在一个共生系统中，形成跨行业、多产品，充分利用“渣、气、热”的清洁化规模生产高技术产业链，走资源节约、环境协调道路是保持磷产业长远、健康发展的重点所在。

建议的发展重点为以下几个方面：

1）开发黄磷尾气综合利用技术，在充分利用其热能的前提下，大力发展碳一产品和精细化工产品，有效减少污染物的排放和资源的浪费。

2）深化湿法磷酸生产过程中氟的综合利用技术的开发，包括气相、液相中氟的利用，提高氟产品的附加值。

3）开发磷泥、磷铁和炉渣的利用技术，充分利用固废物中的磷，用于生产精细磷化工产品和建筑材料。

4）围绕发展重点突破黄磷生产过程中废弃物综合利用的关键高新技术。

黄磷废弃物清洁化生产高新技术产业链可参考图7-1。

第 8 章
高纯单质磷制备技术

8.1　高纯单质磷应用前景

黄磷是十分重要的基础工业原料之一，是下游磷化工产业的基础。以黄磷（又称白磷）为原料的精细磷酸盐产品用途非常广泛，其他含磷化合物也在许多领域发挥着越来越重要的作用。硫磷化合物可用来制造农药和高级润滑油添加剂；一些金属和非金属磷化物是重要的半导体材料、磁记录材料及荧光材料，广泛用于现代电子工业；含磷化合物的激光玻璃和磁性玻璃以及功能新材料层出不穷；含磷合金具有高硬度及高耐热性，用于改造一些金属材料的使用性能；磷酸酯类化合物是性能优良的增塑剂，且具有很好的阻燃性能，亚磷酸酯类化合物还是很好的抗老化剂；含磷酰基团的有机磷化合物作为表面活性剂和水处理剂具有独特的优势；含磷化合物在生物领域中的应用越来越受到重视。

我们已经知道，元素磷有黄磷、红磷、黑磷三种形态，其中，黄磷由磷矿石制得，氧化性最强、毒性大；红磷是黄磷在 200～350℃下加热 5～8 天生成，无毒无味，常温下稳定。

高纯磷通常是指电子级高纯度红磷，纯度在 5～7N 之间（高纯黄磷依砷含量分为 N 级，其中 6N 级及 7N 级砷含量各为 0.2μg/g 及 0.05μg/g），用于制造半导体材料。高纯磷的生产是由工业黄磷经过精制生成高纯黄磷，再将高纯黄磷转化为高纯红磷。

高纯磷作为一种附加值更高的精细磷化工产品，又是精细磷化工产品生产过程中的基础原料，发展高纯磷制备技术是发展精细磷化工的先决条件，很多精细磷化工产品因所用黄磷纯度满足不了要求而大大降低了其应用性能。因此，高纯磷制备技术的开发应用对于发展精细磷化工工业生产，延长磷化工产业链，带动整个精细磷化工产业的发展具有不可替代的作用。

我国的精细磷化工工业与发达国家相比还有较大的差距。虽然我国是黄磷生产大国，但目前基本上都是生产一般工业黄磷，一方面低价出口工业黄磷，另一方面又以昂贵的价格进口高纯磷，这无疑对于我国精细磷化工的发展极为不利。因此，高纯磷制备技术的开发及工业化，形成自有知识产权的技术，对于提高企业经济效益具有重要意义。

8.1.1　相关工业发展对高纯黄磷的需求

高纯磷在高纯磷酸、半导体、医药、食品、石化、航空、军工以及汽车制造等行业领域有着广泛应用。具有广泛发展前途的 IT 产业，将给高纯磷化工产业的发展提供前所未有的发展机遇。由高纯磷所生产的高纯磷酸主要广泛应用于超大规模集成电路、大屏幕液晶显示器、半导体等微电子工业等方面。

近年来由于电子工业的发展，对高纯黄磷的需求持续增加。例如，电子工业重要原料 InP、GaP 等[高亮度单色发光二极管使用砷铝化镓（GaAlAs）等材料，超高亮度单色发光二极管使用磷铟砷化镓（GaAsInP）等材料，而普通单色发光二极管使用磷化镓（GaP）或磷砷化镓（GaAsP）等材料]，是平面外延晶体管及集成电路的主要掺杂剂。

在半导体方面，发光二极管用 GaP、InP 和半导体硅用离子注入剂所使用的红磷，要求纯度高达 5N、6N。然而，高纯红磷的原料粗黄磷中含有 Cu、Pb、Fe、Ni、As、Se 等许多杂质，其中 As 很难除去。一般认为除砷效果最好的是硝酸清洗法，然而要提纯到 6N 以上，对于国内高纯磷生产企业而言，其精制能力和产品收率还存在很多问题。

目前，开展高纯磷酸专业化研究的国家还为数不多，其关键技术长时间垄断在美国、德国、日本等发达国家的跨国企业集团手中。国内与国外企业的产品相比仍有差距。由于技术门槛高以及技术被国外公司所掌握，早期的高纯磷主要依赖进口，仅有德国、日本、美国等国家的少数企业可以制备生产。

与国外相比，总体而言我国高纯磷酸市场具有以下特点。

1）企业规模小。目前国内 30 多家，只有十几家企业进行生产和销售高纯磷酸，且规模均不大，主要集中在江苏、四川和贵州等地。

2）国内生产的产品只能达到高纯磷酸低端产品要求，只能在电子工业的液晶显示器生产上作清洗剂。

3）高纯磷酸由于专利技术等原因，我国集成电路（IC）、发光二极管（LED）、薄膜晶体管液晶显示器（TFVR-LCD）等行业用的高纯磷酸长期依赖进口，而目前我国市场上的高纯磷酸供应商主要集中在日本、美国和德国等发达国家。

4）我国总体技术水平落后于发达国家，而且原材料的消耗以及生产成本普遍高于国外。研发高纯磷酸新技术，提高国内高纯磷酸产品质量，使产品应用于 IC、LED、TFVR-LCD 等行业，摆脱长期依赖进口，将是我国高纯磷酸发展的方向。

8.1.2　高纯黄磷的研究状况

虽然我国高纯磷的制备技术与国外相比还有较大差距，但是广大科研工作者和实际生产一线的工程技术人员一直在努力攻关，克服了一个又一个的技术难题，取得了可喜的进步与成绩。

1. 高纯黄磷精制技术研究进展

高纯黄磷精制分为化学法和物理法两大类。化学法一般用于低砷黄磷精制过程，砷脱除率高，但在精制过程中较难脱除试剂带入的杂质离子。因此，在制备 6～7N 级高纯磷时需将化学法与物理法组合。目前在我国纯粹采用物理法制备高纯磷的电磁法仅限于实验室研究，尚无工业装置投产。

（1）化学-物理法组合精制技术进展

化学法是工业黄磷精制工艺流程中前置技术手段，主要用于脱除砷离子、锑离子等杂质离子。我国化学精制法发展最迅速的是水相氧化法，其他方法还有有机溶剂萃取法等。在化学精制法后再采用吸附、区域熔融等物理精制法，将磷进一步精制到 5～7N 级水平。

水相氧化-吸附黄磷精制技术于 2006 年申请中国专利。其简要过程是首先将工业黄磷与水按质量比(20～30)：(70～80)置于带夹套反应釜中，加热至 70～75℃；其作用是将常温下蜡状黄磷转为熔液相，利于与试剂发生反应。其次掺入黄磷质量 8%～15%的碳酸氢铵或碳酸铵，搅拌反应 2 h 左右，用 75～80℃热水洗涤后，静置沉降；其作用主要是利用 SiO_2 易溶于碱性物的特点，破坏黄磷冷凝时部分 SiF_4 水解生成的 SiO_2 与粉尘形成的胶状结构，促使砷与硝酸反应。再次，加入黄磷质量 150%～200%的 15%～18%硝酸，黄磷质量 10%～40%的 6%～10%高纯碘溶液，加热至 70～75℃，搅拌反应 2 h 左右，之后用 75～80℃热水洗涤。其作用是用硝酸将黄磷中的砷氧化成砷的氧化物并水合成亚砷酸；亚砷酸进入溶液相，经热水洗涤后将砷脱除。最后，掺入黄磷质量 0.2%～0.5%的粉状活性炭，其作用是利用高比表面积活性炭结构中的大孔隙和超微孔隙均匀吸附有机杂质和铁、硫不溶残渣，经沉降、过滤后用 75～80℃热水洗涤 2 次。

据报道，该方法可制备低砷黄磷，其砷质量分数小于 0.2×10^{-6}，其余各项杂质质量分数小于 300×10^{-6}，磷纯度为 5～6N 级。该法能耗较低，较适合低砷黄磷制备，但 6～7N 级高纯磷对所含硝酸根及其他金属杂质降至规定水平有一定难度。另外，流程较长、洗涤次数较多、废液排放处理量大也是该法缺点。

带氧化增强剂的水相氧化-吸附黄磷精制技术于 2007 年申请中国专利。工艺过程为首先将工业黄磷放入盛有硝酸与纯水混合溶液的容器中，硝酸与纯水质量比为 3.816：1，工业黄磷与混合溶液质量比为 1：1.18；加入表面活性剂 OP-10，其加入量为黄磷质量的 0.5%～2%，搅拌加热至 75～85℃；加入由碘化钾和钼酸铵组成的还原剂（二者质量比为 9：1），加入量与黄磷质量比为(3～4)：40；同时加入高锰酸钾和重铬酸盐质量比为 3：2 的氧化增强剂，黄磷与氧化增强剂的质量比为 2000：1。氧化增强剂的作用是促进砷氧化为砷酸和亚砷酸而进入溶液相，经热水洗涤后脱除；表面活性剂则可提高黄磷在液相的分散性，利于脱砷反应：

$$2As + 3[O] + 3H_2O \longrightarrow 2H_3AsO_3$$

$$2As + 3[O] \longrightarrow As_2O_3$$

$$As_2O_3 + 2[O] + 3H_2O \longrightarrow 2H_3AsO_4$$

保持上述反应温度，搅拌反应 1.5 h 左右。抽去上层液体，如此反复 3～4 次，之后加入纯水加热搅拌，待温度升至 75～85℃，加入由盐酸和 15%硅酸钠组成的溶液，搅拌反应 1.5 h，再抽去上层液体，用 75～85℃热纯水搅拌洗涤，直至洗涤液呈中性。然后再加入纯净活性炭搅拌吸附有机杂质等，过滤得到高纯磷。据报道，该法产品收率为 78.5%～80.25%。

用电感耦合等离子体质谱仪（ICP-MS）检测产品 As、Hg、Cr、Cu、Fe、Mn、Li、Al、Co，用红外碳硫分析仪（CS-444）检测 S，结果见表 8-1。

表 8-1　带氧化增强剂的水相氧化-吸附黄磷精制产品质量　（单位：μg/g）

分析项目	分析结果	分析项目	分析结果
w（As）	0.019	*w*（Hg）	0.010
w（Cr）	0.024	*w*（Cu）	0.008
w（Fe）	0.014	*w*（Mn）	0.033
w（Li）	0.018	*w*（Al）	0.001
w（Co）	0.011	*w*（S）	0.012

据文献报道，该技术可用于生产 6～7N 级电子级高纯磷，优点是产品纯度较高，但是若脱砷率高，则磷损失会较大，硝酸用量仍偏大。同时使用化学品较多、会带入杂质离子、洗涤次数较多、残液处理量大也是其存在的缺点。

我国对水相氧化法精制工业黄磷的研究比较活跃，使用了不同氧化增强剂，处理方式也有所不同。例如，有一种流程采用 25%硝酸为氧化剂，硫酸铁和十六烷基三甲基溴化铵为氧化增强剂，铁与砷质量比为 60∶1，硝酸与黄磷体积比为 5∶1，反应温度 70～75℃，反应时间 4 h。复合增强剂可能起到了相转移催化和乳化的双重作用，使液态磷变为沙状颗粒，提高了氧化剂与砷接触概率。反应后将硝酸溶液分离，用一定浓度过氧化氢溶液洗涤。该法黄磷中砷在较温和条件下被氧化，与水化合成亚砷酸或砷酸而进入水相，再通过分离洗涤达到深度脱砷目的。采用该技术对贵州开磷（集团）有限责任公司纯度为 99.98%工业黄磷（砷含量约 310 mg/kg）进行精制，所得低砷黄磷中 *w*（As）低于 15 mg/kg。

另一种水相氧化法精制工业黄磷的技术是：采用 5%～10%硝酸，氧化增强剂为溴酸钠，在水相中 *w*（Br）为 0.5%～0.9%。硝酸与黄磷质量比为（2.5～4）∶1。反应中逐步加入氧化增强剂，反应温度 65～75℃，反应时间 3 h，原料黄磷中含砷 85 mg/kg，精制后黄磷中含砷 1.1～19.8 mg/kg（表 8-2）。该技术于 2008 年申请了中国专利。

表 8-2　水相氧化法精制黄磷脱砷后产品分析结果

实例编号	产品砷含量/(mg/kg)	脱砷率/%	黄磷收率/%
1	19.8	76.7	99.00
2	9.6	88.7	98.33
3	3.4	96.0	96.00
4	1.2	98.6	92.67
5	1.1	98.7	94.00

（2）有机溶剂萃取-区域熔融-微滤精制技术

萃取剂与稀释剂体积比为 20∶80，有机相与工业黄磷体积比为 1∶2。萃取在氮气保护下进行，温度 60～80℃，萃取时间 25 min，萃取后排出有机相，用热水洗涤黄磷 2 次。有机溶剂萃取主要是将黄磷中砷、铁、有机杂质脱除，杂质进入有机相。

将萃取剂二（2-乙基己基）磷酸、磷酸三丁酯以体积比 1∶1 混合，稀释剂为石蜡油，有机相中区域熔融法即应用区域加热熔融分子扩散法提纯黄磷。杂质分布均匀的样品经熔化后再缓慢凝固，杂质在固相和溶液相中的浓度分布出现差异。利用杂质的这种分凝现象，应用区域熔融法将杂质浓度高的部分除去，以达到提纯目的。经萃取后的液态黄磷被压入区熔池内腔，与此同时内腔中的热水被排出，直至内腔充满黄磷，然后将液态黄磷降温固化。将环形加热器和环形冷却器调整到与热源、冷源导通状态，开启驱动装置令加热器和冷却器沿区熔池轴向往复移动，使固体黄磷分区熔化，产生沿区熔池轴向移动的熔区。其加热温度为 60～80℃，冷却温度为 5～20℃。控制先按较慢区熔速度即 0.2～1 mm/min 往复移动至少 10 次，然后按较快区熔速度即 1～3 mm/min 往复移动至少 5 次。当熔融区轴向移动时，固态黄磷中砷分子等杂质会向熔融区扩散，集于一端，回收系统将杂质含量高的部分切除，提纯后部分则为精制黄磷。如此反复最终可制得高纯磷。

过程中所使用的环形加热器由加热介质循环管组或电感加热线圈组成，冷却器为冷却介质循环管组。精制黄磷最后经 0.1～0.5 μm 级黄磷过滤器加压或减压微滤进一步除去杂质后即可，分析结果见表 8-3。

表 8-3　工业黄磷精制前后杂质含量分析结果　（单位：mg/kg）

项目	*w*（As）	*w*（Fe）	*w*（Cu）	*w*（Zn）	*w*（Pb）	*w*（Ni）	*w*（总有机物）	*w*（多核芳烃）
工业黄磷	231	112	11.7	14	4.5	8	3610	2760
萃取后黄磷	105	51	10.5	14	4.2	6.9	1657	1148
区域熔融后黄磷	21.1	37	2.1	5	0.8	3.1	1294	1054
微滤后黄磷	0.9	1.3	未检出	未检出	未检出	未检出	6.5	3.2

该技术所获高纯磷可达 4～7N 级，磷收率可达 73.2%～88.4%。该技术的优点是产品纯度较高，磷收率较高；缺点是萃取须在氮气保护下进行，安全性要求高，区域熔融时速度较慢，还没有工业化生产装置投产。

据有关研究资料报道，区域熔融精制技术能有效脱除 12 种考察的金属杂质（Fe、Ca、Cd、Mn、Ni、Cu、Pb、Zn、Al、As、Co、Mg），当区域熔融次数为 10 次时，各项杂质质量分数小于 300×10^{-6}，可达 7N 级水平，达到半导体行业对磷纯度的要求。

单独使用区域熔融精制技术高纯磷砷含量最低可达 0.05～0.2 μg/g，值得研究和工业化。该技术不足之处是提纯速度较慢，如果工业黄磷杂质含量高，则熔融次数相应增加，精制效率会下降，工业生产的经济性存在问题。因此，一般将区域熔融安排在化学净化之后进行，以缩短精制周期和时间，提高效率。该技术已于 2008 年申请了中国专利。

（3）电磁净化法精制技术进展

电磁净化法是发展较快的一种物理法黄磷精制技术。其机理是：在设备内部设置电极与磁极，利用杂质与元素磷在电阻率、电负性、电离势、密度等物理性质的显著差别，使它们带上不同电量的电荷，从而产生不同的运动，达到两者分离的目的。同时，磁场中带电粒子运动而产生洛伦兹力使其运动方向发生偏转，不同的粒子产生不同的运动，也可使杂质和磷分离。

电磁净化法优点是：不使用化学添加剂，不带入杂质离子，能耗较低，不产生废弃物，对砷、铁、有机物均有较好脱除作用；磷直收率（即一次精制后黄磷的收率）达93%，磷收率接近100%，脱砷率达96%～98%，有机物和铁脱除率均在96%以上。

电磁净化法缺点是：对杂质离子的测试还只限于砷、铁和有机物，因此仍需通过系统研究和工业试验进一步对技术和经济性加以评估。

2. 高纯氢气还原高纯三氯化磷制备高纯磷

该技术于2008年申请中国专利，并在2010年授权公告。它是电子级红磷的生产工艺，但其核心包含了高纯黄磷生产技术。

该过程首先将分析纯三氯化磷进行蒸馏，收集71～78℃蒸馏品再送入精馏塔精馏，收集71～76℃精馏品，得到纯度为5N级高纯三氯化磷。用氮气吹扫还原炉，通入温度35～55℃、纯度99.99%高纯氢气，并在氢气载气作用下三氯化磷进入还原炉，控制氢气与三氯化磷摩尔比为(1.5～2)∶1，还原温度为800～950℃，还原产生的磷蒸气用50～65℃纯水喷淋吸收，收集的黄磷用50～65℃纯水洗涤3次，得到纯度为6N级高纯电子级黄磷。产品单项金属杂质含量小于100 mg/kg，非金属杂质含量小于10 mg/kg。

该技术优点是：原料带入杂质少，磷纯度高。缺点是：成本较高，副产氯化氢对设备腐蚀大，需要有稳定的高纯氢气来源。采用该技术的半工业化电子级红磷装置已经投产，产品能达到电子级产品企业标准。

8.2 高纯黄磷的质量指标

高纯磷是指杂质总量小于10^{-5}的磷。分子式：P_4。由99.9%工业黄磷经两次蒸馏制得。也可将三氯化磷精馏纯化，再用纯氢还原，可制得99.999%的高纯磷。

高纯磷有5N、6N的工业产品。主要用于制备InP、GaP、GaAsP等Ⅲ～Ⅴ族化合物半导体材料及硅、锗单晶掺杂剂。

我国是世界上磷矿资源大国之一，10%左右的磷矿资源用于生产黄磷。据不完全统计，我国黄磷的出口量占其产量的51.4%，热法磷酸的出口量占其产量的39.1%，三聚磷酸钠的出口量占其产量的67.5%，其他磷酸盐与磷化物的出口量占其产量的50.0%。随着湿法磷酸精制工序的大型化和产业化，热法磷酸将逐步退出工业级磷酸盐消费市场。黄磷将集中消费在电子级、食品级、医药级磷酸与磷酸盐、磷化物及其衍生物加工制造业等方面。全球黄磷消费量将下降20%～40%，黄磷与热法磷酸产品的精细化、产品质量升级势在必行。目前，高纯黄磷的消费主要集中在食品级、医药级、电子级磷酸与磷酸盐、磷化物及其衍生物的加工制造方面。产品更新换代不可避免，由于半导体芯片制造业和LCD制造业向我国转移，高纯黄磷和电子级磷酸的需求量日益增长。

由高纯黄磷生产的高纯度电子级磷酸产品是微电子行业化学品垄断产品之一，其工业化生产已经实现。高纯度电子级磷酸的国家标准主要包括《电子级磷酸》（GB/T 28159—2011）。该标准详细规定了用于半导体制造等电子工业领域的高纯度磷酸的技术要求、实验方法、检验规则以及包装、标志、运输和贮存等方面的要求。目前，湖北兴发化工集团股份有限公司在电子级磷酸生产方面的技术占有领先地位。

根据电子化学品的等级，国际半导体设备与材料组织（SEMI）把电子级磷酸分为 4 个版本的标准：SEMIC36-0301、0705、1106 和 1107 等。已经公开的标准指标见表 8-4。

表 8-4 SEMI 的磷酸标准

指标	单位	SEMI		
H_3PO_4	%	79～81	79～81	79～81
		85～87	85～87	85～87
		Gradel	Grade2	Grade3
色泽	色度			
氯含量（Cl）	ppm	1	1	1

8.2.1 食品级磷酸对黄磷质量的要求

以黄磷为原料生产的热法磷酸中砷的含量较高，不能直接作为食品添加剂使用。我国食品级磷酸国家标准中规定的砷含量远远超过出口的质量要求，限制了食品级磷酸的出口。

通常采用硫化氢脱砷法，将硫化氢气体或硫化钠溶液加入经过稀释的热法磷酸中反应，制备纯净磷酸。此法在生成沉淀的同时，酸中常存在硫磺胶体，造成分离困难。另外，脱砷的过程既要求硫化氢过量，又要求在后处理时除掉硫化氢。在净化含砷热法磷酸时，尚需先用纯水稀释，用硫化氢处理后再加热进行浓缩、冷却、结晶，再将晶体重新配成纯净磷酸。这样不仅工艺复杂，设备繁多，而且能耗增大。

用硫化钠的热法磷酸脱砷工艺，不需要先将浓磷酸进行稀释，只需在常温下滴加硫化钠溶液，使生成的硫化氢与酸中的砷化物进行反应，再经加热、静置、絮凝、沉淀、常压过滤等过程，即可得到高纯度的食品级磷酸。

食品级磷酸是当前使用量较大的食品添加剂之一，早在 20 世纪 70 年代初就已经开始大量使用。作为食品添加剂，它们的一大特点是要求纯度高，符合有关食品法典的要求，对所含元素如氟、砷、铅等限制非常严格。食品级磷酸在食品加工中主要用作品质改良剂，改进食品的组织结构和口感；另外可用作矿物营养强化剂。磷酸在食品加工中的作用主要表现为：对蛋白质的固定作用，对金属离子的螯合作用，持水保湿保嫩作用，营养乳化分散防氧化作用，pH 缓冲调节作用。食品级磷酸及其盐类具有安全、无毒，可改善食品品质以及对人体有补钙、补铁、补锌等作用，同时，磷酸根（PO_3^{4-}）是人体合成细胞壁的基础物质。

国外从 20 世纪 50 年代就开始应用食品级磷酸，目前已非常成熟，是世界各国应用最广泛的食品品质改良剂，广泛应用于加工型食品各个领域，对食品品质改良起着重要作用。食品级磷酸先后推广至肉制品、水产品、面制品、奶制品、饮料等食品行业。目前食品级磷酸的主要市场分布在北美、拉美、欧洲、澳大利亚及东南亚等富足国家。

8.2.2 电子级磷酸对黄磷质量的要求

电子级磷酸是电子行业使用的一种超高纯化学试剂，用于IT产业的集成电路、液晶等生产，其主要用途有：①芯片的基片在涂胶前用电子级磷酸洗涤各类沾污物，以获得高质量、高产率的集成电路芯片；②用于光刻过程中的湿法腐蚀及去胶；③用于硅片清洗和绝缘膜蚀刻、半导体膜蚀刻等，以选择性除去绝缘层或膜，即在半导体基质上形成的氮化硅薄膜。

随着半导体芯片制造业向中国转移，国内市场对电子级磷酸的需求量达到150～160 kt/a，年均增长率达到10%以上。中国成为高档磷酸的重要市场。电子级磷酸仅美国、日本、韩国等少数几个国家生产，它已成为我国精细磷化工开发的重点产品之一。

将4～6N级的高纯磷与净化空气燃烧，再用纯水喷淋吸收，即可制备电子级磷酸，再通过磷酸深度净化，可制备更高级的电子级磷酸。采用高纯磷制备电子级磷酸的燃磷塔、管道、阀门材质均有特殊要求；空气须经净化处理；吸收用水为纯水。用高纯磷制备电子级磷酸的工艺流程简单，生产成本较低，是电子级磷酸生产的主要方法之一。

根据电子级磷酸的不同用途，我国则划分为BV-Ⅰ、BV-Ⅱ、BV-Ⅲ和BV-Ⅳ四个等级。

电子级磷酸中不能含有的金属杂质和其他杂质主要有：Na、Mg、Al、Si、K、Ca、Cr、Mn、Fe、Ni、Cu、Zn、As、Sr、Mo、Cd、Pb、Bi、Si、Cl、NO、固体微粒、有机物等。碱金属与碱土金属杂质溶入半导体氧化膜会降低绝缘电压，重金属杂质会导致深能级补偿，使电阻率发生变化，放射性物质和Pb、Bi会引起电子元件软故障，因此必须将上述杂质脱除。

电子级磷酸的国际质量标准见表8-5。

表8-5 电子级磷酸的国际质量标准

国内相关试剂标准	国际半导体设备与材料组织标准	相对应IC集成度	对金属杂质要求	控制微粒要求/μm	控制微粒指标	主要用途
BV-Ⅰ级	SMEI-C1	64 k	< 100 ppb	1	< 25 个/mL	适用于小规模集成电路及电子器件加工工艺，用于小于1.2 μm线宽电路蚀刻和液晶工艺
BV-Ⅱ级	SMEI-C7	4 M	< 10 ppb	0.5	< 25 个/mL	适用于较大规模集成电路及薄膜液晶加工工艺，用于小于0.8～1.2 μm线宽电路蚀刻
BV-Ⅲ级	SMEI-C8	256 M	< 1 ppb	0.5	< 5 个/mL	适用于大规模集成电路加工工艺，用于小于0.2～0.6 μm线宽电路蚀刻
BV-Ⅳ级	SMEI-C12	16 G	< 0.1 ppb	0.2	协定	适用于大规模集成电路加工工艺，用于小于0.09～0.20 μm线宽电路蚀刻

注：1 ppb = 1×10^{-9}。

国际半导体设备与材料组织（SEMI）将电子化学品按应用范围分为SEMI-C1、SEMI-C7、SEMI-C8和SEMI-C12四个等级。我国则划分为BV-Ⅰ、BV-Ⅱ、BV-Ⅲ和BV-

Ⅳ四个等级，BV-Ⅱ级已达到国际 SEMI-C7 质量标准，适用于 18～112 μm 工艺技术的加工制作，这是我国生产的较高水平的微电子化学品。

近年来由于电子工业和液晶显示电视迅速发展，用于半导体、液晶显示器及其他电子设备作蚀刻剂的电子级磷酸需求增长强劲。目前我国已成为世界 LCD 需求增长最快的国家，特别是富士康科技集团、中芯国际集成电路制造有限公司等大型电子产业在武汉的安家落户，我国将成为世界重要的集成电路（IC）制造基地之一。我国电子专用超净高纯化学试剂需求量超过 1 万 t/a，年均增长率超过 20%。2010 年中国市场需求量达到 15 万～16 万 t/a，当时的市场规模已超过 200 亿元，成为化工行业中发展速度最快、最具活力的行业之一。随着半导体芯片制造业和 LCD 制造业转移向大陆，与之配套的电子级磷酸的用量将大幅增长，对电子级磷酸的研究显得十分重要和迫切。

8.2.3　芯片级磷酸对黄磷质量的要求

芯片加工需要黑磷，黑磷是比高纯黄磷更高级别的超高纯磷。目前黑磷的制备方法还在研究中，生产规模还只有公斤级的中试装置。

磷是地球上含量最丰富的元素之一，约占地壳中所有元素质量的 0.1%。磷元素的同素异形体有红磷、白磷、紫磷和黑磷，其中黑磷的质量最为稳定，反应活性最弱，在空气中不会燃烧。黑磷是用白磷在很高压强和较高温度下转化而成的。

目前黑磷的研究有一些新的成果：一是实验室黑磷晶体制备技术实现新突破，单次单管突破 30 g，同比提升 200%；二是黑磷下游应用研究取得新进展，例如，黑磷在提高贵金属催化效果和抗肿瘤靶向治疗应用研究上取得阶段性成果，在芯片制造应用研究上取得一定进展，并启动了黑磷用于热电器件制造的应用研究。

黑磷以高载流子迁移率、宽广可调的直接带隙、原子层范德瓦耳斯集成等独特性质，成为继硅等半导体材料之后，面向下一代电子、光电子应用的重要备选材料之一。与硅基芯片依赖于高质量单晶硅的制备类似，大面积高质量黑磷二维原子晶体薄膜的制备是其走向规模化集成应用的基础。由于黑磷晶相苛刻的形成条件，在薄膜生长过程中成核密度难以控制，故现有方法制备的黑磷薄膜普遍为多晶结构，其晶体质量难以满足高性能器件的应用需求。近年来，尽管已有一些阶段性进展，例如，张凯团队对黑磷薄膜生长展开了持续探索，通过相变诱导成核的设计实现了介质衬底上黑磷薄膜的成核与异质外延生长，但因生长可控性制约，薄膜的晶畴尺寸限于百纳米级。高质量黑磷薄膜尤其是单晶薄膜的生长仍是亟待攻克的难题。

目前设计开发了一种新的缓释控源的生长策略，利用“分子筛”多孔通道控制磷源缓释供给，维持稳定的低压生长环境，避免传统的磷源对流供给模式而获得可控的扩散供给模式，有效降低成核密度及晶体缺陷。理论计算表明，缓释供源策略营造的准平衡低压生长条件，显著提高了成核势垒而有效降低了成核速率，使薄膜生长保持层-层生长模式，最终得到均匀的高质量单晶薄膜。利用这种技术率先实现了大面积黑磷单晶薄膜材料的生长，黑磷薄膜单晶晶畴尺寸达到亚厘米级，薄膜的厚度可以通过磷源供应量在几纳米到几百纳米范围调节，在充足磷源供应和生长时间下薄膜可以生长至覆盖整个衬底。所生长的黑磷单晶薄膜的 XRD(004)衍射峰的半峰宽仅为 0.08°，显示出优异的单晶性，低温下载流子迁移率达 6500 $cm^2/(V \cdot s)$，并首次在直接生长的黑磷薄膜中观测到 Shubnikov-de Haas 量子振荡。该生长技术可推广到黑磷合金的单晶薄膜生长，并实现合金组分连续调控的能带工程，使黑磷薄膜的室温红外发光拓宽到可覆盖 3.7～6.9 μm 的光谱范围。

该工作突破性解决了黑磷及其合金的单晶薄膜制备问题，有望推动黑磷材料体系在后摩尔时代高密度异质集成电子及新型光电子器件等方面的广泛应用。该研究工作得到国家重点研发计划、国家自然科学基金、江苏省重点研发计划等的资助，并获得中国科学院苏州纳米技术与纳米仿生研究所纳米真空互联实验站（Nano-X）在材料表征上的支持。该研究由中国科学院苏州纳米技术与纳米仿生研究所、华东师范大学、中国科学院物理研究所、湖南大学和武汉大学合作完成。

8.3 其他高纯黄磷制备技术

电炉法生产黄磷的产品纯度一般为 99.8%。其杂质主要是金属元素、半金属元素和有机杂质。金属元素杂质主要是钙、镁、铁、铝、钾、钠、钛、钒、铬、镉、铜、镍、铅、锡、锌等；半金属元素杂质主要是硅、硫、砷、铋、硼等；有机杂质主要是酚类、烃类、蒽、焦油等（俗称油分）。其中最主要的杂质是砷和有机物，其次为铁、镍、铜、铅、锌，其他杂质的总含量在 10^{-9} 数量级。

黄磷中的上述杂质主要来源于磷矿石、焦炭及电极糊等，其中砷和有机物的脱除较为困难。砷主要以砷酸盐形式存在于磷矿石中，在电炉法黄磷生产过程中碳热还原磷的同时也还原了磷矿石中的砷，并富集于产品黄磷中。有机物主要是焦炭和电极糊中的挥发分在还原过程中随炉气进入冷凝系统，并与磷蒸气一起被冷凝。

从工业黄磷制备高纯黄磷的方法有化学法和物理法。化学法主要包括氧化法、碘化物法和萃取法。氧化法中又分为早期开发的硝酸或硝酸-硫酸混酸法，以及后期开发的水相氧化法。物理法包括真空蒸馏法、活性炭吸附净化法、电磁净化法和区域熔融法等。

8.3.1 物理法制备高纯黄磷

1. 真空蒸馏法

真空蒸馏法是指原料磷在真空状态或在惰性气体中通入水蒸气，在低于 300℃的温度下进行多级真空蒸馏，砷以砷化氢形式进入气相，纯净磷被冷凝水保护，从而得到高纯磷。

真空蒸馏法往往作为后处理手段，预先通过化学净化法将磷中的杂质转化成不易挥发的物质，或先用试剂将砷固定，然后再蒸馏得到高纯磷。真空蒸馏法的塔设备投资较高，且材质要求耐高温、耐腐蚀。真空蒸馏过程会产生较多的杂质馏余物，磷损耗较大，目前真空蒸馏法的磷收率为 60%～80%。精制磷中砷含量最低可达 0.1 μg/g。

2. 活性炭吸附净化法

由于活性炭的比表面积大，常用它作吸附剂吸附工业黄磷中的杂质。苏联奎拜舍弗斯弗尔申请的“黄磷净化方法”专利，即采用比表面积不小于 800 m^2/g 的粉状活性炭，在湍流状况下（$Re = 1\times10^5 \sim 5\times10^6$），其加入量为黄磷质量的 0.5%～5.0%，在氮气或二氧化碳保护下，经多次处理，处理时间 20～60 min，即可使磷中有机杂质的质量分数降至 0.003%，无机杂质如铁降至 0.0005%左右，砷降至 0.0008%左右，不溶残渣的质量分数降至 0.001%左右。

活性炭吸附净化法的关键是活性炭比表面积必须确保不小于 800 m^2/g。这种活性炭的结构形成了大孔隙和超微孔隙，后者起传送通道作用，并与无机杂质的分子大小相当，从而保证能均匀吸附全部杂质。吸附后在不大于 0.4 MPa 的压力下将悬浮液过滤，滤饼中 70%（质量计）为被杂质污染的活性炭，30%为黄磷。

活性炭吸附净化法主要用于脱除黄磷中的有机杂质，对脱除无机杂质也有作用，吸附过滤后的滤饼一般返回黄磷电炉中回收其夹带的黄磷。

3. 电磁净化法

在该法的小型试验中，工业黄磷的杂质含量为砷 250 mg/kg、有机物 2500 mg/kg、铁 65 mg/kg。电磁精制设备为三级串联，调整产品与副产品比例为 10∶1，温度控制在 55℃，物料停留时间为 90 min，电场强度为 20 kV/em（1 em = 0.4233 cm）。净化后黄磷的杂质含量为砷 10 mg/kg、有机物 8 mg/kg、铁 3 mg/kg，磷直收率达 93%。

4. 区域熔融法

区域熔融法利用杂质在固相和熔液相中的溶解度差异，通过熔化和凝固过程去除杂质，以达到提纯目的。该方法是将环形加热器套着棒条状黄磷，控制温度为 42～47℃，使加热器沿黄磷棒方向移动，从而使黄磷棒被区域性加热、熔融。当被加热区域随加热器定向移动时，杂质沿加热方向扩散，从而纯化了黄磷。由于操作过程在水中进行，安全性较高。

该法不仅对砷、金属杂质有脱除作用，对油分也有一定的脱除作用。经提纯后，净化磷中的砷含量最低可达 0.05～0.20 μg/g。缺点是提纯速度慢，一般须在化学净化工序后进行。

5. 微米过滤净化

在高纯磷生产过程中为了满足脱除细微机械杂质和进一步提纯的要求，需设置微米过滤净化工序。该工序不仅对脱除砷和金属离子杂质有效，对脱除有机物也十分有效。由于黄磷在空气中易自燃，因此微米过滤净化过程选择在水介质中进行。

8.3.2 化学法制备高纯黄磷

化学法主要包括氧化法、碘化物净化法和萃取净化法。其中氧化法又分为早期开发的硝酸或硝酸-硫酸混酸法，以及后期开发的水相氧化法。

1. 氧化法

早期氧化法一般采用硝酸、硝酸-硫酸混酸，以及高价铁盐作为氧化剂，将黄磷中的砷氧化成砷的氧化物并水合成亚砷酸；亚砷酸进入溶液相，经多次热水洗涤后将砷脱除。其反应机理如下：

$$3As + 5HNO_3 + 2H_2O \longrightarrow 3H_3AsO_4 + 5NO$$

$$4As + 6H_2SO_4 \longrightarrow 2As_2O_3 + 6SO_2 + 6H_2O$$

$$As_2O_3 + 2HNO_3 + 2H_2O \longrightarrow 2H_3AsO_4 + NO_2 + NO$$

早期氧化法的反应时间较长，最大弊病是氧化反应放热激烈，易发生爆炸；在氧化砷的同时，磷也被氧化，导致磷的回收率较低，仅 50%左右。此外，还有氧化剂消耗量大、洗涤次数多、废酸排放量大等缺点。为了克服上述工艺缺点，20 世纪 90 年代对早期氧化法进行了改进，降低了硝酸浓度并加入表面活性剂十六烷基三甲基溴化铵和硫酸铁等作为氧化增强剂。复合氧化增强剂的加入起到了相转移催化和乳化双重作用，使液态磷变为沙状颗粒，提高了氧化剂与砷的接触概率，即提高了脱砷效率。在硝酸浓度不大于 25%，反应温度为 65℃，Fe 与 As 质量比为 60∶1，HNO_3 与 As 体积比为 5∶1，反应时间为 4 h 条件下，可使黄磷中的砷含量由 310 mg/kg 降至 15 mg/kg。该法优点是操作较安全，大大缩短了反应时间，易于实现工业化。但氧化增强剂会部分残留在黄磷中，需用蒸馏水多次洗涤。

目前，水相氧化法技术又有了进步，使硝酸浓度降至 10%～12%，氧化增强剂调整为溴酸盐或溴化物等，浓度大大降低。脱砷率高达 96.0%～98.6%，磷收率达 92.67%～96.00%，反应时间进一步缩短。值得强调的是，单独采用化学氧化法是不能制备高纯磷的，必须与物理净化法如真空蒸馏技术等组合使用，才能使不易挥发的金属和半金属氧化物与较易挥发的磷分离，以提高产品磷的纯度。

2. 碘化物净化法

20 世纪 90 年代日本开发了用碘或碘化物在低于 300℃与黄磷中的砷反应生成碘化砷，碘化砷的沸点为 403℃，比磷的沸点高 280℃，利用减压蒸馏技术使碘化砷、不易挥发的金属和半金属氧化物与磷分离，可制备高纯磷。该法的缺点是碘加入量要超过理论值的 10000 倍。添加量不足会使磷中的砷不能完全生成碘化砷，添加量过大又会使磷收率下降。

其后，又开发了用碘化物或碘酸盐，在 44～300℃反应，使黄磷中砷转化成砷的氧化物，并在低于砷氧化物的沸点下蒸馏，以获得高纯磷。净化后黄磷中的砷含量为 1 mg/kg 左右。该法的缺点是仍需蒸馏装置，并需用理论值 1000 倍的碘化物使砷转化。

3. 萃取净化法

工业黄磷在氮气保护下，用二（2-乙基己基）磷酸、磷酸三丁酯或环芳烃作萃取剂，煤油、三氯甲烷或四氯化碳中的一种作稀释剂，在 60～80℃下进行萃取，可使磷中杂质脱除率达 94%～98%。

另一种萃取净化法是以四氯化碳或三氯甲烷（俗称氯仿）为萃取溶剂，加入离子砷螯合剂和离子砷络合剂，在 50～70℃下进行萃取，砷进入萃取溶液后再经漂洗反萃进入水相，有机杂质进入有机相。采用该法可制备低砷磷。

8.3.3 其他方法制备高纯黄磷

1. 用高纯三氯化磷制备电子级磷

将分析纯 PCl_3 进行蒸馏，再取蒸馏品进行精馏得到高纯 PCl_3；在惰性气体保护下，将高纯氢气还原剂通入到装 PCl_3 的扩散炉中，并以氢气为载体将高纯 PCl_3 载入还原炉中在 800～950℃下还原，用纯水喷淋回收磷蒸气，即可制得高纯磷。高纯磷再经过滤洗涤后，即可制得高纯电子级磷。该法工艺较简单、安全，产品纯度高，缺点是生产成本较高。

2. 用电子级高纯黄磷转化为红磷

方法是：①将高纯黄磷置于转化器中，用超高纯水覆盖，对转化器进行加热至水分蒸发完全；②冷凝器中持续通入温水冷凝黄磷蒸气，同时控制加热器对转化器缓慢进行加热升温至 350℃，之后控制温度在 350～370℃内 24 h；③黄磷完全转化为红磷后，停止加热，自然降温，同时向转化器通入惰性气体，降至室温后，将转化器置于纯水中，敲碎转化器，制得红磷。该方法的高纯石英材质密封装置，可控性高；采用常压下将黄磷直接转化为红磷的方法，工艺简单且安全，生产周期短，成本低，产品质量稳定，转化率高，适用于高纯红磷的生产。装置由转化器、加热器、控温器、冷凝器、尾气水封器组成。

8.4 高纯单质磷生产工艺及设备

8.4.1 物理法工艺

1. 蒸馏法工艺流程及设备

蒸馏法是工业黄磷在惰性气体中，以磷蒸气的形式蒸馏提纯，从而使不挥发性的砷化物和金属化合物等杂质残留下来的一种方法。蒸馏法根据操作条件可分为湿式蒸馏法和干式蒸馏法，而干式蒸馏法又分为减压蒸馏法、合金蒸馏法、干式高温蒸馏法。最早提出用蒸馏法提纯工业黄磷是在 1959 年，是将工业黄磷在水蒸气气流中进行两次蒸馏。

1999 年，汤德元等测定关联了液态工业黄磷的磷蒸气压；2003 年，王平艳等对真空蒸馏法制取低砷黄磷的理论进行了研究，为蒸馏法提供了理论依据和基本数据。

在国外，1982 年，美国 H. Resenhouse 等申请净化黄磷的专利，在精馏温度 ≤200℃、保持真空压力约 13.33 kPa 下精馏黄磷除砷；精馏出的磷蒸气冷凝后，一部分作为高纯磷产品，另一部分作为回流液，高砷含量的磷从塔底除去。1987 年，印度 B. S. Mathur 等研究了利用工业黄磷制备高纯磷的方法，先将黄磷用硝酸浸提，然后在石英装置中进行多级真空精馏，最后将精制黄磷转化成稳定的红磷；精制磷中的砷含量小于 2 μg/g，杂质总量小于 6.9 μg/g。1990 年，苏联 M. D. Beskin 等申请了利用精馏法从黄磷中连续除砷的专利。1994 年，Y. L. Vyatkin 等还对蒸馏塔的效率进行了计算，对所需塔板数和最佳回流量进行了测试。日本的三菱综合材料株式会社提出了先用试剂处理熔融黄磷，使磷中杂质转化成不易挥发的物质，然后精馏磷得到半导体材料级高纯磷的方法。1991 年，该公司 U. Hiroto 等申请了生产高纯磷的专利，所用试剂是碘或碘化物，在温度小于 300℃下使碘源物质与磷中的砷生成碘化砷。1992 年，他们又申请了类似的专利，所用试剂是碘化物或碘酸盐，加热使磷中的砷转化成砷氧化物，在小于或等于砷氧化物沸点的温度下精馏，磷收率 60%～80%，精制磷中砷含量小于 0.1 μg/g。

图 8-1 为间歇精馏工艺流程图，将待处理物料放入精馏塔釜，塔顶装冷凝器并控制回流比，精馏所得产品进入产品罐。精馏塔釜用导热油加热，塔顶冷凝器用 50～60℃热水。

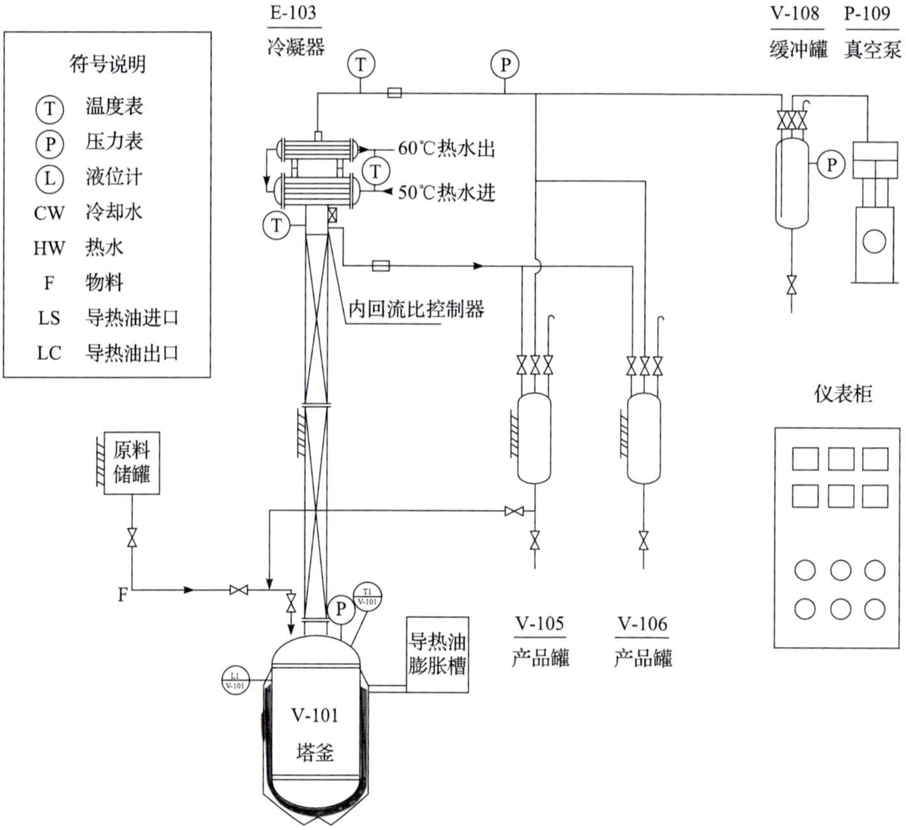

图 8-1　间歇精馏工艺流程图

如果要制备电子级磷酸，则需对精馏的流程和方法做进一步改进。这是因为电子级磷酸是电子行业使用的一种超高纯化学试剂，广泛应用于超大规模集成电路、大屏幕液晶显示器等微电子工业，主要用于芯片的湿法清洗和湿法蚀刻。随着电子信息产业的发展，半导体行业对电子级磷酸指标要求越来越高。电子级黄磷是制备电子级磷酸的主要原料，因此，从原料上控制砷含量，电子级低砷黄磷砷含量低于 5 ppb。

黄磷分子（P_4）是正四面体的各顶点配置有磷的形式，推测黄磷中所含杂质砷可能是以与正四面体中的磷之一置换的状态存在，因此单纯的蒸馏、精馏方法很难分离黄磷中的砷。

图 8-2 为一种精馏加反应精馏的流程图。这是较新的一种精馏制备电子级低砷黄磷的方法，称为精馏加反应精馏制备电子级低砷黄磷的方法。该流程是将待处理的黄磷打入精馏塔 1 进行一次精馏，一次精馏的产品从塔 1 的顶部进入塔 2 的中部，同时将反应试剂打入塔 2 进行反应精馏，得到的产品从塔 2 顶部采出。两塔的残留物均由塔底采出做下一步处理。

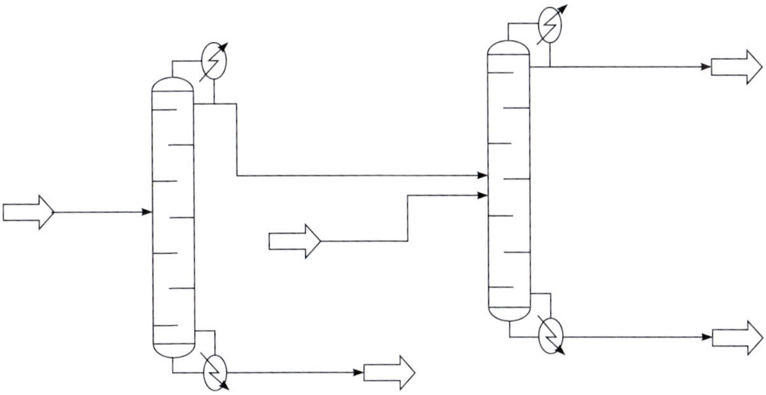

图 8-2　精馏加反应精馏制备高纯黄磷工艺流程

如果需要制备 INP 和 GAP 级别的高纯磷，可以采用图 8-3 所示的一种高纯黄磷制备的工艺流程图。该流程是以电子级红磷（6N）制备 INP、GAP 级别高纯磷的工艺及装置。首先待处理的红磷在配料搅拌槽 1 与热的纯水溶解混合，进入分隔静置槽 2 用热纯水进

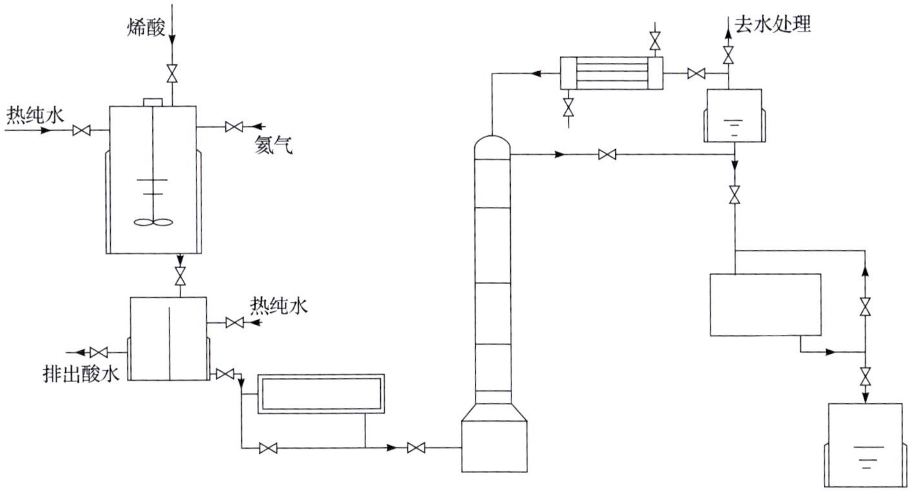

图 8-3　制备超高级黄磷工艺流程图

一步处理，经过过滤器 3 后进入精馏塔 4 底部进行精馏。塔顶采用回流冷凝器，所得最终产品进入产品储罐。

此外，利用某些液态金属在高温下对杂质具有选择溶解性的特点，也可达到净化黄磷的目的。1986 年，德国 K. P. Becker 等申请了高度净化挥发性物质磷和砷的专利，在所选择的净化温度（800～1200℃）下，可使磷或砷蒸汽中的杂质在熔融金属中的溶解度达到最大。净化后的高纯磷或砷可用于制备半导体化合物。1991 年，三菱集团的 O. Katsumi 等申请了制备高纯磷的专利，所用试剂是金属或金属氯化物，在加热的情况下，金属或金属氯化物与磷中的砷形成合金，在低于金属熔点的温度（≤300℃）下进行真空蒸馏。应用该工艺得到的精制磷中砷含量最低可达 1.2 μg/g。所用反应试剂金属氯化物可以从氯化钠、氯化铝、氯化亚铜、氯化锌和氯化铅中选择。

2. 电磁净化法工艺过程

元素磷与杂质的电阻率、电负性、电离势等物理性质有显著的差异（表 8-6）。元素电负性数值越大，原子在形成化学键时成对键电子的吸引力越强。原子获得能量失去电子，该能量称为电离势。电离势大小用于衡量原子失电子的能力。电离势越大，原子越难以失去电子；电离势越小，原子越容易失去电子。理论上可以判断，P 形成化学键时成对键电子的吸引力比 As 强，As 原子比 P 原子更易失去电子。张筱鹏等选择设计一个非均匀电场，中性粒子根据物理性质的差异发生极化。根据极化强度定义：$p=\varepsilon_0(\varepsilon-1)E$，其中 ε_0 为真空介电常数，ε 为电介质相对介电常数，E 为电场强度。

表 8-6 元素磷与杂质的一些物理性质比较

物理性质	P	As	Fe	S
电阻率/(μΩ · cm)	1×10^{17}	33.3	9.71	2×10^{5}
密度/(g/cm³)	1.81	5.73	7.86	2.07
电负性	2.1	20	1.7	26
第一电离势/eV	10.48	9.81	7.87	10.36
与 P 结合时的电能/(kJ/mol)	489.5	433.52		478
相对介电常数（ε）	4.06	6.6～16		4

在同一个设备中，电场强度 E 相同的情况下，当粒子（杂质）的相对介电常数大于介质（黄磷）的相对介电常数时，粒子在高压电场作用下因电泳力不同发生不同的运动，由不同粒子的不同运动而实现二者的分离。电磁净化装置图如图 8-4 所示。

液态工业黄磷由进料口通过阀门进入设备，控制设备内的温度、电场强度和磁感应强度，在设备内由原料分配管上均布若干小孔将原料均布到设备。在物料经过电晕极时，杂质粒子在高压荷电下，被电磁力束缚于Ⅰ区，即原料分配管与副产品收集管之间的区域，并在电磁场和重力场中向下运动，在其下部富集，经收集管收集，经过阀门放出后即为副产品。在设备的上部，经过精制的黄磷通过电晕极由收集管进入Ⅱ区，即原料分配管与产品收集管之间的区域，进而通过产品收集管上均布小孔进入产品收集管，经阀门由出料口流出成为产品。原料、产品、副产品的数量以及产品、副产品的纯度可通过调整各阀门开启的大小调节。通过此法，磷的直收率（一次净化后精制黄磷的收率）可达 90%～96%，磷的总回收率（几次净化后黄磷的总收率）接近 100%，脱砷率达 96%～98%，有机物和铁的脱除率均在 96%以上。

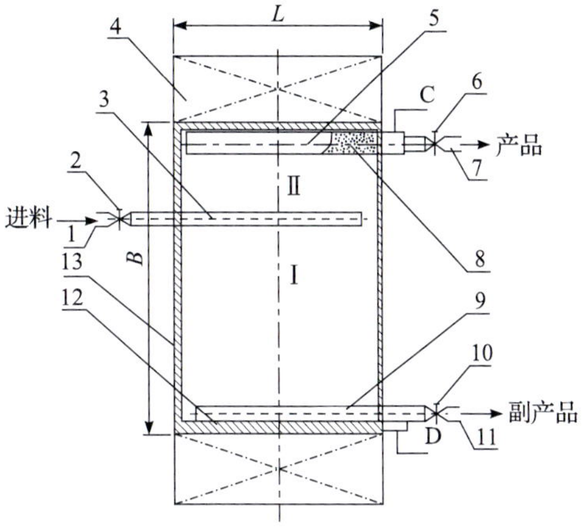

图 8-4　电磁净化装置图

1. 进料口；2. 进料口阀门；3. 原料分配管；4. 磁场线圈；5. 产品收集管；6. 产品阀门；7. 产品出料口；8. 电晕极；9. 副产品收集管；10. 副产品阀门；11. 副产品出料口；12. 电极；13. 反应器；*B*-反应器的高；C、D-高压电场电源线；*L*-宽度

电磁净化法脱除黄磷中的砷不需要添加化学试剂，能耗少，同时对其他杂质的去除效果也很明显。利用电场脱除黄磷中的杂质目前尚处于起步阶段，值得深入研究。

3. 区域熔融法提纯黄磷工艺流程

区域熔融法（简称区熔法）是靠局部加热使材料锭子上出现一个狭窄熔区，并将此熔区缓慢移动，利用杂质在固相和液相中溶解度的差异，通过熔化和凝固达到提纯的目的，是改进的分步结晶经典纯化技术。区熔法最早由 Pfann 提出并应用于制取高纯锗，而将区熔法最早应用在工业黄磷提纯领域则是在 1960 年。1964 年，德国 J. Cremer 利用区熔法提纯工业黄磷进行了试验研究。图 8-5 是区熔法的原理示意图。图 8-6 是区熔提纯装置的实例。

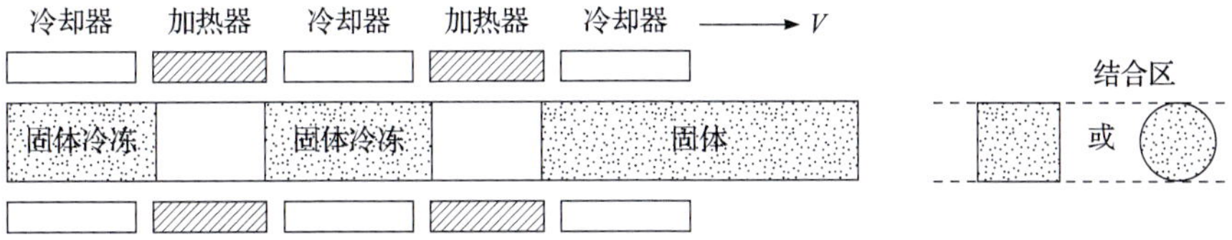

图 8-5　区熔法的原理示意图

把纯净的氮气连续通入，将 1～2 kg 黄磷熔体流入 Pyrex 玻璃制的圆筒容器（ϕ40 mm，L=1 m）中。通入交流电，借涡流加热铁片，局部温度可大于 100℃。用高频虽然更好，但体积要增大，以及存在传热问题等，故应选用适当频率。黄磷熔区约 10 mm 厚，随圆筒下移而熔融区逐渐向上移动，移动速度 3～5 mm/h（移动速度 > 20 mm/h 提纯效果较差）。这种装置中的圆盘因有低频振动和旋转磁场使之旋转，故熔区混合良好，提纯效果也佳。区熔次数 5 次以后，砷含量小于 1 μg/g，其他杂质总量小于 2.5 μg/g。如果用大筒（ϕ300 mm）中间冷却，多段加热，可处理 10～20 kg 黄磷。

2006 年，香港科技大学弥永利等应用区域加热熔融分子扩散法提纯黄磷，装置如图 8-7 所示。环状加热器套在棒条状的样品上，可以控制加热器的温度，使其沿样品棒条移动。为了提纯效果，样品条上可加上不止一个加热器，将加热器定向移动时，样品棒条被区域性加热、熔融。由于分子的扩散在液态比在固态有极大的提高，在加热器定

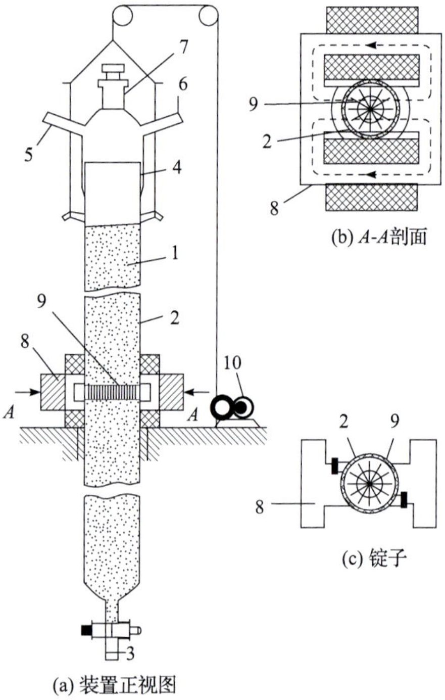

图 8-6 Pyrex 玻璃区熔装置图

1. 黄磷原料；2. 玻璃管；3. 出磷口；4. 分割区；5. 惰性气体出口；6. 惰性气体入口；7. 供磷入口；8. 磁系统；9. 铁盘；10. 下移装置

向移动时，熔融的区域也随加热器移动，液体-固体的边界也随之移动。因此，分子扩散的方向是加热器移动的方向，并通过严格的计算得到了重要操作参数的方程。这种方法不仅对砷、金属杂质有脱除作用，对油分也有一定的脱除作用。

2007 年，张智、弥永利等又申请了一项专利（图 8-8），棒壳材料由金属改为聚四氟乙烯，加热器的移动速度为 1.27 mm/min，轴向热损失 32 W，并通过试验得到了黄磷中杂质砷的相平衡系数 0.0199。

一次提纯后，沿棒长砷的浓度分布为

$$C_s = C_0\left[1-(1-0.0199)e^{\frac{0.0199Z}{L}}\right]$$

式中，C_0 为原始黄磷中砷的含量，μg/g；C_s 为固液相界面处固相的溶质（黄磷）砷含量，μg/g；Z 为已凝固部分的长度，mm；L 为熔区长，mm。

经过一次提纯后，砷含量由 100 μg/g 降到 18.06 μg/g，第二次提纯降到 3.26 μg/g。一次提纯脱砷率 80%左右，二次提纯脱砷率 82%。

区熔法提纯工业黄磷，纯度能够达到 6N 或 7N 级。但是由于区熔过程提纯速度慢，如果原料磷中的杂质含量高，区熔次数相应也要增加，提纯效率降低。因此，在采用区熔法对黄磷进行提纯前，最好采用其他方法先将大部分杂质除去。

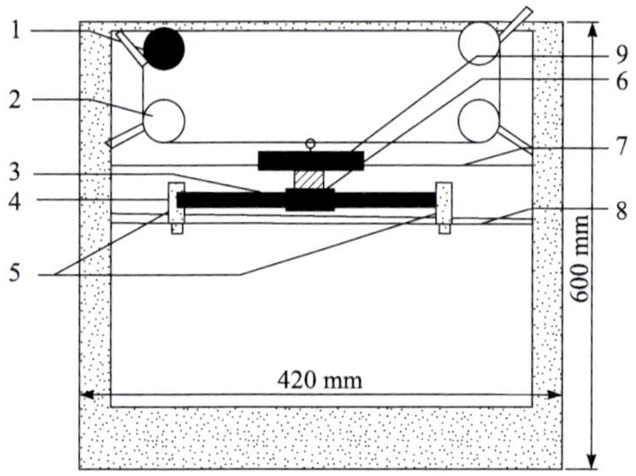

图 8-7 区域加热熔融装置图

1. 可控速马达；2. 牵引；3. 加热器；4. 磷的棒状样条；5. 样品固定块；6. 热电区；7. 轨道 1；8. 轨道 2；9. 加热器固定器

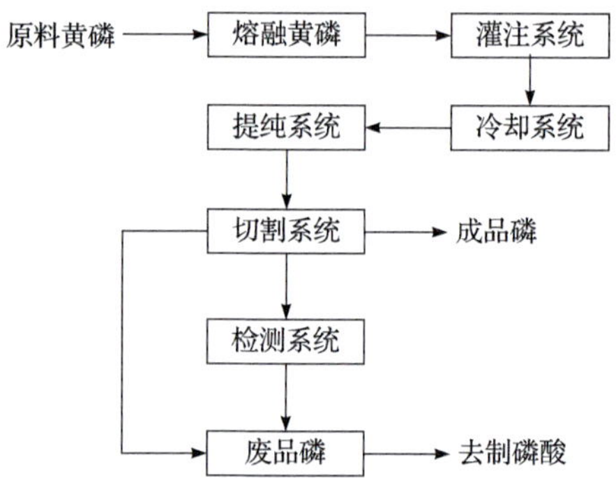

图 8-8 区域熔融提纯黄磷工艺流程图

8.4.2 化学法工艺

1. 浓硫酸氧化法工艺流程

国内化工行业将工业黄磷直接用作生产五硫化二磷和次磷酸钠等磷化工产品的原料时，大多数没有进行净化处理，而工业黄磷中的有机物杂质对产品质量有着极其不利的影响。工业黄磷中的有机物杂质净化主要采用活性炭吸附法和浓硫酸氧化法，有的公司引进五硫化二磷装置是采用活性炭吸附法净化工业黄磷去除有机物杂质。但由于活性炭吸附法净化深度不够，于是进行了浓硫酸氧化法的初步工艺研究。

工业黄磷中有机物杂质含量可以高达 0.3%，且化学成分复杂，采用活性炭吸附法净化后得到的精制磷中有机物杂质含量通常在 50 ppm 以下，但仍难以满足高品质五硫化二磷、电镀级次磷酸钠等高纯度磷酸盐产品对有机物杂质含量的指标要求。以工业五硫化二磷生产为例，如果在工业五硫化二磷产品的特定体系杂质中不考虑低度聚合的硫磷化合物，则导致产品适用性能显著降低的首要因素就是起始原料中的有机物杂质。此外，有机物杂质的含量也明显影响到产品的颜色，即使起始原料黄磷中有机物杂质含量低至 100 ppm，也会使五硫化二磷产品呈明显的灰色，否则应是黄色。同时，五硫化二磷产品中的有机物杂质也会给下游产品带来严重的问题。生产高品质五硫化二磷，起始原料黄磷中有机物杂质含量应降低至约 10 ppm，这一指标值只有采用浓硫酸氧化法工艺净化黄磷方可达到。据报道，工业上采用浓硫酸在约 80℃条件下处理黄磷是有效的净化方法。

（1）工艺原理

浓硫酸具有强烈的脱水性和氧化性，可将工业黄磷中的有机物脱水并氧化，同时产生大量的反应热。化学反应方程式如下：

$$C_nH_{2m}O_m \xrightarrow{\text{浓硫酸}} nC + mH_2O + Q$$

$$C + 2H_2SO_4(\text{浓}) \longrightarrow CO_2\uparrow + 2SO_2\uparrow + 2H_2O + Q$$

然而，实践表明在这种净化体系中过热和剧烈的爆炸现象是难以完全排除的。因此，基于密度的差异在带有较大搅拌器的容器内进行非连续混合氧化和分离操作显然是不可取的，必须采用小容积、带搅拌的反应器和连续氧化操作流程。

（2）工艺流程

工业黄磷由压力热水、浓硫酸经计量泵各自以不同的流量输入反应器内，在高速搅拌条件下黄磷中有机物杂质被浓硫酸氧化，反应混合物携带反应热迅速排出，经分离得到净化黄磷和稀硫酸。图 8-9 是浓硫酸氧化法净化工业黄磷的工艺流程示意图。

上述浓硫酸氧化法净化工业黄磷工艺流程的操作要点：一是依据黄磷中有机物含量调整 P_4/H_2SO_4 配比；二是通过调控进料速度控制氧化反应温升，并连续将反应器内物料排除避免过热积聚导致爆炸。氧化后硫酸与黄磷混合物的分离是基于二者水溶性和密度的差异，即硫酸能与水混溶而黄磷不溶于水，黄磷密度值固定且较重（d = 1.83 g/cm^3），而浓硫酸随着洗涤热水进水速度的差异密度值有所变化且较轻（98% H_2SO_4 /d = 1.84 g/cm^3）。

因此，浓硫酸氧化法净化工业黄磷去除有机物杂质的工艺过程研究主要涉及两个方面：一是浓硫酸与工业黄磷不同配比及相应精制磷中有机物残留量的研究；二是黄磷与

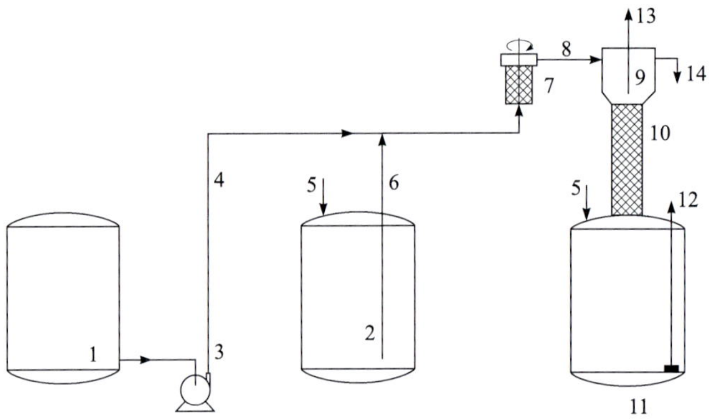

图 8-9　浓硫酸氧化法净化工业黄磷工艺流程示意图

1. 浓硫酸储罐；2. 工业黄磷储罐；3. 浓硫酸计量泵；4. 浓硫酸；5. 热水；6. 工业黄磷；7. 反应器；8. P/H_2SO_4乳浊液；9. 分离器；10. 填料柱；11. 精制磷储罐；12. 精制磷；13. 通风口；14. 稀硫酸

硫酸乳浊液的分离研究。

1）氧化反应的操作控制：氧化反应釜有效容积 2.0 L，采用带搅拌搪瓷釜。将 98% 浓硫酸用计量泵控制 20～100 kg/h 的流速，采用压力热水将工业黄磷连续输入氧化反应釜。在高速搅拌，60～70℃温度范围，物料釜内平均停留时间约 12 s 的条件下，黄磷中的各种有机物杂质与浓硫酸发生大面积的氧化-还原反应。磷-硫酸乳浊液从反应釜中连续排出，同时也将大量氧化反应热移走。

2）乳浊液分离：分离器由三个部分构成，上部是磷-硫酸乳浊液与稀硫酸隔离室，中部是填料柱，底部是精制磷产品储罐。从反应釜连续排出的磷-硫酸乳浊液进入分离器隔离室后，二氧化碳和二氧化硫经放空口排出，乳浊液自上而下沉降与自下而上上升的压力热水在填料柱内逆流接触，较重的磷下沉直至进入底部产品储罐，于是精制磷便从硫酸及其氧化反应产物中分离出来，而比重值较小的稀释硫酸会在填料柱内形成一定的浓度梯度，最后随着上升的热水流从溢流口排出。从理论上讲，只要硫酸比重小于黄磷比重值 1.83，即可实现磷-硫酸乳浊液的重力分离，此时硫酸浓度值约为 93.6%，但在实际生产操作时由于分离时间、填料柱高度等因素的影响，排出的硫酸浓度远低于上述数值。

（3）工艺过程要点

1）采用特小容积反应器的连续氧化流程保证了操作的安全。

2）浓硫酸氧化法得到的净化黄磷中有机物杂质含量可以低至 10^{-6} 以下，完全满足高品质磷酸盐生产对有机物杂质含量的指标要求。

3）浓硫酸氧化法净化成本较活性炭吸附法节约 20 元/t。

4）得到的稀硫酸应控制在适当的浓度值以便于回收利用。

2. 硝酸氧化法工艺流程

（1）反应原理

工业黄磷中由于砷的还原能力高于磷，当砷和磷共存时，在相同条件下，氧化剂与砷反应的速率高于与磷反应的速率，从而优先生成氧化砷。其反应式如下：

$$2As + 2[O] + H_2O \longrightarrow As_2O_3 + H_2$$

$$As_2O_3 + 2[O] + 3H_2O \longrightarrow 2H_3AsO_4$$

$$As_2O_3 + 2[O] + 3H_2O \longrightarrow 2H_3AsO_3 + O_2$$

反应产物因溶于水而从磷中分离，达到脱除黄磷中砷的效果。

（2）工艺流程

按 5∶1 的比例将硝酸（15%）和工业黄磷混合，加入黄磷质量 1%的阳离子表面活性剂——十六烷基三甲基溴化铵，保持 70℃左右的温度，电磁搅拌，反应 1.5 h 后取出黄磷，反复洗涤，再重复操作 4 次，上一级的产品作为下一级的原料，使黄磷依次经过硝酸连续五次处理。

（3）净化效果

工业黄磷中砷含量随着处理次数的增加而逐渐降低。在温和条件下（硝酸浓度 15%，温度 70℃）累计 5 次硝酸处理后，黄磷中砷含量由 315.7 μg/g 降低到 7.3 μg/g，总脱砷率达 97.69%，同时随着黄磷中砷含量的降低，脱砷效果变差，单次脱砷率逐渐降低，由 73.29%降低到 8.75%。提高反应温度（80℃）或硝酸浓度（25%），可以提高脱砷率，分别达到 98.29%或 98.89%，砷含量分别降到 5.4 μg/g 或 3.5 pg/g。

2000 年 6 月，云南工业大学、云南省滇东磷化工公司申请一项涉及一种低砷黄磷制造方法的专利。该方法在浓度为 5%～15%的稀硝酸溶液中加入工业粗黄磷和 0.1%～5.0%含卤素元素化合物添加剂，加热温度至 55～65℃，在 200～600 r/min 下搅拌，反应 1～3 h，冷却后再分离出磷，砷含量可降至 10 μg/g 以下。该方法磷收率大于 92%，工艺流程简单、反应时间短、反应温和，实现了年产 2000 t 的产业化规模。

2007 年 12 月，云南江磷集团股份有限公司申请涉及黄磷氧化除砷方法的专利。该方法在 50～90℃下将黄磷与水相氧化剂充分搅拌混合，使黄磷中砷进入水相而从黄磷中去除，其中水相氧化剂由基础氧化剂和氧化增强剂两部分组成，基础氧化剂包含双氧水、硝酸、次氯酸或它们的混合物，氧化增强剂包含溴、溴酸、溴酸盐、溴化物或它们的混合物。

3. 磷化氢法工艺流程

利用由黄磷生产次磷酸钠副产的磷化氢气体，经适当净化后热分解可得到磷蒸气，冷凝后即得高纯磷。这是日本化学工业株式会社 1983 年制取半导体材料高纯磷的专利。利用砷化氢的热分解温度低于磷化氢的特点，首先在低于磷化氢热分解温度（450℃）下分解除去砷化氢，然后在高于磷化氢热分解温度（800℃）下分解磷化氢，得到高纯磷。砷含量从 150 μg/g 降至 0.8 μg/g，金属杂质降至痕量级。

1984 年 3 月，该公司对上述方法又进行了改进：将粗磷化氢导入一个具有温度梯度的加热管内，分段完成磷化氢净化和热分解，脱除砷化氢的方式由直接分解生成单质砷改为生成金属砷化物，从而明显降低了砷化氢的热分解温度。另外，加热管的引入使之便于实现连续生产。加热管分三个区：①进口段为砷化氢分解区，由锌颗粒或金属磷化物填充，在 400℃下砷化氢与锌生成砷化锌，砷化氢含量可达 0.01 μg/g 以下；②中段为冷却区，使上段生成的砷化锌从气相中除去；③末段为磷化氢的热分解区，用石英环填充，在 1000℃下磷化氢热分解成单质磷。因为磷化氢分解温度高，后来采用 Fe-P 合金粉末作为催化剂，磷化氢热分解温度降至 150℃，分解率可达 99.8%。

8.4.3　红磷的生产

1. 概述

红磷又称赤磷（red phosphorus），比黄磷稳定，在暗处不发磷光。赤磷只能在高温下与其他物质发生作用，在 290℃馏出时则成黄磷。在空气中不自燃，加热至约 200℃则着火而燃烧生成五氧化二磷，在含氯气容器中加热时也会燃烧，遇 $KClO_3$、$KMnO_4$ 过氧化物以及其他氧化剂时即爆炸。

红磷在轻工业上主要用于制造火柴。将红磷、硫化锑和胶的混合物涂于火柴盒的侧面，当火柴头（氯酸钾、硫化锑、玻璃粉和胶等）在上面摩擦时生热，在热的影响下，少量红磷转变为黄磷，再由黄磷燃烧引起火柴头发生化学反应而燃烧。在化学工业上，红磷用以制造磷酸、磷酐、五氧化二磷、三氧化磷等含磷化合物的原料，有机磷农药，化肥及其他有机合成产品。红磷在冶金工业上用以制造磷铜片。

2. 生产工艺

（1）三氯化磷还原法

由于三氯化砷与三氯化磷的蒸汽压较接近，因此在分离时要选择合适的分离条件和蒸馏设备。所用设备是填料式玻璃蒸馏柱，直径为 20 mm，填料为直径 3～4 mm 的玻璃球，充填高度 750 mm。分馏头以计时继电器控制电磁开关启闭。填料层上部馏出口均有流量计量装置。精馏柱用真空夹套绝热，夹套内壁镀银。精馏柱下部的蒸馏瓶容量为 1000 mL，使用电炉加热。

三氯化磷的精馏提纯是在上述填料式精馏柱中进行的，用分析纯试剂作原料。蒸馏液分三部分收集。根据 PCl_3、$AsCl_3$ 的实际分离能力和原料中杂质含量选用下列比例：第一部分取总蒸馏液的 15%，第二部分取总蒸馏液的 60%，余下残液为总蒸馏液的 25%。馏出速度为 0.17 mL/min。回流比为 1∶28。每次精馏加入料液 750 mL 于蒸馏瓶中，加热至沸腾，随后降低加热电流使其保持最大回流量，经全回流 2 h 后开始按规定速度馏出。必要时，将第一次得到的三氯化磷再精馏一次。

三氯化磷的氢还原是在垂直放置的透明石英管中进行的。石英管直径 25 mm，外面用电阻炉加热，加热区分上、下两段，各长 350 mm。钢瓶氢气经过焦性没食子酸—铂石棉（400℃）—固体氢氧化钾提纯。提纯后的氢气分两路经过流量计进入反应管：一路通入三氯化磷储存容器把三氯化磷气体带入反应管；另一路直接进入反应管。操作开始前先通氢气驱除系统中的空气，随后将反应管加热至所需温度，通入三氯化磷和氢气的混合气体。反应后的废气通过鼓泡器排出。生成的磷沿管壁滴入收集器，部分未冷凝的磷蒸气在随废气通过收集器时冷凝下来。在磷沿管壁滴下的过程中，有少量在反应管末端部位转化成红磷黏附于管壁上。

还原过程是以一次精馏的第二部分馏分，分别在 400℃（上、下段均为 400℃）、600℃（上、下段均为 600℃）、800℃（上段 800℃，下段 500℃）下进行通氢还原。在 400℃时，可以观察到反应在进行，但速率很慢，仅在反应管末端析出很薄的一层沉积物。在 600℃时，反应速率仍然比较慢，得到的产物也不多。在 800℃时，当 H_2/PCl_3 分子比为 3.5 时，磷的析出速度为 3～4 g/h。回收率为 95%。

为了便于储存或满足使用上的需要，可以将获得的白磷转化为红磷。只要将白磷转移到另一玻璃管中，抽真空封闭后逐步加热至 300～350℃，约经过一周即全部转化为红磷。

（2）直接蒸馏法

将 5 kg 99%的工业磷放入 10 L 蒸馏烧瓶中，移至沙浴上，装上分馏器，接好冷凝管，用密封式电炉进行加热，并用调压变压器来控制温度，升温要缓慢，待磷全部熔化为液体时，将温度升高 300℃，开始蒸馏。操作应在通风橱内进行。先将初馏液 200 mL 另放，作下次原料；中段馏液 4 kg 作为中间品（半成品）；残留液 800 mL 可作原料，但只能反复利用三次，否则会影响产品质量。以上操作为第一次蒸馏。

将上述得到的 4 kg 半成品，完全按照上述操作重复蒸馏一次，经过两次蒸馏后的磷约得 3 kg。经化学及仪器分析后，纯度达 99.999%。由于白磷的储藏和保管不如红磷安全，所以必须将白磷转化为红磷，其操作方法：将 3 kg 高纯磷装进硬质的玻璃管中，移至管式电炉内，在通氮气条件下进行加热，温度控制在 300～350℃，保持数小时后进行冷却，即得高纯红磷。

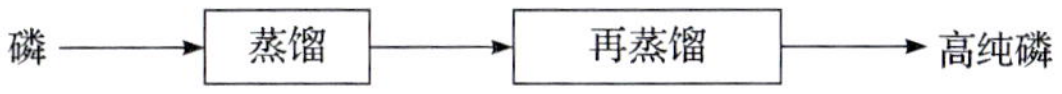

8.4.4 黑磷的制备方法

1. 高压法

高压法是最早用于黑磷制备的方法，在 1914 年由 Bridyman 开发出来。试验步骤：首先将白磷放入长约 15 cm、内径 1.5 cm 的圆柱形钢制容器，然后将装有白磷的容器放入装有煤油的高压装置，并在室温条件下加压至 0.6×10^9 Pa，随后将装置加热到 200℃，压力提升到 1.2×10^9 Pa，可得到黑磷。高压法制备黑磷重复性较好，并且很短时间内就能实现红磷到黑磷的转化。但是其制备方法需要用到超高压设备，在一定程度上导致黑磷生产成本较高，不利于大规模商业化生产。

2. 铋熔化法

首先在氩气气氛下将红磷和铋颗粒分别放在有分隔装置的左右两边，并进行抽真空密封处理，然后对红磷和铋粉加热处理，右端底部会形成铋块，上面则生成白磷，此时把装置右端取下，最后在 300℃下加热铋，并将液铋浇注到固体白磷上，把装置放 400℃环境下保温 48 h，随后降至室温，用硝酸除去铋，即可得到黑磷。

3. 矿化法

矿化法是近几年开发的一种制备黑磷的方法。将 Au、Sn、$SnCl_4$ 与红磷按一定质量比混合，真空封装在石英管中，加热至一定温度并保温一定时间，即可制得黑磷，但最终产物中存在少量未转化的红磷及反应生成的金属磷化物等杂质。但 Au 价格昂贵，$SnCl_4$ 有毒，后来研究者发现直接用 I、Sn 和红磷在常压下也能制备出黑磷，具体步骤如下：将 Sn、I 和红磷在氩气气氛下密封，经过程序升降温处理，同样制备出了黑磷。该制备方法不但不再使用昂贵且有毒的 $SnCl_4$ 作为矿化剂，而且不再需要真空处理，因而简化了制备工艺流程，成本大大降低，具有很好的工业化应用前景。

8.5 高纯黄磷生产的经济性评价

8.5.1 黄磷精馏法

精馏法是根据黄磷的挥发性比较强，而砷化物以及其他杂质挥发性比较弱这一特点，在真空或常压、低于 300℃的温度下精馏得到高纯磷。这种方法技术成熟，操作成本较低，但是设备投资较高，有一定的市场竞争力。

但是单纯采用精馏方法得到的精制磷的纯度有限。要得到更高纯度的精制磷，在精馏前必须采取预净化措施，或通过化学反应将杂质转化为不易挥发的物质。用硝酸浸提的方法预净化黄磷，除去的杂质有限，经精馏所得精制磷的纯度较低。用试剂先将砷固定，然后精馏，所得磷的砷含量明显低于前者，精制磷收率在 60%以上。用碘化物或碘酸盐固定杂质比用金属氯化物的效果要好，所得精制磷的砷含量要明显低些，但含碘物质的使用会明显增加净化成本。

8.5.2 磷化氢法

利用由黄磷生产次磷酸钠副产的磷化氢气体，经适当净化后热分解可得到磷蒸气，冷凝后即得高纯磷。

磷化氢法制备高纯磷，经过热分解除砷，最终的精制磷可以达到很高的纯度。其中一个关键问题是要设法降低操作温度。如果操作温度太高，不仅对设备材料的耐热性和耐腐蚀性有更高的要求，而且会大大增加工艺过程的复杂性和能量消耗，使得生产成本上升。如果采用降低 AsH_3 分解温度的方法，其效果是明显的；对 PH_3 的热分解，采用 Fe-P 合金粉末作为催化剂，降低分解温度的效果尤为显著。

因此，一种技术的应用应该从多个角度考虑其技术经济指标。

8.5.3 氧化性含氧酸处理法

黄磷中的砷和硫杂质可以用氧化性含氧酸处理。砷可用稀硝酸处理，将砷氧化成亚砷酸进入溶液相；硫可在常温下用浓硫酸处理，硫氧化成二氧化硫被除去。因为浓硫酸可将有机物氧化成二氧化碳，所以这种方法对有机物也有很好的去除作用。前述 B. S. Mathur 等的净化黄磷方法中，在磷精馏之前是用硝酸处理的。日本三菱材料公司的佐藤力等于 1991 年申请了用硝酸净化黄磷的专利，在 46～53℃下，熔融磷与硝酸充分混合，杂质即溶于溶液相。精制磷中砷含量最低可达 0.2×10^{-6} 以下，相应的磷收率 40%～53%；如控制精制磷中的砷含量不大于 2×10^{-6}，可使磷收率达到 73%。1991 年和 1992 年 A. Zschalich 等分别申请了利用浓硫酸从黄磷中除硫的两项专利，先将黄磷与浓硫酸在强烈搅拌下形成乳化液，用水或稀硫酸破乳，所得精制磷的硫含量约 50×10^{-6}。将浓硫酸净化过的黄磷用水、弱碱或其他水溶液处理，还可使精制磷的硫含量进一步降低。用 H_2SO_4 和 HNO_3 配成的混合酸，同样能脱除黄磷中的砷杂质。所用混酸总浓度 3.5～6.5 mol/L，HNO_3 ∶ H_2SO_4 为 1∶(1～4)，温度为 45～100℃。在较长时间的处理后，冷却至室温分离酸液，即可得到较纯的精制磷。贵阳化工研究所也申请了类似的专利，但在混酸处理之前，增加了碳酸氢铵预处理，以破坏 SiO_2 及粉尘所形成的胶状结构，所得精制磷的砷含量低于 80×10^{-6}，磷收率约 80%。

这些技术是否能够得到实施的关键在其工艺流程的简短可行，所用设备结构简单易加工，同时操作条件温和及操作方法简便，其推广经济价值则大，否则，其经济可行性将大打折扣。

第 9 章
黄磷生产环境、安全、健康

9.1 引言

经过多年的发展，特别是近 10 年来的发展，黄磷工业成为具有我国特色的工业。国内黄磷生产多在水电资源和磷矿资源相对集中的中西部地区云南、贵州、四川、湖北建厂。目前，我国黄磷产能、产量、消费量和出口量已位居世界第一位，占据世界主导地位。黄磷是制造含磷化合物的基本原料，有剧毒，国家规定为Ⅱ类有毒产品。生产黄磷目前有热法和湿法两种提取生产工艺，热法即用磷矿石、硅石、焦炭加热还原提取；湿法即从磷酸钙中制作提取。磷虽是生命必需元素之一，但无论任何途径摄入黄磷，都会造成机体的严重损害。然而，由于工业、农业、医药及国防科研等方面的需要，黄磷仍在大量制造和使用。目前黄磷生产从工艺到技术条件有了很大的进步和革新，防治工作也取得较大进展，但黄磷生产过程中的环境问题及职业危害仍需重视。首先，黄磷为高能耗、高物耗产品，每吨产品的综合能耗通常达 9.177 t 标准煤，原料消耗为 12～13 t。其次，黄磷在生产过程中不但产生大量废渣、废气和废水，而且所含的有害物质种类多，在《职业性接触毒物危害程度分级》（GBZ 230—2010）中，属于Ⅰ级物质（极度危害）的有砷及其无机化合物、磷、氰化物、铅（包括重金属）、硫化氢、氟化氢；属于Ⅱ级物质（高度危害）的有一氧化碳等。

中国的黄磷工业生产主要采用电炉法，黄磷工业生产作为化工行业，在安全方面具有较高的风险，属高危险行业之一。在生产过程中极易发生火灾、爆炸、中毒事故，造成人身伤亡的同时也造成严重的环境污染。黄磷更是一种高污染产品。对于这些废渣、废气、废水如不进行有效处理，必将对周围环境产生严重影响，因此对黄磷工业生产安全控制及安全管理的工作尤为重要。

9.2 黄磷生产过程中的环境、健康及安全因素分析

9.2.1 黄磷的毒性危害

黄磷有两大危险特征：一是剧毒，0.1 g 即可致人死命；二是易燃，着火点为 34℃，

在空气中极易氧化自燃，产生白色浓烟，释放出大量热量。在潮湿空气中的自燃点低于在干燥空气中的自燃点。与氯酸盐等氧化剂混合发生爆炸，其碎片和碎屑接触皮肤即着火，可引起严重的皮肤灼伤。黄磷是细胞原浆毒，对机体水的亲和力强，可称为嗜肝嗜骨、嗜神经毒剂。在制造和使用黄磷过程中，可有大量磷蒸气外逸，无毒状态的黄磷在空气中很快氧化生成磷的化合物，如 P_2O_5、P_2O_3 等。因此，黄磷对作业工人身体的慢性危害应该是黄磷及其化合物的联合作用。黄磷对作业工人的慢性危害，报道较少。据资料记载和统计，主要表现在以下几个方面：

1）对消化系统的危害：大剂量黄磷中毒时主要引起肝脏损害，但长期接触低剂量黄磷时，消化系统的表现为：食欲不振、肝大、肝区疼痛、肝功能异常。

2）对牙齿及下颌骨的危害：黄磷对牙齿及颌骨的损害，在 20 世纪和 21 世纪初报道较多，近期收集到的资料也相当普遍，主要表现为：牙过敏、牙龈出血、牙龈炎、牙松动、牙脱落、龋齿、牙龈萎缩、下颌关节酸痛、牙槽骨萎缩、骨质稀疏、骨纹粗糙、骨密质增浓、骨质破坏。

3）对呼吸道的危害：主要表现为鼻、咽黏膜干燥、充血，咳嗽，吸烟者反应更明显。

4）对神经系统的危害：主要表现为神经衰弱综合征。其特点是在接触黄磷 6～12 个月后首先出现头晕，其后逐渐有失眠、多梦、记忆力减退。

9.2.2 黄磷副产物

黄磷厂生产黄磷的主要副产物有炉渣、尾气和磷泥等。

1. 炉渣

炉渣是黄磷工业的主要固体废渣，我国每年超过 800 万 t 炉渣被堆存处置。高温熔融炉渣有 2 种产出状态，分别是自然冷却的块状炉渣和经过水淬处理得到的粒状炉渣。前者为灰色，中间有气孔，主要矿物成分有硅灰石、枪晶石、硅酸钙；后者在 1400～1600℃下，经水淬处理急剧冷却形成白色或者浅灰色，呈不规则形状的碎粒结构，偏光显微镜下观察有玻璃光泽。水淬渣因快速冷却固化而得，没有足够的时间进行晶化过程，所以呈现非晶态的结构。炉渣的成分为 CaO 和 SiO_2（80%以上）、Al_2O_3（2%～8%）、P_2O_5（约3%），以及少量的 Fe_2O_3、MgO 等。

2. 磷泥

电热法黄磷生产中，炉气中含有 CO、单质磷、SiF_4、H_2S、S 和细微的磷矿粉、焦炭粉等杂质，这些杂质和炉气一起进入冷凝系统，经水洗冷凝在受磷槽中形成了乳胶状的混合物——磷泥，每生 1 t 黄磷约有 350 kg 磷泥产生，含磷 3%～90%，不仅影响了黄磷的产量和生产成本，同时给环境带来巨大危害。

3. 其他固废

磷铁是电热法制磷的副产物，每生产 1 t 黄磷副产磷铁 100～200 kg。磷铁主要成分为磷和三价磷化铁的金属混合物，通常含 70%铁、18%～26%磷，以及微量锰、钒、硅、碳、硫等。熔融的磷铁温度较高，遇水会发生猛烈爆炸，严重时造成物毁人亡。

4. 黄磷尾气

黄磷尾气的主要成分是一氧化碳，含有磷、硫、砷、氟等元素杂质（图 9-1）。根据《危险化学品名录（2022 版）》（国家安全生产监督管理局公告），黄磷为 4.2 类自燃物品，二氧化硫、一氧化碳和四氟化硅为 2.3 类有毒气体，氟化氢为 8.1 类酸性腐蚀品，且部分气体具有较强的火灾、爆炸危险性。其主要危险性见表 9-1。黄磷尾气含一氧化碳 80%～90%。一氧化碳是一种无色无味气体，有剧毒，与空气混合能形成爆炸性混合物，遇明火、高热能引起燃烧、爆炸（爆炸极限 12.5%～74.2%），空气中一氧化碳浓度达到 10 mg/kg 会使人中毒，100 mg/kg 即使人头痛恶心。生产车间空气中一氧化碳最高容许质量浓度控制在 ≤ 1 mg/m^3。生产过程中的含氟气体主要为氟化氢。氟化氢可使人体中毒，主要表现为四肢疼痛、皮肤病等，重者骨质疏松、增殖和变形。生产车间空气中氟化氢最高容许质量浓度控制在 ≤ 1 mg/m^3。

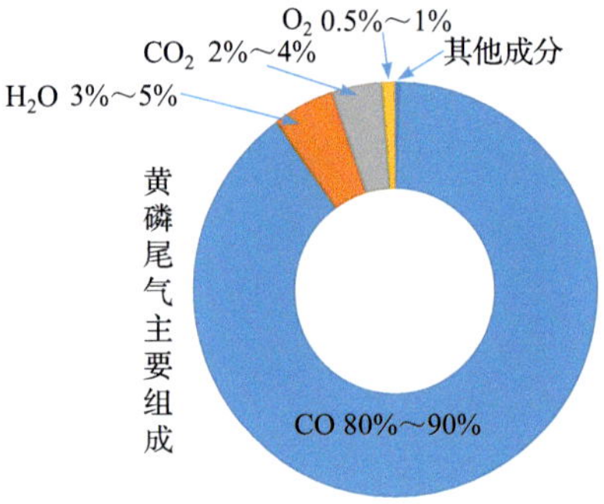

黄磷尾气其他成分组成　单位：mg/m^3

组分	浓度	组分	浓度
PH_3	400～9000	COS	2000～5000
P_4	300～700	H_2S	800～6000
HF	300～500	CS_2	15～80
AsH_3	70～80	HCN	200～1600
粉尘	600000		

图 9-1　黄磷尾气的组成

表 9-1　黄磷尾气组分的危害

物料名称	危险性类别	主要危险特性
黄磷	4.2 类自燃物品	黄磷接触空气发生自燃并发生燃烧和爆炸，与氯酸盐等氧化剂混合发生爆炸，其碎片和碎屑接触皮肤即着火，可引起严重的皮肤灼伤
二氧化硫	2.3 类有毒气体	对眼及呼吸道黏膜有强烈的刺激作用。大量吸入可引起肺水肿、喉水肿、声带痉挛而致窒息，皮肤或眼接触发生炎症或灼伤，可致牙齿酸蚀症
一氧化碳	2.3 类有毒气体	易燃易爆气体，有剧毒，与空气混合能形成爆炸性混合物，遇明火、高热能引起燃烧爆炸，一氧化碳在血中与血红蛋白结合而造成组织缺氧
四氟化硅	2.3 类有毒气体	对眼、皮肤、黏膜和呼吸道有严重损害，局部腐蚀作用强，严重中毒者可致肺炎、肺水肿
氟化氢	8.1 类酸性腐蚀品	可使人体中毒，主要表现为四肢疼痛，皮肤病等，重者骨质疏松、增殖和变形

5. 污水

磷吸收、精制、包装等过程产生含元素磷的废水，同时因吸收部分 P_2O_5 生成稀磷酸，吸收四氟化硅生成氟硅酸，其酸度逐渐增加，磷酸盐、氟硅酸含量也增加。另外，由于电炉电极采用煤焦油黏结石墨制成，加热冶炼过程中焦油挥发，形成少量氰化物，在炉渣水淬、炉气洗涤过程中，氰化物汇集于生产废水中。

9.2.3 安全风险分析

黄磷生产过程中安全风险包括：

1）主要职业危险、有害因素有：生产性粉尘毒害、磷炉气爆炸、磷炉气中毒、腐蚀、机械伤害、物体打击、车辆伤害、高处坠落、起重伤害、电气火灾、雷击、淹溺、黄磷燃烧爆炸、磷铁爆炸、堆渣坍塌、堆渣滑坡、触电、灼伤、噪声、高温和中毒。其中，主要危险、有害因素是：燃烧、爆炸、灼伤和中毒。

2）主要危险岗位有：回转烘干机岗位、磷炉岗位、黄磷精制岗位、成品磷包装岗位、炉渣（磷铁）排放岗位和磷泥处理岗位。

3）主要危险设备（场所）有：回转烘干机、磷炉、精制槽、出渣道、液磷槽罐、液磷输送管线和蒸磷转锅。

4）重大危险源：根据生产中所生成和使用的物质，磷化氢等可能构成重大危险源的物质，要根据《危险化学品重大危险源辨识》（GB 18218—2018）进行辨识。

采用《企业职工伤亡事故分类》（GB 6441—1986）对可能发生的伤亡事故进行分类，并采用风险评价指数矩阵法（MRAC）对黄磷生产过程的安全风险进行分析，结果见表 9-2。风险评价指数矩阵法是按照事故的可能性、严重性两个因素建立一个二维矩阵，矩阵的每个元素都对应一个可能性和严重性的等级，并给出一个定性的加权指数，成为风险评价指数矩阵，表示风险大小。采用的事故可能性等级、事故危险性程度、事故危险性等级和风险指数等级分别见表 9-3、表 9-4、表 9-5 和表 9-6。

表 9-2 黄磷安全性分析

危险物质	主要存在场所	主要危险特性	事故后果严重性	事故发生可能性	风险指数	风险等级
黄磷、磷泥	受磷槽、预沉槽、精制槽、磷泥池、成品储罐	火灾、爆炸	Ⅰ	D	8	2
		化学灼伤	Ⅲ	C	11	3
磷炉尾气	电炉、水封、烘干机、喷淋塔、尾气管道	火灾、爆炸	Ⅰ	D	8	2
		中毒	Ⅱ	C	6	2
含氟气体	电炉、喷淋塔、水封、尾气管道	中毒	Ⅱ	C	6	2
磷铁	电炉、炉渣	爆炸	Ⅰ	D	8	2
		高温烫伤	Ⅲ	C	11	3
电炉炉渣	电炉、炉渣	高温烫伤	Ⅲ	D	11	3
焦炭	原料工段、料柜	粉尘爆炸	Ⅰ	D	8	2
		中毒	Ⅲ	C	11	3
		粉尘伤害	Ⅲ	C	11	3
磷化氢	电炉、污水工段、磷泥池	火灾、爆炸	Ⅰ	D	8	2
		中毒	Ⅱ	C	6	2

表 9-3 事故可能性等级

事故可能性级别	注释
A	频繁发生
B	很容易发生
C	容易发生
D	很少发生
E	在设备系统寿命期内几乎不发生

表 9-4 事故危险性程度

级别	危险程度	可能导致的后果
Ⅰ	灾难性的	造成人员重大伤亡及系统严重破坏的灾难性事故，必须予以排除，并进行重点防范
Ⅱ	危险的	会造成人员伤亡和系统损坏，要立即采取防范对策措施
Ⅲ	临界的	处于事故的边缘状态，暂还不致造成人员死亡、系统损坏或降低系统性能，但应予以排除或采取控制措施
Ⅳ	安全的	不会造成人员伤亡及系统损坏

表 9-5 事故危险性等级

危险严重性	危险可能性				
	A	B	C	D	E
Ⅰ	1	2	4	8	12
Ⅱ	3	5	6	10	15
Ⅲ	7	9	11	14	17
Ⅳ	13	16	18	19	20

表 9-6 风险指数等级

风险指数	风险等级	建议准则	控制要求
1～5	1	不接受的风险	为降低风险须不计投入，只有当风险降低时方可继续作业；若即使以无限资源投入也不能降低风险则不允许继续作业
6～9	2	不希望有的风险	必须采取紧急措施方可继续作业
10～17	3	有条件接受的风险	应采取相关措施努力降低风险，可考虑成本-有效性原则
18～20	4	可接受的风险	保持原有的控制措施即可

通过以上分析内容可以看出，在电炉法生产黄磷的工艺过程中，存在的主要安全风险等级为 2 级或 3 级。

9.2.4 能源消耗

一般情况下，每生产 1 t 黄磷主要原材料及机械动力消耗情况为：电力消耗 13500 kW · h，磷矿石消耗 12～14 t，硅石消耗 1.0 t，焦炭消耗 1.8 t，电极消耗 18 kg。可见，黄磷生产属于高耗能生产行业范畴。

9.2.5 黄磷产品生命周期内碳足迹分析

以贵州省某 5 万 t/a 黄磷企业为例，采用生命周期评价（life cycle assessment, LCA）法定量分析黄磷产品在其生产过程中的碳足迹（carbon footprint）。该企业配备 4 套规格 12500 t/a 的黄磷电炉，配套建设了 18 MW 汽轮机组进行发电，已形成年产黄磷 5 万 t，年发电量 1 亿 kW · h 的产业规模。黄磷产品生命周期内各功能单位碳足迹结果如表 9-7、图 9-2 和图 9-3 所示。

表 9-7　案例企业黄磷产品生命周期内碳足迹核算结果　（单位：kg CO_2）

分类	碳足迹
磷矿石	1.293×10^2
焦炭	2.459×10^2
硅石	76.64
运输	37.55
电力	6.642×10^3
热力	2.464×10^2
过程排放	2.165×10^2
尾气处理	7.592×10^3
炉渣处理	6.178×10^2
总计	1.580×10^4

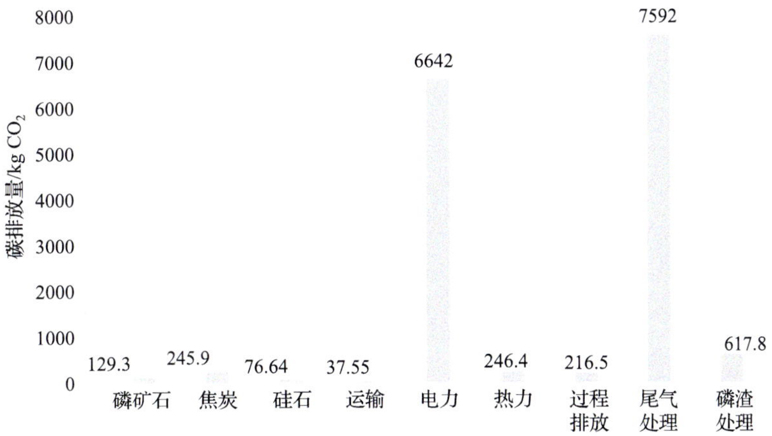

图 9-2　企业黄磷生产过程碳排放量

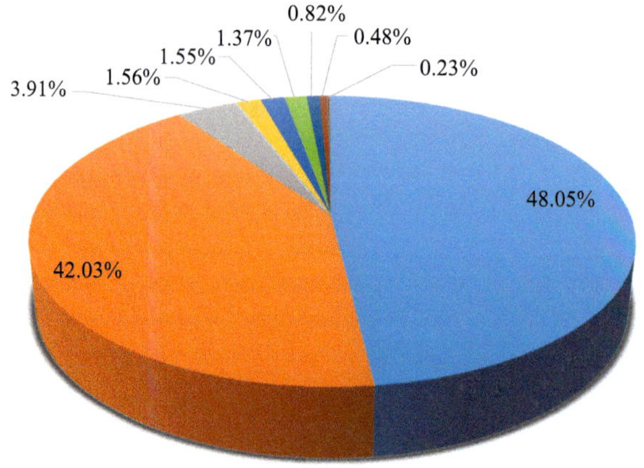

图 9-3　黄磷系统边界内各环节碳足迹占比

经计算，样本企业 1 t 黄磷生产过程的总碳足迹为 1.580×10^4 kg CO_2。其中，尾气处理过程的碳排放量最高（占比 48.05%）。除去尾气处理造成的碳排放以外，电力、热力等能源消耗碳足迹占比较大，电力消耗的碳足迹为 6642 kg CO_2，贡献了黄磷生产阶段碳足迹的 42.03%；原材料生产的碳足迹分别为磷矿石 129.3 kg CO_2、焦炭 245.9 kg CO_2、硅石 76.64 kg CO_2，占比分别为 0.82%、1.55%、0.48%；黄磷生产过程化学反应造成的过程排放碳足迹为 216.5 kg CO_2，占比 1.37%；炉渣处理造成的碳排放量为 617.8 kg CO_2，占比 3.91%；原材料运输造成的碳足迹占比最小，为 37.55 kg CO_2，占比仅为 0.23%。黄磷生产过程中焦炭作还原剂产生 CO 气体，化学反应造成的直接 CO_2 排放量较少；碳排放主要是来自电力、热力等能源消耗造成的间接碳排放，电力的消耗对生产工艺碳足迹影响最为明显，是降低黄磷产品碳足迹的最重要环节；黄磷尾气处理造成的碳排放占比最大。

9.3　国家和地方 ESH*法规

由于磷化工生产过程中产生的废气废料对环境的污染程度极大，近年来国家出台了系列措施，综合整治“三磷”企业安全环保问题。2009 年 1 月，工业和信息化部（以下简称工信部）会同有关部门制定了《黄磷行业准入条件》，在原料粉尘回收、能耗、尾气综合利用、磷泥回收、污水处理和炉渣综合利用等环境保护和资源综合利用方面提出相关要求。2011 年 2 月，工信部出台《工业和信息化部关于工业副产石膏综合利用的指导意见》，完善了副产品磷石膏综合应用的激励政策。2011 年环境保护部出台《磷肥工业水污染物排放标准》（GB 15580—2011），规定了磷肥行业废水排放限值；含磷农药、黄磷行业外排水执行《污水综合排放标准》（GB 8978—1996）。2011 年 9 月，工信部发布《磷

* ESH 表示环境、安全、健康。

铵行业准入条件》，对磷复肥生产废水中总磷、氟化物、氨氮等污染物提出排放限值，同时对磷石膏综合利用率等指标提出要求。2015 年 7 月，工信部又出台《工业和信息化部关于推进化肥行业转型发展的指导意见》，要求做好磷矿资源的回收利用工作。2016 年 7 月，工信部发布《工业绿色发展规划（2016—2020 年）》，提出到 2020 年磷石膏资源化利用率需达到 40%。2016 年 12 月，国务院颁布《“十三五”国家战略性新兴产业发展规划》，推动提升工业废料综合利用率。2016 年，国家安全生产监督管理总局发布《磷石膏库安全技术规程》（AQ 2059—2016），填补了磷石膏堆场建设标准的空白。2016 年以前磷石膏堆场均参照《一般工业固体废物贮存、处置场污染控制标准》国家标准第 1 号修改单（GB 18599—2001/XG1—2013）、《尾矿库安全技术规程》（AQ 2006—2005）、《化工废渣填埋场设计规定》（HG 20504—2013）进行建设和运行管理，难以满足磷石膏堆场特殊的污染防治要求。2015 年 10 月 28 日，国家发展和改革委员会、环境保护部、工信部发布《黄磷工业清洁生产评价指标体系》（2015 年第 25 号）。2016 年 12 月 13 日，国家质量监督检验检疫总局、国家标准化管理委员会发布国家标准《黄磷生产技术规范》（GB/T 33321—2016），2017 年 7 月 1 日实施。2018 年 4 月，国家领导人在长江经济带发展座谈会发表重要讲话，表明要继续实施长江流域环境保护措施。2019 年 1 月 23 日，生态环境部办公厅印发《长江保护修复攻坚战行动计划》，此计划以改善长江生态环境质量为核心，以长江干流、主要支流及重点湖库为突破口，计划通过创新体制机制，强化监督执法，落实各方责任，着力解决突出生态环境问题，确保长江生态功能逐步恢复。《长江保护修复攻坚战行动计划》提出推进“三磷”综合整治的主要任务，开展磷矿、磷肥和含磷农药制造等磷化工企业、磷石膏库的专项排查整治行动，2020 年年底前完成监督检查评估，随后发布《长江“三磷”专项排查整治行动实施方案》《长江“三磷”排查整治技术指南》等文件，以长江经济带 7 省市为重点，提出具体工作要求及阶段性整治任务时间节点，明确了关停取缔要求、规范和提升改造要求。2019 年 8 月工信部废止《黄磷行业准入条件》（工业和信息化部公告产业〔2008〕17 号），同年 11 月废止《磷铵行业准入条件》（工业和信息化部公告 2011 年第 31 号）。2021 年 5 月，工信部发布《黄磷行业绿色工厂评价要求》（HG/T 5900—2021）。

在当前推进“双碳”目标实现的背景下，磷化工行业全方位碳资源管理也列入了重要的议事日程。随着“双碳”目标的有序推进和“十四五”规划 GDP 能耗降低 13.5%、CO_2 排放降低 18%的目标倒逼，国家严格能效约束，推动高耗能行业重点领域节能降碳，其中黄磷行业实施节能降碳改造升级具有重大意义。虽然目前黄磷下游的产品在食品级磷酸、电子级磷酸、农药、新能源电池等方面的应用增加，结构逐渐丰富，但是精细磷产品种类仍发展不足，高端化磷产品少。现有黄磷生产技术工艺不能满足“十四五”期间国家的低碳经济、节能减排的发展要求。我国是世界第一大磷化工产业大国，黄磷是磷化工产业（不含磷肥）的重要基础产品，推动黄磷行业绿色低碳高质量发展，是提升磷化工产业链现代化水平、保持国际市场竞争力的内在要求。为贯彻落实《关于严格能效约束推动重点领域节能降碳的若干意见》《高耗能行业重点领域能效标杆水平和基准水平（2021 年版）》，推动黄磷行业做好节能降碳改造升级工作，国家发展和改革委员会组织中国无机盐工业协会等单位编制了《黄磷行业节能降碳改造升级实施指南（2021 年版)》。该文件聚焦黄磷行业用能问题，以加强前沿技术开发应用、加快成熟工艺普及推广为工作重点，培育标杆示范企业，有序推动改造升级。

我国黄磷行业现行有效的能效水平技术指标对比分析见表 9-8。

表 9-8　我国黄磷行业现行有效的能效水平技术指标对比分析

名称	类别	能耗指标技术要求			实施时间	状态
		黄磷单位产品综合能耗/(tce/t)	黄磷单位产品电耗/(kW · h/t)	黄磷单位产品电炉电耗/(kW · h/t)		
《黄磷单位产品能源消耗限额》(GB 21345—2015)	限定值	3.2	13500	13300	2016 年 10 月 1 日	现行有效
	准入值	2.8	13000	12800		
	先进值	2.5	12300	12100		
《高耗能行业重点领域能效标杆水平和基准水平(2021 年版)》	基准水平	2.3	—	—	2022 年 1 月 1 日	现行有效
	标杆水平	2.8	—	—		
《高耗能行业重点领域节能降碳改造升级实施指南(2022 年版)》	工作目标	到 2025 年，黄磷领域能效标杆水平以上产能比例达到 30%，能效基准水平以下产能基本清零，行业节能降碳效果显著，绿色低碳发展能力大幅增强			2022 年 2 月 3 日	现行有效

9.3.1 《黄磷工业清洁生产评价指标体系》

为贯彻《中华人民共和国环境保护法》和《中华人民共和国清洁生产促进法》，指导和推动黄磷生产企业依法实施清洁生产，提高资源利用率，减少和避免污染物的产生，保护和改善环境，制定《黄磷工业清洁生产评价指标体系》(以下简称《指标体系》)。《指标体系》依据综合评价所得分值将企业清洁生产等级划分为三级，Ⅰ级为国际清洁生产领先水平；Ⅱ级为国内清洁生产先进水平；Ⅲ级为国内清洁生产基本水平。《指标体系》规定了黄磷工业企业清洁生产的一般要求。《指标体系》将清洁生产指标分为六类，即生产工艺及装备指标、资源和能源消耗指标、资源综合利用指标、污染物产生指标、产品特征指标和清洁生产管理指标。《指标体系》适用于黄磷生产企业的清洁生产审核、清洁生产潜力与机会的判断、清洁生产绩效评定和清洁生产绩效公告、环境影响评价、排污许可证、环境领跑者等管理制度。黄磷工业(电炉法)清洁生产评价指标体系的各评价指标、评价基准值和权重值见表 9-9。各指标的评价基准值是衡量该项指标是否符合清洁生产基本要求的评价基准。指标污染物产生指标的采样和监测按照相关技术规范执行，并采用国家或行业标准监测分析方法，详见表 9-10。

表 9-9　黄磷工业（电炉法）清洁生产评价指标体系的各评价指标、评价基准值和权重值

序号	一级指标	一级指标权重	二级指标	单位	二级指标权重	Ⅰ级基准值	Ⅱ级基准值	Ⅲ级基准值
1	生产工艺及装备指标	0.15	*单台磷炉变压器容量	kV · A	0.15	≥20000	≥10000	
2			*黄磷尾气净化处理装置		0.4	深度净化，达到生产碳一化学品质量要求	生产甲酸钠或尾气发电等	初步净化，用作燃料
3			*排渣系统烟气处理装置情况		0.25	磷渣产生的水气，集中收集、冷却、处理后排放	有水气收集装置	
4			黄磷污水、泥磷处理装置		0.1	含磷污水密闭循环；泥磷全部得到有效回收利用，过程废气污染物得到有效控制和处置	含磷污水闭路循环；泥磷有回收装置	
5			间接冷却水处理装置		0.05	无过程间接冷却水排放	有过程间接冷却水排放	
6			原料（磷矿、炭质还原剂等）烧结等预处理装置		0.05	有磷矿和炭质还原剂等烧结装置，可采用低品位磷矿	无烧结等预处理装置	
7	资源和能源消耗指标	0.25	*单位产品综合能耗	tce/t P_4	0.35	≤2.6	≤3.0	≤3.3
8			磷矿消耗（折30% P_2O_5 标矿）	t/t P_4	0.1	≤8.5	≤9.0	≤9.5
9			*电炉电耗[a]	kW · h/t P_4	0.35	≤12900	≤13200	≤13800
10			炭质还原剂消耗（折固定碳含量等于84%的标准焦炭）	t /t P_4	0.1	≤1.5	≤1.8	≤2.0
11			新鲜水消耗	t/t P_4	0.1	≤4.0	≤5.0	≤10.0
12	产品特征指标	0.05	黄磷含量（在苯中）	%	0.6	≥99.9	≥99.5	≥99.5
13			砷含量	%	0.4	0.01	0.02	0.02
14	污染物产生指标	0.25	废水产生量	$m^3/t\ P_4$	0.1	≤4	≤5	≤8
15			废水中悬浮物	kg/t P_4	0.05	≤0.16	≤0.2	≤0.32
16			废水中氟化物（以F计）	kg/t P_4	0.05	≤0.04	≤0.05	≤0.08

续表

序号	一级指标	一级指标权重	二级指标	单位	二级指标权重	Ⅰ级基准值	Ⅱ级基准值	Ⅲ级基准值
17	污染物产生指标	0.25	废水中总氰化物	kg/t P_4	0.05	≤0.002	≤0.0025	≤0.004
18			废水中总砷	kg/t P_4	0.07	≤0.002	≤0.0025	≤0.004
19			废水中单质磷	kg/t P_4	0.07	≤0.0004	≤0.0005	≤0.008
20			*废水中总磷	kg/t P_4	0.05	≤0.04	≤0.05	≤0.08
21			电炉尾气产生量	m^3/t P_4	0.1	≤2600	≤2850	≤3000
22			磷泥处置尾气产生量	m^3/t P_4	0.06	≤750	≤850	≤1000
23			*电炉尾气中颗粒物	kg/t P_4	0.06	≤0.1	≤0.15	≤0.3
24			*电炉尾气中硫化物	kg/t P_4	0.06	≤1.1	≤2.5	≤2.6
25			*电炉尾气中氟化物	kg/t P_4	0.06	≤0.12	≤0.15	≤0.16
26			电炉尾气中总磷	kg/t P_4	0.06	≤1.0	≤2.0	≤2.5
27			尾气中砷化合物	kg/t P_4	0.06	≤0.002	≤0.005	≤0.008
28			磷泥产生量	kg/t P_4	0.1	≤100	≤180	≤240
29	资源综合利用指标	0.20	*水回用率	%	0.2	100	≥90	≥85
30			*电炉尾气回收利用率	%	0.3	≥95	≥90	≥85
31			*磷泥量回收处置率	%	0.2	100		
32			磷渣综合利用率	%	0.1	100	≥95	
33			磷粉、焦粉利用率	%	0.2	100	≥90	≥85
34	清洁生产管理指标	0.10	*环境法律法规标准执行情况		0.2	符合国家和地方有关环境法律、法规，废水、废气、噪声等污染物排放符合国家和地方排放标准；污染物排放应达到国家和地方污染物排放总量控制指标和排污许可证管理要求		

续表

序号	一级指标	一级指标权重	二级指标	单位	二级指标权重	Ⅰ级基准值	Ⅱ级基准值	Ⅲ级基准值
35	清洁生产管理指标	0.10	*产业政策执行情况		0.2	未采用国家明令禁止和淘汰的生产工艺、装备，未生产国家明令禁止的产品；达到行业政策要求		
36			清洁生产审核情况		0.1	通过了清洁生产审核		
37			环境管理体系制度		0.1	按照GB/T 24001建立并运行环境管理体系，环境管理程序文件及作业文件完备		
38			固体废物处理处置		0.1	采用符合国家规定的废物处理处置方法。一般固体废物按照GB 18599相关规定执行；危险废物按照GB 18597等相关规定执行		
39			能源计量器具配备情况		0.1	能源计量器具配备率符合GB/T 17167三级计量要求	能源计量器具配备率符合GB/T 17167二级计量要求	
40			环境管理制度和机构		0.1	具有完善的环境管理制度；设置专门环境管理机构和专职管理人员		
41			环境信息公开		0.1	按照《环境信息公开办法（试行）》要求公开环境信息		

注：1. 带“*”号的指标为限定性指标。

2. a：当磷矿采用烧结或焙烧工艺时，单位产品综合能耗各级指标增加 0.7 tce/t，单位产品电耗各级指标增加 600 kW · h/t。

表 9-10　污染物项目测定方法标准

序号	监测项目	监测位置	检测方法标准编号、名称
1	废水中悬浮物	企业废水总排放口	GB 11901—1989《水质 悬浮物的测定 重量法》
2	废水中氟化物（以F计）		GB 7484—1987《水质 氟化物的测定 离子选择电极法》
			HJ 487—2009《水质 氟化物的测定 茜素磺酸锆目视比色法》
			HJ 488—2009《水质 氟化物的测定 氟试剂分光光度法》
3	废水中总氰化物		HJ 659—2013《水质 氰化物等的测定 真空检测管-电子比色法》
			HJ 484—2009《水质 氰化物的测定 容量法和分光光度法》
4	废水中总磷		GB 11893—1989《水质 总磷的测定 钼酸铵分光光度法》
			HJ 670—2013《水质 磷酸盐和总磷的测定 连续流动-钼酸铵分光光度法》
			HJ 671—2013《水质 总磷的测定 流动注射-钼酸铵分光光度法》
5	废水中单质磷		HJ 593—2010《水质 单质磷的测定 磷钼蓝分光光度法（暂行）》
6	废水中总砷	车间或生产装置（末端治理设施）	GB 7485—1987《水质 总砷的测定 二乙基二硫代氨基甲酸银分光光度法》
			HJ 694—2014《水质 汞、砷、硒、铋和锑的测定 原子荧光法》
		排放口	HJ 700—2014《水质 65种元素的测定 电感耦合等离子体质谱法》
7	电炉尾气中颗粒物	车间或生产设施（末端治理设施）排气筒	GB/T 16157—1996/XG1—2017《固定污染源排气中颗粒物测定与气态污染物采样方法》行业标准第1号修改单
			GB/T 15432—1995/XG1—2018《环境空气 总悬浮颗粒物的测定 重量法》第1号修改单
8	电炉尾气中硫化物		HJ/T 56—2000《固定污染源排气中二氧化硫的测定 碘量法》
			HJ/T 57—2000《固定污染源排气中二氧化硫的测定 定电位电解法》
			HJ 629—2011《固定污染源废气 二氧化硫的测定 非分散红外吸收法》
9	电炉尾气中氟化物		HJ/T 67—2001《大气固定污染源 氟化物的测定 离子选择电极法》
			HJ 480—2009《环境空气 氟化物的测定 滤膜采样氟离子选择电极法》
			HJ 481—2009《环境空气 氟化物的测定 石灰滤纸采样氟离子选择电极法》
10	电炉尾气中总磷		HJ 545—2017《固定污染源废气 气态总磷的测定 喹钼柠酮容量法》
11	电炉尾气中砷化合物		HJ 540—2009《环境空气和废气 砷的测定 二乙基二硫代氨基甲酸银分光光度法（暂行）》
			HJ 541—2009《黄磷生产废气 气态砷的测定 二乙基二硫代氨基甲酸银分光光度法（暂行）》

9.3.2　《黄磷生产技术规范》

编制国家标准《黄磷生产技术规范》（GB/T 33321—2016）是为了贯彻落实国家标准化发展战略，推广实施高科技的生产技术，以达到提升黄磷产业生产技术水平，节约资源、能源，保护环境、保护操作人员身体健康，维护国家和人民的利益，提高行业经济效益和参与国际竞争的能力，发挥标准在国内外市场竞争中技术支撑作用为宗旨和目的。由于目前淘汰型生产技术与高科技生产技术并存的现状及黄磷需求量的变革与日俱增，编制国家标准《黄磷生产技术规范》对建立资源节约型、环境友好型“低碳”社会意义重大。在 GB/T 33321—2016 制定以前，国内外尚未有针对热法黄磷生产技术规范制定的统一标准，我国编制的该标准为首次，具有跨时代的开创意义。

该标准规定了适用范围为采用电炉法制磷的生产装置，对相关专业术语进行了定义，并根据设计产能对当前国内制磷电炉的规模进行明确区分：大型制磷电炉 ≥20 kt/a，中型制磷电炉 10～20 kt/a，小型制磷电炉 ＜10 kt/a。

该标准提出黄磷企业的基本生产要求主要包括：装置规模、工艺装备、环境保护要求及生产技术经济指标应符合《黄磷行业准入条件》、《黄磷单位产品能源消耗限额》（GB 21345—2015）的规定。该标准规定黄磷企业的设计要求是：黄磷制造企业的新建、改建、扩建工程及黄磷制造企业在设计过程中应符合《大气有害物质无组织排放卫生防护距离推导技术导则》（GB/T 39499—2020）、《黄磷安全规程》（GB/Z 24784—2009）及《黄磷行业准入条件》的要求。

根据热法黄磷生产工艺特点，该标准明确了生产过程应重点控制的内容及要求，包括生产方法、电炉法制磷原理、电炉法制磷工艺流程概述及工序过程控制，在各工序过程控制章节中给出原料制备工序、电炉制磷工序、磷炉气除尘收磷工序、精制及成品包装工序和污水处理工序的工序任务、工艺方法、工艺流程、工艺过程控制、设备选用等要求。

9.3.3 《黄磷行业绿色工厂评价要求》

《黄磷行业绿色工厂评价要求》（HG/T 5900—2021）以现有相关评价和要求为基础，结合黄磷行业特点，建立符合行业需求的绿色工厂评价模型，给出绿色工厂综合评价指标和要求，旨在引导和规范实施绿色制造工程，实现产业绿色转型升级。该标准规定了黄磷行业绿色工厂评价的评价原则、评价指标体系、一般程序等综合内容。黄磷行业绿色工厂评价体系框架如图 9-4 所示。

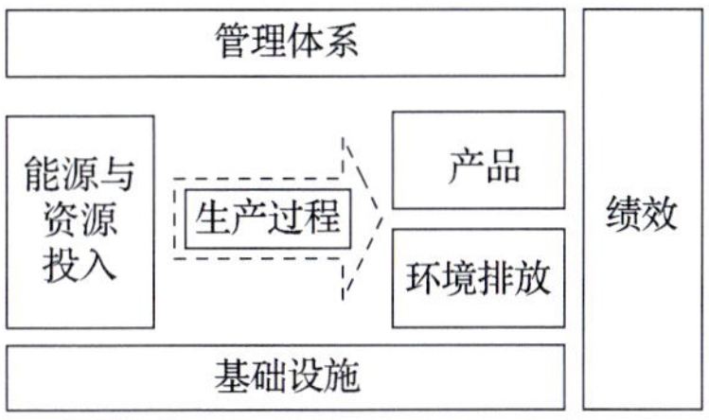

图 9-4 黄磷行业绿色工厂评价体系框架

工厂废气污染物排放标准应满足表 9-11 要求。

表 9-11 工厂废气污染物排放限值

序号	污染物项目	控制污染源	排放限定值/(mg/m³)	污染物排放监控位置
1	颗粒物	原料烘干、磷矿烧结、磷泥处理、尾气综合利用、水淬渣池有组织排放	30	车间或生产设施排气筒
2	二氧化硫		400	
3	氮氧化物		200	
4	氟化物（以 F 计）		6	
5	磷酸雾（以 P 计）		15	
6	砷及其化合物（以 As 计）		0.5	

工厂水污染排放应满足《污水综合排放标准》(GB 8978—1996)。

黄磷工业清洁生产满足表 9-12 要求。

表 9-12　黄磷工业清洁生产指标

项目	指标名称	限值
废水	取水量定额/(m^3/t)	≤5
废气	废气产生量/(m^3/t)	≤2600
固废	磷泥产生量/(kg/t)	≤100

工厂固废、废气、废水回收利用指标应满足表 9-13 要求。

表 9-13　工厂固废、废气、废水回收利用指标

项目	指标名称	利用率
固废	矿石粉、炉渣处理处置率/%	100
	磷泥处理处置率/%	100
废气	含 CO 的黄磷尾气利用率/%	95[1)]
废水	含单质磷废水回用率（禁止外排）/%	100

注：1）正常工况。

黄磷绿色工厂单位产品综合能耗见表 9-14，单位产品碳排放量指标不得高于 14.0 t CO_2/t。

表 9-14　黄磷绿色工厂单位产品综合能耗

黄磷单位产品综合能耗/(kgce/t)	黄磷单位产品电耗/(kW · h/t)	黄磷单位产品电炉电耗/(kW · h/t)
≤2500	12300	12100

注：达到绿色工厂评价要求的企业，使用推荐环保处理工艺，其黄磷单位产品综合能耗增加 122.9 kgce/t。

附 1　排放标准

评价区域执行的环境质量标准见附表 9-1，排放标准及标准值见附表 9-2。

附表 9-1　环境质量标准

标准类别	标准号	标准名称	级（类）别	项目	标准值		
					年平均	日平均	1 h 平均
质量标准	GB 3095—2012	《环境空气质量标准》	二级	SO_2	0.06 mg/m^3	0.15 mg/m^3	0.5 mg/m^3
				NO_2	0.04 mg/m^3	0.08 mg/m^3	0.20 mg/m^3
				TSP	0.2 mg/m^3	0.3 mg/m^3	—
				CO	—	4 mg/m^3	10 mg/m^3
				氟化物	—	0.007 mg/m^3	0.02 mg/m^3
	GB 3096—2008	《声环境质量标准》	3 类	L_{Aeq}	昼间 65 dB(A)	夜间 55 dB(A)	
	GB 3838—2002	《地表水环境质量标准》	Ⅱ类	pH	6～9		
				COD_{Mn}	≤4 mg/L		
				总磷	≤0.1 mg/L		

续表

标准类别	标准号	标准名称	级（类）别	项目	标准值
质量标准	GB 3838—2002	《地表水环境质量标准》		氟化物	≤1 mg/L
				砷	≤0.05 mg/L
				氰化物	≤0.05 mg/L

注：TSP 表示总悬浮颗粒物，L_{Aeq} 表示等效声级；COD_{Mn} 表示高锰酸盐指数。

附表 9-2 排放标准

标准号	标准名称	评价对象	级（类）别	标准值		
				排放浓度		排放速率
GB 16297—1996	《大气污染物综合排放标准》	磷炉	二级	颗粒物	120 mg/m³	4.94 kg/h
				氟化物	9 mg/m³	0.142 kg/h
GB 16297—1996	《大气污染物综合排放标准》	原料筛分	二级	颗粒物	120 mg/m³	
GB 13271—2014	《锅炉大气污染物排放标准》	锅炉	2014 年 7 月 1 日后新建锅炉	颗粒物	50 mg/m³	
				SO_2	300 mg/m³	
GB 18483—2001	《饮食业油烟排放标准》	职工食堂	—	油烟	2 mg/m³	
GB 8978—1996	《污水综合排放标准》	生产废水、生活废水	一级	pH	6～9	
				SS	70 mg/L	
				COD	100 mg/L	
				BOD_5	20 mg/L	
				石油类	5 mg/L	
				氨氮	15 mg/L	
				总砷	0.5 mg/L	
				总氰化物	0.5 mg/L	
				氟化物	10 mg/L	
				元素磷	0.1 mg/L	

注：SS 表示固体悬浮物；COD 表示化学需氧量；BOD_5 表示五日生化需氧量。

附 2　方法标准

HJ/T 2.2—2018《环境影响评价技术导则 大气环境》；

HJ/T 2.3—2018《环境影响评价技术导则 地表水环境》；

HJ/T 2.4—2021《环境影响评价技术导则 声环境》；

HJ 169—2018《建设项目环境风险评价技术导则》；

GB/T 3840—1991《制定地方大气污染物排放标准的技术方法》；

HJ/T 91—2002《地表水和污水监测技术规范》。

附 3　其他标准

GBZ 1—2010《工业企业设计卫生标准》；

GBZ 2.1—2019/XG1—2022《工作场所有害因素职业接触限值 第 1 部分：化学有害因素》行业标准第 1 号修改单；

GB 15562.2—1995/XG1—2023《环境保护图形标志固体废物贮存（处置）场》国家标准第 1 号修改单；

GB 18599—2020《一般工业固体废物贮存和填埋污染控制标准》;
GB 5085.7—2019《危险废物鉴别标准 通则》;
GB 18218—2018《危险化学品重大危险源辨识》;
GBZ/T 230—2010《职业性接触毒物危害程度分级》;
GB/T 12801—2008《生产过程安全卫生要求总则》;
GB 5083—2023《生产设备安全卫生设计总则》;
GBZ 81—2002《职业性磷中毒诊断标准》;
GBZ 51—2009《职业性化学性皮肤灼伤诊断标准》。

9.4 黄磷生产中达到 ESH 要求的措施

20 世纪 60 年代以后，随着世界经济的发展，环境问题也日益突出。最初人们只注意环境危害出现后的治理研究，然而很多有毒有害物质一旦进入环境，将对人体健康和生态环境造成长期严重的危害，要彻底治理将花费大量的人力和物力，有些甚至根本无法治理，一些工业发达国家为此付出了沉重的代价。

世界各国化学工业在发展过程中，曾发生一系列影响大、危害严重的事件。这些事件与有毒化学品的燃爆事故及突发泄漏密切相关。据资料报道：到 1987 年的 20～25 年间，在 95 个国家所登记的化学事故中，发生过突发性泄漏的常见化学品按其物质形态分析：液体 47.8%，液化气 27.6%，气体 18.8%，固体约 8.2%。从事故的来源看：运输 34.2%，碰撞事故 26.8%，人为因素 22.8%，外部因素（地震、雷击等）16.2%。从以上数据不难看出，液体化学品所导致的事故比例是最大的。

磷化工产品具有易燃性、易爆性、毒性、污染性和反应性等多种危险性。一旦由不可抗力、设备故障、操作者疏忽等因素造成泄漏，就可能引起易燃化学品的燃爆事故或有毒液体物质对陆域、大气、水域的污染事故。随着 2002 年《中华人民共和国安全生产法》和 2003 年《中华人民共和国环境影响评价法》的颁布实施，在法律层面上对环境风险评价和管理提出了具体要求，这种情况下，系统地进行环境健康安全的研究势在必行。

9.4.1 安全防护措施

在黄磷生产过程中主要的有毒有害物料有磷蒸气（P_4）、一氧化碳（CO）、氟化物（SiF_4）等，生产过程的连续化使整个生产过程的各类设备，特别是关键设备（电炉、洗气塔、受磷槽、精制槽、管道等）可靠性要求较高，应按要求设计、制造、检漏。而项目中各种设备大多数在现场制作，设计中若考虑不周、施工时把关不严或运行中的管理松懈、操作不当，都可能诱发火灾、爆炸、中毒、灼伤的事故。

从黄磷生产工艺的特点来看，防止泄漏是装置安全生产的主要控制点。火灾爆炸是装置的主要危险。另外，一氧化碳、磷蒸气、氟化物（SiF_4）、五氧化二磷（P_2O_5）等泄漏会导致中毒事故。各种辅助设备：燃煤锅炉、供（配）电装置、破碎机、行车等因设备故障、防护缺陷、操作不当会引起多种安全事故。

电炉法生产黄磷采用磷矿石、硅石和无烟煤作原料，电弧加热至1350～1370℃产生磷蒸气和一氧化碳，因此存在火灾爆炸、中毒、灼烧、触电、烫伤、窒息等危险有害因素。通过对电炉法生产黄磷工艺过程进行危险性分析提出以下防范措施。

1）新建黄磷厂的厂址选择应符合《工业企业总平面设计规范》（GB 50187—2012）和《化工企业总图运输设计规范》（GB 50489—2009）等的相关要求。在总图布置中应考虑自然条件以及建构筑物的防火间距、消防通道、安全疏散等方面的问题，确保其符合国家的有关规定。

2）具有易燃、易爆介质的生产厂房应充分考虑抗震、防雷、耐火等级、防火分区、安全出口、泄压等安全技术措施，确保符合《建筑设计防火规范》（GB 50016—2014）《建筑物防雷设计规范》（GB 50057—2010）和《建筑抗震设计标准》（GB/T 50011—2010）等的相关要求；对易泄漏有害介质的管道及设备尽量露天布置。

3）电炉制磷厂房应充分利用自然通风条件换气，在环境、气候、条件允许下，可采用敞开式或半敞开式结构，不宜采用自然通风或采用自然通风有困难的场所应采取通风换气措施。

4）在生产中对可能突然逸出大量有害物质或易造成急性中毒或易燃易爆的化学物质的作业场所应设计可燃气体、有毒气体检测报警装置、火灾自动报警装置、事故通风设施，并考虑必要的自动控制和连锁措施。

5）在有毒性危害及化学灼伤的作业环境中，应设计必要的淋洗器、洗眼器等防护设施，并根据作业特点和防护要求配置事故柜、急救箱和个人防护用品。

6）可能产生静电危害作业场所内的所有设备、管道、储罐等都必须根据《防止静电事故通用导则》（GB 12158—2006）、《化工企业静电接地设计规程》（HG/T 20675—1990）等的相关要求设置必要的防静电设施并定期检测其有效性。

7）电炉制磷系统的电气设备和线路的选型、安装、运行应符合《爆炸危险环境电力装置设计规范》（GB 50058—2014）的相关要求。

8）电炉制磷系统的动力、仪表、照明和冷却水系统等应有备用电源，并应具备防止停电的安全措施。

9）按《建筑设计防火规范》（GB 50016—2014）的规定设置消防车通道、消防给水和固定灭火装置，并根据火源及着火物质性质配备适当种类、足够数量的消防器材。

10）加强动火、起重、登高、设备内作业、抽堵盲板、动土、电气等危险作业的安全管理，严格执行作业许可制度。

9.4.2 职业卫生防护措施

厂区内员工职业病防治及安全卫生防护应按照现行国家标准《工业企业设计卫生标准》（GBZ 1—2010）、《生产过程安全卫生要求总则》（GB/G 12801—2008）及《生产设备安全卫生设计总则》（GB 5083—2023）有关要求执行。该工程涉及的职业病及安全卫生防护措施主要有以下几方面。

1. 作业环境中的有毒有害物质

我国颁布的国家职业卫生标准《工作场所有害因素职业接触限值 第 1 部分：化学有害因素》行业标准第 1 号修改单（GBZ 2.1—2019/XG1—2022）中，规定了作业场所空气中的氟、磷、砷的容许浓度，详见表 9-15。

表 9-15　作业场所空气中的氟、磷、砷的容许浓度　（单位：mg/m^3）

项目	MAC	PC-TWA	PC-STEL
氟化氢（按 F 计）	2	—	—
氟及其化合物（不含氟化氢）（按 F 计）	—	2	—
黄磷	—	0.05	0.1
磷化氢	0.3	—	—
砷化氢（胂）	0.03	—	—
砷及其无机化合物（按 As 计）	—	0.01	0.02

注：MAC 表示最高容许浓度（一个工作日内任何时间都不应超过的浓度）；PC-TWA 表示时间加权平均容许浓度（8 h）；PC-STEL 表示短时间接触容许浓度（15 min）。

公司应改善工人作业场所环境，严格按照国家颁布的职业卫生标准执行，将作业场所的环境空气质量达到标准要求；定期对该厂职工进行身体健康状况检查，通过与有关医疗单位合作，采取切实有效的防护措施，把相关职业病发生概率减小到最低程度。

2. 噪声及振动

对厂房的设计和设备的布局需采取降噪和减振措施，产生强烈振动的车间应修筑隔振沟，产生噪声和振动的车间墙体应设计加厚，为减轻噪声和振动的产生和传播，应设置隔声室以阻断噪声的传播，隔声室的天棚、墙体、门窗均应符合隔声、吸声的要求。厂内各工作地点噪声声级的卫生限值列入表 9-16。

表 9-16　工作地点噪声声级卫生限值

序号	日接触噪声时间/h	卫生限值/dB(A)	备注
1	8	85	最高不得超过 115 dB(A)
2	4	88	
3	2	91	
4	1	94	
5	1/2	97	
6	1/4	100	
7	1/8	103	

厂内生产性噪声传播至非噪声作业地点的噪声声级的卫生限值不得超过表 9-17 中规定。

表 9-17　非噪声工作地点噪声声级卫生限值

序号	工作地点	卫生限值/dB(A)
1	噪声车间办公室	75
2	非噪声车间办公室	60
3	会议室	60
4	计算机、精密加工室	70

3. 卫生设施

厂内的卫生设施主要有值班宿舍、浴室、更衣室、卫生间等，建筑物内应设置必要的排水、通风等卫生设施；并提供员工个人使用的职业病防护用品、现场急救用品等。

4. 电气设备安全

为保证电气设备安全可靠运行、保证操作人员的人身安全，电气控制和运行系统设计中必须严格遵守国家有关规范，设有必要的防雷、防爆、防触电装置。各用电设备均应设有短路和过载保护，供电系统及建筑物的关键部位应设置避雷装置。

5. 劳动安全

道路、通道、楼梯均应有足够的通行宽度、高度与适当的坡度，应有必要的护栏、扶手等；高空作业平台应有足够的作业空间、机电设备预留足够检修场地和通道、重要场所和危险场所设置明显的警示牌标记等。

9.4.3　应急防护措施

为防止风险事故性排放，项目建设过程中必须采取以下预防及防护措施。

1. 水电保障措施

为预防停电、停水等造成的事故性污染，应确保主车间的一级用电负荷，并采用二回路供电；加强供水设备的维护和运行管理。

2. 污染预防措施

（1）加强岗位培训，落实安全生产责任制

公司要把安全生产、防范事故工作放在第一位，牢固树立安全第一的生产经营思想，严格安全生产管理，经常检查安全生产措施，发现问题及时解决，消除事故隐患。

强化生产操作人员的安全培训教育，增强全体职工的责任感。生产操作人员必须熟记各种工艺控制参数及发生事故时的应急处理措施。项目建成投产后，应加大对各装置事故易发生的安全生产管理工作，贯彻“分级管理、层层负责”的原则，充分估计事故发生的可能性，制定应急处理措施。

（2）落实各项安全技术措施

各装置拟采用的工艺技术方案大多在国内有广泛应用，有多年成功运行的经验，技术成熟可靠，工艺技术方案本身不会引起事故风险，因此，只要在设计中严格执行《建筑设计防火规范》（GB 50016—2014）、《爆炸危险环境电力装置设计规范》（GB 50058—2014）、《建筑物防雷设计规范》（GB 50057—2010）、《化工企业静电接地设计规程》（HG/T 20675—1990）、《工业企业设计卫生标准》（GBZ 1—2010）、《生产过程安全卫生要求总则》（GB/T 12801—2008）、《生产设备安全卫生设计总则》（GB 5083—2023）等标准规范，由设计不当引起的事故是可以避免的。

建立健全各项安全、消防、卫生应急防护制度，配备完善的防护设施，如防毒面具、氧化呼吸器、防护眼镜、洗眼器等。

经常检查安全消防设施的完好性，保证完好率达到 100%，处于即用状态。建立一支业务技术过硬的抢险队伍（包括消防、防护、维修等），以备在事故发生时能及时有效地发挥作用。

严把工程建设质量关，特别是高压设备、各类泵、阀门、法兰等可能泄漏爆破部位的质量关。从采购、制造、安装、试车、检验等关键环节上加强对关键设备的管理，从根本上消除事故隐患，确保生产安全。

经常检查各种装置的运行情况，对管道、阀门等做定期探伤检查是发现隐患、预防事故发生的重要措施。为实现装置本身安全化，还应在可能泄漏有害物质的场所采用敞开式布置，对易泄漏可燃或爆炸气体的场所设置通风装置，使之通风良好，防止有害气体累积。安装自动控制仪表，加强关键部位的联锁报警系统，对重要参数进行自动控制，对关键设备部件进行定期更换。

（3）事故应急措施

1）公司应建立完善有效的事故应急预案。

2）公司应建立应急防护站，如果磷蒸气输送阀门、管道等爆裂出现泄漏时，防护人员可在事故位置制造水幕，实施堵漏，切断其泄漏路径。

3）风险事故发生后，应及时通知消防、卫生医疗机构参与现场急救，并迅速撤离不必要的现场人员；当发生严重磷蒸气泄漏时，应立即通知当地政府和安全生产管理部门，及时疏散可能受影响地区的群众。

4）对急性中毒者应尽快脱离现场，采取有效的现场急救措施，并迅即送往医院做进一步治疗。

9.4.4　环境排放指标控制技术

1. 黄磷尾气净化技术

（1）碱洗-催化氧化法

碱洗-催化氧化法工艺流程如图 9-5 所示。黄磷尾气首先经过水洗和碱洗，碱洗后的尾气经过除雾装置后送入引射式比例调节器，空气按照一定比例加入，保持尾气中的含氧量在 0.5%左右，加热到 110℃左右，黄磷尾气通过固定床催化剂，使得磷被氧化成 P_2O_3 和 P_2O_5，H_2S 被氧化成 S，这些氧化物很容易吸附在催化剂表面，从而使得尾气得到净化。

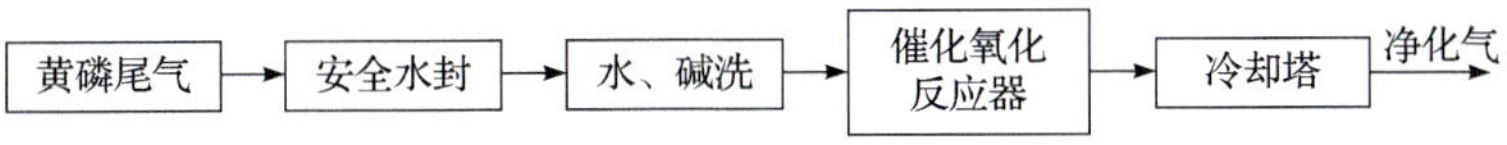

图 9-5　碱洗-催化氧化法工艺流程

（2）变温吸附法

变温吸附法的工艺流程如图 9-6 所示。黄磷尾气经过水洗、碱洗后通过变温吸附（TSA）和变压吸附（PSA）实现净化后送下游装置使用。部分净化气经加热炉加热后送往 TSA 进行吸附剂再生。其中，水洗工段可以洗涤脱除黄磷尾气中的粉尘、焦油、磷泥、大部分 SiF_4、部分 H_2S 和 HF；碱洗工序一般采用 10%～15%的烧碱溶液进行洗涤，可以脱除约 99%的 HF 和 SiF_4、80%～99%的 H_2S 以及约 50%的 CO_2；黄磷尾气中的 P_4 和 PH_3 主要是在 TSA 工段脱除；PSA 工段主要用于脱除其中的 CO_2，可以根据下游气体用户要求按需设置。

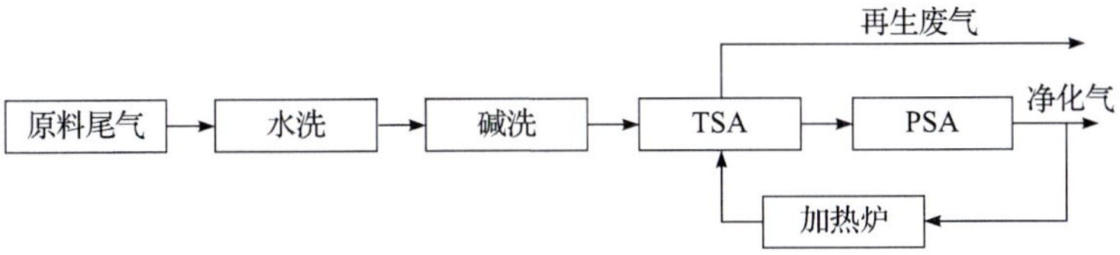

图 9-6　变温吸附法工艺流程

（3）空气氧化再吸附法

空气氧化再吸附法工艺流程如图 9-7 所示。黄磷尾气经过水洗、碱洗后进入氧化吸附工序，加热至一定温度后通入适量空气，将黄磷尾气中的 P_4、PH_3 氧化为 P_2O_3、P_2O_5，然后通过活性炭进行吸附，经过氧化吸附后的黄磷尾气还需要进一步碱洗才能送往下游装置利用。该工艺将黄磷尾气中难以被直接吸附的 P_4、PH_3 氧化为容易被吸附的 P_2O_3、P_2O_5 后进行脱除，净化效果相比 TSA 法更好。

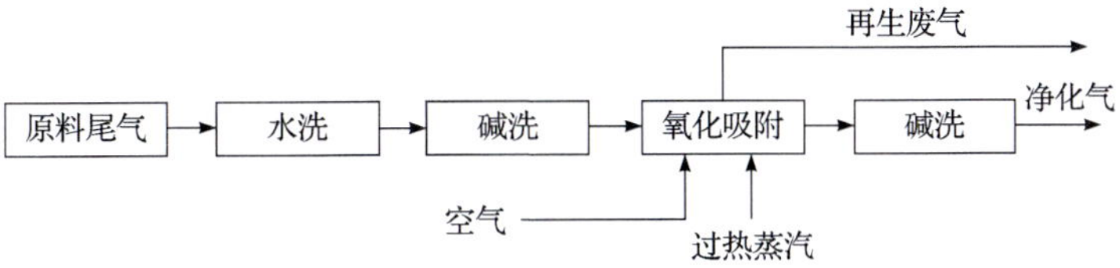

图 9-7　空气氧化再吸附法工艺流程

2. 黄磷尾气的资源化利用技术

（1）黄磷尾气作为碳一化工原料气

黄磷尾气中 CO 体积分数达到了 80%～90%，因此这种尾气可以看成是一种重要的碳一化工产品原料。科研工作人员多年来一直不断研究，旨在实现黄磷尾气的碳一化工利用，到目前为止，已经成功开发出以黄磷尾气为原料生产的甲醇、甲酸、二甲基酰胺等高附加值产品。黄磷尾气中除了 CO 以外，还含有很多其他的杂质成分，如磷、硫、粉尘等物质，因此，黄磷尾气用作碳一化工原料气的核心问题是如何脱除这些物质，以防止这些物质导致羰基合成催化剂中毒。通常当净化气中硫、氟、磷等杂质成分的含量小于 1 mg/Nm^3 时，黄磷尾气才可以用作碳一化工的原料气。

（2）黄磷尾气作为燃料气直接使用

在黄磷尾气中，CO 和 H_2 等易燃气体的体积分数约为 90%，具有很高的热值，理论值约为 4.1×10^7 J/m^3，因此是一种品质优良的燃气。目前，将黄磷尾气直接燃烧是比较直接的利用方法，也是大多数黄磷生产企业处理黄磷尾气的方法，这种方法不但可以提高企业的经济效益，还能够使企业实现环境效益和社会效益等方面的好处。黄磷尾气用作热水锅炉的燃气是应用最为广泛的方式，与之配套的黄磷尾气燃气锅炉是企业能否高效使用黄磷尾气的关键。根据黄磷生产企业的工艺要求，需要提前将入电炉的矿石原料进行烘烤。通过将黄磷尾气易燃成分进行燃烧，可完成矿石原料烘烤步骤，在完成黄磷尾气资源化利用的同时也减少有毒气体物质的排放。

黄磷尾气燃烧发电是目前黄磷尾气资源化利用发展最为迅速的技术。

3. 磷泥回收技术

常见磷泥回收利用工艺流程如图 9-8 所示。

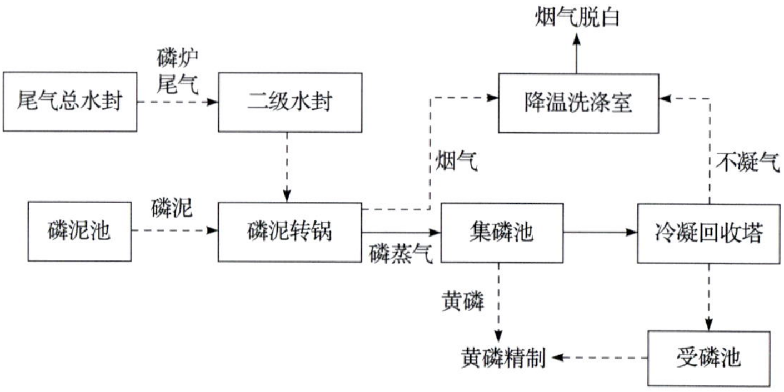

图 9-8　磷泥回收利用工艺流程

4. 炉渣的综合利用

（1）水泥中应用

当前，炉渣应用最为普遍的仍是水泥行业，主要包括两个方面：一方面作为煅烧水泥熟料的原料；另一方面作为水泥的混合材。炉渣中含有高含量的氧化钙和二氧化硅，主要成分与黏土和石灰石相似，因此可代替它们作为煅烧水泥熟料的原料。用于水泥的混合材是由于炉渣中高含量的硅酸盐玻璃体中活性阳离子与环境介质中的 OH^-作用，生成稳定的水化产物。

（2）混凝土中的应用

混凝土主要由水泥、骨料、拌合用水和添加剂等组分混合而成。在配制混凝土的混合料时，掺入适量的炉渣对于混凝土制品的质量和工程质量有明显的改善效果。在混凝土中使用适量的炉渣取代硅酸盐水泥，可以减少硅酸盐水泥的使用。细小的炉渣颗粒填充了水泥颗粒之间的空隙，增加材料的体积密度，从而提高混凝土强度。

（3）微晶玻璃

掺杂矿渣和尾矿的微晶玻璃（通常为 $CaO\text{-}Al_2O_3\text{-}SiO_2$ 体系）具有结构紧密、强度高、放射性低、色差小、耐腐蚀性强等优点，但炉渣微晶玻璃的析晶温度范围会变窄。

（4）陶瓷材料

炉渣在陶瓷领域也有较多应用研究。将水淬炉渣机械加工成细小颗粒，在 1000℃下煅烧之后可用于生产陶瓷素坯。以炉渣和水玻璃等制成所需基体材料，然后加入植物剩余物可制备既有陶瓷性能又有木材性能的低温陶瓷木材。炉渣和黑色页岩，添加适量造孔剂经过混合、成型、干燥及烧成等工序可合成多孔磷渣陶瓷。

（5）烧结砖

目前，工业与民用建筑中基本都是采用烧结黏土砖或烧结页岩砖，但这两类烧结砖仍然存在难以避免的缺点：一是在取用黏土或页岩时会破坏植被的生长和浪费大量的耕地；二是烧结温度较高，一般 1000℃以上，耗费能源较多。依据炉渣主要成分与黏土相似的特点，添加质量分数 40%的炉渣代替部分黏土并以粉煤灰作为内燃料，经过常规的烧结砖工艺流程研制出炉渣烧结砖。制品的强度、收缩率和吸水率等性能均表现良好，达到烧结普通砖的生产要求。研究表明，坯体内的玻璃相及再生的结晶骨架对烧结砖的强度影响较大，掺入炉渣中含有的少量的磷、氟化物会引起坯体中液相提前出现并增加液相量，即增加了玻璃相的比例，从而提高了烧结砖的强度。

（6）白炭黑

白炭黑又名水合二氧化硅，其组成可用 $SiO_2 \cdot nH_2O$ 表示。炉渣中约含有质量分数为 40%的二氧化硅，通过酸解炉渣可实现二氧化硅和其他杂质的分离，进一步加工处理可获得满足生产需求的白炭黑产品。目前主要采用磷酸、盐酸和硝酸分解炉渣。

（7）其他应用

富含硅、钙氧化物的炉渣可以取代玄武岩为主材料合成具有保温岩棉作用的保温板；改性之后可以替代无机填料用于填充塑料废弃物制备建筑用复合模板。炉渣的应用趋向复合型材料。除此之外，炉渣还被用于沥青的矿物填料中，不仅减少了水泥的添加量，节约成本，而且添加炉渣的沥青的力学性能和高温下的稳定性都有所提高，继续拓宽了炉渣的应用范围。

第 10 章 黄磷产业链简述

10.1 黄磷产品的下游产业链

磷是一种生命必需的元素，也是在地壳和岩石圈中丰度较高的元素。但是自然界中没有呈元素状态存在的磷，而是以磷酸盐的形态构成多种磷酸盐矿物。工业用磷必须大量从磷矿中提取，用于制造黄磷、红磷、磷酸、磷肥、磷酸盐等。

黄磷则是一种重要的化工产品，用途十分广泛。黄磷是生产磷酸和磷酸盐的主要原料，广泛用于化工、食品、农药和电子等行业。随着我国经济不断发展，黄磷在各个领域中的用途也越来越广泛，黄磷加工业的高新技术应用和高新技术产品层出不穷，每年为我国出口贸易创汇起着积极的作用。黄磷的化合物又可制作曳光弹、燃烧弹，是国防工业不可缺少的材料，在国民经济建设中占有重要地位。

中国是世界黄磷的主要生产地，生产能力已近 200 万 t/a，占世界总产量的 57%。例如，2017 年的产能达到 196 万 t，实际产量为 94 万 t，产量和市场占有率居世界第一，已成为中国重要的出口产品。云南、贵州、四川 3 省是国内黄磷的主要生产区，总产量已超过全国黄磷总产量的 80%，如图 10-1 和图 10-2 所示。两家骨干企业的产能如图 10-3 所示。

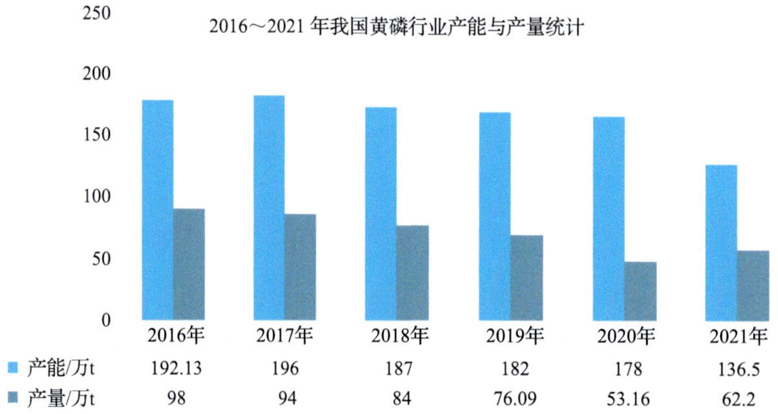

图 10-1　我国黄磷产能与产量

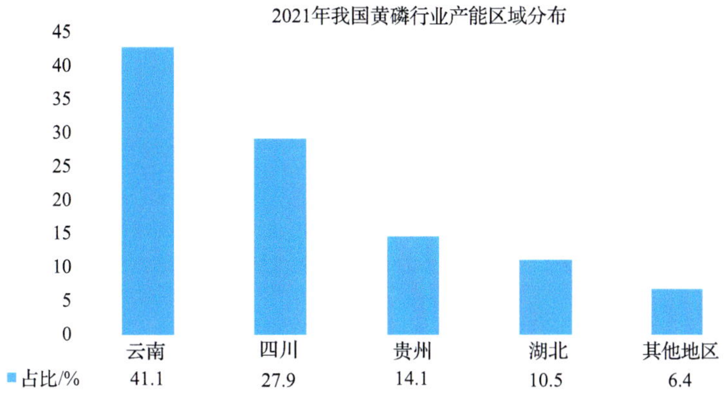

图 10-2　我国黄磷产能区域分布

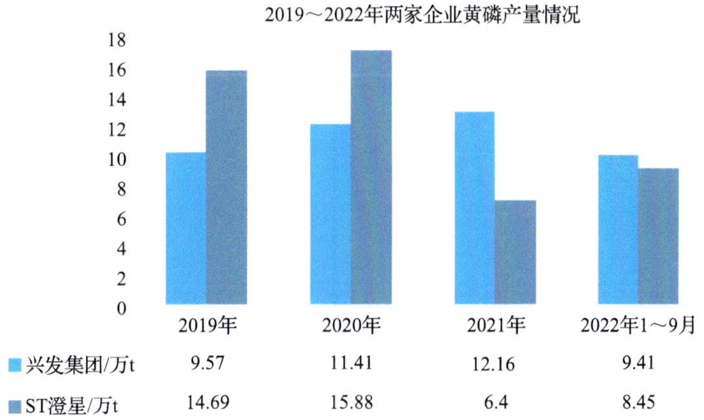

图 10-3　黄磷骨干企业的生产状况

图中兴发集团指湖北兴发化工集团股份有限公司，ST 澄星指江苏澄星磷化工股份有限公司

同时，黄磷是一种高能耗产品，其生产具有能耗高、排污量大、资源消费严重的特点。目前，我国大多数企业采用电炉法，即将磷矿石、硅石、焦炭混合物在密闭的三相电炉中，在 1400～1500℃高温下进行熔融还原反应。反应生成的黄磷、一氧化碳、四氟化硅呈气态溢出，经水喷淋冷却，黄磷凝聚成液滴，与机械杂质一起进入冷却塔底的受磷槽中，即为粗磷；粗磷在精制炉中，用蒸汽加热、搅拌、澄清后，在底部沉积纯磷，将其放入冷凝池冷却成型后即得产品黄磷。

黄磷行业产业链上游主要为焦炭、磷矿与硅石，下游主要应用于磷酸、草甘膦、三氯化磷、五氧化二磷，以及少量出口等。其下游需求占比结构如图 10-4 所示。

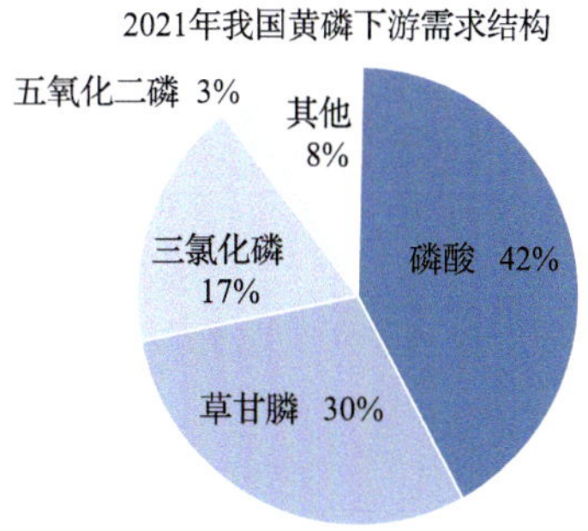

图 10-4　我国黄磷下游需求占比结构

在磷酸盐产业高速发展的带动下，磷元素需求明显上升，阻燃剂、磷酸氢钙、磷酸铁等产品的产量大幅增长，推动行业需求明显扩大；同时受供需矛盾的影响，行业价格大幅上升，推动磷化工行业产

值规模大幅增长。数据显示，2022 年中国磷化工行业产值约为 2198.6 亿元，同比增长 6.38%。其中磷肥行业产值占比最大，约为 36.9%，另外，磷酸行业产值占比约为 7.4%。具体数据如图 10-5 所示。

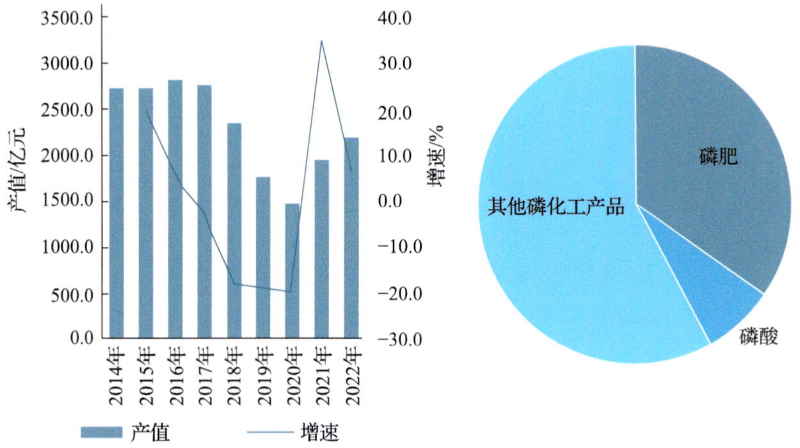

图 10-5　2014～2022 年我国磷化工行业产值及 2022 年细分市场分布情况

具体从需求量方面来看，近年来国家政策推动精细化工行业发展，带动磷酸等其他磷化工产品需求，同时农用化肥施用量持续下降，导致国内磷化工下游磷肥领域磷元素需求量持续下降，而磷酸、磷酸盐及其他领域磷元素需求量持续增长。数据显示，2022 年中国磷肥领域磷元素需求量约为 394.2 万 t，磷酸、磷酸盐及其他领域磷元素需求量约为 1047.4 万 t。具体数据如图 10-6 所示。

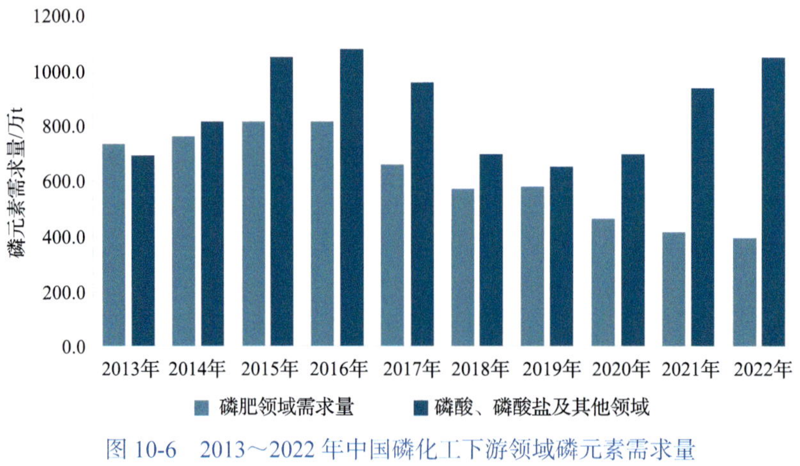

图 10-6　2013～2022 年中国磷化工下游领域磷元素需求量

另外，磷资源的稀缺性和应用的广泛性也同时备受关注，在国家产业发展战略逐步从赶超型的跨越式发展过渡到实施供给侧结构性改革的背景下，实施供给侧结构性改革对推动磷化工产业的转型升级、促进我国经济社会的健康发展具有重要意义。供给侧结构性改革方向应从提高磷化工行业供给侧质量和效率出发，将磷矿资源储量优势与科技创新优势深度结合，构建成“磷矿采选-基础磷化工-精细磷化工-资源综合利用”模式，技术路线调整的着力点是采用以湿法磷酸净化为核心，采用磷酸梯级利用方式推动磷化工企业由传统“矿-肥”走向“矿-肥 + 盐 + 高端水溶肥/液体肥”的产业链发展。磷肥行业发展初期完全依靠肥料的状况需要改变，磷酸要做到梯级利用，用高品质酸生产食品级净化磷酸、精细磷酸盐等高纯度和高附加值产品，提高磷矿资源利用率，延长磷酸产业链，发展高纯度和高附加值的磷化工产品。

我国磷化工行业产品发展主要有以下几个方向：一是做好为农业、电子、石油化工、建材、冶金、机械、汽车等行业的有关配套工作；二是发展系列化、专用化、多规格的产品，以此满足下游不同用户的需求；三是鼓励高新技术成果在磷化工行业中的应用，重点发展附加值较高的精细化产品，在产品的高纯、微细化（纳米级）、物化性能提升等方面加大研发的力度。同时，国内的有关磷化工企业也要转变生产经营理念，积极采用先进技术，努力将科研成果转化成符合工业发展需求的装置，开发新产品，使产品的精细化和专用化的比例逐年提升。

10.1.1　产业链的构成

我们知道，磷化工产业链上游核心原材料为磷矿石，磷矿石多产于沉积岩，磷的主要矿物为磷灰石。世界磷矿石可开采品位平均在 30%，但我国磷矿品位处于较低水平，平均品位仅 17%。我国磷矿到磷矿石成品一共有八步，其中分级、浮选和煅烧是提高品位的重要步骤，但是污染较大。

磷化工下游需求主要是农业与工业。农业需求整体偏刚性，随着人口的增长，以及地区发展水平的提升，磷肥需求稳步上行；在工业领域，除了阻燃剂、精制剂、洗涤剂等方面的应用外，磷酸铁锂、六氟磷酸锂等新能源领域需求也迸发出强劲的增长活力，为磷化工行业带来广阔的发展空间。

磷化工产业链主要通过湿法和热法加工为磷酸，并进一步与其他化学原料反应生成磷肥和磷酸盐等化工品，最主要的包括磷酸一铵、磷酸二铵和磷酸铁锂等，也可以先制得黄磷，再制成磷酸、三氧化磷等产品，最终广泛应用于农业、医药、食品、纺织等行业。

磷化工终端产品过去主要为化肥、农药等农化产品，短期内可维持上行需求；但是从长期来看，必须在医药、电子、新能源电池等方面开拓新的市场，以保持磷化工产业的可持续发展。磷化工随着新能源汽车的崛起，很多传统磷化工企业开始大力转型，未来 5～10 年，磷酸铁锂需求量将破 2000 万 t，相应新增 4000 多万 t 的磷矿需求，并形成千亿级的市场空间，使磷化工产业规模增加一倍以上。目前的情形则是我国作为全球第一的磷化工生产国，基本上已经建立起比较完善的磷化工生产链，我国的磷化工不仅满足自身的需求，而且还有大量产品出口。

10.1.2　产业链的分类

目前，我国磷化工相关企业众多，且参与企业涉及领域呈现综合化的发展趋势，大部分磷化工企业均涉及磷化工上中下游多个业务及细分产品。

以磷化工产品归类的磷化工产业链如图 10-7 所示，以应用领域分类的磷化工产业链如图 10-8 所示。以黄磷为中心的产业链如图 10-9 所示。从黄磷的产业链情况来看，上

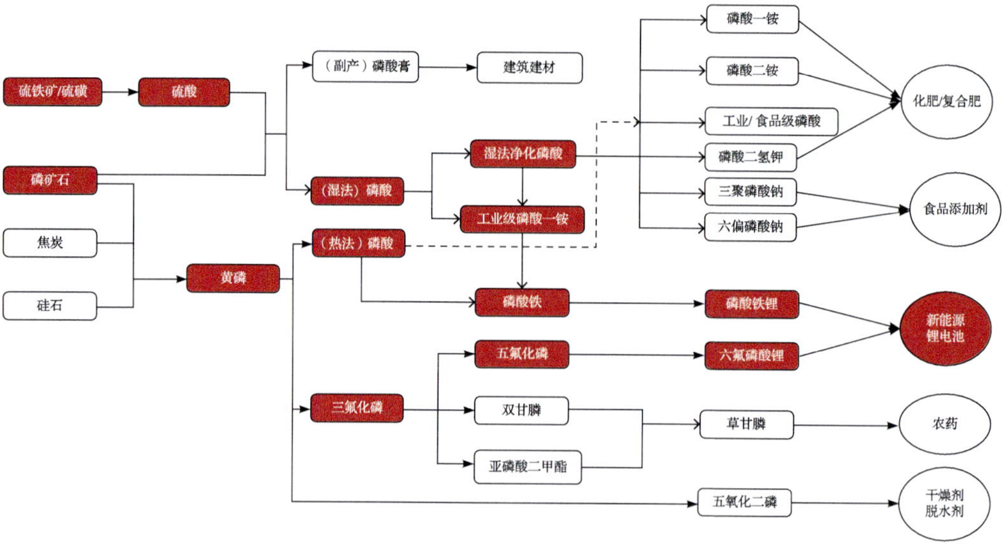

图 10-7　以产品划分的磷化工产业链

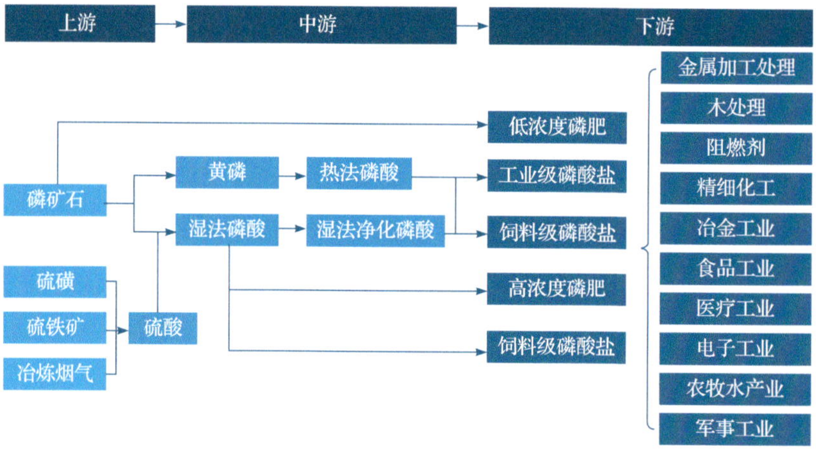

图 10-8　以应用领域分类的磷化工产业链

图 10-9　以黄磷为中心的产业链

游主要是原材料如焦炭、磷矿石和硅石等；中游为黄磷的生产加工；下游应用场景主要是磷肥、农药、饲料和锂电池。

1. 农化产品

（1）磷肥

我国是世界上最大的磷肥生产国，磷肥生产量超过1660万t，占全球总量的35.2%，其中超过40%用于出口。近年来全球由于资源稀缺性和环保压力，磷肥产量逐年下滑。2020年全球磷肥产量为4604万t/a，同比下降2.36%，且近几年一直处于下降趋势。近年来在特殊的国际背景下，磷肥的供给更是较为紧张，国际磷肥供应紧张的形势短期难以缓解。我国或逐步放开对化肥的出口限制，更强的涨价预期下化肥的高景气有望延续。

磷肥产业经多年去产能，行业集中度提升。磷酸一铵（MAP）、磷酸二铵（DAP）市场占比达到85%以上，是现阶段最主流的磷肥产品。2021年磷酸一铵市场或产能集中度（CR10）为57.6%，磷酸二铵CR10为87.1%，对比2016年集中度均有提升。

疫情后受成本端和需求端支撑，磷肥价格明显上涨。疫情开始到2022年初，磷矿石价格上涨，MAP、DAP价格也随原材料价格升高，由于原材料涨势同样较大，价差呈现先扩大后缩小趋势。

（2）草甘膦、草铵膦

农药分为除草剂、除菌剂和杀虫剂，其中除草剂市场最大，占到40%。除草剂中氨基酸类除草剂市场规模最大，占比 23.6%。氨基酸类除草剂主要包括草甘膦、草铵膦、双丙氨膦三个品种。草甘膦的快速发展与转基因的配合相关，1996年草甘膦抗性转基因作物推出和种植开始，草甘膦使用量呈现爆发性增长，后由于抗草甘膦超级杂草的出现，研发出抗草铵膦转基因种子。草甘膦和草铵膦的使用需求都与相应转基因作物的种植面积呈现显著相关性。

2. 电解液和磷酸铁锂

锂电池电解液是电池中离子传输的载体，一般由锂盐和有机溶剂组成。电解液在锂电池正、负极之间起到传导离子的作用，是锂电池获得高电压、高比能等优点的保证。数据显示，我国锂电池电解液由2016年9.8万t增至2020年25.2万t，年均复合增长率为26.6%。2022年我国锂电池电解液出货量可达30.9万t。近年来，新能源汽车发展迅猛，磷酸铁锂电池在动力电池领域占比不断提高，对上游磷酸铁的需求进一步扩大。郑州方正化工有限公司首席分析师李永磊分析认为，磷化工企业拥有资源和成本优势。一是磷矿石资源储备丰富，精制磷酸制备工艺成熟，生产磷酸铁所需精制磷酸、双氧水、液氨等原材料均已配套，铁原料可就近采购，布局磷酸铁锂领域具备天然的原材料配套优势。二是成本优势明显。磷酸在磷酸铁成本中占比70%，是影响磷酸铁价格的主要因素。据测算，无原料优势的磷酸铁厂家成本为1.26万元/t，有磷资源优势的厂家成本为1.1万元/t，降本空间近13%。磷酸作为磷酸铁锂制备中最具工业合成属性的原料之一，磷化工企业已然具有生产装置投资的先天优势和生产控制经验。同时，磷化工企业将工业磷酸继续深加工，满足清洁能源应用场景的需求，是磷化工精细化的选项之一。因此，磷化工企业具有进军磷酸铁锂领域的优势是共识。

3. 磷酸盐

磷酸盐是几乎所有食物的天然成分之一，作为重要的食品配料和功能添加剂广泛用于食品加工。天然存在的磷酸盐是磷矿石（含磷酸钙），用硫酸与磷矿石反应，生成能被植物吸收的磷酸二氢钙和硫酸钙，可制得磷酸盐。磷酸盐可分为正磷酸盐和缩聚磷酸盐。

（1）化工和化肥产业

磷酸盐一般会用在清洁剂中作为软水剂，但是因为藻类的繁荣衰退周期会影响磷酸盐废水的排放，所以在某些地区磷酸盐清洁剂是受到管制的。

磷酸盐是植物的三种主要养分之一，且是肥料的主要成分。磷矿粉是从沉积岩的磷层中开采。以前它在开采后不用加工便可使用，但现在未加工的磷酸盐只会用在有机耕种上。一般都需要化学加工制成过磷酸石灰、重过磷酸钙或磷酸二氢铵，它们中磷的浓度都较磷酸盐高，且较易溶于水，所以植物可以较快吸收。

肥料级数一般有三个数字：第一个是指氮的数量，第二个是指磷酸盐的数量，而第三个是指碱水。所以 10-10-10 肥料是指每种成分各有 10%，而其他的则是填充物。

过度施肥的土地会产生富营养化、赤潮及其后期缺氧等情况。这就像磷酸盐清洁剂一样会引起鱼类及其他水中生物的缺氧症。

（2）耐火材料

磷酸盐在耐火材料中用作结合剂。磷酸盐结合剂是以酸性正磷酸盐或缩聚磷酸盐为主要化合物。磷酸盐结合剂的结合形式属化学反应结合或聚合结合。磷酸与碱金属或碱土金属氧化物及其氢氧化物反应制成的结合剂多数为气硬性结合剂，即不需要加热在常温下即可发生凝结与硬化作用。磷酸与两性氧化物及氢氧化物或酸性氧化物反应制成的结合剂多数为热硬性结合剂，即需要加热到一定温度发生反应后方可产生凝结与硬化作用。磷酸盐用作耐火材料的结合剂在产生陶瓷结合之前具有较强的结合强度，所以广泛用作不定形耐火材料和不烧耐火材料的结合剂。

（3）食品行业

磷是人体所必需的重要的矿物质元素，人体摄入磷的主要来源为天然食物或食品磷酸盐添加剂。磷酸盐是几乎所有食物的天然成分之一。由于磷酸盐能改善或赋予食品一系列优异性能，因此早在一百多年前就开始应用于食品加工中，而大量使用则在 20 世纪 70 年代以后。磷酸盐是应用最广泛、用量较大的食品添加剂门类之一，作为重要的食品配料和功能添加剂广泛应用于肉制品、禽肉制品、海产品、水果、蔬菜、乳制品、焙烤制品、饮料、土豆制品、调味料、方便食品等的加工过程中。在食品加工中使用的磷酸盐通常为钠盐、钙盐、钾盐，以及作为营养强化剂的铁盐和锌盐。常用的食品级磷酸盐的品种有三十多种，其中磷酸钠盐是中国食品级磷酸盐的主要消费种类，随着食品加工技术的发展，磷酸钾盐的消费量也在逐年上升。

为了充分发挥各种磷酸盐以及磷酸盐与其他添加剂之间的协同增效作用，满足食品加工技术的发展需求，在实际应用中常常使用各种复配型磷酸盐作为食品配料和功能添加剂。复配型磷酸盐的研究与开发日益成为磷酸盐类食品添加剂开发与应用的发展方向。

4. 其他磷化物

有机磷助剂又是一大类新型工业助剂。以黄磷为原料，发展有机磷化工也是磷化工发展的重要方向之一。随着我国合成材料工业和制造业的快速发展，磷系阻燃剂和磷系抗氧化剂的应用不断扩大，磷系阻燃剂及其复合系列具有优良的阻燃性能和无环境污染的影响，已成为阻燃剂发展的主流。磷系阻燃剂可分为无机磷系阻燃剂和有机磷系阻燃剂。无机磷系阻燃剂主要包括：磷酸盐（如磷酸三铵、磷酸氢二铵和磷酸二氢铵等）、聚磷酸盐（如聚磷酸铵）和磷-氮基化合物（如六氯环三磷腈等）。有机磷系阻燃剂主要包括：磷酸酯（如磷酸三甲苯酯等）、卤代磷酸酯[如磷酸三（2-氯乙基酯）、低聚α氯乙基磷酸酯等]、亚磷酸酯（如亚磷酸三苯酯等）、膦酸酯（如甲基膦酸二甲酯、低聚环状膦酸酯等）、氧化膦[如1,4-双（*P*,*P*-二氰乙基-*P*-甲氧基）四甲基苯等]、磷盐（如四羟甲基氯化磷等）。

聚合型有机磷系阻燃剂已成为研究开发的热点，相继出现了一系列安全、高效、相容性好、稳定性高的大分子质量或聚合型有机磷系阻燃剂。有机阻燃剂克服了无机阻燃剂填充量大会降低聚合物材料加工性能和力学性能、电性能等缺点。非卤磷系阻燃剂热稳定性能好且兼有增塑性，常用的品种有磷酸三丁酯、磷酸三辛酯、磷酸三苯酯、磷酸二苯异辛酯等。含卤磷系阻燃剂同时含有卤素和磷两类元素，使阻燃剂在气相和凝聚相中同时发挥作用，阻燃效果较理想。含卤磷系阻燃剂具有挥发性小、无色、无嗅、耐水解等优点，但耐热性较差，主要用于聚氨酯、泡沫塑料和丙烯酸树脂等，主要品种有三（β-氯乙基）磷酸酯（TCEP）、三（β-氯丙基）磷酸酯（TCPP）、磷酸二-（2,3-二氯丙基）酯三聚氰胺盐等。膦酸酯与卤代膦酸酯主要品种有甲基膦酸二甲酯（DMMP）、乙基膦酸二甲酯（DEEP）、乙烯基膦酸二（2-乙氧基）酯（CEVP）等。二磷酸酯（含环状磷酸酯）主要品种有1,2-亚乙基四（2-氯乙基）二磷酸酯等。亚磷酸酯主要作为抗氧剂使用，但有的也具有一定的阻燃作用，主要品种有亚磷酸三苯酯、亚磷酸二苯异辛酯、亚磷酸三（2,4-二叔丁基苯基）酯等。

国内阻燃剂生产厂家有50多家，生产各类阻燃剂近100个品种，常用的品种有30多种，产能约25万t，年产量约20万t，其中膦及卤化磷酸酯类约占11%。

精细磷化工产品属于工业生产原料和日用消费必需的原料，对发展农业意义重大，且在日化、电子等方面用途广泛。目前精细磷化工与16个科学领域有着密切的关系，成为国民经济中具有重要作用的一个行业。近年来，高纯磷酸盐、特种磷酸盐、功能磷酸盐、磷化工材料等，在尖端科学、国防工业等方面又得到进一步推广应用，出现了许多新型磷化工产品。伴随着下游产品需求的稳步增长及运用领域的不断扩展，精细磷化工行业面临广阔的发展前景。

精细磷化工行业重点发展方向是电子级磷酸、有机磷系阻燃剂、磷酸铁锂、含磷药物等以黄磷为原料的精细磷化工。未来磷化工产业要向高品质、精细化、专用化、系列化方向发展，积极构建磷化工低碳循环产业链，推广矿电磷一体化发展模式，促进磷煤化工、磷盐化工、硫磷钛化工等产品共生耦合和产业链拓展延伸，实现全行业绿色低碳和可持续发展。

随着精细磷化工行业的发展，工业、农业、医药、食品等行业对产品需求的增长，必将带动精细磷化工行业市场的需求。

10.1.3 产业链的发展

黄磷的生产既属于化工原料生产行业，又有冶炼行业的性质，应该说黄磷属能耗较大的冶炼行业。它的生产过程及生产方法与冶金冶炼基本上相似，生产方法有高炉法和电炉法两种，由于高炉法的技术经济指标及能源供给方式等，国内外大多数采用电炉法。将磷矿石通过高温熔化，将矿石中五氧化二磷溢出，在封闭环境下与焦炭中的碳进行反应，失去氧还原成单质的元素磷气体。这个过程要将磷矿石从常温逐步加热升至1200～1500℃，将磷矿石完全熔化，需要大量的热量——电能。中国的黄磷生产能力及产量都位居世界第一，全国黄磷生产企业约150多家，各种规模的制磷电炉280多台，装置总生产能力约895 kt/a。但是生产规模小，规模在3万t/a以上的只有四家，最小产量只有1000 t/a；技术落后，消耗高，能耗高，“三废”回收利用差等。近几年黄磷生产工业出现了一些新情况和新问题：①黄磷用户对黄磷的质量提出了更高的要求（低砷磷、纯度较高的黄磷是营销的条件之一）。②黄磷的生产成本增加幅度越来越大。每吨黄磷所耗用电能为13000～15000 kW · h，电力紧缺，电耗成本占总成本的70%。③原材料价格高涨等。焦炭、电极和磷矿石等价格高涨。电极是电炉的核心部分，一般分为预烧结电极（即石墨电极和碳电极）。国产的石墨电极直径一般在500 mm下，超过500 mm的石墨电极需要从国外进口。我国只有5台制磷电炉采用自焙电极，其余的多数采用直径为600 mm的进口石墨电极，价格昂贵，到厂价达13000～18000元/t。据统计，每吨黄磷产品电极平均消耗25 kg。若某厂年产黄磷按6000 t计，进口石墨电极到厂价按16000元/t计，全年的电极消耗费用为$1.6000 \times 0.025 \times 6000 = 240$万元，全国年产黄磷约60万t，假设约三分之一的生产量是靠进口石墨电极，则全年全国的电极消耗费用为$200000 \times 1.6000 \times 0.025 = 8000$万元。④环境污染较严重。生产1 t黄磷副产尾气2500～3000m^3。现在大多数黄磷生产厂家仅将黄磷尾气用作燃料或直接以火炬燃烧放空，对生态环境造成极大污染，同时也是一氧化碳资源的浪费。⑤磷矿石资源严峻。按照地质调查报告，世界磷矿资源主要分布在非洲、中国、中东、俄罗斯，其中中国和摩洛哥是世界上磷矿储量最大的国家，占世界磷矿经济储量的72.3%，基础储量的68%。中国经济储量位居世界第一（包含低品位矿），但中国磷矿资源品位低于其他国家，大部分国家的磷矿石品位都在30%（P_2O_5）左右，中国的磷矿石平均品位只有17%，可开采储量平均品位为23%，是世界上矿石平均品位最低的国家。中国磷矿主要分布在云南、贵州、湖北、四川、湖南5省，占全国总量的74%，云南是全国磷资源最丰富的省份，占全国的21.5%。我国磷矿除部分出口外，主要用于生产磷肥和黄磷，这部分消费量占整个国内磷矿消费量的95%。磷矿是不可再生的重要资源。

近年来，在国内“双碳”、“能耗双控”及环保政策不断收紧的背景下，我国黄磷行业生产情况受到严格限制，产能、产量近几年来呈现下降趋势，其产能所受政策限制情况见表10-1和表10-2。

表 10-1　规范黄磷产业相关政策文件

时间	部门	文件	内容
2022 年 4 月	工信部等六部门	《关于“十四五”推动石化化工行业高质量发展的指导意见》	要严控炼油、磷铵、电石、黄磷等新增产能，禁止新建用汞的（聚）氯乙烯产能，加快低效落后产能退出
2019 年 9 月	云南省发展和改革委员会	《云南省节能工作领导小组关于坚决做好能耗双控有关工作的通知》	加强黄磷、工业硅行业生产管控，确保 2021 年 9～12 月黄磷生产线及工业硅企业月均产量不得超过 2021 年 8 月产量的 10%
2020 年 9 月	贵州省工业和信息化厅	《关于进一步加强黄磷行业管理工作的通知》	不再审批新建黄磷项目，对不符合能耗、环保、安全、质量等法律法规及相关产业政策要求的黄磷装置，要及时纳入年末淘汰落后产能工作计划予以淘汰
2011 年 5 月	江西省工业和信息化厅	《黄磷行业准入条件》	在城市规划区边界外 2 km 以内不得新建黄磷产能，新进入企业的起始产能规模必须达到 5 万 t/a 及以上

注：来自华经产业研究院（www.huaon.com）。

表 10-2　近年我国磷矿石及磷化工行业相关政策

时间	政策文件	主要内容	政策性质	产品
2022 年	《关于“十四五”推动石化化工行业高质量发展的指导意见》	提升磷矿利用率，增强炼化行业轻质低碳原料、化肥行业磷钾矿产资源保障，稳妥推进磷化工“以渣定产”，确保化肥稳定供应；加快绿色低碳、高端化、精细化、产业一体化方向发展	开采规范	磷矿、磷肥等
2021 年	《国务院关于深入打好污染防治攻坚战的意见》	继续打好长江修复保护攻坚战。推动长江全流域按单元细化分区管理；狠抓突出生态环境问题整改，扎实推进城镇污水垃圾处理和工业、农业面源、船舶、尾矿库等污染治理工程；持续开展工业园区污染治理、“三磷”行业整治等专项行动	环保规范	磷化工
2019 年	《长江“三磷”专项排查整治行动实施方案》	磷化工整治重点实现雨污分流，初期雨水有效收集处理、污染防治设施建成并正常运行，外排废水达标排放，其中磷肥企业重点落实污水处理设施建设及废水的有效回用；含磷农药企业重点强化母液的回收处理；黄磷企业重点落实含元素磷废水“零排放”和黄磷防流失措施	环保规范	磷化工
2018 年	《公布 2019 年货物出口配额管理有关事项》	自 2019 年 1 月 1 日起暂停磷矿石出口配额，调整为实行许可证管理	出口规范	磷矿石
2018 年	《国务院关于进一步完善化肥流通体制的通知》	改进进口化肥调拨作价方法，对中央进口的尿素、磷酸二铵等主要品种试行综合调拨价管理办法；抓好化肥生产、经营各项保障措施和优惠政策的落实，铁路、交通、港口等部门要优先保证化肥及其原材料的运输；化肥、磷矿石的铁路运输继续实行优惠运价	价格管控	磷肥、磷矿石
2016 年	《全国矿产资源规划（2016—2020 年）》	首次将磷列为“战略性非金属矿产”，磷矿开采总量保持 1.5 亿 t/a 左右；加强中低品位矿利用；强化绿色开发	开采要求、技术要求	磷矿

资料来源：政府公开报告、智研咨询整理。

前已述及，目前我国黄磷产能主要分布在水电资源和磷矿资源相对集中的省份，即云南、贵州、湖北、四川四省（图 10-2）。2018 年中国黄磷产能 187 万 t，2019 年中国黄磷产能 182 万 t，同比均为下降。智研咨询发布的《2020—2026 年中国黄磷行业市场运营模式及竞争策略研究报告》数据显示：目前我国的总产量居世界首位，共有黄磷生产厂上百家，生产装置主要分布在云南、贵州、四川、湖北四省，云南、贵州、四川三省黄磷生产能力超过全国 80%。2018 年中国黄磷开工率 62%，2019 年中国黄磷开工率 53%。

从世界黄磷出口总量来看，2006～2008 年基本上稳定在 15.5 万 t 左右，受全球经济危机影响，黄磷及下游需求减少，2009 年出口总量下降到近年来的最低点 10.15 万 t，2010 年出口总量快速回升到 14.05 万 t。

在未来的磷化工产品，尤其是氯化磷，预计会有进一步的增长。然而，拥有最大需求量的磷衍生物的热法磷酸的需求量在这些地区预计将降低。PCl_3 衍生物需求量的增长将最为显著，这些衍生物包括有机磷除草剂（特别是草甘膦）、塑料和橡胶助剂、螯合剂和表面活性剂。

随着湿法磷酸精制产业化、大型化，热法磷酸逐步退出工业级磷酸盐消费市场，让位给精制湿法磷酸；黄磷则集中消费在食品级、医药级、电子级磷酸与磷酸盐，磷化物及其衍生物加工制造上。

我国黄磷产业发展的总体评估如图 10-10 所示。

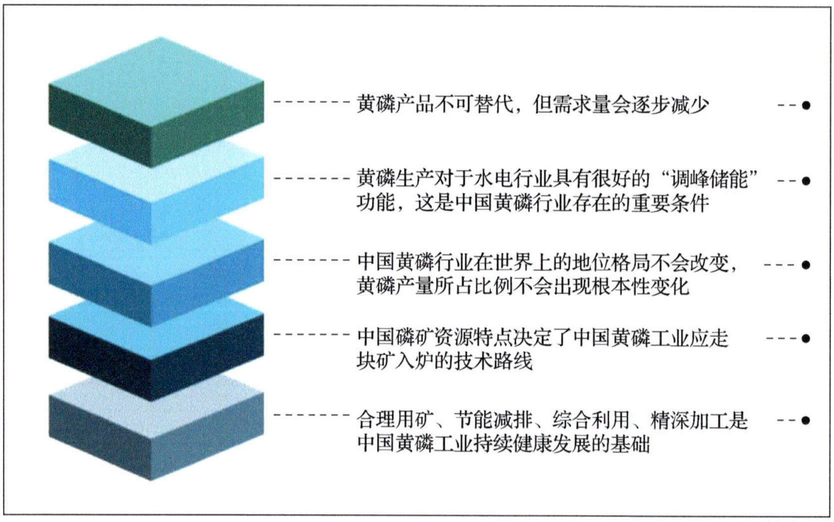

图 10-10　我国黄磷产业总体评估

10.2　典型黄磷下游产品介绍

磷化工下游产品涉及多个部门和行业，产品数量数不胜数，据不完全统计，含磷的化工产品多达上万种，主要产品见表 10-3。

表 10-3　磷化工主要产品情况

产品	用途	制法
磷酸	工业级用于生产磷酸盐、金属处理、干燥剂等；食品级用作调味剂中的酸味剂和酵母营养剂；高纯度电子级磷酸主要用于电子晶片生产过程中的清洗和蚀刻，而纯度较低的主要用于液晶面板部件的清洗	
磷酸一铵（MAP）	水溶性速效磷复肥，是高浓度磷复肥的主要品种，广泛适用于水稻、小麦、玉米、棉花、瓜果、蔬菜等各种粮食作物和经济作物	由磷酸和氨水作用制得
磷酸二铵（DAP）	水溶性速效磷复肥，适用于各种作物和土壤，特别适用于喜氮缺磷的作物，作基肥和追肥均可，宜深施	
重过磷酸钙（TSP）	高浓度、水溶性速效磷肥，也可用于生产复混肥；广泛适用于水稻、小麦、玉米、棉花、瓜果、蔬菜等各种粮食作物和经济作物	由磷酸和磷矿石作用制得
三聚磷酸钠	用于洗涤剂、软水剂、制革预鞣剂、染色助剂、有机合成催化剂、医药工业分散剂和食品添加剂等，目前主要用于合成洗涤剂助剂	由碳酸钠和磷酸制得，俗称五钠
六偏磷酸钠	食品级主要用作食品保水剂和防腐剂，工业级主要用作软水剂、造纸扩散剂、缓蚀剂、高温黏合剂、锅炉清洗剂等	由碳酸钠和磷酸制得，俗称六偏
磷酸氢钙	有饲料级、食品级、牙膏级、药用级等规格，用于医药、牙科，也用于塑料稳定剂、食品添加剂和肥料、饲料添加剂等	由磷酸和石灰乳制得
次磷酸钠	主要用于部件的化学镀镍，还用于塑料颜色稳定和脱色等，食品级在食品工业中用作防腐剂、抗氧化剂	由黄磷和消石灰及水反应而得
有机磷酸盐	包括亚磷酸酯、磷酸酯、膦酸酯、氯代磷酸酯、硫代膦酸酯等，广泛用作有机磷农药、水处理剂、表面活性剂、纺织印染助剂等	将黄磷加工成中间体与醇、酚反应制备而得

资料来源：智研咨询。

10.2.1　热法磷酸

热法磷酸是黄磷最大消费组成部分，其次是氯化磷。其中热法磷酸主要用于生产食品和电子级产品，日本是世界上主要电子级磷酸产地，其磷酸法消费的黄磷量也较多，占其黄磷总消费的比例也较高，达 59%以上。西欧热法磷酸用于生产食品级磷酸。总的看来，发达国家磷的氯化物消费所占比例较高，其中美国达到 66%，超过黄磷总消费量的一半。

磷酸制备工艺分为湿法工艺和热法工艺。热法磷酸是利用硅石和焦炭的混合物在高温下将磷矿还原并产生黄磷，再经氧化、水合制得高浓度磷酸。热法磷酸下游主要应用于电子级、食品级磷酸和磷酸盐。湿法磷酸是用硫酸溶解磷矿粉，经过过滤、脱氧、除杂、萃取、净化制得磷酸，其间会产生副产品磷石膏和氟化氢。湿法磷酸下游主要应用于磷肥、工业级磷酸和磷酸盐。

10.2.2　湿法磷酸

湿法磷酸是采用无机酸分解磷矿粉，分离出粗磷酸，再经净化后制得磷酸产品。湿法磷酸比热法磷酸成本低 20%～30%，但是产品纯度不高，必须经适当方法净化后，产品纯度才可与热法磷酸相提并论。由于低端下游产品需求，湿法磷酸工艺处于磷酸生产的主导地位。

湿法磷酸工艺根据所用无机酸的不同，又可分为硫酸法、盐酸法、硝酸法等。

1. 硫酸法

由于硫酸法操作稳定、技术成熟、分离容易，因此是制造磷酸最主要的方法。湿法磷酸的浓度低，且含有大量杂质，近 90%的湿法磷酸用于生产肥料。为了获得工业级磷酸或更高级别的磷酸，需采用相应的工序对其进行净化和精制。

硫酸法的特点是矿石分解后的产物磷酸为液相，副产物硫酸钙是溶解度很小的固相。两者的分离是简单的液固分离，具有其他工艺方法无可比拟的优越性。因此，硫酸法生产磷酸工艺在湿法磷酸生产中处于主导地位。但是其产生的大量磷石膏废渣无法得到有效利用，三废问题严重。

$$Ca_5F(PO_4)_3 + 5H_2SO_4 + nH_2O \longrightarrow 3H_3PO_4 + 5CaSO_4 \cdot nH_2O + HF \qquad (10\text{-}1)$$

反应式（10-1）中 n 的值取决于硫酸钙结晶的形式，可以是 0、0.5、2。在不同的反应温度和磷酸浓度下，可以生成无水硫酸钙（$CaSO_4$）、半水硫酸钙（$CaSO_4 \cdot 0.5H_2O$）和二水硫酸钙（$CaSO_4 \cdot 2H_2O$）。

以前的二水法流程存在着一些难以克服的缺陷。由于加工工艺粗放，矿石中的有害杂质大部分进入磷酸中，特别是氟元素，一旦进入液相，很难再分离出来。更严重的是，产生大量的磷石膏废料，造成严重的污染和浪费。因此，有科研人员通过研究，对现行的工艺过程进行了改进，分两步进行反应。

第一步：采用磷酸浸取磷矿石，从控制化学反应的条件出发，减少化学反应本身对目标产物的污染。磷酸与磷矿石的主要反应方程式如下：

$$Ca_5F(PO_4)_3 + H_3PO_4 + H_2O \longrightarrow Ca(H_2PO_4)_2 \cdot H_2O + HF \qquad (10\text{-}2)$$

第二步：提供适宜的结晶条件，使副产磷石膏中的杂质含量，尤其是磷含量显著降低，提高磷收率，使磷石膏满足建筑材料生产的要求，从源头上解决磷石膏污染的难题。硫酸的离子化反应可瞬时完成：

$$Ca(H_2PO_4)_2 \cdot H_2O + H_2SO_4 + (n-1)H_2O \longrightarrow CaSO_4 \cdot nH_2O + 2H_3PO_4 \qquad (10\text{-}3)$$

这种分步反应的思想方法与“先污染后治理”的传统思路完全不同，符合绿色化学的基本原理，完全符合可持续发展战略的要求。

2. 盐酸法

20 世纪 60 年代初，以色列矿业工程公司（I. M. I）开发了著名的 IMI 法，首次实现了盐酸法生产磷酸的工业化。它是将磷矿与盐酸反应，生成磷酸和氯化钙水溶液，然后用有机溶剂（如脂肪醇、丙酮、三烷基磷酸酯、胺或酰胺等）萃取分离出磷酸。反应式为

$$Ca_5F(PO_4)_3 + 10HCl \longrightarrow 3H_3PO_4 + 5CaCl_2 + HF \qquad (10\text{-}4)$$

但该法存在工艺复杂、副产物氯化钙难以经济回收等问题。

3. 硝酸法

硝酸法最早由奥达公司开发，称为奥达法。它是用硝酸分解磷矿生成磷酸和水溶性硝酸钙，然后采用冷冻、溶剂萃取、离子交换等方法分离出硝酸钙。反应式为

$$Ca_5F(PO_4)_3 + 10HNO_3 \longrightarrow 3H_3PO_4 + 5Ca(NO_3)_2 + HF \qquad (10\text{-}5)$$

受硝酸价格、能耗高、流程长等条件的影响，工业应用较少。

这些方法的共同特点是都能够制得磷酸。但是，磷矿中的钙生成什么形式的钙盐不尽相同，各有其特点。反应终止后，如何将钙盐分离出去，并能经济地生产出磷酸则是问题的关键。

相应地，湿法磷酸的生产工艺可分为无水法、半水法、二水法及半水-二水法等。其中，二水法通过技术改进后操作稳定可靠、对矿石的适应性强等优点，在湿法磷酸工艺中居于主导地位。我国80%以上的磷酸都采用湿法磷酸二水法流程生产。目前二水法流程已经具有工艺简单、技术成熟、对矿石种类适应性强的特点，特别适用于中低品位矿石，在湿法磷酸生产中居于支配地位。

4. 热法磷酸与湿法磷酸的比较

由于分离提纯技术方面的原因，近年来除少数大型国有企业采用湿法磷酸精制生产食品级磷酸外，我国工业级及食品级磷酸的生产几乎都是采用热法黄磷加工。我国湿法磷酸主要用于生产磷复肥、饲料级磷酸氢钙、低端大宗磷酸盐系列产品等，这些产品的生产企业大多规模较小，存在散、乱、技术水平低等情况，迫切需要整合，实现磷矿、磷复肥、磷酸盐一体化格局，形成以磷为核心的大型磷酸盐化工企业，以提高我国磷化工行业自身的抗风险能力和整体可持续发展水平。目前，国内工业磷酸发展有热法向湿法转变的趋势。由于国家整体经济发展较快，而能源建设相对滞后，在能源价格不断上涨的情况下，热法磷酸的生产成本也会随市场经济规律有高有低。为此，国内的科研单位、企业以及院校从20世纪90年代中期（1995年）就开始积极探索湿法磷酸精制技术，结合国外成熟的膜分离技术，完成了湿法磷酸精制食品级磷酸的小试和中试，取得了一定的科研成果。利用湿法磷酸为原料生产工业级和食品级磷酸，可以降低能源消耗和综合生产成本，提高整体经济效益。另外，湿法磷酸精制后的残渣液还可以用于生产化肥，实现废弃物的资源化综合利用。由此可见，随着我国经济的发展和湿法磷酸精制技术研究成果的不断涌现，将为湿法磷酸的后期应用和技术突破提供新机遇。因此有专家预言，热法磷酸的竞争力将逐步被削弱，湿法磷酸将会替代热法磷酸，湿法磷酸精制技术生产工业级和食品级磷酸将成为今后磷化工发展的一种趋势。湿法和热法工艺对基础条件的要求：湿法工艺又称酸法，是基于对肥料级磷酸的萃取而建立起来的，此反应过程中不需要提供热量，但对原料质量及组分的控制相对热法要求高。硫酸由硫磺制得，硫酸装置的废热用于副产蒸汽和电力，其能源消耗和生产成本比热法工艺低。湿法磷酸生产的系列磷复肥为农作物的增产提供了条件，对国家的粮食安全起到了至关重要的作用。热法黄磷生产主要集中于水电和磷矿资源相对集中的云南、贵州、四川、湖北四省，这些区域内水电具有很强的季节性，磷矿地处山区，工业又不发达，生产的磷矿、水电往往无法外送。热法黄磷生产可减轻产地磷矿石外运（生产1 t黄磷消耗磷矿石10 t左右）带来的运输压力，对地方经济的可持续发展起到了积极的助推作用，对电力行业来说是一个很好的“调峰储能”产品（生产1 t黄磷耗电14500 kW · h左右）。此外，热法黄磷生产工艺技术路线解决并弥补了湿法产品不能达到的内在质量要求及磷资源综合利用等方面的诸多难题。因此，湿法和热法工艺是一对“孪生兄弟”相辅相成，是我国热法黄磷生产存在的重要基础条件。

热法磷酸和湿法磷酸在大多数领域存在竞争。湿法磷酸企业通常有配套的磷矿石及工艺，而热法磷酸的原材料黄磷价格较高，因此热法磷酸的生产成本和价格一直高于湿法磷酸。热法磷酸价格常受黄磷价格波动影响，黄磷价格过高时还会影响热法磷酸企业的开工积极性。湿法磷酸的缺点在于产品中杂质较多，当前更适合对纯度要求不高的下游领域。热法与湿法磷酸的工艺比较如图 10-11 所示。

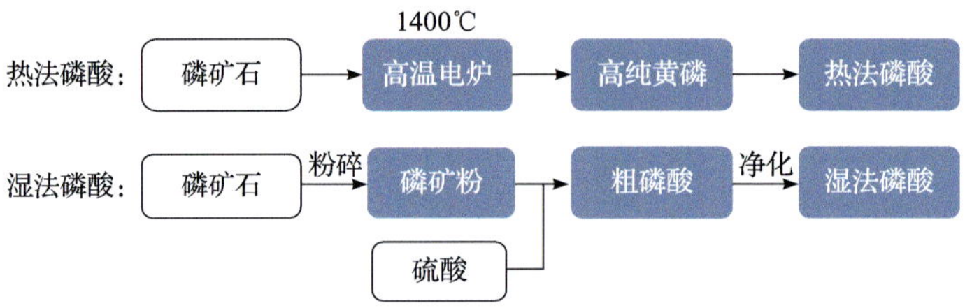

磷酸制备工艺对比

产品	原料	优点	存在问题
湿法磷酸	品位（P_2O_5）＞30%	能耗低、生产成本低	磷矿石品位要求比较高，磷酸的质量分数低于热法，杂质多，生产过程会产生磷石膏
热法磷酸	品位（P_2O_5）＞25%	产品浓度高、质量好	能耗高、成本高

来源：华经产业研究院。

图 10-11　热法与湿法磷酸工艺比较

归纳起来热法和湿法磷酸的主要差别为以下两个方面：

1）原料不同。以黄磷为原料，经氧化、水化等反应而制取的磷酸称为热法磷酸。根据不同温度下五氧化二磷不同的水合反应，可得到正磷酸、焦磷酸与偏磷酸等种类，但其中最重要的是正磷酸。用硫酸、硝酸或盐酸分解磷矿石制得的磷酸统称为湿法磷酸。湿法生产是用无机酸分解磷矿粉，分离出粗磷酸，再经净化后制得磷酸产品。湿法磷酸比热法磷酸成本低 20%～30%，经适当方法净化后，产品纯度可与热法磷酸相媲美。湿法磷酸工艺位于磷酸生产的主导地位。

2）相比之下，热法磷酸可以得到纯度较高的磷酸，而湿法磷酸则只能得到含有一定杂质的磷酸。热法磷酸的生产成本较高，但其产品质量好、杂质少，所以热法磷酸的市场价格稍高于湿法磷酸。

10.2.3　磷肥与复肥

磷肥与复肥的品种主要有：过磷酸钙、钙镁磷肥，以及磷酸一铵、磷酸二铵、过磷酸钙、硝酸磷肥、NPK 复合肥等。

1. NPK 复合肥

含氮、磷、钾三种养分的肥料即 NPK 复合肥，按生产工艺划分，常见有 BB 肥（掺混肥）、硫基复合肥、尿基复合肥等。复合肥有多种养分，对农作物可产生联合效应。NPK 复合肥的养分含量可根据农作物和土壤条件不同需要进行科学的调配，因此，其肥效比施用同等量养分单一肥料的肥效要高 10%～15%。

2. 磷酸一铵

磷酸一铵（MAP）是一种水溶性速效复合肥，有效磷（P_2O_5）与总氮（N）含量的比例约 5.44∶1，是高浓度磷复肥的主要品种之一。该产品一般作追肥，也是生产三元复混肥、BB 肥最主要的基础原料。目前国内主要采用料浆法生产，稀磷酸与氨中和得到磷酸一铵料浆，再将料浆浓缩、干燥而获得。

3. 磷酸二铵

磷酸二铵是一种高浓度的速效肥料，适用于各种作物和土壤。采用高品位磷矿生产出杂质含量较少并经浓缩至 48%以上的湿法磷酸，用氨中和湿法磷酸而制成。磷酸三铵极不稳定，在室温下极易分解而放出氨气生成磷酸二铵。

4. 过磷酸钙

过磷酸钙又称普通过磷酸钙，简称普钙，是用硫酸分解磷矿石直接制得的磷肥，主要有用组分是磷酸二氢钙的水合物和少量游离的磷酸，还含有无水硫酸钙组分（对缺硫土壤有用）。过磷酸钙含有效 P_2O_5 为 14%～20%（其中 80%～95%溶于水），属于水溶性速效磷肥，也可作制复合肥料的配料。

磷铵和过磷酸钙等磷肥产品的生产占据了磷矿的主要销售市场。据估计，化肥产量占超过 90%的世界磷矿消耗量。磷矿在 1988 年达到了总产量约 5130 万 t P_2O_5 的世界高峰，而在 1993 年跌到了仅仅 3570 万 t 的总产量——相当于减少了 30%。即使在 1993～1998 年间，世界总产量复苏至 4520 万 t。由于在美国、中国和西欧的消费量显著下降，世界总产量在 2001 年又呈现出 3940 万 t 的一个周期性低迷状态。然而，随着人口的增长和发展中经济体的增长，近年来世界总产量增长迅速，并且这一趋势将在未来保持下去。

10.2.4 正磷酸盐

1. 工业级磷酸钾、钠盐

工业级磷酸钾、钠盐有：磷酸氢二钾、磷酸二氢钾、磷酸三钾；磷酸二氢钠、磷酸三钠等。

磷酸三钠生产工艺：以净化精制的湿法磷酸为原料，采用络合物为除铁剂，二者在一定条件下反应，生成一种难溶的含铁络合物沉淀，过滤，滤液用碱中和后再次过滤，滤液经浓缩、结晶即得产品。

2. 食品级磷酸钙

食品级磷酸钙有：磷酸二氢钙、磷酸氢钙、磷酸三钙等。

食品级磷酸氢钙的生产方法有多种，可采用热法磷酸与氢氧化钙直接中和或与纯碱生成混合磷酸盐，然后再与氯化钙进行复分解反应的复分解法生产；也可采用净化精制的湿法磷酸为原料代替热法磷酸生产，关键是控制原材料的纯度和主要设备材质的选择，以及生产过程的控制。

3. 牙膏级磷酸钙

牙膏级磷酸钙有：磷酸二氢钙、磷酸氢钙、磷酸三钙等。

牙膏级磷酸氢钙生产装置在湖北兴发化工集团股份有限公司已建成投产。2012～2022 年宜昌磷化工产业规划应根据市场发展规律，适当扩大装置规模，建设 5 万 t/a 的装置，按市场需求有选择地生产食品级、医药级及牙膏级系列磷酸盐产品。

10.2.5 聚磷酸盐

聚磷酸盐有：聚磷酸铵盐、聚磷酸钠盐等。

聚磷酸钠盐生产工艺：36%～38%纯碱溶液与净化后的 45%～55%萃取磷酸为原料，经中和、浓缩、干燥、聚合等过程制得。

聚磷酸铵盐简称 APP，是一种含氮的聚磷酸盐，分子通式为$(NH_4)_{n+2}P_nO_{3n+1}$。聚磷酸铵盐按照聚合度大小可分为低聚、中聚、高聚 3 种类型，聚合度在 1000 以上的聚磷酸铵盐属于高聚物，主要用于工程塑料阻燃。聚合度在 2～10 的聚磷酸铵盐属于低聚物，主要用于液体肥料。而我国目前专业生产肥料级聚磷酸铵盐低聚物的企业仍然较少。随着我国防火涂料市场的继续发展，对聚磷酸铵盐的需求将进一步增大；未来随着聚磷酸铵盐吸湿性及相容性问题的改善，其在改性聚丙烯以及工程塑料阻燃剂中的应用将迅速扩大。广西越洋化工实业集团已经建成全水溶性的肥料用聚磷酸铵盐生产线，未来国内肥料级别聚磷酸铵盐消费潜力很大。

10.2.6 偏磷酸盐

偏磷酸盐有：食品级偏磷酸钾、工业级偏磷酸钾、食品级六偏磷酸钠、工业级六偏磷酸钠、三偏磷酸钠等。

食品级偏磷酸钾生产工艺：将氯化钾与热法磷酸混合，在高温下进行反应生成磷酸二氢钾，再加热，即得偏磷酸钾。

食品级六偏磷酸钠生产工艺：以液体黄磷为原料，经氧化直接与纯碱在高温下化合、聚合，所制得熔融六偏磷酸钠于炉缸直接流入冷却圆盘中骤冷，即得六偏磷酸钠。再经过去杂、提纯等步骤达到食品级的要求。

三偏磷酸钠生产工艺：以磷酸二氢钠为原料，控制反应温度为 550～560℃，反应时间为 5～6 h，可制备高纯度的三偏磷酸钠产品。

10.2.7 焦磷酸盐

焦磷酸盐有：食品级焦磷酸钾、食品级焦磷酸钠、酸式焦磷酸钠盐等。

食品级焦磷酸钠生产工艺：由磷酸氢二钠经熔融脱水而成无水焦磷酸钠，溶于水中结晶而制得。

10.2.8 磷酸铁锂、磷酸铁钠及电解液

目前，磷化工供应链的组成是约 80%的磷肥和复合肥，10%左右的黄磷及下游净化磷酸产业链，以及另外 10%的饲料级磷酸氢钙等产品。

磷化工行业的崛起自然离不开全球新能源汽车的蓬勃发展，动力电池——锂电池产业日益增长的产能需求使得现代磷化工产业出现了极大繁荣。根据正极材料不同，锂电池可主要划分为三元锂电池和磷酸铁锂电池两大类。三元锂电池主要以镍钴锰酸锂或镍钴铝酸锂作正极材料，磷酸铁锂电池则以磷酸铁锂作正极材料。

由于磷酸铁锂电池技术的改进和能量密度的提升，相对更具经济性、安全性、循环性、寿命性等优势，磷酸铁锂路线直接站在舞台中央，并直接碾压三元锂电池，成为动力电池市场上主流电池。磷酸铁锂电池装车量上已经超越三元锂电池，在动力电池市场所占比例也逐月提升，两者差距还在不断拉大，呈现出磷酸铁锂对三元电池加速替代的趋势。

磷矿是磷酸铁锂产业链上游主要原材料，每生产 1 t 磷酸铁锂需磷矿（折纯）0.5～0.65 t、磷酸一铵 0.8 t。实际生产过程中，1 GW · h 磷酸铁锂电池需要 2500 t 磷酸铁锂作为正极材料，需要约 1440 t 磷矿（折纯，即 P_2O_5 含量为 100%）。

目前在磷酸铁锂原材料成本中，磷酸铁占比接近 40%，而对于磷酸铁而言，磷源的成本占比高达 52%，铁源仅占比 5%。

磷酸铁锂需求的高速增长将沿产业链向上游同向传导，带动磷矿在新能源领域的需求增长，而磷矿也借此打入新能源材料主赛道，一跃成为世界级战略性资源。

新一代电池——钠离子电池也离不开磷，目前根据钠离子电池特点设计开发了一系列正负极材料，在容量和循环寿命方面有很大提升，如作为负极的硬碳材料、过渡金属及其合金类化合物，作为正极的聚阴离子类、普鲁士蓝类、层状氧化物类材料，其中聚阴离子类材料就离不开磷化工产品。因此，未来磷化工的发展将与新能源紧密相连。

按新能源材料种类分，新能源动力电池正极材料包括三元材料、磷酸铁锂、锰酸锂及钛酸锂。磷酸铁锂产量高于三元材料主要得益于其无记忆效应、铁源来源广泛、安全系数高、同等密度上成本最低、电池循环性能好等优点，受到众多新能源材料企业的青睐。特别是在碳达峰、碳中和，新冠疫情、俄乌冲突等背景下，安全与发展更是迫在眉睫，磷酸铁锂电池产业发展优势凸显。

磷酸铁锂是一种重要的锂电池正极材料，正极材料成本约占电池总成本的 40%。磷酸铁锂电池在安全性、成本、高温性能、循环性能方面具有突出的优势，磷酸铁锂是商用电动汽车动力锂离子电池的理想正极材料，预计未来在储能领域也有较好的应用前景。

磷酸铁锂应用不断扩容，产量增长下大宗商品化趋势明显，低成本将成为企业重要的竞争优势。随着传统电子产品市场的扩张，电解液的需求越来越大，大量锂电池的需求也促使了磷酸铁锂电解液的发展，对锂离子电池需求的增长必将带来对磷酸铁锂的强劲需求。在这样的背景下，其需求沿“磷酸铁锂—磷酸铁—净化磷酸及工业一铵—黄磷及磷铵—磷矿石”产业链向上游传导，因此未来会有大量的磷酸铁产线投产。在众多工艺路线中，磷酸铁工艺路线越加受到重视，同样原材料磷酸铁的产能建设也在提高。2021 年

多家公司宣布进入磷酸铁的生产，2020 年磷酸铁产能为 25.6 万 t，2021 年产能增加到 47.6 万 t，同比增长 85.9%。2018～2021 年磷酸铁锂的出货量如图 10-12 所示，2022 年上半年磷酸铁锂正极材料出货量达 41 万 t，接近 2021 年全年出货量。

生产磷酸铁锂主要采用磷酸铁焙烧法，涉及磷酸一铵、合成氨、磷酸、双氧水、硫酸亚铁等生产原料，其生产磷酸铁锂前驱体——磷酸铁的原料齐备，磷酸铁锂的铁源——七水合硫酸亚铁主要为贵州胜泽威化工有限公司 15 万 t/a 钛白粉副产 60 万 t/a 七水合硫酸亚铁项目，磷源——磷酸或磷酸一铵主要为贵州开磷集团矿肥有限责任公司和贵州胜威福全化工有限公司现有产能。另外，磷酸、双氧水、合成氨等重要原料也在化工园区范围内，原料供应一应俱全。

六氟磷酸锂外观为白色结晶或粉末，易溶于水以及低浓度甲醇、乙醇和丙酮等有机溶剂。六氟磷酸锂因优良的电化学性质在锂离子电池中应用广泛，也是制造锂离子电池的关键核心材料之一。六氟磷酸锂主要用作锂离子电池的电解质，含有六氟磷酸锂的有机电解液具有良好的导电性和化学稳定性。锂离子电池因具有电压高、比能量高、工作温度范围广、环境友好等优点而被广泛应用于各种便携式电子产品，如手机、数码相机、笔记本计算机和电动工具等，并有望成为未来混合动力汽车和纯动力汽车的能源供给之一。在 LiF 的无水氟化氢溶液中慢慢加入 PCl_5，在反应器中 PCl_5 与 HF 反应生成 PF_5，生成的 PF_5 与溶解在无水氟化氢中的 LiF 进一步反应制成六氟磷酸锂。

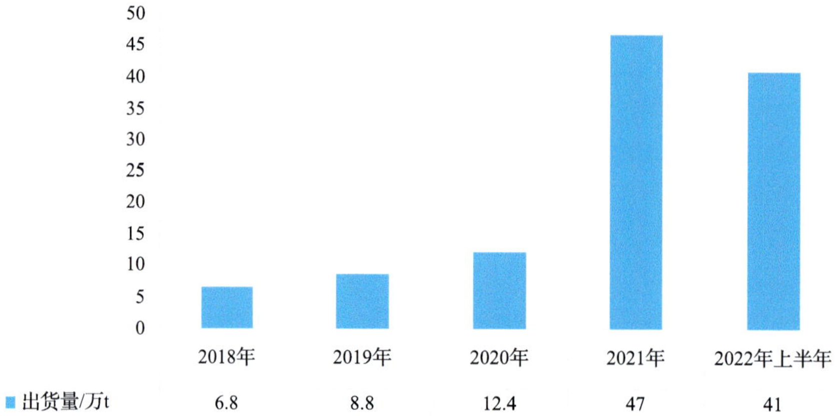

图 10-12　2018～2022 年上半年我国磷酸铁锂出货量

第 11 章 黄磷及磷化工发展方向

11.1 磷化工技术进步历程

11.1.1 制磷技术的标志性成果

从前面的介绍中，很容易总结出制磷技术发展的标志性成果为：

1669 年，把砂、木炭、石灰跟尿液混合后在隔绝空气的瓶中加热，获得了一种白色质软的物质，也就是今天的“磷”，这是用化学方法制磷的里程碑。

1830 年，用硫酸处理磷酸钙（从骨灰中提取）制得磷酸，再将磷酸蒸浓与炭混合放入曲颈瓶内高温制得成品磷的小规模生产，以后又用熔矿炉法进行了工业化的尝试，这被认为是工业制磷的开创性成就。

1888 年，英国的雷德曼试用电炉法生产黄磷首次获得成功。1889 年 12 月 24 日，雷德曼在美国取得了电炉法制磷的专利权（专利号 417943），当时称为 Readman（雷德曼）法黄磷。电炉法为近代黄磷生产找到了比较经济的制磷方法，翻开了黄磷生产史上新的一页。

1891 年，世界上第一台工业化制磷电炉在法国的 Coignet 开始运转。

1914 年，美国南方电气公司在北卡罗来纳州建成当时世界上容量最大的 4000 kV · A 黄磷电炉。

1927 年，德国在 Pieteriz（彼得利兹）为 I. G. Farben（法本）公司建成世界上第一座容量为 10000 kV · A 黄磷电炉，为电炉的大型化奠定了基础。

中国的黄磷工业起步较晚，1936 年 10 月，潘履洁博士完成了 20kW 单相制磷电炉全部设计，1937 年 3 月该试验装置在上海建设安装完工并投入试生产。

1941 年 11 月，中国首台 100 kV · A 单相黄磷工业电炉在重庆长寿顺利投产，年产黄磷 20 t。

1943 年，在单相电炉的基础上，进一步修改完善技术方案，重新设计了一台 150 kV · A 三相两根电极黄磷电炉。

1945 年 5 月，该台制磷电炉在云南昆阳利用当地的磷矿石、硅石、焦炭等原料建成投产，年产黄磷 30 t，这是我国建成的第二台工业化黄磷电炉。

1965 年，取得适合密闭制磷电炉用 ϕ 950 mm 自焙电极的各项技术参数，15000 kV · A

黄磷电炉的核心技术得以确定。

1997年，贵州天和磷业股份有限公司15000 kV·A制磷电炉技改为三相6根ϕ500 mm石墨电极（6根电极呈圆周形布置）的中国首台制磷电炉顺利投产。

2001年，在石屏县磷酸盐厂21000 kV·A 2号制磷电炉上采用了国内第一台三相7根ϕ500 mm电极的设计方案。

11.1.2 近年来磷化工会议的发展主题

虽然我国磷化学工业已形成以磷复肥为基础、黄磷深加工和磷酸盐精细化为主导、无机磷化工和有机磷化工相配套的现代磷化工产业体系，是世界磷化工生产大国，但尚不是磷化工技术强国。我国磷化工企业应该如何转型升级实现由大变强，已成为业界最为关注的话题之一。为助力我国磷化工行业的发展，需要共同探讨磷化工的发展方向，交流和展示最新技术和装备。本书作者对近年来的各种有关磷化工的学术会议、行业研讨会及高峰论坛进行了分类归纳，有关磷化工的主题大致体现在以下几个方面。

1. 我国磷化工行业最新政策和要求

1）磷化工产业“十三五”发展规划的探讨。
2）产业结构调整指导目录说明。
3）磷化工产品能耗限额国家标准解读。
4）磷化工市场研究报告。
5）重点用能单位能耗在线监测试点工作介绍。

2. 精细磷化工生产、开发与应用

1）我国精细磷化工产品发展现状及方向。
2）磷系阻燃剂的品种开发和应用研究。
3）精细磷酸盐的新工艺及产业化。
4）电子级磷酸的生产工艺及发展现状。
5）有机磷农药研究进展。
6）有机磷药物的研究和技术。
7）新型催化合成技术。
8）磷系能源材料的研究开发和应用。
9）高效含磷液体肥的利用率及其发展。
10）生态工业化肥新品种的开发和应用。
11）湿法磷酸直接净化生产精细磷酸盐（磷酸二氢钾）。
12）磷系表面活性剂、水处理剂、非线光学材料及其他功能材料。

3. 绿色经济、节能减排

1）磷矿伴生资源综合利用。

2）黄磷尾气综合利用。
3）中低品位磷矿采选与利用。
4）磷石膏综合利用。
5）磷化工清洁生产与节能技术。
6）磷电矿化一体化的优势。
7）磷化工“三废”利用、治理技术。
8）余热、热能回收利用项目实例。
9）重点耗能产品能效领跑者（黄磷）经验交流。
这些主题将指导磷化工的技术研发进程。

11.2 黄磷生产技术展望

黄磷的制取方法有很多，目前的资料介绍就有五六种。由于磷与氧之间结合非常紧密，因此从天然磷酸盐中提炼磷的过程变得十分复杂，除了现有的工业方法之外，还有诸如流化床还原制磷法、等离子制磷法、太阳能聚焦法、天然气或甲烷还原制磷法等方法都能在实验室的研究中得到了小试结果，如果继续深入研究则有望进一步取得有应用前景的科技成果。

11.2.1 流化床还原制磷法

流化床是指固体颗粒物料在气流（或液流）作用下，在设备内呈悬浮运动状态（即流化状态）。流化状态下的固体颗粒层具有液体的特性，例如，悬浮的固体颗粒能像水一样保持一定水平界面并具有静压力和浮力；像水一样具有流动性等。这种技术也称为气固流态化技术。

利用流化床反应器制备磷酸的装置如图 11-1 所示，其工艺步骤包括：

1）将磷矿石、硅石和碳质还原剂经破碎筛分至 100～300 目，然后加入膨润土，再加水混匀后，干燥固结，再经二次破碎筛分至 90%以上过 50~300 目的颗粒物料。

2）将上述颗粒物料通过磷矿混合粒料进料口（15）投入流化床反应器中的流化还原反应区（6），通过氧化区（8）生成的高温气体换热以及燃烧室（4）补充燃料燃烧加热升温，通过外部控温器（14）控制温度至 1100～1350℃，在流体介质的作用下流化、还原 0.5～3 h；流化还原反应区生成的反应气体产物 P_4、CO 和吹出的颗粒物料经旋风分离器（7）分离后，吹出的颗粒物料通过吹出物料回流口（17）进入流化还原区继续反应，P_4、CO 等气体则通过外部保温管路（21）进入氧化区，同时在氧化区底部富氧空气进口（20）通入足量的富氧空气，使 P_4、CO 燃烧生成五氧化二磷和二氧化碳。

3）氧化区生成的 P_2O_5 气体经 P_2O_5、CO_2 等气体出口（22）进入除尘器（23）净化后，通过水化循环酸吸收装置（24）吸收得磷酸，尾气通过碱洗器（25）净化后回用于流化还原区作流体介质。

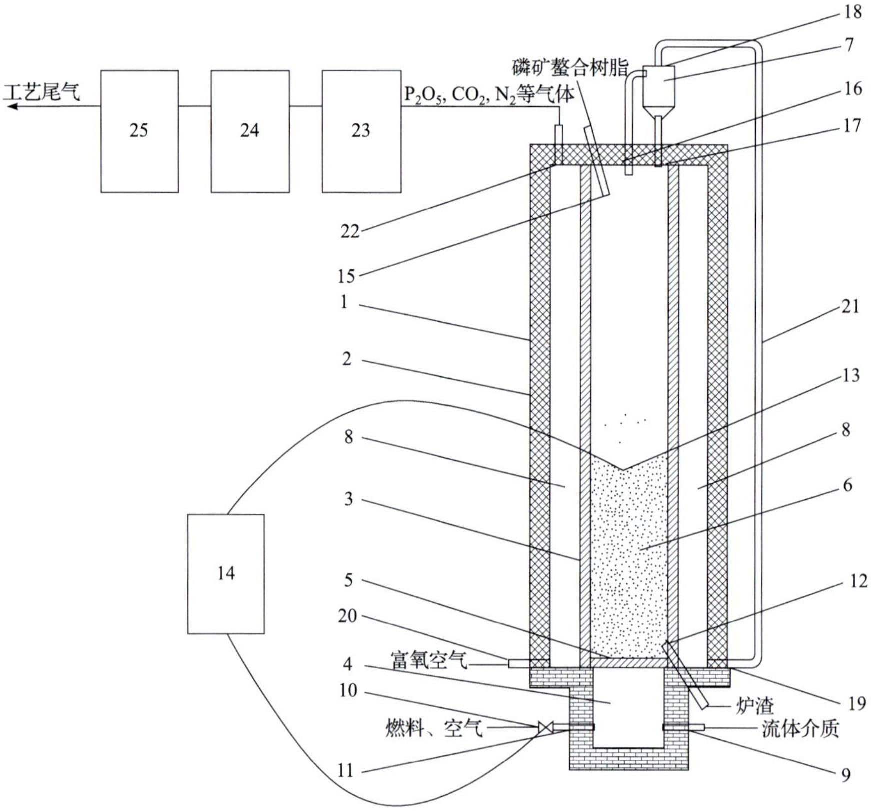

图 11-1　新型流化床反应器制备磷酸的装置

1. 炉体；2. 外壳；3. 内壳；4. 燃烧室；5. 气体分布器；6. 流化还原反应区；7. 旋风分离器；8. 氧化区；9. 流体介质气体进口；10. 控制阀门；11. 燃烧器喷嘴；12. 炉渣出料口；13. 热电偶；14. 控温器；15. 磷矿混合粒料进料口；16. 还原区反应气体产物出口；17. 吹出物料回流口；18. P_4、CO 等气体出口；19. P_4、CO 等气体进口；20. 富氧空气进口；21. 外部保温管路；22. P_2O_5、CO_2 等气体出口；23. 除尘器；24. 水化循环酸吸收装置；25. 碱洗器

新型流化床反应器集磷矿还原、磷蒸气氧化于一体，不仅降低了磷矿的还原温度，而且提高了传质、传热效率；通过高效导热板将氧化、还原有效分区，并实现制磷、制酸吸热和放热反应的热量耦合。通过使磷矿物料流化还原，强化热、质传递，大幅降低还原温度和缩短反应时间，一方面解决了回转窑、隧道窑因氧化区和还原区共存而造成的还原剂过早烧损、堵料结圈等问题，另一方面也使氧化区产生的热量有效供给还原区使用，理论上讲这应该是十分有价值的黄磷化工集成技术。

11.2.2　等离子制磷法

1. 等离子体和等离子体加热炉

等离子体是非固态、液态或气态的物态，是物质难以捉摸的第 4 态，而且在自然界只存在于闪电中。但这种一度成为科学之谜的物态，现今正被人们所利用。

等离子体加热炉的结构包括炉体、炉盖等。在等离子体加热炉中，当一股强电流通过诸如氮气这种惰性气体时，气体会电离形成等离子体，此时它的温度升高几千摄氏度。

炉体内侧设有耐火材料炉衬及隔热保温层，炉体的炉膛底部侧面设有熔融体排出口，而炉体的炉壁上设有供高温热解气体排出的气体出口。其特征在于：炉盖中央设有伸入炉内的中空石墨电极，中空石墨电极内部具有一贯穿整个中空石墨电极以供待处理物料输送入炉体内的通道，在炉体底部还设有与中空石墨电极相对的第二电极以及与第二电极相连的石墨引出电极，在中空石墨电极与炉膛底部的第二电极之间形成电弧区域，产生热等离子体。

2. 等离子体制磷

将磷矿石、硅石和焦炭通过中空的石墨电极内部通道直接送入等离子体高温区域附近进行处置，就能将磷矿石转化为黄磷，而且能量利用率和处理效率大幅提高，反应炉的容积相应减小。

虽然等离子体的技术复杂，装置制作技术和操控要求都比较精密，但是随着制造技术的进步和控制系统水平的提高，可望能降低黄磷生产成本，节约能源和资源消耗。

11.2.3　太阳能聚焦法制磷

1. 技术起源

1947 年，法国科学家安德烈·科特（André Coyne）把军用探照灯的反射镜用在太阳能熔炼炉上。1952 年，在蒙特路易的比利牛斯山上，安德烈·科特建造了世界上第一台功率为 75 kW 的大型太阳能熔炼炉，并为到蒙特路易参加太阳能利用学术会的同行们进行了一次熔炼高熔点金属的表演。当表演开始时，一个特殊的工作台以缓慢的速度上升，把一小撮白色粉末举到一个大型抛物面聚光镜的焦点处，白粉末刚一到达焦点上，就见闪起一束炫目的白亮光芒。白粉末是用来熔炼锆金属的原料二氧化锆。这时，从辐射高温计上可观察到焦点处的温度达到了 3000℃以上。参观的专家们戴着深色墨镜，看到二氧化锆粉末立刻熔成一小块像遥远的地质时代火山爆发时喷出的岩浆状东西。这个试验说明安德烈·科特的太阳能熔炼炉成功了。

安德烈·科特在 20 世纪 70 年代选择离蒙特路易 10 km 处的奥代罗小镇，建成了一座功率为 1000 kW 的巨型太阳能熔炼炉，因此奥代罗被称为法国的太阳城。安德烈·科特建立的这座太阳能熔炼炉像一座超现代化的多层楼房，在楼房对面的小山上，竖立着好几十个大得令人吃惊的反射镜排成一行，把一束束阳光反射到太阳能熔炼炉的一个直径 50 m 的抛物面聚光镜上，这个聚光镜经过再聚焦，可以把聚集起来的阳光的温度加热到 3500℃。这就是太阳能聚焦，它能产生大量热能来代替电炉。

2. 制磷试验

20 世纪 70 年代美国芝加哥煤气工艺研究所在新墨西哥美国导弹设施场内做过太阳能聚焦炉生产黄磷的试验。在这项试验中要解决的关键问题有两个：一是解决热损失的问题；二是如何维持反应热温度稳定。如果能够解决好太阳能的利用效率问题，就能够大大提高能源的利用效率，解决黄磷制造对电力过度依赖的难题。这一试验的最终成功不仅是黄磷制造技术的革命性突破，而且也是太阳能利用技术的飞跃，值得人们继续研讨。

11.2.4　天然气或甲烷还原制磷法

1. 天然气燃烧放热

天然气主要成分为烷烃，其中甲烷占绝大多数，另有少量的乙烷、丙烷和丁烷等气体。

甲烷完全燃烧方程式：

$$CH_4 + 2O_2 \xrightarrow{\text{点燃}} CO_2 + 2H_2O$$

每立方米天然气燃烧热值为 8000～8500 cal。每千克液化气燃烧热值为 11000 cal。气态液化气的相对密度（相对空气）为 0.55。每立方米液化气燃烧热值为 25200 cal。

现在还研究出一种以天然气为基础气源，经过混合设备与天然气增效剂混合后形成的一种新型节能环保工业燃气，燃烧温度能提高至 3300℃，用于工业切割、焊接，能完全取代乙炔气、丙烷气，可广泛应用于冶炼、钢构、造船等行业。

2. 天然气还原制磷

在二氧化硅存在下，用甲烷燃烧还原磷矿石而制得黄磷。1960 年，苏联已将在实验室成功的天然气还原制磷进行到了中试阶段，因种种困难未能取得工业生产的成功，但是随着技术的进步和研究的深入，此种技术终将会取得突破。

主要参考文献

北京天时富臣咨询服务有限公司. 2007-05-16. 利用区域熔融分子扩散法提纯工业黄磷的方法: CN 196241.
北京智博投资咨询有限公司. 2017. 黄磷尾气制草酸二乙酯.
陈冠荣. 1997. 化工百科全书: 第 13 卷. 北京: 化学工业出版社.
陈家祥. 1984. 炼钢手册. 北京: 冶金工业出版社.
陈善继. 1999. 制磷电炉烘炉技术. 硫磷设计, (1): 31-36.
陈善继. 2004. 我国电炉制磷副产物综合利用概要. 硫磷设计与粉体工程, (4): 7-12.
陈善继. 2004. 中国热法磷酸生产现状概述. 磷肥与复肥, (5): 49-51.
陈万初, 丁大祥, 李坤. 2021. 电炉法黄磷生产中炉渣热能利用. 磷肥与复肥, 36(10): 34-35.
陈雯, 沈强华. 2004-06-16. 电磁净化法精制黄磷用设备: 2620693Y.
党春阁, 王潘, 赵志远, 等. 2020. 基于黄磷生产工艺的磷物质流分析及磷污染减排对策. 环境工程技术学报, (6): 1007-1011.
邓玲, 陈立刚, 贾涛. 2013-03-06. 一种黄磷尾气余热资源回收系统: CN 202766300U.
丁杰, 张焰. 2015. 黄磷尾气的净化工艺技术及综合利用可行性分析. 化肥工业, 42(1): 21-23.
丁蕾蕾. 2020. 利用黄磷尾气热解中低品位磷矿石中碳酸盐技术研究. 昆明: 昆明理工大学.
董慧, 安俊菁. 2005. 黄磷行业的清洁生产. 云南环境科学, (3): 30-32.
窦林芹, 杨富, 瞿建祥. 1991. 高炉炼磷发展过程及其前景. 山西化工, (4): 31-35.
范仁轩. 1994. 我国窑法磷酸研究的新进展. 磷肥与复肥, (3): 12-14.
冯肇瑞. 1987. 化工安全技术手册. 北京: 化学工业出版社.
贡长生. 2006. 我国黄磷深加工发展方向的探讨. 现代化工, (5): 1-6.
贡长生. 2013. 现代磷化工技术和应用. 北京: 化学工业出版社.
顾志勤. 2001. 制磷电炉内副反应对电耗影响的探讨(待续). 硫磷设计与粉体工程, (2): 10-14.
顾志勤. 2001. 制磷电炉内副反应对电耗影响的探讨(续完). 硫磷设计与粉体工程, (3): 24-29.
顾志勤. 2003. 制磷电炉内电流分布及影响因素探讨. 硫磷设计与粉体工程, (2): 12-18.
顾志勤. 2004. 中小型制磷电炉温度和热量分布及影响因素探讨. 硫磷设计与粉体工程, (3): 18-23.
顾志勤. 2006. 黄磷生产中的能耗和节能措施综述(Ⅰ). 硫磷设计与粉体工程, (1): 20-27.
顾志勤. 2009. 黄磷生产中防止操作岗位环境污染应采取的措施. 硫磷设计与粉体工程, (1): 5.
管云, 张恒新. 2023-01-15 我省新能源电池及材料产业乘风而上. 贵州日报. .
贵阳精一科技有限公司. 2007-10-03. 一种电子级黄磷的生产方法: 10145532.
贵阳威顿晶磷电子材料有限公司. 2008-01-09. 电子级红磷的生产工艺: CN101214935A.
郭宝金, 毕克刚, 马彦伟, 等. 2023. 黄磷生产节能降碳技术改造的研究与应用. 低碳世界, 13(1): 10-12.
郭占成, 王大光, 许志宏. 1994. 磷矿石熔融还原(Ⅰ): 磷酸盐还原实验研究. 化工学报, 45(3): 257-264.
郭占成, 王大光, 许志宏. 1994. 磷矿石熔融还原磷酸盐还原动力学(Ⅱ). 化工学报, 45(3): 265-271.
郭占成, 王大光, 许志宏. 1994. 熔融还原炼磷可行性分析. 化工冶金, 15(3): 189-194.
国家发展改革委, 工业和信息化部, 生态环境部, 等. 2022-02-11. 关于发布《高耗能行业重点领域节能降碳改造升级实施指南(2022 年版)》的通知.
国家发展改革委, 工业和信息化部, 生态环境部, 等. 2023-06-06. 关于发布《工业重点领域能效标杆水平和基准水平(2023 年版)》的通知.
国家发展和改革委员会, 环境保护部, 工业和信息化部. 2009. 黄磷工业清洁生产评价指标体系.
韩迅. 2022-04-01. 左手磷肥右手新能源 磷化工迎来强景气周期. 21 世纪经济报道.
韩长日, 宋小平. 1996. 化工小商品生产法(第十七集). 长沙: 湖南科学技术出版社.

韩长日，宋小平. 2008. 精细无机化学品制造技术. 北京：科学技术文献出版社.
何云蔚. 2017. $NaTi_2(PO_4)_3$ 作为水溶液钠离子电池负极材料的制备与性能研究. 武汉：武汉工程大学.
胡彪，李茜，胡意，等. 2012. 磷矿熔融还原工艺的优化研究. 化工矿物与加工, 41(12): 1-3.
胡彪，李茜，胡意，等. 2014. 无机添加剂对磷矿石熔态还原的影响. 化工矿物与加工, 43 (6): 1-2.
胡国军. 2006. 黄磷工业生产安全研究. 成都：四川大学.
胡学琼. 2013. 黄磷尾气在弗卡斯石灰窑中的资源化利用. 昆明：昆明理工大学.
华南工学院，上海工学院. 1980. 流体力学——风机及泵. 北京：中国建筑工业出版社.
黄颖，叶京生，和进娜. 2006. 气固流化床的流型识别. 化工装备与技术, 27(5): 11-14.
江礼科，邱礼有，梁斌. 1996. 氟磷灰石固态还原过程的实验研究. 化工学报, 47(1): 65-71.
江善襄. 1994. 发展窑法磷酸为什么要用隧道窑法. 磷肥与复肥, (4): 15-18.
江善襄. 1994. 我国窑法磷酸研究的新进展. 硫磷设计, (4): 4-8.
焦文婷. 2019. 我国生态工业园区政策可持续性的动力机制. 中国环境管理, (6): 103-106.
金放，裴玉华，田琦峰，等. 2014. 含镁磷酸盐熔融还原制磷的动力学. 武汉工程大学学报, 30(10): 3-5.
金放，杨炎泽，马超，等. 2013. $CaO \cdot SiO_2 \cdot Al_2O_3 \cdot MgO\text{-}P_2O_5$ 体系熔融还原制磷反应条件优化. 无机盐工业, 45(11): 29-32.
金涌，祝京旭，汪展文，等. 2001. 流态化工程原理. 北京：清华大学出版社.
《矿产资源综合利用手册》编辑委员会. 2000. 矿产资源综合利用手册. 北京：科学出版社.
匡国明. 2005. 我国黄磷工业现状和可持续发展方向. 磷肥与复肥, (2): 45-47.
匡国民. 2009. 我国磷化工产业面临的形势及发展策略. 硫磷设计与粉体工程, (2): 13-16.
匡晓静. 2018. 利用黄磷尾气窑炉法生产钙镁磷肥技术. 磷肥与复肥, 33(1): 20-22.
奎拜舍弗斯弗尔生产联合体. 1993-06-30. 黄磷的净化方法: CN 1073659.
昆明理工大学. 2004-06-16. 电磁净化法精制黄磷设备: CN 2620693.
昆明理工大学. 2005-03-23. 电磁净化法精制黄磷工艺: 1456496.
拉扎列夫 H B，加达斯基娜. 1986. 工业生产中的有害物质手册：第三卷(修订第七版). 金锋，周树森，赵树芬，等译. 北京：化学工业出版社.
赖永华，翁慧超，李大川，等. 2013. 黄磷尾气净化技术研究. 第九届全国磷化学化工学术研讨会.
雷波，梅毅，杨亚斌. 2007. 热法磷酸的发展趋势与研究方向. 云南化工, 34(6): 65-66.
李红响. 2009. 黄磷及热法磷酸制作工. 北京：中国劳动社会保障出版社.
李茜. 2013. 熔融法还原中低品位磷矿的工艺及动力学研究. 武汉：武汉工程大学.
李秋霞. 2006. 黄磷工业生产的现状及真空法制备黄磷新思路. 第七届全国磷化学化工暨第四届海峡化学生物学、生物技术与医药发展讨论会论文集.
李圣华. 1983. 炭和石墨制品. 北京：冶金工业出版社.
李维. 2015. 中国磷矿资源可供性分析及其开发利用趋势研究. 北京：中国地质大学.
李玉芳，伍小明. 2022. 我国六氟磷酸锂合成技术研究进展. 精细与专用化学品, 30(5): 8-10, 18.
炼晨，李阳，郑晓. 2022. 新能源汽车“涨”声一片——磷化企业能否逐“锂”前行. 中国农资, (8): 3-4.
林军，吴小海，洪春美，等. 2012. 电子级磷酸的制备工艺与应用研究进展. 化工技术与开发, 41(2): 32-34.
林徐明，韩长秀，张宝贵. 2006. 黄磷废水处理技术. 环境污染治理技术与设备, (9): 131-135.
刘光启，马连湘，刘杰. 2002. 化学化工物性数据手册(无机卷). 北京：化学工业出版社.
刘海岛，尹秋响. 2004. 熔融结晶及其耦合技术研究的进展. 化学工业与工程. (5): 367-370.
刘予成，李秋霞，邱臻哲，等. 2013. SiO_2 对氟磷酸钙真空碳热还原反应的影响. 真空科学与技术学报, 33(3): 293-296.
陆定会，马松. 2022. 发挥西南地区磷矿资源优势，发展磷酸铁锂产业. 化学工业, 40(4): 67-70.
路明清，苗明旭，余峰. 2022. 精细磷酸盐工业生产技术. 兴发集团系列培训教材.
罗宗恬，陶俊法，李殿元. 1988. 电炉黄磷生产手册. 昆明：云南省磷业公司.

骆吉林, 李军, 杨三可, 等. 2009. 电渗析法制电子级高纯磷酸. 磷肥与复肥, (3): 33-35.
骆祖林, 杨勇. 2000. 调整黄磷生产工艺控制指标, 实现黄磷稳产高产的实践. 贵州化工, (3): 40-42.
马超, 吴元欣, 金放, 等. 2014. 低品位磷矿熔融还原反应动力学研究. 化工矿物与加工, 43(3): 5-8.
马聪, 王媛. 2021. $LiFePO_4$ 纳米材料的制备及电化学性能研究. 长春理工大学学报(自然科学版), 44(3): 123-128.
马静, 江依义, 沈旻, 等. 2022. 锂离子电池储能产业发展现状与对策建议. 浙江化工, 53(12): 17-23.
梅毅, 樊蕾, 梁雪松, 等. 2011. 热法磷酸与湿法磷酸的技术经济比较. 无机盐工业, 43(1): 4-7.
梅毅, 梁雪松, 杨亚斌, 等. 2010. 黄磷产业的节能降耗与资源利用. 现代化工, 30(10): 80-83.
梅毅, 宁平. 2015. 黄磷反应热的回收与利用. 北京: 化学工业出版社.
孟昊, 陆思伟. 2014. 电炉法生产黄磷安全风险分析与防范. 无机盐工业, 46(6): 3.
弥永利, 李凝. 2006-07-26. 区域加热熔融分子扩散法提出固体物质以及其设备: 1266035C.
苗翠, 周佳, 孙淑清, 等. 2013. $LiFePO_4$ 液相合成法的最新研究进展. 稀有金属与材料工程, 42(增刊 2): 379-382.
南京化学工业公司. 1978. 电炉法生产黄磷. 北京: 石油化学工业出版社.
宁培栋, 殷宪国. 2006. 我国窑法磷酸两条技术路线评估与探讨. 磷肥与复肥, 21(1): 30-32.
宁平, 田森林, 彭金辉, 等. 2014-12-11. 黄磷尾气催化净化技术与应用.
齐帅亮, 侯翠红. 2022. "双碳"目标下河南省传统产业转型升级现状调研——以磷复肥行业为例. 肥料与健康, 49(6): 9-14, 24.
轻工业部设计院. 1981. 日用化工理化数据手册(合成洗涤剂 磷酸盐及其他助剂). 北京: 轻工业出版社.
全国化学标准化技术委员会无机化工分技术委员会. 2017. 黄磷生产技术规范: GB/T 33321—2016. 北京: 中国标准出版社.
全国能源基础与管理标准化技术委员会(SAC/TC 20), 中国石油和化学工业联合会. 2016. 黄磷单位产品能源消耗限额: GB 21345—2015. 北京: 中国标准出版社.
冉隆文. 2005. 精细磷化工技术. 北京: 化学工业出版社.
冉隆文. 2019. 无废渣黄磷生产方法研究. 化工矿物与加工, 48(1): 43-45.
任永胜, 李军, 马睿. 2009. 区域熔融法提纯工业黄磷的数学模型与实验研究. 高校化学工程学报, (6): 933-938.
任永胜, 李军, 张振, 等. 2007. 水相氧化法脱除黄磷中砷的研究. 无机盐工业, (5): 52-54.
任永胜, 刘军, 李军, 等. 2009. 物理法净化工业黄磷综述. 磷肥与复肥, 24(1): 68-72.
三菱玛拉利阿株式会社. 1993-02-23. 高纯磷制法: 1993-43210.
三菱玛拉利阿株式会社. 1994-02-15. 低砷高纯磷制法: 1994-40710.
上海化工研究院. 1982. 电炉法、高炉法制磷工艺技术经济探讨.
舒龙, 牛涛, 彭元洪. 2003-04-23. 一种黄磷电炉: CN 02229575. 5.
四川大学. 2008-07-09. 超纯黄磷的生产方法: CN101214938A.
苏畅. 2000. 采用羰基合成法制甲酸甲酯、再水解制甲酸. 昆明: 昆明理工大学.
孙成, 郑峰伟, 任园园, 等. 2017. 黄磷渣资源化利用研究. 现代化工, 37(8): 4.
孙志立. 2003. 80MW 制磷电炉运行总结. 中国经济技术发展优秀文集. 北京: 中国文史出版社.
孙志立. 2009. 多电极是制磷电炉大型国产化发展的必然趋势. 第二届全国磷复肥/磷化工技术创新(云天化国际)论坛论文集——磷肥与复肥.
孙志立. 2009. 制磷电炉内电流、热量分布对制磷电炉运行的影响分析. 磷肥与复肥, (5): 50-54.
孙志立. 2016. 我国黄磷工业回顾及"十三五"发展思路. 磷肥与复肥, 31(10): 1-8.
孙志立. 2017. 静电除尘器在黄磷生产中的应用及存在的问题. 化肥工业, 44(1): 4.
孙志立, 杜建学. 2010. 电热法制磷. 北京: 冶金工业出版社.
孙志立, 黄平, 问立宁, 等. 2021. 我国精细磷酸盐产业的现状及发展的重点和方向. 肥料与健康, 48(1):

6-9.
孙志立, 问立宁. 2017. 黄磷生产磷炉气除尘、冷凝收磷的研究与探讨. 硫磷设计与粉体工程, (2): 5.
孙志立, 问立宁. 2018. 中国黄磷工业的创新发展之路. 化肥工业. 45(3): 1-6, 30.
汤德元. 1999. 液态工业黄磷磷蒸汽压的测定和关联. 化学工程, 27(6): 39-40.
汤德元, 瞿德沪. 1990. 磷、磷肥和磷酸盐生产工艺. 贵阳: 贵州科学技术出版社.
汤德元, 汤敏. 1995. 低砷黄磷的生产途径. 贵州化工, (1): 19-23.
汤敏, 黄燕, 汤德元. 2000. 黄磷生产中砷的分布. 无机盐工业, 32(1): 30-31.
陶俊法. 2008. 中国黄磷工业现状与发展前景. 无机盐工业, (6): 1-4.
天津化工研究院. 1996. 无机盐工业手册: 第二册. 北京: 化学工业出版社.
天津碳一有机合成设计公司. 2006. 黄磷尾气生产 7 万吨/a 甲酸钠.
田萍, 徐兵, 张琦弦, 等. 2009. 电炉生产黄磷的能耗分析与节能潜力. 化工进展, 18: 94-97.
田伟. 2008. 黄磷废水净化回用技术探讨. 贵州化工, (2): 47-49.
万荣惠. 2003. 黄磷尾气净化中试放大研究. 昆明: 昆明理工大学.
王福林. 1995. 化工数据导引. 北京: 化学工业出版社.
王敏忠, 杨彭勇. 2004-03-24. 黄磷电炉用三相七组电极装置: CN 03233160. 6.
王佩琳. 2011. 我国黄磷行业节能减排分析及建议. 化学工业, 29(9): 34-39.
王平艳, 刘谋盛, 刘永成. 2003. 真空蒸馏法制取低砷黄磷的理论研究. 昆明理工大学学报(理工版), (2): 15-16.
王威, 熊祥祖, 雷琴, 等. 2008. 黄磷尾气制甲酸联产磷酸盐. 武汉工程大学学报, (3): 14-17.
王慰慈, 杨彭勇. 2009. 世界金融危机与磷化工. 磷酸盐工业, : 205-212.
王学谦. 2007. 黄磷尾气催化氧化净化新技术研发及理论研究. 昆明: 昆明理工大学.
王雪萌, 安燕, 刘海, 等. 2023. 基于生命周期评价法的黄磷产品碳足迹分析. 无机盐工业, 55(12): 222.
王子谦, 宁平. 2009. 黄磷尾气催化氧化净化技术. 北京: 冶金工业出版社.
韦仕涛, 黎斌林, 杨夏妮. 2022. 我国磷肥产业高质量绿色发展水平的测度及综合评价. 江西农业学报, 34(10): 175-179.
问立宁, 孙志立. 2018. 我国黄磷改革开放 40 年技术创新世界瞩目. 磷肥与复肥, 33(12): 35-37, 58.
吴满昌, 宁平. 2004. 黄磷尾气中总磷及磷化氢的测定. 环境污染与防治, (4): 317-318.
吴玉元. 2023. 磷矿粉制备黄磷用球团工艺研究. 武汉: 武汉工程大学.
吴元欣, 康明雄, 田昊一, 等. 2012-08-01. 利用流化床反应器制备磷酸的工艺及其装置: 201210081842. 5.
肖二飞, 雷军, 刘应杰. 2016. 黄磷尾气的净化与综合应用. 广东化工, (17): 254-255.
肖立华, 曾波. 2007. 电子级磷酸的研究进展. 云南化工, 34(6): 60-63.
熊家林, 刘钊杰, 贡长生. 1994. 磷化工概论. 北京: 化学工业出版社.
徐光宪. 1978. 物质结构. 北京: 人民教育出版社.
徐先海, 王佩琳. 2001. 国内黄磷生产现状及发展趋势. 化工技术经济, (3): 7-9.
徐先海, 杨兆斌. 2021-10-08. 一种黄磷炉渣水淬余热回收装置: CN 110926217B.
薛生晖. 1995. 回转窑法磷酸制备新工艺的研究现状和前景. 矿冶工程, 15(4): 48-50.
闫二旺. 2018. 我国生态工业园区发展的新趋势. 可持续发展, (289): 27-31.
晏明朗. 2009. 磷化工发展必走创新和循环经济之路——炉渣生产高附加值矿渣微晶玻璃. 中国磷化工节能减排与可持续发展论坛, 中国化工信息中心.
晏明朗, 冯秀珍. 2008. 创新和循环经济是磷化工发展的必由之路: Ⅳ. 湿法磷酸净化制造净化湿法磷酸. 磷肥与复肥, 23(1): 34-38.
晏明朗. 2010. 湿法磷酸净化及其盐类生产技术: 1. 磷酸盐类生产原理. 磷肥与复肥, . 25(5): 43-46.
杨景昌. 1999. 黄磷净化与高纯磷制备. 无机盐工业, 31(5): 22-24.
杨卫兰, 张月丽, 陈有为. 2017. 热法磷酸产业链上重点产品及其生产工艺. 精细与专用化学品, 25(12):

1-4.
杨亚斌. 2019. 热法磷酸生产技术发展和趋势. 云南化工, 46(11): 32-35.
杨亚斌, 梅毅, 宋耀祖, 等. 2002. 实施余热利用, 降低热法磷酸生产成本. 云南化工, 29(2): 8-12.
杨义, 黄品辉. 2009-06-10. 精制高纯黄磷的生产方法: CN1962420A.
杨毅, 何衍玉. 2014. 利用黄磷尾气发电. 云南化工, 41(4): 54-56.
姚远, 井红权, 尹玉婷, 等. 2023. "双碳"背景下热法黄磷生产技术研究现状及建议. 化工进展, (5): 60.
姚允斌. 1985. 物理化学手册. 上海: 上海科学技术出版社.
姚之琦, 孙志立, 问立宁. 2019. 我国黄磷及精细磷酸盐生产的困境和发展机遇. 磷肥与复肥, 34(11): 3.
一机部仪表材料研究所技术情报室. 1971. 高纯磷及其提纯. 功能材料, (3): 15-23.
殷宪国. 2007. 窑法磷酸开发战略与工业化技术路线. 磷肥与复肥, 22(6): 37-38.
殷宪国. 2009. 高纯黄磷与电子级磷酸制备方法. 硫磷设计与粉体工程, (6): 19-23.
殷宪国. 2011. 我国高纯黄磷精制技术进展. 磷肥与复肥, 26(4): 41-44.
余思民. 2014. 温度对大型磷炉静电除尘器的影响. 云南化工, 41(2): 5.
余有平. 2016. 黄磷清洁生产关键技术及产业化研究. 磷肥与复肥, 31(9): 31-33.
袁惠新. 2001. 分离工程. 北京: 中国石化出版社.
云南江磷集团股份有限公司. 2011-01-26. 黄磷脱砷方法: CN101327917A.
云南省磷业公司. 1988. 电炉生产手册.
曾繁端. 1999. 窑法磷酸的基本原理及工业化生产的意义. 云南化工, 3: 11.
曾庆德. 2014. 利用黄磷尾气合成甲酰胺工业化研究. 杭州: 浙江工业大学.
查坐统. 2010. 黄磷精制脱砷废液的综合处理与制备磷酸氢二铵的研究. 昆明: 昆明理工大学.
张浩. 2012. 电炉法黄磷生产火灾危险性分析. 价值工程, (36): 282-283.
张继澍. 1993. 黄磷生产废气的综合利用. 化工环保, (4): 250-251, 205.
张晓颖. 1984. 黄磷生产中的三废治理. 化工技术与开发, (4): 47-53.
张筱鹏, 沈强华, 钟忠. 2007. 黄磷的物理法脱砷新方法探索研究. 云南化工, 34(3): 17-18.
张智慧, 朱正昌, 张倬鸣. 2021-03-16. 一种黄磷炉渣的余热回收利用装置: CN 212712754U.
张宗诚, 王树民, 苏辉煌. 1988. 高炉法、电炉法制磷工艺技术经济分析. 过程工程学报, (1): 8-14.
赵长升, 陈日辉, 赵国云. 2006. 电炉法生产黄磷的危险源辨识与防护. 云南化工, 33(6): 4.
赵玉芬. 2008. 磷与生活. 郑州: 郑州大学出版社.
赵云莲. 2004. 黄磷的职业损害及预防. 现代预防医学, 31(2): 2.
中国科学院化工冶金所. 1984. 30m^{3}高炉炼磷钾(肥)半工业性试验可行性研究报告.
中国科学院化工冶金所. 1997. 熔炉炉炼磷: 97100773. X.
中国石油和化学工业联合会. 2021. 黄磷行业绿色工厂评价要求: HG/T 5900—2021. 北京: 化工出版社.
钟忠. 2007. 电场净化法制备精制黄磷的试验研究. 昆明: 昆明理工大学.
周国泰. 2003. 危险化学品安全技术全书. 北京: 化学工业出版社
周骏宏, 李玉明. 2009. 硝酸氧化法净化黄磷除砷. 硫磷设计与粉体工程, (3): 3l-33.
周立国, 陆思伟, 孙志立. 2022. 对国家标准《黄磷生产技术规范》的解析. 硫磷设计与粉体工程, (4): 1-8.
周梦公. 2008. 工厂系统节电与节电工程. 北京: 冶金工业出版.
周小松, 周航, 曾建清. 2019-09-06. 一种黄磷炉渣余热的利用装置: CN 209355714U.
朱健. 2006-10-11. 熔融结晶法生产电子级磷酸: CN 1873900.
朱玉平. 2008. 窑法磷酸工艺的工业化前景. 磷肥与复肥, 23(5): 25-26.
朱志伟, 李智力, 姚远, 等. 2020. 磷矿热法处理工艺分析及展望. 磷肥与复肥, 35(11): 27-29.
Brauer G. 1959. 无机制备化学手册. 何泽人, 译. 北京: 化学工业出版社.
Burt R B, Barber J C. 1965. 电炉法生产元素磷. 刘自强, 蔡孝载, 译. 北京: 化学工业出版社.

Jonathan Frederick S, Harvey P. 1984-09-05. Heat recovery in the manufacture of phosphorus acid: EU 0129533A1.
Liu X Y, Liu X M, Zhang Z Q. 2023. Recycling and comprehensive utilization of yellow phosphorus slag in building materials: a review. Construction and Building Materials, 396: 132384.
Mathur B S, Mungekar D S. 1987. Preparation of high-purity phos-phorus. Indian Journal of Technology, 25(8): 359-362.
Robert B, Hudson, Kirkwood M. 1982-01-05. Method of preparing ultraphosphoric acid: US 4309394.
Rosenhouse H, Dore J C. 1984-03-10. Process for phosphorus purification: 4483746.

附录　湖北三峡实验室简介

湖北三峡实验室由湖北省人民政府批复，依托宜昌市人民政府组建，是湖北省十大实验室之一。实验室由湖北兴发化工集团股份有限公司牵头，联合中国科学院过程工程研究所、武汉工程大学、三峡大学、中国科学院深圳先进技术研究院、中国地质大学（武汉）、华中科技大学、武汉大学、四川大学、武汉理工大学、中南民族大学和湖北宜化集团有限责任公司共同组建，于2021年12月21日揭牌成立。

湖北三峡实验室实行独立事业法人、企业化管理、市场化运营模式，定位绿色化工，聚焦磷石膏综合利用、微电子关键化学品、磷基高端化学品、硅系基础化学品、新能源关键材料、化工高效装备与智能控制六大研究方向，开展基础研究、应用基础研究和产业化关键核心技术研发，推动现代化工产业绿色和高质量发展。

湖北三峡实验室